Jerzy SZYMAŃSKI

Profesor Uniwersytetu Radomskiego

Inspiracją do napisania książki była
oryginalna publikacja Danfoss, 2019
FACTS WORTH KNOWING about AC Drives

Co należy wiedzieć o elektronicznych napędach prądu przemiennego

Zrozumieć inteligentne systemy napędowe...
zróbmy to razem

Wydawnictwo ELPOL - Wydanie 1c - PL - 2025

ISBN 978-83-975082-0-0

Streszczenie

Książka *Co należy wiedzieć o elektronicznych napędach prądu przemiennego* autorstwa prof. Jerzego Szymańskiego, stanowi kompleksowe kompendium wiedzy na temat energoelektronicznych przekształtników napędowych silników prądu przemiennego. Publikacja łączy teoretyczne podstawy z aspektami praktycznymi. Omawiane są najnowsze trendy w dziedzinie napędów prądu przemiennego AC (ang. alternating current).

Praca oparta jest na oryginalnym wydaniu „Facts Worth Knowing about AC Drives", poszerzonym o aktualne zagadnienia, takie jak hybrydyzacja oraz innowacyjne rozwiązania stosowane przez użytkowników. Autor, bazując na swoim bogatym doświadczeniu akademickim i praktycznym, w przystępny sposób wyjaśnia zagadnienia elektroniki napędowej, często posługując się własnymi cyfrowymi modelami do symulacji komputerowych. Ponadto, dostępna jest także elektroniczna forma książki, która znacząco ułatwia przeszukiwanie treści i odnajdywanie potrzebnych informacji.

Książka skierowana jest do szerokiego grona odbiorców – od inżynierów projektujących i eksploatujących systemy napędowe, przez studentów kierunków technicznych, po praktyków poszukujących aktualnej wiedzy na temat efektywnego stosowania napędów AC w przemyśle.

Publikacja może służyć zarówno jako podręcznik akademicki, jak i poradnik, dostarczając niezbędnej wiedzy do projektowania, doboru, uruchamiania i niezawodzonej pracy systemów napędowych AC. Autor omawia także zagadnienia bezpieczeństwa, efektywności energetycznej oraz kompatybilności elektromagnetycznej, kładąc nacisk na rozwiązania stosowane w rzeczywistych warunkach przemysłowych. Dużą uwagę poświęcono zagadnieniom doboru komponentów systemów napędowych oraz analizie kosztów cyklu życia, co umożliwia podejmowanie trafnych decyzji inwestycyjnych.

Wśród kluczowych tematów poruszanych w książce znajdują się: zasady działania głównych podzespołów mocy napędów, zaawansowane techniki sterowania, minimalizacja harmonicznych w sieci zasilania, zaburzenia wysokoczęstotliwościowe napięć falownika i ochrona przed porażeniem elektrycznym. Dodatkowo, autor wskazuje korzyści z hybrydyzacji i wykorzystania odnawialnych źródeł energii. Książka ta stanowi kompleksowe źródło wiedzy, niezbędne dla każdego, kto chce zrozumieć i efektywnie wykorzystywać elektroniczne napędy silników prądu przemiennego w nowoczesnym przemyśle.

O autorze

Dr hab. inż. Jerzy Ryszard Szymański

Absolwent Wydziału Elektroniki Politechniki Warszawskiej, profesor Uniwersytetu Radomskiego. Do 2024 roku pracował na Wydziale Transportu, Elektrotechniki i Informatyki, w Katedrze Napędów Elektrycznych i Elektroniki Przemysłowej.

Obszar zainteresowań i badań naukowych profesora obejmuje:

- przekształtniki napędowe i fotowoltaiczne,
- kompatybilność elektromagnetyczną,
- hybrydowe systemy zasilania,
- elektromobilność,
- magazyny i źródła „czystej" energii elektrycznej.

Uczestniczył w licznych projektach badawczych i angażuje się w działalność międzynarodową, także jako członek komitetów naukowych renomowanych zagranicznych konferencji. Wypromowani przez profesora doktorzy także wybrali naukową ścieżkę kariery.

Ma liczne publikacje naukowe. Należy do zespołu recenzentów wydawnictw: MDPI (Energies, Electronics), Springer, Elsevier, Wiley. Uhonorowany w Polsce wieloma odznaczeniami, w tym **Medalem Komisji Edukacji Narodowej, Złotym Krzyżem Zasługi** oraz nagrodami **Lotfi Zadeh Memorial Award** przyznaną przez naukowców z Indii, za duży wkład w rozwój obszarów inżynierii i technologii.

Wieloletni członek zarządu ELPOL Centrum Elektroniki i Automatyki, w latach 2000 - 2015 to wiodący partner handlowy i serwisowy Danfoss Poland.

Obecnie obszarem badań profesora jest analiza możliwości zastosowań sztucznej inteligencji w biznesie w procesach decyzyjnych w energetyce.

Czytelnik jest najważniejszy, a uwagi są cenne

Udostępniam czytelnikom **I wydanie** tej książki (też w formie e-booka), którą w moim zamyśle pisałem w formie poradnika. Zdaję sobie sprawę, że omawiane zagadnienia dotyczą złożonego otoczenia przemysłowego stosującego różne energoelektroniczne przekształtniki energii elektrycznej, a napędy AC to ich znacząca część.

Mimo moich starań nie wszystko zostało tu dogłębnie wyjaśnione, dlatego zapraszam do kierowania swoich uwag w formularzu dostępnym pod linkiem:

https://forms.gle/zSkB1utiD85KCFMx9

Link będzie aktywny do końca 2026 roku. W formularzu można też zgłosić chęć uczestnictwa w zamkniętych grupowych spotkaniach online, które mogą być ważnym uzupełnieniem problematyki analizowanej w tej książce.

Życzę Państwu ciekawej lektury,
Dr hab. inż. Jerzy R. Szymański

SI - Dziś to nasz efektywny partner umożliwiający szybkie poruszanie się wśród dużej ilości ważnych danych

Spis treści

SI - Pomocne narzędzie obecnych czasów

1 Wprowadzenie

Z definicji, napęd AC (znany też jako: przetwornica częstotliwości lub falownik) to urządzenie energoelektroniczne, które zamienia prąd przemienny AC o ustalonej częstotliwości i wartości skutecznej na prąd o dowolnej częstotliwości i wartości skutecznej. Zwykle jest to zamiana standardowych parametrów napięcia systemu energetycznego na inne parametry, najlepiej dopasowane dla odbiornika. Jeśli odbiornikiem jest silnik prądu przemiennego to jego napięcie i częstotliwość tego napięcia muszą się zmieniać, aby uzyskać wysokosprawny system napędowy AC. Historycznie, urządzenia te były maszynowymi zespołami elektromechanicznymi (zestaw silnik - maszyna synchroniczna jako generator). Były one określane jako napędy „dynamiczne". Obecnie jednak są to rozwiązania przestarzałe, podobnie jak mechaniczne zegarki, dedykowane głównie pasjonatom i hobbystom.

Dzięki rozwojowi energoelektroniki możliwe stało się konstruowanie w peł-ni elektronicznych napędów, nazywanych często „statycznymi" (bez ruchomych części). I to już nowe czasy - o tym jest ta książka. Na początku 2025 roku przetłumaczyłem i zaktualizowałem książkę „Facts Worth Knowing about AC Drives" wydaną przez Danfoss w 2019 roku [1], uważam, że sprostałem temu wyzwaniu. W czasie przygotowywania tej pozycji świat już wkroczył w erę korzystania z narzędzia Chat GPT 5.0 firmy OpenAI [24]. To narzędzie okazało się bardzo pomocne przy przygotowywaniu kodu źródłowego LaTeX tej książki [4].

Ponieważ wdrażałem w przemyśle własne rozwiązania napędów przekształtnikowych to zostałem zaproszony do współpracy z korporacją Danfoss [3], najpierw jako ekspert, a kiedy już otworzyłem przedsiębiorstwo inżynierii i projektowania napędów przemysłowych wtedy zostało partnerem handlowym i serwisowym tej korporacji. Wtedy pracowałem jednocześnie na uczelni i we własnym przedsiębiorstwie. Dzięki temu zdobyłem dużo wiedzy na szkoleniach korporacyjnych w kraju i za granicą oraz zdobyłem praktyczne doświadczenia z uruchomień tych napędów, zarówno w Polsce, jak i za granicą. Dziś chciałbym podzielić się swoją wiedzą na bazie tej książki. Książkę tę wybrałem nieprzypadkowo. Moi studenci od lat kształcą się na jej kolejnych edycjach, ponieważ uważam ją za jedną z lepszych, jeśli chodzi o praktyczne wykorzystanie i stosowanie napędów przekształtnikowych AC w przemyśle. Historia rozwoju napędów przekształtnikowych ma już ponad 55 lat, wraz z rozwojem automatyzacji i robotyzacji procesów przemysłowych powstają kolejne wyzwania dla unowocześniania elektronicznych napędów AC. Napędy AC to już złożone urządzenia do wielozadaniowego wykorzystania, globalnej komunikacji, także bezprzewodowej i chmurowego gromadzenia i przetwarzania danych. Rozwój tych urządzeń można prześledzić wczytując się w kolejne edycje publikacji przybliżającej inżynierom i studentom problematykę częstotliwościowego sterowania silnikami prądu przemiennego i ich wykorzystania w złożonych, często wielosilnikowych napędach przemysłowych, Rys. 1.1.

Tłumaczenie tej książki będzie miejscami mocno odbiegało od oryginału, ponieważ dołączyłem do niego wiele moich własnych modeli symulacyjnych, które w bardzo klarowny

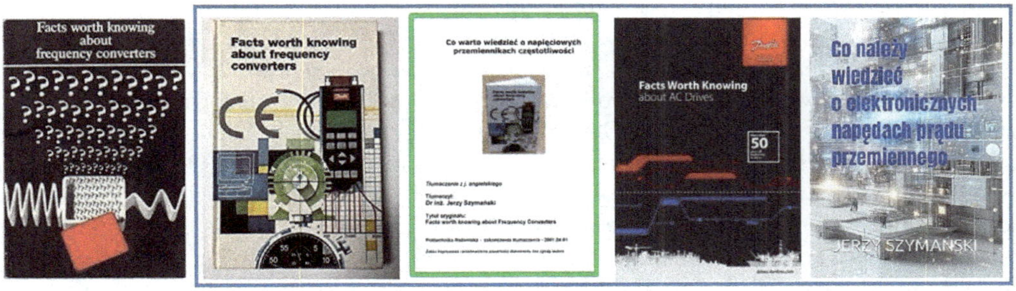

Rys. 1.1: Kolejne edycje książek „Co warto wiedzieć o napędach AC". Wersje PL wydane przez ELPOL

sposób wyjaśniają studentom złożone zagadnienia, które nie są łatwe do zrozumienia. Wybrane modele, omawiane ze studentami, przedstawiłem w tej książce, jako jej wzbogacenie i rozszerzenie treści zawartych w źródłowej edycji. Przedstawione modele mogą stanowić podstawę dodatkowych kursów i szkoleń.

Chociaż zasada przetwarzania stałych parametrów przemiennego napięcia sieciowego na parametry zmienne w napędach AC, praktycznie się nie zmieniała, to od pierwszych napędów prądu przemiennego w których stosowano tyrystory i technologię analogową (lata 60 ubiegłego wieku), do dziś wprowadzono wiele udoskonaleń.Obecnie (rok 2025) już powszechnie są stosowane półprzewodniki w pełni sterowane napięciem, i z izolacją galwaniczną pomiędzy obwodem sterowania i mocy, tranzystory IGBT (ang. insulated gate bipolar transistor). Wykorzystuje się procesory sygnałowe DSP z algorytmami precyzyjnego sterowana, np. wektorem przestrzennym strumienia silnika. Należy się spodziewać, kolejnej rewolucji w napędach AC, gdy krzem Si zostanie zastąpiony nowymi półprzewodnikami: azotkiem galu (gallium nitride) GaN i węglikiem krzemu (silicon carbide) SiC.

W związku z postępującą automatyzacją przemysłu istnieje zapotrzebowanie na coraz bardziej zaawansowane systemy sterowania oraz zwiększenie tempa produkcji, co stymuluje rozwój metod poprawy efektywności zakładów produkcyjnych.

Obecnie trójfazowy silnik prądu przemiennego sterowany elektronicznym napędem jest standardowym systemem w prawie wszystkich zautomatyzowanych aplikacjach. Wysokosprawne silniki indukcyjne, ale szczególnie konstrukcje silników, takie jak silniki z magnesami trwałymi i synchroniczne silniki reluktancyjne, wymagają regulacji za pomocą napędów AC. Wiele silników nie może być nawet dostosowanych do zasilania bezpośrednio z trójfazowej sieci przemysłowej.

1.1 Terminologia

Różne terminologie są używane dla systemów, które mogą kontrolować lub zmieniać prędkość silników elektrycznych. W Polsce powszechnie stosowane są różne określenia: napędowe przemienniki lub przetwornice częstotliwości i napięcia, falowniki lub inwertery (jako skróty myślowe) oraz przekształtniki napędowe. Terminologia światowa też nie jest ujednolicona, wynika to zapewne z ich gwałtownego rozwoju, choć pierwsze seryjnie produkowane przemysłowe napędy AC pojawiły się na rynku pod koniec lat 60. ubiegłego wieku.

Wraz ze zniesieniem embarga na nowe technologie w latach 90. XX wieku, do Polski wprowadzono innowacje, które spowodowały wręcz rewolucyjną transformację w dziedzinie przemysłowych napędów silników. Obecnie, w wielu przypadkach, bezpośrednie podłączenie silników do sieci energetycznej zakładu jest wręcz niedopuszczalne. Od stycznia 2015 r. wszedł w życie obowiązek nakazujący, w przypadku Europy, aby nowe silniki klasy sprawnościowej IE2 współpracowały z przetwornicą częstotliwości. Od lipca 2021 r. minimalnym wymogiem sprawności dla silników jest klasa IE3 [5], a od lipca 2023 r zgodnie z Rozporządzeniem Komisji (UE) 2019/1781 wymagana jest klasa IE4 dla określonych silników o mocy 75-200 kW.

Zgodność z rozporządzeniem UE prowadzi do ograniczenia zużycia żelaza i miedzi w konstrukcji silników, co skutkuje zmniejszeniem ich masy. Parametry elektryczne są przy tym precyzyjnie dostosowane do danych znamionowych deklarowanych przez producenta. Silniki te są nieprzeciążalne, ze względu na nasycanie się materiału magnetycznego - żelaza dla prądów wyższych niż deklarowane. Ograniczanie strat przewodzenia prądu stojana wymusza konieczność stosowania wysokiej jakości miedzi przy zmniejszonych przekrojach przewodów uzwojeń stojana. Konstrukcja klatki wirnika w silnikach klatkowych stanowi wyzwanie dla producentów, dlatego coraz częściej stosuje się klatkę miedzianą zamiast aluminiowej. Rośnie też zapotrzebowanie na silniki synchroniczne z magnesami stałymi, które nie wykorzystują energii elektrycznej na zbudowanie strumienia magnetycznego, przez co praktycznie nie pobierają mocy biernej i ich sprawność jest bliska jedności.

Oznaczenie	Nazwa angielska	Nazwa polska
INV	Inverter/AC Drive	Falownik/Konwerter AC/Napęd AC
FC	Frequency Converter	Przetwornica częstotliwości (FC)
VSD	Variable Speed Drive	Napęd o regulowanej prędkości (VSD)
ASD	Adjustable Speed Drive	Napęd sterowany prędkościowo (ASD)
AFD	Adjustable Frequency Drive	Napęd o regulowanej częstotliwości (AFD)
VFD	Variable Frequency Drive	Napęd o zmiennej częstotliwości (VFD)

Tab. 1.1: Stosowane oznaczenia i nazwy elektronicznych przetwornic częstotliwości (napędów AC)

Podczas, gdy nazwy napędów AC: VSD i ASD odnoszą się do sterowania prędkością w ogólności, nazwy AFD, VFD i FC są bezpośrednio połączone z regulacją częstotliwości zasilania silnika. W tym kontekście używane są również przemienniki częstotliwości prądu przemiennego i skrót „napęd AC". Te dwa terminy będą szeroko stosowane w tej książce. Te nazwy obejmują część elektroniczną urządzeń, w tym elektronikę mocy i elementy pomocnicze, takie jak czujniki prądu, wejścia/wyjścia oraz interfejs człowiek-maszyna (HMI - Human Machine Interface).

1.2 Korzyści z regulacji prędkości silnika

Istnieje wiele powodów, dla których warto dostosować system napędowy z regulowaną prędkością silnika dla konkretnej aplikacji (napęd pompy, napęd przenośnika taśmowego, czy też zsynchronizowanej pracy grupy przenośników):

- oszczędzanie energii elektrycznej i zwiększanie wydajności systemów napędowych,
- dopasowanie prędkości napędu do wymagań procesu,

- dopasowanie momentu obrotowego lub mocy napędu do wymagań procesu,
- poprawa środowiska pracy,
- zmniejszenie naprężeń mechanicznych maszyn,
- niższy poziom hałasu i strat cieplnych, np. w wentylatorach i pompach.

W zależności od zastosowania jedna lub druga korzyść jest dominująca. Jednak kontrola prędkości silników okazała się przynosić znaczące korzyści w wielu różnych zastosowaniach.

1.3 Jak ustawić prędkość silnika?

Istnieją trzy główne technologie realizacji kontroli prędkości silników stosowane w przemyśle. Każda z nich ma swoje unikalne cechy:

Hydrauliczna

- typ hydrodynamiczny (np. sprzęgła i przekładnie hydrodynamiczne),
- typy statyczne (np. siłowniki hydrauliczne).

Są one często preferowane w zastosowaniach przenośnikowych, zwłaszcza w sprzęcie do robót ziemnych i górniczym. Wynika to zasadniczo z „wrodzonej" zdolności do „łagodnego startu" jednostki hydraulicznej.

Mechaniczna

- napędy pasowe i łańcuchowe (z regulowaną średnicą),
- napędy cierne (metalowe),
- przekładnia o zmiennej prędkości.

Wielu inżynierów, zwłaszcza inżynierów mechaników, w niektórych zastosowaniach nadal preferuje rozwiązania mechaniczne, głównie ze względu na ich prostotę i niską cenę zakupu.

Elektryczna

- napęd AC z silnikiem elektrycznym,
- systemy serwo (np. wzmacniacz serwo i silnik serwo z magnesami stałymi PM),
- silnik prądu stałego z elektroniką sterującą,
- silnik pierścieniowy (kontrola poślizgu) i silnik indukcyjny z wirnikiem uzwojonym lub silnik indukcyjny ze stojanem wielouzwojowym (przełączanie uzwojeń).

Historycznie, urządzenia elektryczne do kontroli prędkości były skomplikowane w obsłudze i drogie. Stosowano je do najtrudniejszych zadań (np. obróbka skrawaniem precyzyjnych detali dla przemysłu lotniczego), w których nie było dostępnych alternatyw. Przedstawiona lista rozwiązań technicznych do sterowania prędkością silników nie jest wyczerpująca i ma jedynie dać wgląd w możliwości. Niniejsza książka skupi się na sterowaniu prędkością silników elektrycznych za pomocą energoelektronicznych napędów AC.

1.4 Napędy prądu przemiennego

Nowoczesne napędy prądu przemiennego można stosować do regulacji i utrzymywania prędkości lub momentu obrotowego maszyny napędzanej z dokładnością +/-0,5%, bez stosowania sprzężeń śledzących i korygujących rzeczywistą prędkość obrotową wału silnika. Prędkość pracy silnika indukcyjnego zasilanego bezpośrednio z sieci przemysłowej, może się różnić nawet o 3–5% (poślizg) od pracy bez obciążenia do pracy przy pełnym obciążeniu. Producenci silników stosują różne koncepcje, aby osiągnąć wysoką sprawność przy regulacji prędkości silników elektrycznych. Użytkownikowi może być trudno dostrzec główną korzyść ze stosowania różnych procedur regulacji prędkości w energoelektronicznych przekształtnikach napędowych, ale z pewnością zauważy, że energooszczędne silniki wymagają zaawansowanych technologicznie urządzeń sterujących.

Zasadniczo niemal wszystkie silniki mogą być obsługiwane za pomocą algorytmów sterowania specjalnie dostosowanych do każdego typu silnika. Niektórzy producenci napędów AC dedykują rozwiązania swoich napędów do wąskiej grupy silników, ale wielu innych producentów stosuje kilka wbudowanych algorytmów sterowania i można je wybierać podczas uruchamiania różnych silników (np. asynchronicznych lub synchronicznych).

Dla użytkownika ważne jest, aby napęd był łatwy do uruchomienia na podstawie danych, które są zazwyczaj dostępne dla używanego typu silnika. Po uruchomieniu użytkownik musi mieć pewność, że system jest rzeczywiście skonfigurowany zgodnie z oczekiwaniami, dlatego niezbędne są pomiary online rzeczywistego zużycia energii i łatwy dostęp do ważnych danych dotyczących działania silnika.

Historia rozwoju napędów AC to bardzo burzliwy okres konkurencyjnych zachowań przedsiębiorstw i korporacji. W czasie ponad 55 lat produkcji przemysłowej tych elektronicznych urządzeń wiele przedsiębiorstw zniknęło z rynku, a inne trwają do dziś i odnoszą sukcesy rynkowe, mocno oddziaływując na przemysł krajowy lub nawet światowy.

Cyfrowe sterowanie, w tym sterowanie silnikami, stało się standardem. Dalszy rozwój w kierunku „Przemysłu 4.0", obejmujący pogłębioną automatyzację i robotyzację, wykorzystanie elementów sztucznej inteligencji (SI) oraz źródeł odnawialnych (OZE), sprzyja rozwojowi elektronicznych napędów AC. Nacisk na maksymalizację sprawności systemów napędowych to powszechne stosowanie silników klasy IE5 oraz zastąpienie krzemu innymi rodzajami półprzewodników. Już dziś spotykamy napędy AC wykorzystujące półprzewodniki mocy bazujące na węgliku krzemu (silicon carbide) SiC lub azotku galu (gallium nitride) GaN.

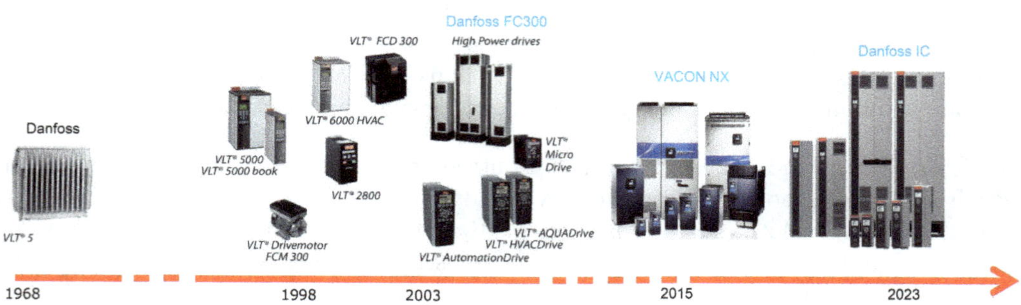

Rys. 1.2: Linie produktowe Danfoss napędów AC na przestrzeni 55 lat

Danfoss jest korporacją najdłużej na świecie produkującą napędy AC na skalę przemysłową. Początek seryjnej produkcji to rok 1968, dziś tj. w 2025 roku Danfoss ma trzy główne linie produkcyjne napędów AC: seria FC300 (FC301 i FC302), seria VACON® NX..., oraz seria iC (iC5 i iC7). Rozwój napędów Danfoss ilustruje Rys. 1.2. Przejęcie fińskiej korporacji VACON® w końcówce 2014 roku pozwoliło na skorzystanie ze wspólnych doświadczeń i opracowania kolejnej serii napędów. W roku 2023 powstaje najnowsza linia produkcyjna napędów serii iC.

1.5 Optymalizacja systemu

Aby ułatwić dobór komponentów systemu napędowego AC (system napędowy AC = napęd AC + silnik AC) i mieć pewność, że różne rządy państw i UE dążą do ograniczenia zużycia energii, istnieje silna potrzeba opracowania kompletnego zestawu międzynarodowych przepisów.

Według Niemieckiego Stowarzyszenia Producentów Sprzętu Elektrycznego i Elektronicznego (ZVEI) około 10% oszczędności można osiągnąć stosując silniki o wysokiej sprawności, natomiast 30% oszczędności można uzyskać dzięki zmiennej prędkości napędów, ale aż 60% potencjalnych oszczędności można osiągnąć, analizując cały system i odpowiednio go optymalizując.

Z kolei, według rozporządzenia ekoprojektu UE [5], silniki elektryczne są najważniejszym urządzeniem elektrycznego systemu napędowego w tych gałęziach przemysłu Wspólnoty, w których, w procesach produkcyjnych wykorzystuje się silniki. Systemy, w których eksploatowane są silniki, wykorzystują ok. 70% energii elektrycznej zużywanej przez przemysł. Łączny potencjał opłacalnej ekonomicznie poprawy sprawności energetycznej takich systemów z napędem elektrycznym wynosi 20–30%. Jednym z głównych czynników w kontekście takiej poprawy jest wykorzystanie silników o wysokiej sprawności energetycznej. Stąd też silniki stosowane w systemach z napędem elektrycznym są priorytetowym produktem, dla którego należy ustalić wymogi dotyczące ekoprojektu.

Mając to na uwadze, przeczytaj wszystkie rozdziały tej książki i pamiętaj, że nie możesz oceniać systemu, patrząc tylko na jeden lub kilka jego komponentów.

SI - Wspomaga tworzenie nowoczesnych napędów AC

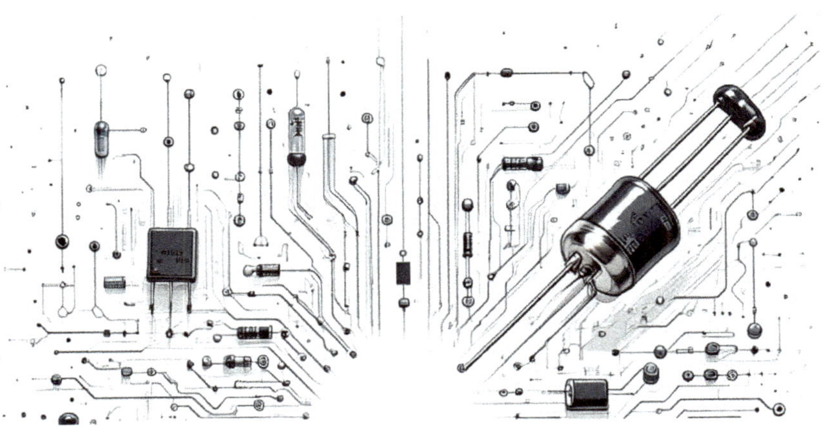

2 Silniki elektryczne

2.1 Przegląd

Silnik elektryczny to urządzenie elektromechaniczne, które zamienia energię elektryczną na energię mechaniczną. Odwrotny proces wytwarzania energii elektrycznej z energii mechanicznej jest wykonywany przez generator.

Wymagania eksploatacyjne wobec silników elektrycznych, zwłaszcza w przemyśle, są ogromne. Wytrzymałość, niezawodność, rozmiar, sprawność energetyczna i cena to tylko niektóre z tych kryteriów. Różne potrzeby doprowadziły do opracowania różnych typów silników elektrycznych. Poniższy diagram przedstawia ogólny przegląd najczęściej stosowanych technologii silników elektrycznych, Rys. 2.1.

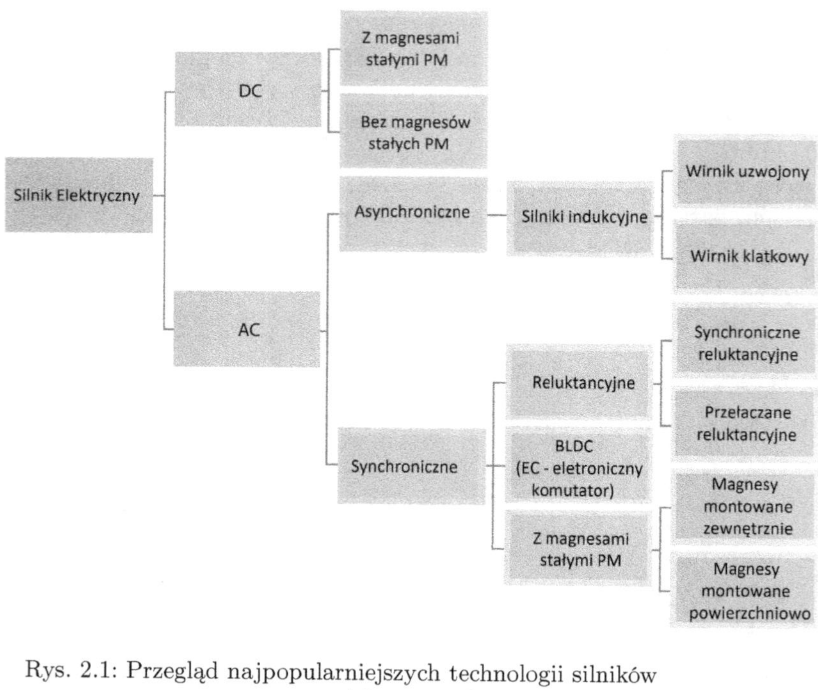

Rys. 2.1: Przegląd najpopularniejszych technologii silników elektrycznych

2.2 Podstawy

2.2.1 Stojan i wirnik

Budowa wszystkich obrotowych silników elektrycznych składa się zasadniczo z dwóch głównych komponentów, Rys. 2.2.

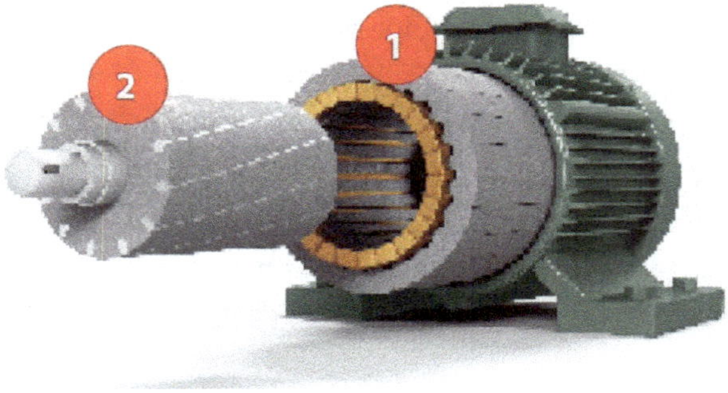

Rys. 2.2: Budowa silnika indukcyjnego

Stojan

Stojan (1) to nieruchoma część silnika, zawierająca pakiety blach z uzwojeniami. Pakiety blach stojana odpowiadają za wytworzenie strumienia magnetycznego, wywołanego przepływem prądu w uzwojeniach. Układ uzwojeń stojana odpowiada za ilość par biegunów magnetycznych silnika. Od ilości utworzonych par biegunów magmatycznych (N-S) zależy prędkość synchroniczna silnika. W połowie okresu napięcia zasilania wirnik silnika przemiesza się do najbliższych biegunów, dlatego silnik ze stojanem o 4 biegunach magnetycznych (dwie pary biegunów) ma prędkość synchroniczną równą połowie prędkości silnika z jedną parą biegunów. Silnik z 1. parą biegunów wykonuje jeden obrót wirnika za 1 okres trójfazowego napięcia zasilania (360°), Rys. 2.3. Zwiększona ilość slotów w stojanie, np. 12, 24, 36..., symetryzuje rozkład pola magnetycznego w silniku.

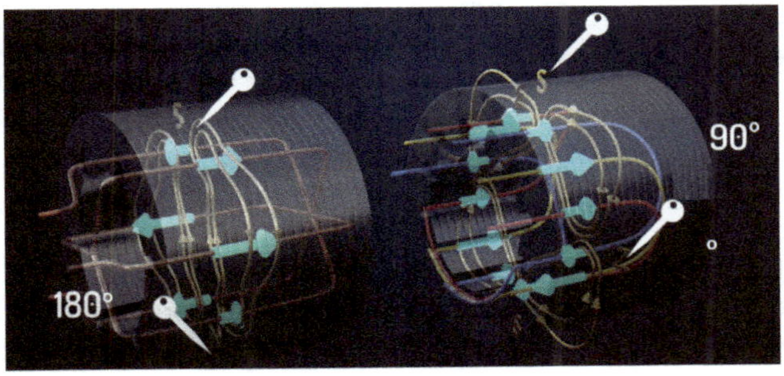

Rys. 2.3: Ilustracja powstawania biegunów magnetycznych w stojanie silnika [28]

Wirnik

Wirnik (2) jest obracającą się częścią silnika, która jest zamontowany na wale silnika. Podobnie jak stojan, wirnik wykonany jest z cienkich laminowanych elementów żelaznych, które utrzymują uzwojenia wirnika (miedziane lub aluminiowe). Budowa wirnika nie zależy od ilości biegunów magnetycznych utworzonych w szczelinie powietrznej pomiędzy wirnikiem i stojanem przez prądy uzwojeń stojana.

Jedną z odmian jest silnik z zewnętrznym wirnikiem. W przeciwieństwie do konstrukcji z wewnętrznym wirnikiem, stojan jest umieszczony w środku silnika, a wirnik obraca się wokół stojana. Ta konstrukcja jest stosowana w niektórych zastosowaniach wentylatorów, w których łopatki wentylatora są bezpośrednio zamontowane na wirniku.

Jeśli nie zaznaczono inaczej, wszystkie dalsze opisy i wyjaśnienia dotyczą konstrukcji wewnętrznego wirnika.

Wymiary przyłączeniowe typowych silników przemysłowych są określone w normach IEC. Jednak nie wszystkie silniki spełniają te wymagania. Na przykład wymiary ram silników NEMA różnią się od norm IEC ze względu na konwersję z systemu metrycznego na imperialny (calowy).

2.2.2 Moc i moment obrotowy

Znamionowa moc wyjściowa silników elektrycznych jest zdefiniowana w standardowym zakresie. Ta standaryzacja pozwala użytkownikom wybierać między różnymi producentami silników do konkretnych zastosowań. „Standardowy" zakres mocy wyjściowej i jego przyrosty różnią się w zależności od kraju i regionu. Zaleca się, aby dowiedzieć się, co producenci definiują jako parametry standardowe w swoich katalogach. Przykładowo, silniki o rozmiarze ramy do 355 (moc ok. 400 kW) można uznać za standardowy silnik o standardowych wymiarach.

Moc silnika [KM] to jednostka imperialna używana do określania mocy czynnej. Jeśli określono tę jednostkę, można ją przeliczyć w następujący sposób: 0,736 kW = 1 KM lub 1 kW = 1,341 KM (1 KM – koń mechaniczny, ang. 1 Hp – horsepower).

Tab. 2.1 przedstawia typową przemysłową moc wyjściową wyrażoną w [kW] i [KM].

kW	0,18	0,25	0,37	0,55	0,75	1,1	1,5	2,2	3	4	5,5	7,5	11
Hp					1		2	3		5	7	10	15
kW	15	18,5	22	30	37	45	55	75	90	110	132	160	200
Hp	20		30	40	50	60	75	100					

Tab. 2.1: Znamionowa moc wyjściowa silnika w Hp i kW

Oprócz mocy, moment obrotowy jest ważną cechą silnika. Moment obrotowy M wskazuje siłę obrotu wału silnika. Moc P ma bezpośredni związek z momentem obrotowym i można ją obliczyć, gdy znany jest moment obrotowy i prędkość obrotowa n z równania 2.1.

$$P[kW] = M[Nm] \times \frac{2 \times \pi \times n[obr/min]}{60 \times 1000} = \frac{M[Nm] \times n[obr/min]}{9550} \tag{2.1}$$

Współczynnik 9550 użyty we wzorze wynika z przeliczenia jednostek:

- Moc od jednostki bazowej z (wat) do jednostki znamionowej kW (kilowat)

• Prędkość z jednostki bazowej rad/s (radianów na sekundę) do n/s (obrotów na sekundę), a następnie do znamionowej n/min (obrotów na minutę).

Po przekształceniu równania 2.1 uzyskujemy powszechnie stosowane równanie 2.2 określające moment napędowy silnika, w którym n jest w obr/min i P jest w [W]. Przykładowo silnik pracujący z mocą 1000 W i ze 100 obrotami na minutę będzie pracował z momentem napędowym równym 95,5 Nm.

$$M[Nm] = 9{,}55\frac{P[W]}{n[obr/min]} \tag{2.2}$$

2.2.3 Silniki prądu przemiennego i stałego

Pierwszy silnik elektryczny, silnik prądu stałego, został zbudowany około 1833 roku. Sterowanie prędkością tego typu silnika jest proste i spełniało wymagania wielu różnych typów aplikacji w tamtym czasie. Silnik prądu stałego jest sterowany poprzez dostarczanie napięcia stałego, którego wielkość wpływa na prędkość wirnika. Napięcie przyłożone do uzwojeń stojana i wirnika powoduje powstawanie pól magnetycznych, które przyciągają się lub odpychają, co prowadzi do ruchu wirnika.

Energia dostarczana do wirnika jest przesyłana za pomocą szczotek, zazwyczaj wykonanych z grafitu, do komutatora. Komutator zapewnia, że kolejne uzwojenie jest zasilane energią, aby osiągnąć ciągły obrót. Szczotki są narażone na ścieranie mechaniczne i wymagają konserwacji lub okresowej wymiany. Znaczenie silników prądu stałego zmalało z czasem i obecnie rzadko są używane w zakresach mocy powyżej kilkuset watów.

W porównaniu do silników prądu stałego, silniki prądu przemiennego są znacznie prostsze i bardziej wytrzymałe. Jednak silniki prądu przemiennego mają zazwyczaj stałą prędkość i charakterystykę momentu obrotowego. Ze względu na te stałe charakterystyki, przez wiele lat silniki prądu przemiennego nie mogły być używane w wielu specjalnych zastosowaniach. Obecnie są powszechnie używane w większości zastosowań do przekształcania energii elektrycznej w energię mechaniczną dzięki napędom elektronicznym AC.

Zasada działania silników prądu przemiennego opiera się na efektach wirującego pola magnetycznego. Wirujące pole jest generowane albo przez wielofazowe źródło prądu przemiennego (zwykle trójfazowe), albo przez źródło jednofazowe wspomagane kondensatorami lub indukcyjnościami w celu uzyskania przesunięcia fazowego.

Ta książka koncentruje się na silnikach prądu przemiennego, szczególnie na trójfazowych silnikach indukcyjnych, ponieważ wymagania dotyczące pracy z napędami prądu przemiennego w zastosowaniach napędów o regulowanej prędkości dla różnych typów silników, można wyprowadzić z tej technologii sterowania prędkością i momentem tych silników. Silniki prądu stałego nie będą dalej omawiane.

2.2.4 Indukcja elektromagnetyczna

Większość silników elektrycznych działa poprzez interakcję pól magnetycznych z przewodnikami przewodzącymi prąd, aby wytworzyć siłę. Jest to odwrotny proces do wytwarzania energii elektrycznej z energii mechanicznej, realizowany przez generatory, takie jak alternator lub dynamo w rowerze.

a) Zasada działania generatora, indukcja przez ruch

Gdy siła (F) działa na przewodnik i przesuwa go przez pole magnetyczne (B), indukowane jest napięcie. Jeśli przewodnik jest częścią obwodu zamkniętego, płynie prąd (I),

Rys. 2.4.

b) Zasada działania silnika
W silnikach elektrycznych zasada indukcji jest wykorzystywana w odwrotnej kolejności: wytwarzana jest siła (F), która działa na przewodnik z prądem, powodując jego ruch.

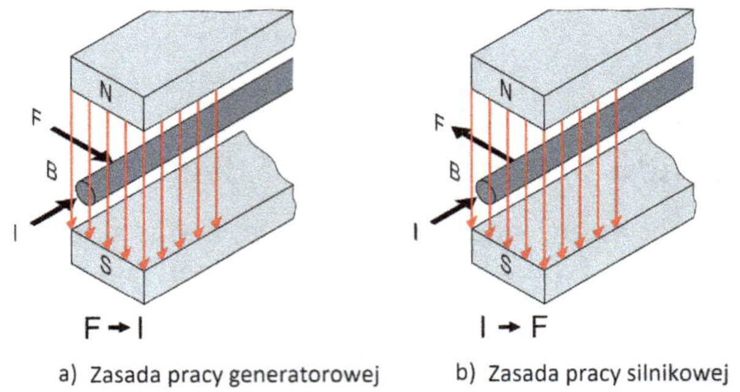

Rys. 2.4: Zasada indukcji elektromagnetycznej

W obu przypadkach wymagane jest pole magnetyczne. Na Rys. 2.4 pole magnetyczne pochodzi z magnesu trwałego, a w silniku pole magnetyczne jest generowane w stojanie. Zazwyczaj osiąga się to przez przyłożenie napięcia do uzwojeń stojana. Przewodniki, na które działa siła elektromagnetyczna, znajdują się w wirniku silnika indukcyjnego.

2.2.5 Bieguny i prędkość synchroniczna

Prędkość synchroniczną silnika można obliczyć, jeśli znana jest częstotliwość zasilania i liczba par biegunów, równanie 2.3.

$$n_0 = \frac{f \times 60}{p} \tag{2.3}$$

Gdzie: f = częstotliwość napięcia [Hz], n_0 = prędkość synchroniczna [1/min], p = liczba par biegunów silnika

Podczas, gdy częstotliwość jest ustalana przez sieć lub napęd AC, liczba biegunów jest ustalana przez sposób połączenia cewek stojana, Rys. 2.5.

Tab. 2.2 przedstawia pary biegunów (p) lub liczbę biegunów i prędkość silnika synchronicznego – podaje liczbę biegunów odpowiadającą prędkości synchronicznej (n_0) przy zasilaniu 50 i 60 Hz. Większa liczba biegunów jest możliwa, ale obecnie rzadko stosowana. Silniki z większej liczbie par biegunów to silniki o dużym momencie znamionowym, więc i o wzmocnionej konstrukcji mechanicznej, np. silnik klatkowy z danej mocy z 3. parami biegunów będzie miał 3 razy większy moment znamionowy niż silnik z 1. parą biegunów.

Synchroniczny oznacza „jednoczesny" lub „taki sam". Oznacza to, że w silnikach synchronicznych prędkość wirnika jest taka sama jak prędkość pola wirującego. Jeśli na prędkość wirnika ma wpływ poślizg (zobacz też, sekcja 2.3.3) jest ona niższa niż prędkość pola wirującego, silnik jest klasyfikowany jako asynchroniczny, co oznacza „niejednoczesny" lub „nie taki sam".

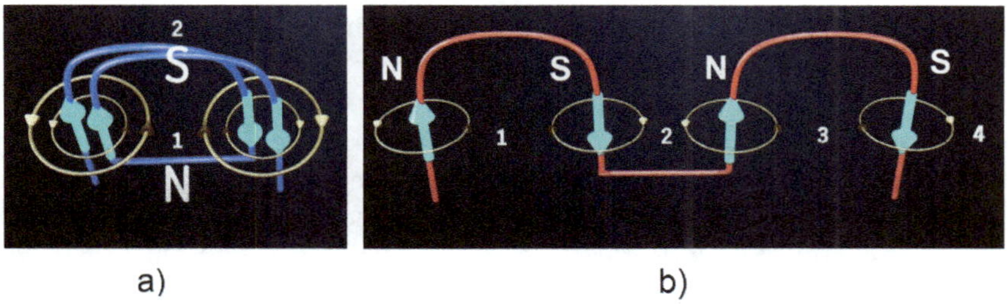

Rys. 2.5: Dwie cewki indukcyjne w jednej fazy stojana z 2. i 4. slotami połączone szeregowo: a) konfiguracja uzwojenia w slotach dla dwóch biegunów, b) konfiguracja uzwojenia w slotach dla czterech biegunów

Pary biegunów p	1	2	3	4	6
Ilość biegunów k	2	4	6	8	12
Obroty n_0[1/min.](50 Hz zasilanie)	3000	1500	1000	750	500
Obroty n_0[1/min.](60 Hz zasilanie)	3600	1800	1200	900	600

Tab. 2.2: Pary biegunów (p) lub liczba biegunów (k) i prędkość silnika synchronicznego

2.2.6 Sprawność i straty

Silnik pobiera energię elektryczną z sieci. Przy stałym obciążeniu moc ta jest większa niż moc mechaniczna, którą silnik może wyprowadzić na wał, ze względu na różne straty w silniku. Stosunek mocy wyjściowej P_2 do mocy wejściowej P_1 to sprawność silnika, równane 2.4:

$$\eta[\%] = \frac{P_2}{P_1} \times 100\% \tag{2.4}$$

Sprawność zależy od zasady działania silnika, komponentów (np. jakości laminowania), ilości materiału aktywnego (np. z wyniku laminowania lub użycia magnesów), wielkości silnika (mocy znamionowej) i liczby biegunów.

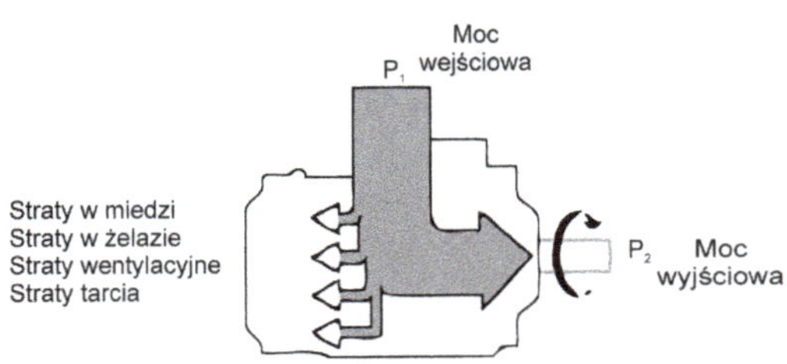

Rys. 2.6: Typowe straty w silniku

Straty w silniku przedstawiono na Rys. 2.6.
Typowe straty obejmują:

- straty miedzi spowodowane rezystancją uzwojeń stojana i wirnika,
- straty wentylatora występują z powodu oporu powietrza w wentylatorze,

- straty tarcia występują w łożyskach kulkowych utrzymujących wirnik,
- straty w żelazie, na które składają się straty histerezy i straty wiroprądowe.

Straty histerezy występują, gdy żelazo jest namagnesowane prądem przemiennym (AC). Żelazo jest namagnesowywane i rozmagnesowywane wielokrotnie (tj. 100 razy na sekundę przy zasilaniu napięciem z częstotliwości 50 Hz). Zarówno magnesowanie, jak i rozmagnesowywanie wymaga energii. Silnik dostarcza energię, aby pokryć straty histerezy, które rosną wraz z częstotliwością i siłą indukcji magnetycznej.

Straty prądów wirowych występują, ponieważ pola magnetyczne indukują napięcia elektryczne w rdzeniu żelaznym, tak jak w każdym innym przewodniku (zobacz też, Rys. 2.7). Prądy wirowe są redukowane przez laminowaną formę rdzenia silnika. Napięcia te wytwarzają prądy, które powodują straty ciepła. Prądy płyną w obwodach pod kątem prostym do pól magnetycznych. Straty spowodowane prądami wirowymi zostały znacząco zredukowane dzięki podzieleniu rdzenia żelaznego na cienkie warstwy.

Podczas określania sprawności i mocy wyjściowej silnika straty w silniku są zazwyczaj odejmowane od dostarczonej mocy. Dostarczona moc jest mierzona, podczas gdy straty są często obliczane lub określane eksperymentalnie.

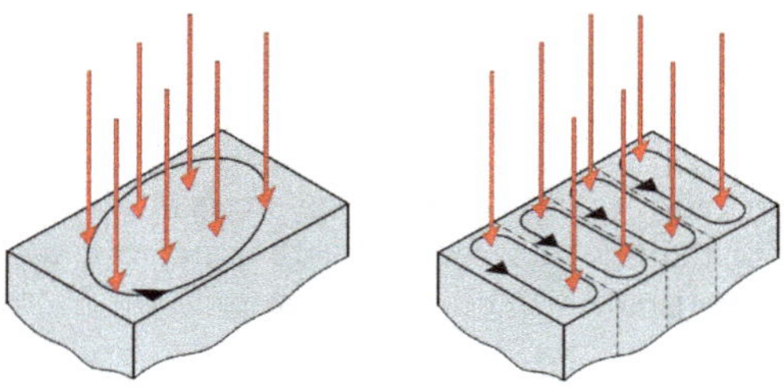

Rys. 2.7: Prądy wirowe są redukowane przez laminowaną formę rdzenia silnika, tj. podzieleniu rdzenia żelaznego (wirnika i stojana) na cienkie warstwy

2.3 Silniki indukcyjne

Aby jasno zrozumieć, jak działa układ napędowy o regulowanej prędkości, konieczne jest zrozumienie zasad działania tego typu silnika. Chociaż podstawowa konstrukcja nie zmieniła się zbytnio w ciągu ostatnich dziesięcioleci, nowoczesne materiały izolacyjne, komputerowe techniki optymalizacji projektowania, a także zautomatyzowane metody produkcji doprowadziły do obniżenia kosztów na kilowat mocy i wyższej sprawności dla danego rozmiaru ramy silnika.

Informacje zawarte w tej książce będą dotyczyć głównie tzw. trójfazowego silnika indukcyjnego klatkowego, który jest powszechnie stosowany w napędach prądu przemiennego.

2.3.1 Pole wirujące

Podczas stosowania wielofazowego źródła prądu przemiennego (zwykle trójfazowego) do odpowiedniego układu uzwojeń, generowane jest obrotowe pole magnetyczne, które obraca się w szczelinie powietrznej między stojanem a wirnikiem.

Po podłączeniu trzech faz w rdzeniu stojana występują trzy pola magnetyczne. Przy częstotliwości 50 Hz pole zmienia kierunek 100 razy na sekundę (dwa razy na okres). Pomiędzy trzema fazami występuje przesunięcie 120°, jak pokazano na Rys. 2.8. Jeśli napięcia fazowe mają jednakowe wartości skuteczne i jednakowe przesunięcia fazowe to wytwarzają symetryczne wirujące pole magnetyczne.

Stojan jest podłączony do zasilania trójfazowego. Pola magnetyczne poszczególnych uzwojeń fazowych tworzą symetryczne, wirujące pole magnetyczne. To pole magnetyczne nazywa się polem wirującym silnika.

Wypadkowa amplituda pola wirującego (ϕ) jest stała i 1,5 razy większa od maksymalnej wartości (ϕmax) pól przemiennych wytwarzanych przez napięcia fazowe. Obraca się z prędkością synchroniczną wynikającą z liczby par biegunów i częstotliwości zasilania (zobacz też, sekcja 2.3.3).

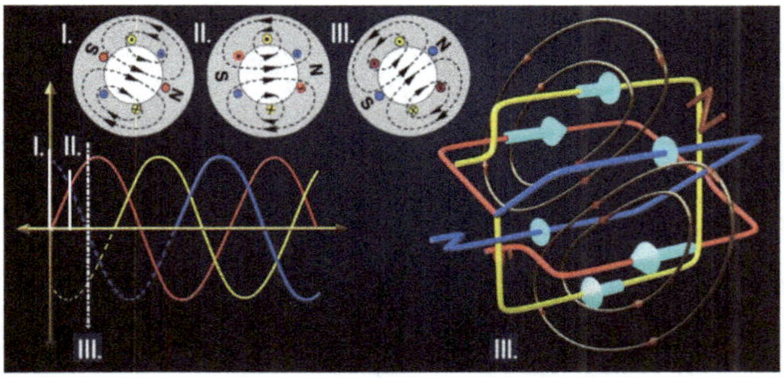

Rys. 2.8: Składowe pola magnetycznego dla różnych chwil czasu [28]

Reprezentacja wirującego pola jako wektora z odpowiadającą mu prędkością kątową opisuje okrąg, pokazany na Rys. 2.8. Wielkość pola magnetycznego ϕ jako wynik składowych (ϕ_1, ϕ_2, ϕ_3) jest stała również w różnych momentach. Trzy pola sinusoidalne z przesunięciem fazowym 120° tworzą kołowe wirujące pole magnetyczne. Wirujące pole staje się eliptyczne, jeśli amplituda napięcia fazowego zmienia się podczas obrotu. Jeśli wartości skuteczne napięć fazowych, ich wzajemne przesunięcia fazowe czy też częstotliwości, nie są identyczne to pole magnetyczne silnika przestaje być polem kołowym w okresie tego napięcia trójfazowego i może przyjmować różny kształt zależny od rodzaju niesymetrii napięć fazowych. Tradycyjna sieć zasilania, niestety, posiada coraz więcej zniekształceń w napięciach fazowych co prowadzi do poważnych strat energii i uszkodzeń systemów napędowych. Stosowanie napędowych przemienników częstotliwości uniezależnia silnik od zaburzeń występujących w sieci zasilania, gdyż przemiennik generuje symetryczne napięcia trójfazowe zasilające silnik, niezależnie od jakości nacięcia trójfazowego.

Tu trzeba zauważyć, że napięcia międzyfazowe są różnicami wektorowymi odpowiednich napięć fazowych, dlatego źródła napięć fazowych i dołączone do nich odbiorniki energii elektrycznej decydują o stanie napięć międzyfazowych.

2.3.2 Silnik klatkowy - silnik ze zwartą klatką wirnika

Wirnik klatkowy jest najczęściej używanym typem wirnika i jest stosowany w silniku klatkowym. W przeciwieństwie do stojana, w którym induktory mają wiele uzwojeń, w silniku klatkowym tylko jedno uzwojenie jest umieszczone w szczelinach laminatu wirnika. Zazwyczaj odbywa się to za pomocą prętów aluminiowych lub miedzianych. Pręty są zwierane na każdym końcu wirnika przez pierścień wykonany z tego samego materiału. Miedź ma tę zaletę, że ma lepszą przewodność niż aluminium, co skutkuje mniejszymi stratami i wyższą sprawnością. Wadami w porównaniu z aluminium są wyższe ceny, niższe momenty początkowe i wyższa temperatura topnienia, co komplikuje odlewanie i prowadzi do większego narzędziowego nakładu pracy.

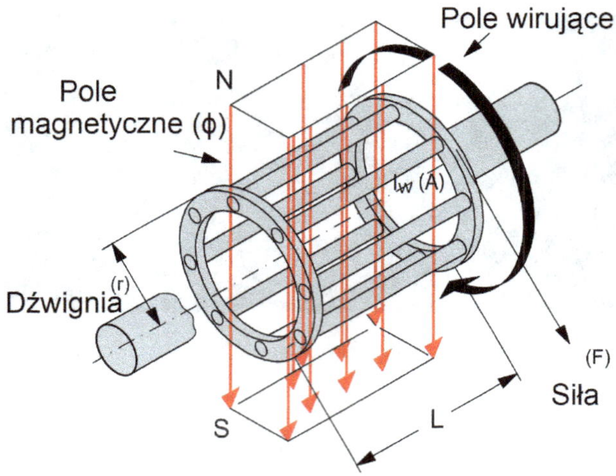

Rys. 2.9: Magnetyczne pole robocze i wirnik klatkowy

Odmianą wirnika klatkowego jest wirnik pierścieniowy, który ma nawinięte cewki indukcyjne dla każdej fazy. Cewki indukcyjne (induktory) są podłączone do pierścieni ślizgowych. Szczotki ślizgające się po pierścieniu ślizgowym umożliwiają podłączenie zewnętrznych rezystorów, które modyfikują zachowanie silnika (zobacz też, sekcja 2.3.5). Jeśli pierścienie ślizgowe są zwarte, wirnik działa jak wirnik klatkowy, zobacz też Rys. 2.9.

Ruch wirnika silnika klatkowego jest tworzony w następujący sposób: Pręt wirnika umieszczony w polu wirującym przechodzi przez serię biegunów magnetycznych, jak pokazano na Rys. 2.9. Pole magnetyczne każdego bieguna indukuje prąd (I_W) w pręcie wirnika, na który działa siła (F). Siła ta jest określana przez gęstość strumienia (B), indukowany prąd (I_W), długość wirnika w stojanie (L) i kąt (θ) między siłą a gęstością strumienia. Przyjmując, θ=90° siła wynosi jak w równaniu 2.5:

$$F = B \times I_W \times L \tag{2.5}$$

Gdy cały wirnik znajduje się w polu wirującym, Rys. 2.10, pręty wirnika są pod wpływem sił, które powodują obrót wirnika. Prędkość wirnika nie osiąga prędkości pola wirującego stojana, ponieważ w prętach klatki nie indukuje się żaden prąd, gdy obraca się on z tą samą prędkością co pole magnetyczne.

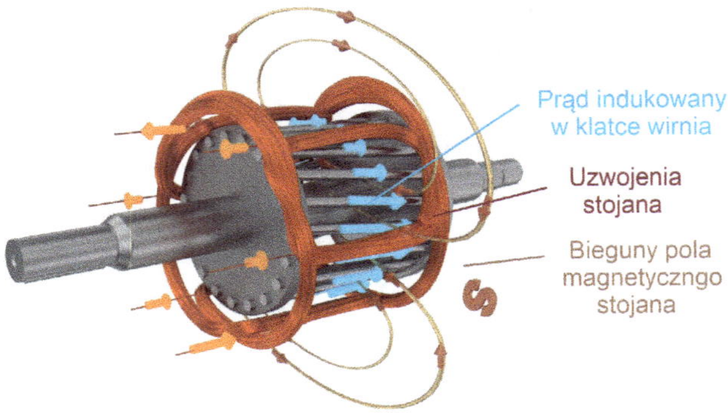

Rys. 2.10: Indukcja stojana wywołuje prąd w prętach wirnika, a prąd wirnika wprawia go w ruch obrotowy [28]

2.3.3 Poślizg, moment obrotowy i prędkość

Jak opisano w sekcjach 2.2.5 oraz 2.3.2, prędkość wirnika (n_n) silników indukcyjnych jest nieznacznie niższa niż prędkość (n_0) pola wirującego. Różnica między prędkością pola wirującego, a prędkością wirnika nazywana jest poślizgiem (s), zgodnie z równaniem 2.6:

$$s_a = n_0 - n_n \tag{2.6}$$

Poślizg jest często wyrażany jako procent prędkości synchronicznej i zazwyczaj mieści się w przedziale: 1% i 10%, zgodnie z równaniem 2.7:

$$s = \frac{n_0 - n_n}{n_0} \times 100\% \tag{2.7}$$

Poszczególne siły w prętach wirnika łączą się, tworząc moment obrotowy (M) na wale silnika, Rys. 2.11. Przy danej wartości siły (F) i promieniu (r) moment obrotowy silnika jest określony równaniem 2.8:

$$M = F \times r \tag{2.8}$$

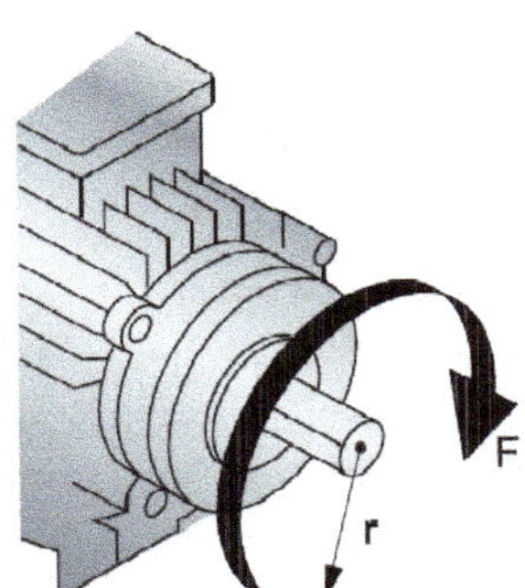

Rys. 2.11: Moment obrotowy na wale silnika to: siła (F) × promień (r)

Związek między momentem obrotowym silnika, prędkością i prądem silników indukcyjnych ma charakterystyczne właściwości pokazane na Rys. 2.12. Krzywa momentu zależy głównie od konstrukcji szczeliny wirnika i materiału prętów klatki.

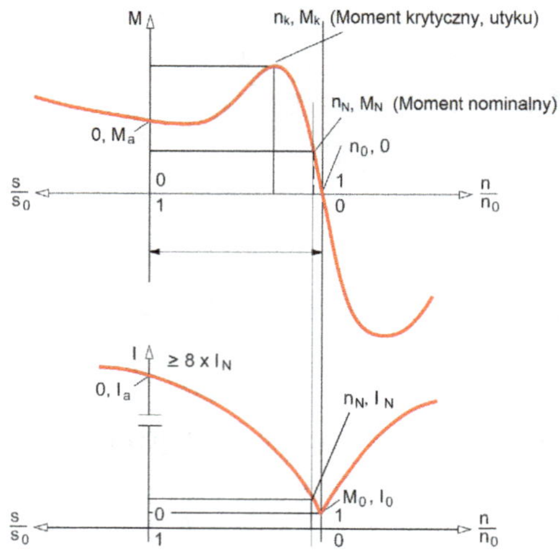

Rys. 2.12: Podstawowe charakterystyki przebiegów prądu i momentu obrotowego silnika

Zakres pracy silnika ($0 < n/n_0 < 1$) można podzielić na dwa zakresy:

- zakres początkowy/rozruchowy ($0 < n/n_0 < n_k/n_0$),
- zakres pracy silnikowej/działania ($n_k/n_0 < n/n_0 < 1$).

Zakresy te charakteryzują się następującymi cechami:

- **moment rozruchowy** M_a - jest to moment obrotowy, jaki silnik wytwarza przy znamionowym napięciu i znamionowej częstotliwości przyłożonych w stanie spoczynku silnika,
- **moment obrotowy zatrzymania/utyku** M_k - jest to najwyższy moment obrotowy, jaki silnik może wytworzyć, gdy stosowane są znamionowe napięcie i znamionowa częstotliwość, przekroczenia tego momentu spowoduje zatrzymanie silnika przy prędkości n_k,
- **znamionowy moment obrotowy silnika** M_N - moment występujący przy prędkości znamionowej n_N.

Wartości znamionowe silnika to wartości mechaniczne i elektryczne, dla których silnik jest przeznaczony. Silniki projektuje się w oparciu o normę IEC 60034. Wartości znamionowe, zwane również specyfikacjami silnika lub wartościami znamionowymi silnika, są podane na tabliczce znamionowej silnika. Wartości znamionowe określają optymalny punkt pracy silnika przy bezpośrednim podłączeniu do sieci.

Oprócz normalnego zakresu pracy silnikowej występują dwa zakresy hamowania silnika:

- $n/n_0 > 1$: silnik jest napędzany obciążeniem i prędkości przekraczającej jego prędkość synchroniczną (n_0) i działa jako generator. W tym obszarze silnik wytwarza przeciwny moment obrotowy (moment hamujący) i jednocześnie zwraca energię do sieci zasilającej z mocą zależną od momentu hamującego, to hamowanie nazywa się hamowaniem regeneracyjnym

- $n/n_0 < 0$: hamowanie nazywa się hamowaniem przeciwprądem.

Jeżeli dwie fazy silnika zostaną nagle zamienione, pole wirujące zmienia kierunek. Zaraz potem stosunek prędkości n/n_0 wynosi 1. Silnik, wcześniej obciążony momentem M, teraz hamuje swoim momentem hamowania (hamowanie przeciwprądem). Jeśli silnik nie zostanie odłączony przy $n = 0$, będzie nadal pracował w nowym kierunku obrotowym pola magnetycznego.

2.3.4 Typowe warunki pracy

Zasadniczo silniki indukcyjne mają sześć cewek indukcyjnych: trzy w stojanie i trzy w wirniku klatkowym (gdyż wirnik zachowuje się magnetycznie tak, jakby składał się z trzech cewek). Podzbiór tych cewek magnetycznych (uzwojeń) można wykorzystać jako podstawę do wygenerowania równoważnego obwodu elektrycznego, który ułatwia zrozumienie zasady działania silnika, zwłaszcza gdy zmienia się częstotliwość napięcia zasilania, Rys. 2.13.

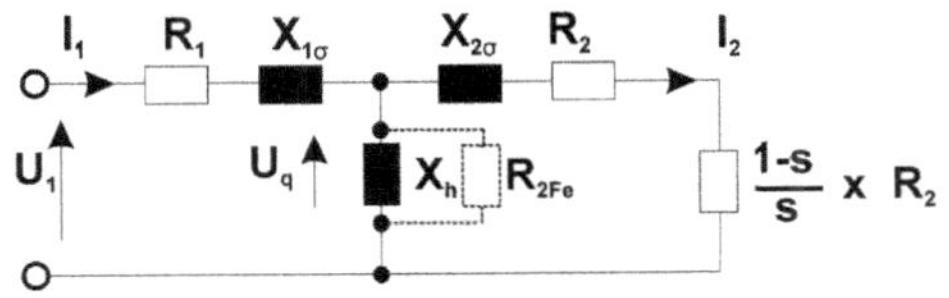

Rys. 2.13: Schemat zastępczy obwodu elektrycznego (jedna faza) dla silnika pracującego pod obciążeniem

Przyłożenie napięcia zasilania (U_1) powoduje przepływ prądu w stojanie (I_1) i wirniku (I_2), który jest ograniczony przez rezystancję w stojanie (R_1) i wirniku (R_2) oraz reaktancję w stojanie ($X_{1\sigma}$) i wirniku ($X_{2\sigma}$). Podczas gdy rezystancja jest niezależna od częstotliwości zasilania, reaktancja jest zależna, równanie 2.9:

$$X_L = 2 \times \pi \times f \times L \tag{2.9}$$

Gdzie: X_L = reaktancja [Ω], f = częstotliwość [Hz], L = indukcyjność [H]

Indukcyjności cewek wzajemnie na siebie wpływają za pomocą indukcji magnetycznej. Cewka (uzwojenie wirnika) indukuje prąd w cewce (uzwojeniu) stojana i odwrotnie. Ten wzajemny efekt oznacza, że dwa obwody elektryczne mogą być połączone za pomocą wspólnego elementu składającego się z R_{2Fe} i X_h, które są nazywane oporem poprzecznym i reaktancją poprzeczną. Prąd pobierany przez silnik w celu namagnesowania stojana i wirnika przepływa przez ten wspólny element. Spadki napięcia na „poprzecznym łączniku" to napięcie indukcyjne (U_q). Ponieważ R_{2Fe} jest bardzo duże to jest pomijane w poniższych wyjaśnieniach (zobacz też Rys. 2.13).

Praca standardowa silnika

Gdy silnik pracuje w swoim normalnym zakresie roboczym, częstotliwość wirnika jest, ze względu na poślizg, niższa niż częstotliwość pola wirującego. Na schemacie obwodu równoważnego przedstawionego na Rys. 2.13 efekt ten jest opisany przez zmianę rezystancji wirnika R_2 i współczynnik 1/s. R_2/s można wyrazić jako: R2 + R2 × (1 – s)/s, gdzie R_2 × (1 – s)/s reprezentuje obciążenie mechaniczne silnika.

Sytuacja bez obciążenia

Poślizg s jest mały przy pracy bez obciążenia (biegu jałowym). Oznacza to, że R_2 × (1 – s)/s jest duże. W konsekwencji przez wirnik nie może płynąć prawie żaden prąd. W idealnym przypadku jest to porównywalne z usunięciem rezystora reprezentującego obciążenie mechaniczne z obwodu równoważnego.

Napięcie indukowane (U_q) jest często mylone z napięciem na zaciskach silnika. Wynika to z uproszczenia schematu obwodu równoważnego, aby ułatwić zrozumienie różnych warunków silnika. Niemniej napięcie indukowane odpowiada w przybliżeniu napięciu zacisków w trybie bez obciążenia.

Sytuacja zablokowanego wirnika

Poślizg wzrasta, gdy silnik pracuje pod obciążeniem. Dlatego, R_2 × (1 – s)/s będzie się zmniejszać. Gdy wirnik jest zablokowany, poślizg wynosi 1, a zatem prąd, który rośnie wraz z obciążeniem, osiąga swoje maksimum.

Schemat równoważny obwodu odpowiada zatem warunkom mającym zastosowanie do silnika indukcyjnego w normalnej praktyce. Niemniej może być stosowany w wielu przypadkach do opisu warunków w silniku.

2.3.5 Zmiana prędkości

Prędkość silnika n [obr/sek] zależy od prędkości obrotowej pola magnetycznego i można ją wyrazić wzorami 2.10 i 2.11. Dla obliczenia prędkości obrotowej wału w [obr/min] trzeba zastosować współczynnik × 60. Warto tu zauważyć, że zmiana prędkości silnika poprzez zmianę częstotliwości napięcia zasilania jest zależnością liniową, a więc bardzo łatwą do realizacji technicznej.

$$n[\mathrm{obr/sek}] = n_0[\mathrm{obr/sek}] - n_s[\mathrm{obr/sek}] = \frac{(1-s)f}{p} \tag{2.10}$$

$$n[\mathrm{obr/min}] = \frac{(1-s)f \times 60}{p} \tag{2.11}$$

Prędkość silnika można zatem zadawać poprzez zmianę:

- liczby par biegunów p silnika (np. silniki z przełączaniem biegunów),
- poślizg silnika (np. silniki pierścieniowe),
- częstotliwość napięcia zasilania silnika f.

Możliwości technicznej realizacji zmiany prędkości obrotowej silników indukcyjnych wynikające z równania 2.10 przedstawia Rys. 2.14, gdzie: n - oznacza obroty na sekundę, s - poślizg (s = $n_0 - n/n_0$), f - częstotliwość napięcia zasilania silnika, p - liczba par biegunów. Godnym zauważenia jest fakt, że prędkość obrotowa wału silnika jest wprost proporcjonalna do częstotliwości napięcia zasilania. Ta liniowa zależność umożliwia wygodne sterowanie i obliczanie prędkości silnika.

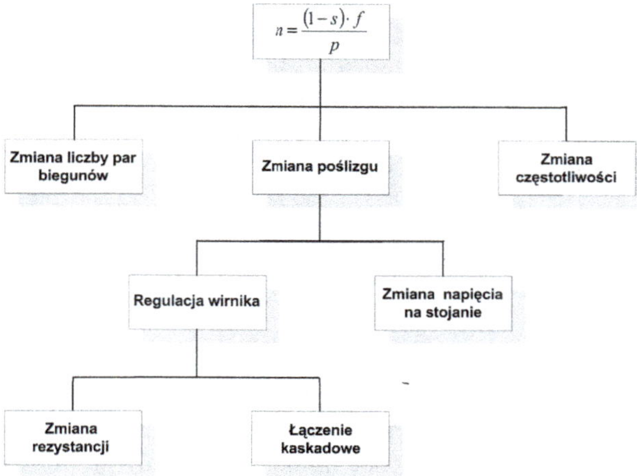

Rys. 2.14: Różne możliwości zmiany prędkości silnika

Sterowanie liczbą par biegunów

Prędkość obrotowa pola magnetycznego jest określana przez liczbę par biegunów w stojanie. W przypadku silnika dwubiegunowego prędkość obrotowa pola magnetycznego wynosi 3000 obr/min przy częstotliwości zasilania silnika 50 Hz. W przypadku silnika czterobiegunowego (dwie pary biegunów magnetycznych stojana, Rys. 2.3) prędkość wynosi 1500 obr/min, zobacz też Rys. 2.15.

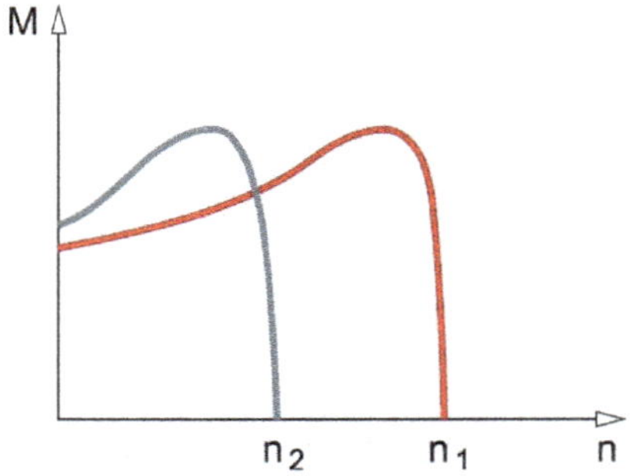

Rys. 2.15: Charakterystyka momentu obrotowego przy zmianie liczby biegunów w stojanie silnika

Silniki mogą być zaprojektowane tak, aby miały dwie lub więcej różnych liczb par biegunów. Odbywa się to poprzez zastosowanie specjalnego układu uzwojeń stojana (uzwojenie Dahlandera) w szczelinach i/lub poprzez zastosowanie większej liczby oddzielnych i izolowanych uzwojeń w szczelinie.

Prędkość zmienia się poprzez przełączanie uzwojeń stojana w celu zmiany liczby par biegunów w stojanie. Poprzez przełączanie z małej liczby par biegunów (wysoka prędkość) na dużą liczbę par biegunów (mała prędkość), rzeczywista prędkość silnika może zostać drastycznie zmniejszona, na przykład z 1500 do 750 obr/min. Przy szybkim przełączaniu z wyższej na niższą prędkość silnik pracuje w zakresie regeneracyjnym. Stanowi to znaczne obciążenie dla silnika i mechanizmu napędzanej maszyny, co może spowodować uszkodzenie silnika i maszyny.

Sterowanie poślizgiem

Sterowanie prędkością silnika za pomocą poślizgu może odbywać się na dwa różne sposoby: albo poprzez zmianę napięcia zasilania stojana, albo poprzez modyfikację wirnika. Należy wspomnieć, że te metody wiążą się ze znacznymi stratami ciepła. W razie potrzeby należy zapoznać się z innymi źródłami informacji.

Sterowanie wirnikiem

Sterowanie prędkością silnika za pomocą wirnika może odbywać się na dwa różne sposoby:

- rezystory są wstawiane do obwodu wirnika. Tego typu silniki nazywane są silnikami „pierścieniowymi". Wadą tej metody są większe straty mocy w obwodzie wirnika,
- obwody wirnika są kaskadowane z innymi maszynami elektrycznymi lub obwodami prostownika. Obwód wirnika jest następnie podłączony za pomocą pierścieni ślizgowych do maszyn prądu stałego lub do obwodów prostownika sterowanego, zamiast rezystorów. Maszyna prądu stałego zasila obwód wirnika dodatkowym napięciem o regulowanej wartości, co umożliwia zmianę prędkości wirnika i magnesowanie.

Sterowanie częstotliwością

Przy zasilaniu silnika napięciem o zmiennej częstotliwości możliwe jest sterowanie prędkością wału napędowego przy niewielkich dodatkowych stratach. Prędkość obrotowa pola magnetycznego stojana, a zatem i prędkość wirnika, zmienia się wraz z częstotliwością. Aby utrzymać moment obrotowy silnika na stałym poziomie, napięcie silnika musi zmieniać się wraz z częstotliwością, jak pokazano na Rys. 2.16. Przy stałym stosunku napięcia zasilania silnika do częstotliwości, magnesowanie stojana jest również stałe do osiągnięcia znamionowej prędkości n_n i umożliwia zapewnienie momentu nominalnego M_n silnika w całym zakresie prędkości.

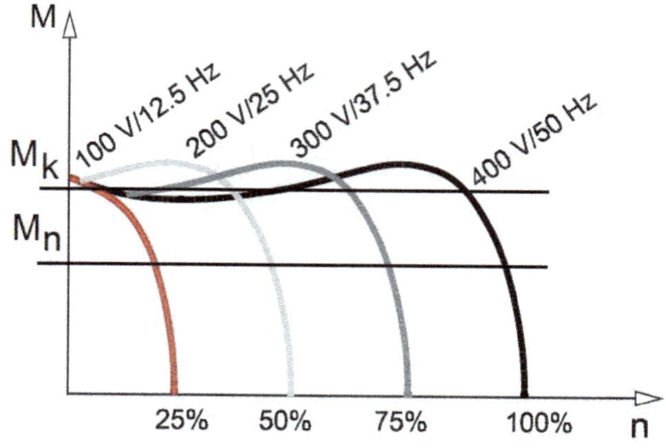

Rys. 2.16: Charakterystyki momentu obrotowego ze sterowaniem napięcia i częstotliwości

Przy małej prędkości współczynnik u/f musi zostać dostosowany, aby zrekompensować straty rezystancyjne stojana. W tym zakresie prędkości może być wymagane zwiększone wymuszone chłodzenie (wentylator silnika o wydajności niezależnej od prędkości wału silnika).

2.3.6 Tabliczka znamionowa silnika i konfiguracja gwiazdy lub trójkąta uzwojeń stojana

Zwykle silnik ma tabliczkę znamionową, na której znajdują się wszystkie niezbędne dane silnika, Rys. 2.17. Dodatkowe dane są dostępne w katalogu silników lub można je uzyskać od producenta.

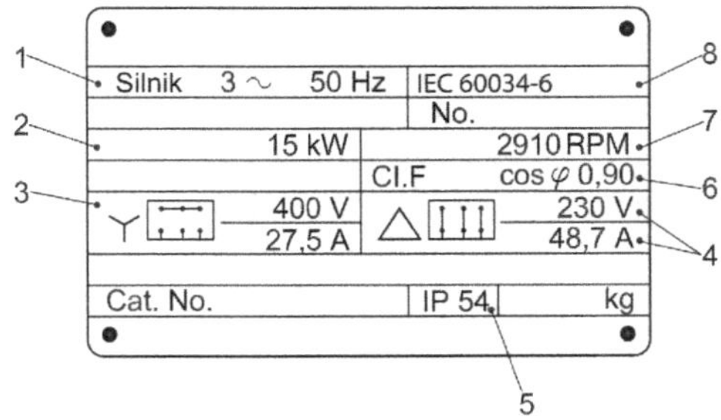

Rys. 2.17: Tabliczka znamionowa silnika zawiera podstawowe dane

Na tabliczce znamionowej znajdują się następujące informacje:

1. jest to silnik prądu przemiennego trójfazowego o częstotliwości znamionowej 50 Hz,
2. moc znamionowa wyjściowa (na wale) wynosi 15 kW,
3. uzwojenia stojana można łączyć w gwiazdę przy napięciu znamionowym 400 V i prądzie znamionowym 27,5 A,
4. alternatywnie uzwojenia stojana można połączyć w trójkąt przy napięciu znamionowym 230 V i prądzie znamionowym 48,7 A,
5. silnik posiada stopień ochrony IP54,
6. klasa izolacji F 155°C i współczynnik mocy ($cos\varphi$) wynoszący 0,90,
7. prędkość znamionowa 2910 obr/min (silnik dwubiegunowy), to prędkość silnika przy znamionowym napięciu, znamionowej częstotliwości i znamionowym obciążeniu,
8. spełnia normy IEC 60034-6.

Niektóre dane silnika (moment obrotowy, sprawność itp.) można obliczyć, korzystając z danych z tabliczki znamionowej. Na przykład współczynnik mocy można wykorzystać do obliczenia składowych czynnych i biernych prądu silnika.

Z tabliczki znamionowej silnika 2.17 wynika, że silnik pobiera prąd 27,5 A przy zasilaniu napięciem 3x400 V/50 Hz i dostarcza do wału napędowego, wirującego z prędkością obrotową 2910 obr/min, moc czynną 15 kW. Stąd wyznaczony jest znamionowy moment obrotowy silnika:

$$\mathrm{M[Nm]}=9{,}55 \cdot (\mathrm{P[W]} \div \mathrm{n[obr/min]}) = 49{,}23\ \mathrm{Nm}$$

Należy zwrócić uwagę na znamionowe napięcie silnika w układzie gwiazda-trójkąt. Jeśli napięcie zasilania jest wyższe niż znamionowe napięcie w stosowanej konfiguracji, silnik ulegnie uszkodzeniu. Samo połączenie można często zmienić, przestawiając zworki na zaciskach puszki silnika, Rys. 2.18.

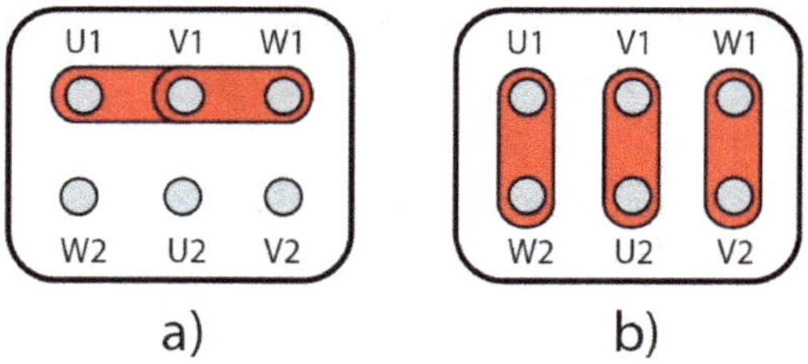

Rys. 2.18: - Konfiguracja uzwojeń stojana silników: w gwiazdę a) i trójkąt b), poprzez zworki na bloku zaciskowym

W połączeniu uzwojeń stojana w trójkąt, Rys. 2.19 b), pełne napięcie zasilania (napięcie międzyfazowe, U_{ff}) jest przyłożone do każdej fazy silnika, dlatego prąd w uzwojeniach (I_p) jest zwiększony o współczynnik $\sqrt{3}$. W połączeniu w gwiazdę, Rys. 2.19 a) prąd fazowy I_f jest utrzymywany w uzwojeniach stojana, a napięcie zasiania uzwojeń (U_p) zmniejsza się o $\sqrt{3}$. Moc silnika jest taka sama niezależnie od połączenia, ponieważ napięcia zasilania uzwojeń stojana są różne.

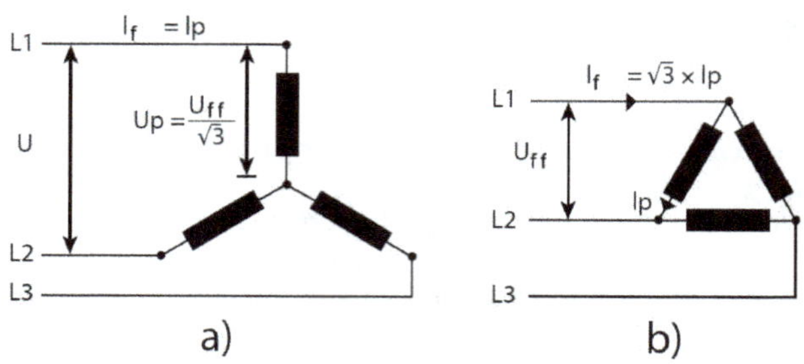

Rys. 2.19: Rozkład prądu i napięcia w konfiguracji: a) gwiazdy i b) trójkąta

W połączeniu uzwojeń w trójkąt napięcia $U_{ff}= U_p$, więc silnik musi być przystosowany do napięcia sieci zasilającej. Oznacza to, że dla połączenia uzwojeń stojana w trójkąt w sieci 400 V, silnik przy połączeniu uzwojeń stojana w gwiazdę trzeba zasilać napięciem 690 V aby uzyskać tę samą moc. Tak zwane rozruszniki gwiazda/trójkąt wykorzystują to zachowanie w celu zmniejszenia prądu rozruchowego silnika. Podczas rozruchu silnik będzie podłączony w gwiazdę, zmniejszając prąd, moc i moment obrotowy do jednej trzeciej. Po przyspieszeniu silnika połączenie zostanie zmienione na trójkąt.

Napięcia silników w katalogach są często podawane dla połączeń uzwojeń w gwiazdę i w trójkąt (przykład: 400/230 V Y/Δ lub 690/400 V Y/Δ). Napięcia te są napięciami międzyfazowymi. Niższe napięcie zawsze odpowiada połączeniu uzwojeń w trójkąt, a wyższe w połączeniu uzwojeń w gwiazdę.

Zależność natężenia prądu jest odwrotna: mniejsze natężenie prądu odpowiada konfiguracji gwiazdy, a większe natężenie prądu odpowiada konfiguracji trójkąta.

2.4 Silniki synchroniczne

Silniki synchroniczne charakteryzują się tym, że wirnik obraca się z prędkością zgodną z prędkością pola magnetycznego generowanego przez uzwojenia stojana. Konstrukcja stojana często przypomina tę stosowaną w silnikach indukcyjnych z rozproszonymi uzwojeniami. Niektórzy producenci decydują się na użycie koncentrycznych uzwojeń, co pozwala na bardziej kompaktową budowę oraz zmniejszenie zużycia miedzi. Jednakże, oszczędności energetyczne wynikające z ograniczonego użycia miedzi mogą być zniwelowane przez dodatkowe straty, które są efektem występowania harmonicznych w strumieniu szczeliny powietrznej wynikających z konstrukcji, Rys. 2.20.

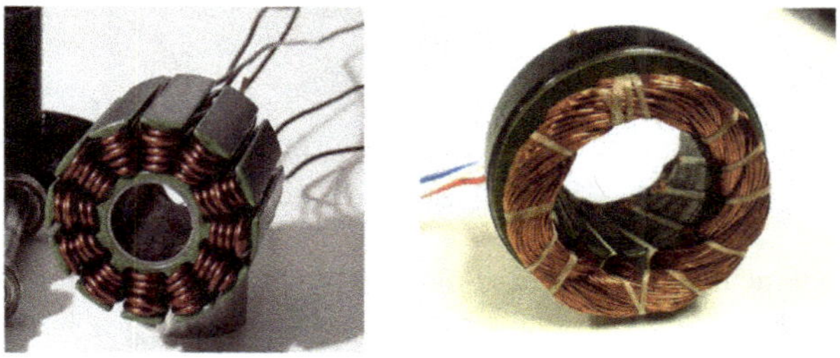

a) b)

Rys. 2.20: Rodzaje uzwojeń stojana silników synchronicznych z magnesami stałymi: a) uzwojenia skupione, b) uzwojenia rozproszone

Moment obrotowy wytwarzany przez silnik synchroniczny wynika z dwóch źródeł: interakcji między strumieniem stojana a momentem magnesu trwałego oraz z asymetrii konstrukcji silnika, zwanej momentem saliencji (ang. saliency torque).

Typy silników można analizować, biorąc pod uwagę dwa kluczowe wskaźniki:

- **saliencja** wyraża wpływ asymetrii silnika na indukcyjność, definiowana jako stosunek najwyższej do najniższej indukcyjności,
- **wzór** M_{pm}/M_c określa udział momentu magnesu trwałego w całkowitym momencie obrotowym.

Główne typy silników synchronicznych to: silniki z magnesami montowanymi powierzchniowo SPM (ang. surface mounted magnets), silniki z magnesami montowanymi wewnętrznie IPM (ang. interior mounted magnets), silniki reluktancyjne synchroniczne SynRM (ang. synchronous reluctance motor) oraz silniki reluktancyjne synchroniczne wspomagane magnesami trwałymi PMaSynRM (ang. permanent magnet assisted synchronous reluctance motor). Każdy z nich różni się pod względem saliencji oraz udziału magnesów trwałych w całkowitym momencie obrotowym M_{pm}/M_c, jak pokazano na Rys. 2.21.

Jeśli chcesz pogłębić wiedzę na temat silników synchronicznych, polecam następujące źródła: [25], [7].

Uwagi dotyczące sterowania

Podczas sterowania silnikami nie zawsze konieczne jest rozróżnienie między silnikami IPM i PMaSynRM. Kluczowe właściwości to:

- w SPM całość momentu obrotowego pochodzi od strumienia magnesu trwałego wirnika, zatem $M_{pm}/M_c = 1$, a saliencja = 1,
- w SynRM brak magnesu w wirniku oznacza, że $M_{pm}/M_c = 0$, a moment obrotowy jest generowany przez moment reluktancyjny, przy wysokiej saliencji,
- silniki IPM mają M_{pm}/M_c>0,5, natomiast PMaSynRM mają $M_{pm}/M_c < 0{,}5$.

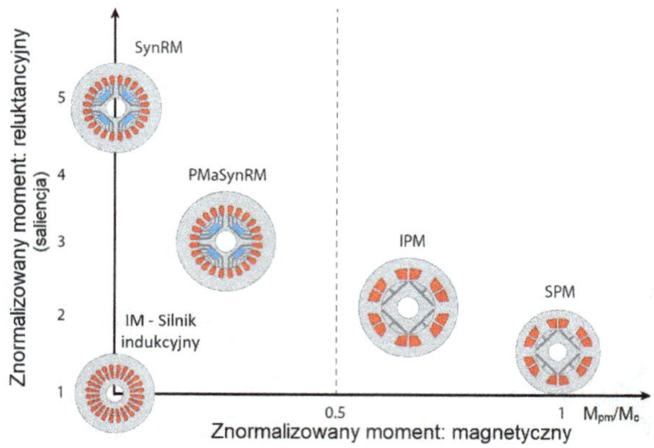

Rys. 2.21: Względny moment reluktancyjny i moment magnetyczny wybranych typów silników. W maszynach indukcyjnych (IM) nie ma magnesu trwałego, zatem $M_{pm}/M_c = 0$. Geometria IM nie zapewnia anizotropii, zatem saliencja = 1

2.4.1 Silniki z magnesami trwałymi PM

Najprostszym sposobem budowy silnika z magnesami trwałymi PM (ang. permanent magnet motor) jest zastąpienie wirnika klatkowego silnika indukcyjnego wirnikiem z magnesami trwałymi. Po przyłożeniu odpowiedniego napięcia do stojana w szczelinie powietrznej powstaje wirujące pole magnetyczne, które prowadzi wirnik z prędkością synchroniczną. W przypadku zbyt dużej różnicy prędkości między wirnikiem a polem magnetycznym, silnik traci synchronizację i zatrzymuje się, dlatego wymagany jest odpowiedni regulator.

Silniki PM są często stosowane w aplikacjach serwo, gdzie wymagana jest szybka i precyzyjna praca. Są one zazwyczaj smukłe i długie, co zmniejsza ich bezwładność. W przypadku zastosowań wymagających wysokiej sprawności, zasada działania silników PM została przeniesiona do zastosowań z silnikami o rozmiarach ram wg. norm IEC.

Aby dokładnie sterować silnikiem, sterownik musi znać kąt wirnika. W większości zastosowań wystarczające są strategie bezczujnikowe, ale w przypadku serwo o wysokiej dynamice używane są zewnętrzne urządzenia sprzężenia zwrotnego, takie jak enkodery.

Na schemacie zastępczym Rys. 2.22 magnesy są reprezentowane przez źródło napięcia U_p, ponieważ obrót wirnika indukuje napięcie w stojanie. To napięcie nazywa się wsteczną siłą elektromotoryczną SEM (ang. EMF back electromotive force). Brak poślizgu, rezystancji i indukcyjności wirnika oznacza, że w wirniku nie powstają straty, co skutkuje wysoką sprawnością, bliską jedności.

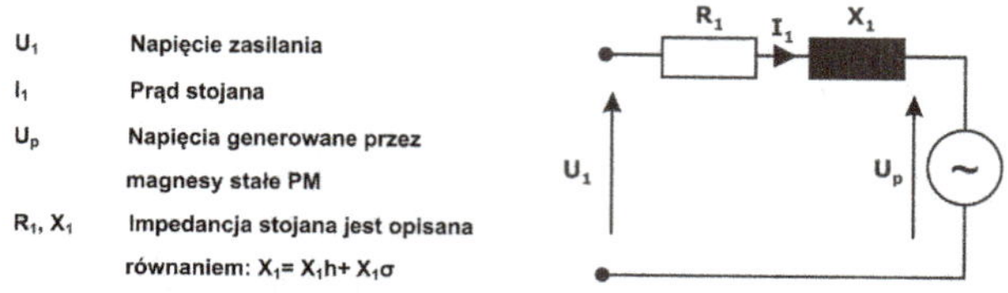

Rys. 2.22: Schemat zastępczy uproszczonego obwodu silnika PM

Silniki PM można podzielić na te z magnesami umieszczonymi na powierzchni wirnika SPM oraz te z magnesami umieszczonymi wewnętrznie IPM. Różnice w umieszczeniu magnesów wpływają na kształt pola magnetycznego, co opisywane jest przez indukcyjności L_d i L_q, Rys. 2.23.

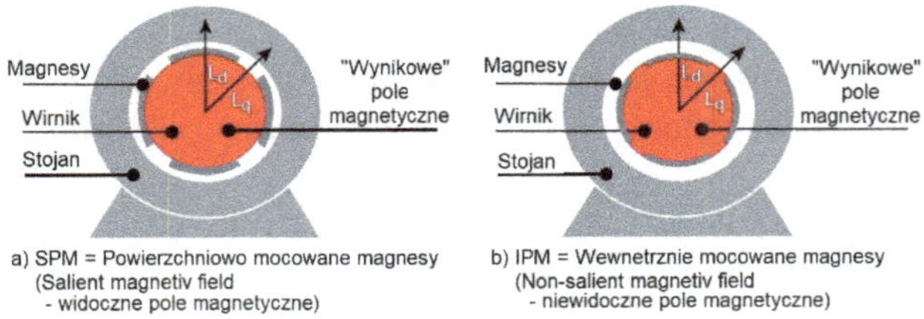

Rys. 2.23: Umieszczenie magnesów a) SPM i b) IPM

W silnikach SPM L_d i L_q są równe, co oznacza ograniczoną asymetrię magnetyczną. W silnikach IPM różnice w L_d i L_q na skutek występowania saliencji, prowadzą do powstawania dodatkowego momentu reluktancyjnego, co co powoduje rozszerzenie zakresu osłabiania strumienia.

Uwaga dodatkowa

Porównanie schematów zastępczych silników indukcyjnych i synchronicznych PM (Rys. 2.13 i Rys. 2.22) prowadzi do wniosku, że w silnikach synchronicznych PM impedancja obciążenia jest mniejsza w porównaniu do silników klatkowych. W celu zapewnienia kompatybilności z napędami AC dla silników indukcyjnych, konieczne jest zastosowanie dodatkowego dławika w każdej fazie, co zwiększa impedancję obciążenia widzianą od strony napędu AC. W prostszych aplikacjach takie rozwiązanie może być wystarczające, np. w napędach o nieregulowanej prędkości wentylatorów z silnikami synchronicznymi o rozruchu bezpośrednio z sieci zasilania LSPM (ang. line start PM motor).

Przeciwna siła elektromotoryczna SEM

Silnik z magnesami trwałymi PM podczas obrotu wału generuje napięcie na swoich zaciskach, znane jako siła elektromotoryczna samoindukcji SEM. SEM jest istotnym parametrem wpływającym na działanie silnika, ponieważ jego wartość wpływa na efektywność energetyczną urządzenia. Wyższa wartość SEM jest często związana z większą sprawnością silnika, ponieważ mniejsze straty energii występują przy tym samym obciążeniu.

Kształt SEM zależy od konstrukcji silnika, w szczególności od konfiguracji i rozmieszczenia uzwojeń. Może przybierać formę trapezową lub sinusoidalną. W przypadku trapezowego kształtu SEM stosuje się komutację blokową, która jest łatwa do wdrożenia w układach elektronicznych. Niemniej, metoda ta ma swoje wady, takie jak generowanie szumów elektromagnetycznych i tętnienia momentu obrotowego [17].

Silniki z magnesami trwałymi często wyróżniają się sinusoidalnym kształtem SEM i są sterowane za pomocą modulacji sinusoidalnej napięcia stojana, co zapewnia płynną i wydajną pracę silnika.

Warto zauważyć, że silnik generuje napięcie nie tylko podczas normalnej pracy, ale również w sytuacjach, gdy napęd prądu przemiennego (napęd AC) jest odłączony od sieci zasilającej, np. podczas awarii lub wyłączenia. Energia generowana przez silnik może być wystarczająca do zasilania innych urządzeń, jeśli wał silnika nadal się obraca, jak to może mieć miejsce w przypadku biegu jałowego. Napięcie potrzebne do zasilania napędu zależy od napięcia sieci, do którego napęd został zaprojektowany.

Przykład I

Jaka jest dopuszczana prędkość obrotowa silnika PM z SEM o wartości skutecznej 200 V. Napędu AC jest zasilany z sieci jednofazowej o napięciu 230 V. Wymagane napięcie szyny DC przekształtnika napędowego ma nie przekraczać jego wartości nominalnej 320 V, równanie 2.12.).

Z ang. RMS - root mean square, także oznacza wartość skuteczną, która nazywana też wartością średnią kwadratową.

$$
\begin{aligned}
n_{krytyczne2} &= \frac{U_{DCnom}}{U_{zwrotnaSEM1000\ [obr/min]\times\sqrt{2}}} \times 1000\ [obr/min] \\
&= \frac{320\ V}{200\ V \times \sqrt{2}} \times 1000\ [obr/min] = 1134\ [obr/min]
\end{aligned}
\tag{2.12}
$$

Wyjaśnienia:

DC link: obwód pośredni prostownik - falownik

W napędach AC z falownikiem napięciowym, DC link to jest zwykle dwójnik z dławikiem przyłączonym do prostownika i baterii kondensatorów będącej pośrednim magazynem energii, Rys. 3.2.

To część napędu AC, która przechowuje energię w postaci prądu stałego DC pomiędzy prostownikiem a falownikiem. W skrócie, jest to sekcja, która magazynuje energię elektryczną, zanim zostanie ona przekształcona z powrotem na prąd przemienny przez falownik, aby zasilić silnik.

W tym przypadku, podana wartość napięcia linku DC wynosi 320 V, co oznacza, że jest to napięcie, które uzyskujemy po wyprostowaniu jednofazowego napięcia zasilania AC 230 V (230 V$\times\sqrt{2}$ = 320 V).

Problematyka SEM i napięcia DC zasilania falownika:

Silnik PM generuje napięcie SEM, które w tym przykładzie wynosi 200 V RMS. SEM jest napięciem, które silnik generuje, gdy obraca się, nawet jeśli zasilanie napędu jest wyłączone. Jeśli silnik pracuje z bardzo dużą prędkością i napęd zostanie nagle wyłączony, pełne napięcie SEM może być przekazane do zacisków napędu AC. To napięcie może przekroczyć wartość, którą DC link jest w stanie bezpiecznie utrzymać, co może prowadzić do uszkodzenia napędu.

Zagrożenia i konsekwencje:

Jeżeli napięcie generowane przez silnik (SEM) przekroczy dopuszczane napięcie DC linku, to może dojść do uszkodzenia komponentów napędu AC. Dlatego bardzo ważne jest, aby znać maksymalne dozwolone napięcie dla DC linku i ustawić ograniczenia prędkości silnika w taki sposób, aby uniknąć przekroczenia tych wartości.

Podsumowując, zadanie wyjaśnia, jak istotne jest prawidłowe zrozumienie i zarządzanie napięciem SEM w kontekście pracy z napędami AC, aby uniknąć sytuacji, w której nadmierne napięcie mogłoby uszkodzić system.

Przykład II

Mamy następujące dane: Napięcie przemienne sieci zasilania: 3 × 400 V, Napięcie SEM przy 1000 obr/min ma wartość skuteczną: 100 V, Krytyczne napięcie obwodu DC napędu wynosi: 1000 V.

Podstawiając dane do równania:

$$\begin{aligned} n_{krytyczne2} &= \frac{U_{DCkrytyczne}}{U_{zwrotnaSEM1000[obr/min]\times\sqrt{2}}} \times 1000\ [obr/min] \\ &= \frac{1000\ V}{100\ V \times \sqrt{2}} \times 1000\ [obr/min] = 7071\ [obr/min] \end{aligned} \tag{2.13}$$

Wyjaśnienia:

Krytyczna prędkość:
Obliczona prędkość krytyczna wynosi 7071 [obr/min]. Jest to maksymalna prędkość, przy której silnik może pracować, zanim napięcie SEM osiągnie wartość krytyczną 1000 V dla DC link, co mogłoby uszkodzić napęd.

Zastosowanie rezystora hamulcowego:
Aby uniknąć przekroczenia napięcia krytycznego, można zastosować rezystor hamulcowy, który pozwala na rozproszenie nadmiarowej energii, gdy silnik działa jako generator (np. podczas hamowania lub pracy z prędkością powyżej wartości krytycznej).

Dodatkowe informacje
Brak Standardów dla SEM: Producenci silników często nie stosują jednolitych standardów dla podawania wartości SEM. Niektórzy odnoszą się do 1000 [obr/min], inni do prędkości znamionowej silnika.

Obliczenia dla SEM:
Aby obliczyć napięcie SEM, można użyć współczynnika (k_e) określanego przez producenta silnika i równania:
$U_{\text{SEM}} = k_e \times \frac{1000}{60} \times 2\pi$

Konwersja jednostek:
Jeśli wartość SEM jest podana w radianach, należy ją przeliczyć na [obr/min]. Dodatkowo, jeśli podane są wartości szczytowe napięcia, należy je podzielić przez ($\sqrt{2}$), aby uzyskać wartość skuteczną RMS:
$U_{\text{sk}} = \frac{U_{\text{maks}}}{\sqrt{2}}$

Wnioski:

Zrozumienie i zarządzanie wartościami SEM oraz zastosowanie odpowiednich środków, takich jak rezystor hamulcowy, jest kluczowe dla bezpiecznej pracy silnika przy różnych prędkościach. Warto również zwracać uwagę na różnice w sposobie prezentacji danych technicznych silników przez różnych producentów.

Zakres momentu obrotowego i prędkości

Moment obrotowy silnika z magnesach trwałych (PM) jest proporcjonalny do prądu płynącego przez jego uzwojenia, podczas gdy prędkość obrotowa jest proporcjonalna do częstotliwości napięcia zasilania. Aby uzyskać nominalny moment obrotowy i prędkość, konieczne jest dostarczenie określonego napięcia. Jeśli napęd AC jest zdolny do dostarczenia wyższego napięcia, możliwe jest zwiększenie prędkości silnika, co prowadzi do uzyskania wyższej mocy przy zachowaniu stałego momentu obrotowego.

Kiedy napięcie osiąga swój maksymalny poziom, silnik przechodzi do pracy w obszarze osłabienia pola. Funkcjonowanie w tym trybie jest możliwe tylko przy zastosowaniu odpowiednich napędów AC, które są w stanie poradzić sobie z pracą w warunkach osłabienia pola. Należy również upewnić się, że mechanika silnika i jego izolacja jest przystosowana do wyższych prędkości oraz wytrzymuje wyższe napięcia.

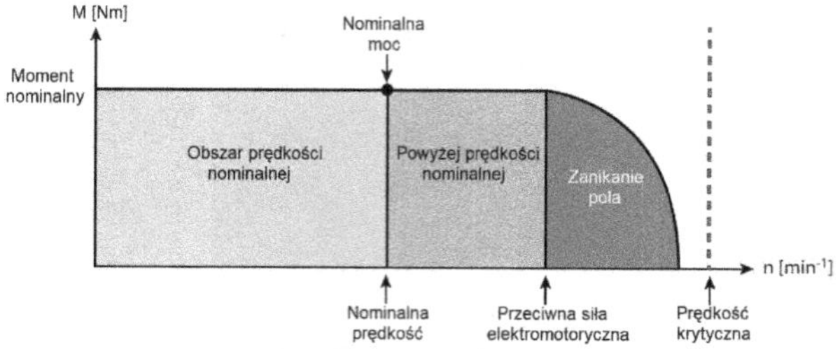

Rys. 2.24: Praca w strefie osłabienia pola

Największym ryzykiem związanym z pracą w obszarze osłabienia pola jest możliwość wyłączenia sterowania silnikiem przy zbyt dużej prędkości. Może to prowadzić do sytuacji, w której wysoka waetość siły elektromotorycznej SEM może uszkodzić napęd prądu przemiennego.

Alternatywnym sposobem na rozszerzenie zakresu prędkości silnika jest zmiana konfiguracji jego uzwojeń z gwiazdy na trójkąt, o ile silnik posiada taką możliwość. Podobnie jak w przypadku silników indukcyjnych, konfiguracja trójkąta skutkuje wyższym napięciem na uzwojeniach, ponieważ nie jest ono zmniejszane przez współczynnik 1,73 ($\sqrt{3}$), jak w przypadku konfiguracji gwiazdy, Rys. 2.24.

2.4.2 Silniki bezszczotkowe prądu stałego lub silniki elektronicznie komutowane

Silniki ECM - elektronicznie komutowane (ang. electronically commutated motor) i BLDC - bezszczotkowe silniki prądu stałego (ang. brushless DC motors) są różnymi nazwami dla tej samej technologii. W początkowym założeniu silników BLDC zasilano tylko dwie fazy napięciem trapezoidalnym, co prowadziło do 1,22-krotnie wyższego prądu w porównaniu do rozłożenia na trzy fazy. Do określania pozycji wirnika stosowano czujniki Halla. Jednakże ta koncepcja miała swoje wady, takie jak większe tętnienia momentu obrotowego i zwiększone straty w żelazie.

Zastosowanie i efektywność

W praktyce istnieje wiele różnych typów silników EC, obejmujących zarówno małe serwomotory o mocy kilku watów, jak i silniki używane w systemach automatyzacji budynków o mocy do około 10 kW. Silniki BLDC/ECM są ogólnie uważane za niezwykle wydajne, co jest szczególnie widoczne w przypadku bardzo małych urządzeń, które były ich pierwotnym obszarem zastosowania. W tych zastosowaniach są one wyraźnie bardziej efektywne niż silniki uniwersalne czy silniki z rozciętym biegunem, które mają sprawność około 30%.

Dla mocy powyżej kilku setek watów, ich sprawność jest porównywalna z standardowymi silnikami z magnesami trwałymi PM.

Wykorzystanie i wydajność w automatyzacji budynków

Nowoczesne silniki ECM korzystają z tych samych zasad sterowania co silniki PM. Są one często używane w budynkowych wentylatorach wyciągowych i nadmuchowych jako piasty, co prowadzi do stworzenia bardzo kompaktowych wentylatorów z wydajnymi silnikami. Jednak umieszczenie silnika wewnątrz wentylatora odśrodkowego może powodować turbulencje powietrza, obniżając całkowitą sprawność wentylatora.

Alternatywnie, zastosowanie wysoce wydajnych silników PM z napędami AC, może zwiększyć całkowitą sprawność systemu wentylacji o 5-7% w porównaniu do wentylatorów z silnikami EC.

2.4.3 Silnik z magnesami trwałymi i rozruchem bezpośrednim

Silnik LSPM z magnesami trwałymi PM i rozruchem przez bezpośrednie dołączenie do trójfazowej sieci zasilania jest hybrydą silnika indukcyjnego klatkowego z silnikiem z magnesami trwałymi, w której magnesy osadzone są wewnątrz klatki wirnika, Rys. 2.25 [18].

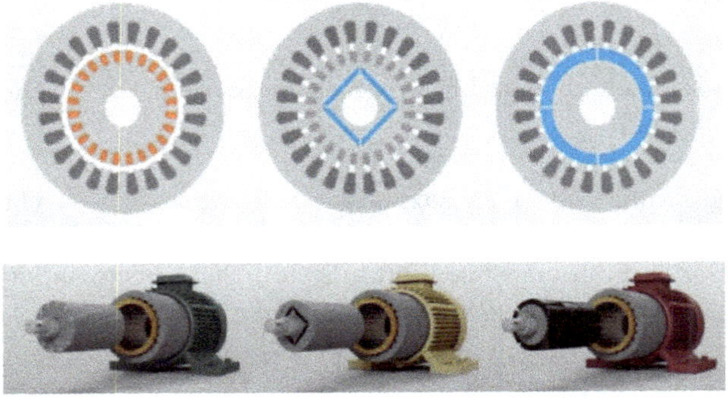

Rys. 2.25: Położenie magnesów w wirniku wpływa na charakterystykę momentu silnika

Po podłączeniu do sieci trójfazowej silnik rozwija moment obrotowy i przyspiesza jak standardowy silnik indukcyjny do prędkości bliskiej prędkości synchronicznej, jeśli moment obrotowy silnika jest większy niż moment obciążenia podczas przyspieszania. Gdy wirnik osiągnie prędkość wirującego pola, powstaje moment synchronizujący (moment reakcji) dzięki sprzężeniu magnetycznemu między wirującym polem stojana a biegunami wirnika, co powoduje, że wirnik staje się synchroniczny.

Po synchronizacji silnik nadal pracuje z prędkością synchroniczną. Ponieważ nie ma różnicy prędkości między polem magnetycznym a wirnikiem, w klatce nie indukuje się żaden prąd. Powoduje to wysoką sprawność przy dobrym współczynniku mocy. Gdy zachodzą zmiany obciążenia, klatka działa jak tłumik. Dzieje się tak również w przypadku, gdy silnik jest sterowany napędem AC, gdzie klatka wirnika może zmniejszyć sprawność silnika o około 5-10%, Rys. 2.26.

Jeśli silnik jest obciążony momentem obrotowym większym niż jego synchroniczny moment obrotowy, zostaje on wyprowadzony z synchronizmu i nadal pracuje jak silnik indukcyjny z prędkością zależną od obciążenia. W zależności od konstrukcji silnik jest bardziej lub mniej wrażliwy na sytuacje podnapięciowe, co może również skutkować wypadnięciem z synchronizmu. Ponowna synchronizacja następuje automatycznie, gdy moment obciążenia jest niższy niż moment synchronizujący wbudowanych magnesów. Jednakże wirnik zatrzyma się, jeśli silnik zostanie obciążony momentem obrotowym większym niż moment obrotowy indukowany przez klatkę wirnika.

Wadami tej koncepcji jest niekorzystny wpływ magnesów na moment rozruchowy silnika. Podczas rozruchu występują oscylacje momentu obrotowego i piki momentu obrotowego połączone z hałasem. Ponadto początkowy moment obrotowy jest mniejszy w porównaniu z silnikiem indukcyjnym, ponieważ magnesy tworzą ujemną składową momentu obrotowego zależną od ich umiejscowienia (Rys. 2.25).

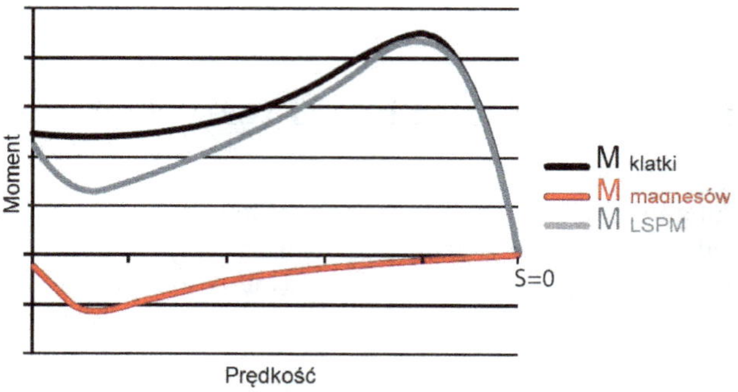

Rys. 2.26: Moment początkowy silnika LSPM jest zmniejszony w porównaniu do momentu obrotowego silnika klatkowego

Niskonapięciowe silniki LSPM są zazwyczaj stosowane w wentylatorach i pompach, dostępne są w zakresie mocy do około 10 kW, ale można je stosować również w aplikacjach o małej bezwładności obciążenia silnika, Rys. 2.26. Obecnie spotykane są już silniki o mocach przekraczających 1MW zasilane średnim napięciem.

2.4.4 Silniki reluktancyjne

Silniki reluktancyjne indukują nietrwałe bieguny magnetyczne na ferromagnetycznym wirniku. Ewolucja konstrukcji i obniżone koszty produkcji czynią je atrakcyjnym rozwiązaniem w porównaniu do silników indukcyjnych i silników z magnesami ziem rzadkich. Charakteryzują się większą mocą roboczą w stosunku do silników z magnesami trwałymi oraz wyższą sprawnością w porównaniu do silników indukcyjnych, osiągając klasę energetyczną od IE4 do IE5 [9]. Przewiduje się dalszy rozwój tych silników w najbliższych latach. Na Rys. 2.27 przedstawiono przykładowe 4-biegunowe wirniki tych silników: z klatką rozruchową, umożliwiającą rozruch bezpośrednio z sieci zasilającej lub bez klatki rozruchowej gdzie rozruch silnika dokonywany jest poprzez falownik umożliwiający sterowanie częstotliwością napięcia zasilania w czasie rozruchu silnika.

W celu ograniczenia pulsacji momentu napędowego i maksymalizacji sprawności, napięcie stojana powinno być modelowane odpowiednio do kształtu wirnika. Można wprowadzić dodatkowe harmoniczne do napięcia stojana maksymalizując wydajność silnika. Zastosowanie metod modyfikacji dostosowania napięcia stojana silnika reluktancyjnego z wykorzystaniem algorytmów uczenia maszynowego MLA (ang. machine learning algorithms) może tu być bardzo przydatne.

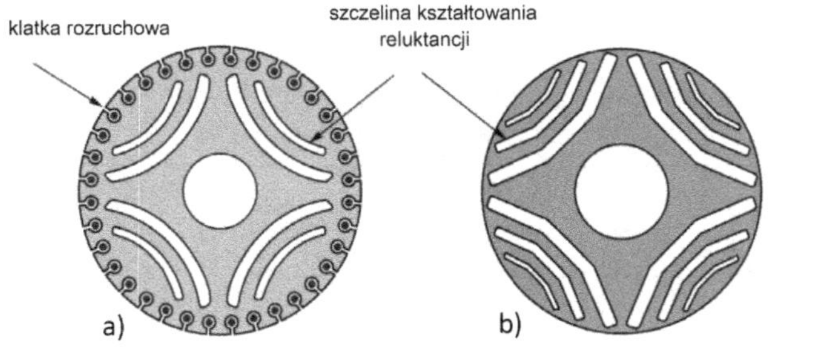

Rys. 2.27: 4-biegunowe wirniki silników reluktancyjnych: a) - z klatką rozruchową, b) - bez klatki rozruchowej [17]

Do wytworzenia ruchu wirnika tego typu silniki wykorzystują reluktancję magnetyczną, która jest również nazywana oporem magnetycznym. Podobnie jak w obwodach elektrycznych strumień magnetyczny podąża ścieżką najniższego oporu. Również jak w silnikach indukcyjnych, pole magnetyczne jest tworzone przez przyłożenie odpowiedniego napięcia do uzwojeń stojana. Wirnik obraca się w kierunku, w którym reluktancja magnetyczna jest minimalna. Jeżeli wirnik zostanie przesunięty z tego położenia, powstanie moment obrotowy, dążący do przywrócenia go do pozycji minimalnej reluktancji. Moment obrotowy, wynikający z siły magnetomotorycznej, zależy od relacji między indukcyjnościami w osi d i osi q, określanej jako współczynnik saliencji.

Współczynnik saliencji wynika bezpośrednio z konstrukcji laminacji wirnika. Wycięcia w laminacji wirnika są wykorzystywane do kształtowania równoważnej szczeliny powietrznej maszyny poprzez kontrolowanie ścieżek strumienia. Wpływają one również na zmianę indukcyjności osi d i osi q w funkcji prądu magnesowania. Ponieważ te wycięcia zwiększają wypadkową szczelinę powietrzną, wymagany jest wyższy prąd magnesowania, co prowadzi do zmniejszenia współczynnika mocy cosφ.

Jak pokazano na Rys. 2.28 maksymalny współczynnik mocy zależy od współczynnika saliencji L_d/L_q. Im wyższy współczynnik saliencji, tym lepszy staje się cosφ. Typowe konstrukcje współczesnych wirników mają współczynnik saliencji w zakresie od 4 do 10. Korzystając z zależności przedstawionej na Rys. 2.28 i zakładając współczynnik saliencji 10 otrzymujemy cosφ=0.82, jest to wartość typowa dla silników indukcyjnych klasy IE2. Dla osiągnięcia współczynnika mocy na poziomie 0.905 potrzeba uzyskać L_d/L_q=20, co jest dziś osiągalne dla silników małych mocy stosowanych w robotyce [9].

Osiągnięcie wysokiego współczynnika mocy, jak w silnikach indukcyjnych, jest trudne w przypadku silników reluktancyjnych (wymaga bardzo wysokiego współczynnika saliencji), jednak typowa sprawność energetyczna jest stosunkowo wysoka. Straty w wirniku powstają głównie przez harmoniczne pola magnetycznego w szczelinie powietrznej między stojanem a wirnikiem.

Zasada reluktancji została po raz pierwszy zastosowana około 1840 roku. Z czasem różne optymalizacje doprowadziły do powstania różnych konstrukcji wirników silników reluktancyjnych. W kolejnych rozdziałach opisano trzy najczęstsze rodzaje silników reluktancyjnych.

Na Rys. 2.29 przedstawiono czterobiegunowy wirnik silnika reluktancyjnego w położeniu maksymalnego momentu napędowego - oś d maksymalna a oś q minimalna oraz minimalnego momentu napędowego - oś q maksymalna a oś d minimalna. Wtedy przesunięcie kątowe osi d i q pola magnetycznego wirnika wynosi 45°. W tym rodzaju silnika im

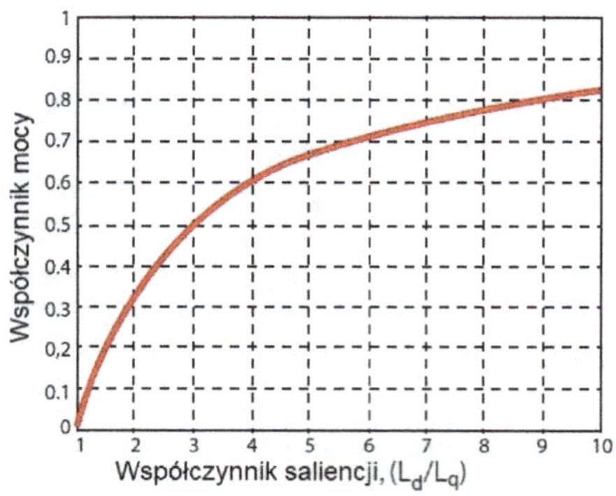

$$\cos\varphi = \frac{\frac{L_d}{L_q}-1}{\frac{L_d}{L_q}+1}$$

Rys. 2.28: Maksymalny współczynnik mocy w stosunku do współczynnika saliencji

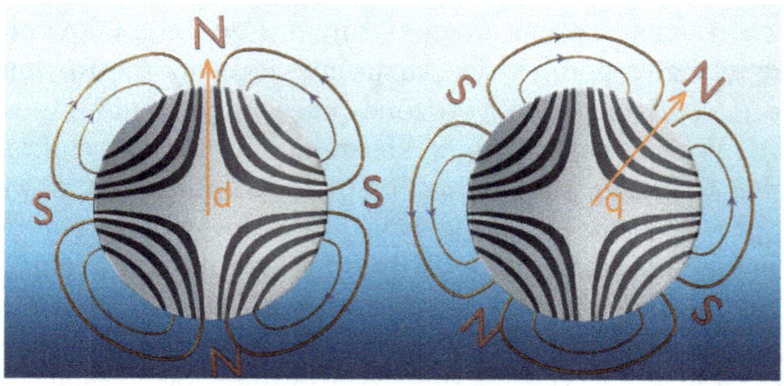

a) b)

Rys. 2.29: Wirnik silnika reluktancyjnego z wkładkami nieferromagnetycznymi w położeniu maksymalnego i minimalnego oddziaływania strumienia magnetycznego stojana na wirnik:
a) położenie wirnika w pozycji minimalnej reluktancji magnetycznej i maksymalizowania momentu napędowego, wektor d jest maksymalny
b) położenie wirnika w pozycji maksymalnej reluktancji magnetycznej i minimalizowania momentu napędowego, wektor q jest maksymalny

mniejszy jest moment silnika w położeniu wirnika q tym lepsze są właściwości napędowe silnika. Kompaktowość silników reluktancyjnych oraz relatywnie niskie koszty produkcji i eksploatacji wskazują, że może to być następca silników indukcyjnych w wielu aplikacjach.

Podstawowe korzyści ze stosowania tych silników reluktancyjnych w porównaniu do silnika klatkowego to:

- sprawność wyższa o ok. 4%,
- moment większy o 10 - 15%,
- prędkość silnika jest synchroniczna z polem magnetycznym stojana,
- mały współczynnik mocy cosφ nie oddziałuje na sieci zasilania, bo silnik jest dołączony do elektronicznego napędu AC, który pobiera z sieci zasilania jedynie moc czynną.

Dziś w samochodach elektrycznych mamy stosowane obydwa rodzaje silników: asynchroniczne klatkowe i synchroniczne reluktancyjne.

2.4.5 Synchroniczny silnik reluktancyjny z rozruchową klatką w wirniku

Stojan tego trójfazowego silnika reluktancyjnego jest identyczny z tym w standardowym trójfazowym silniku klatkowym. Konstrukcja wirnika jest zmodyfikowana przez usunięcie części prętów klatki wirnika i wycięcie szczelin biegunowych na obwodzie wirnika wykonanego ze sprasowanych blach. Szczeliny te są następnie wypełniane aluminium, a pozostałe pręty klatki są zwarte, Rys. 2.30.

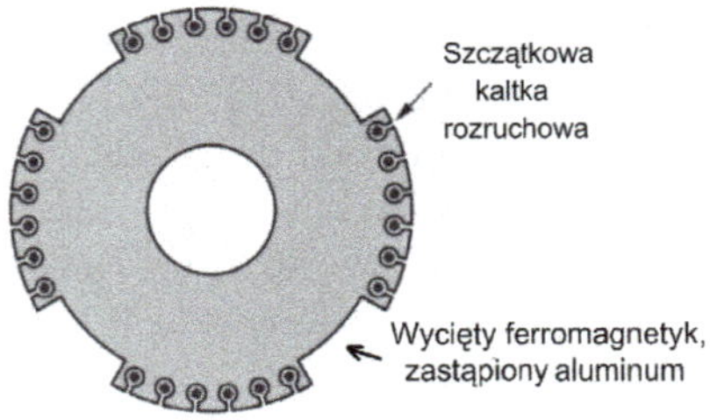

Rys. 2.30: Wirnik silnika reluktancyjnego ze szczelinami biegunowymi na obwodzie i szczątkową klatką rozruchową

Podobnie jak w przypadku silnika LSPM (zobacz też, sekcja 2.4.3), silnik ten przyspiesza do prędkości bliskiej prędkości synchronicznej po podłączeniu do sieci trójfazowej, jeśli moment obrotowy jest wystarczający dla obciążenia. Gdy prędkość obrotowa wirnika zbliża się do prędkości synchronicznej, wirnik zostaje zsynchronizowany i pracuje z prędkością synchroniczną mimo braku wzbudzenia wirnika, Rys. 2.31.

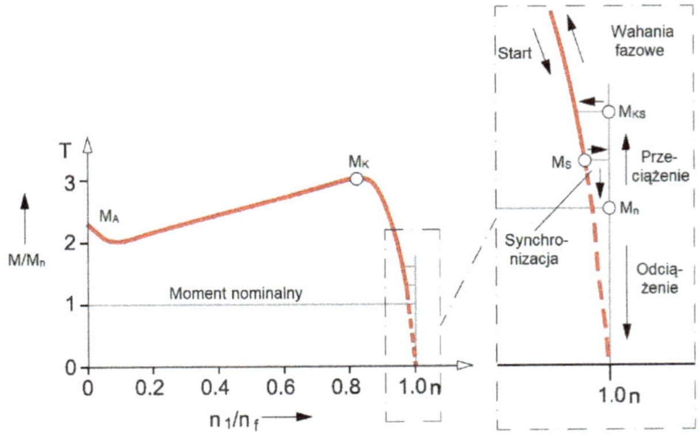

Rys. 2.31: Charakterystyka momentu obrotowego silnika reluktancyjnego

Pod obciążeniem, wystające bieguny wirnika opóźniają się w stosunku do pola stojana, wykazując poślizg. Ponownie, zachowanie jest podobne do silnika LSPM. Po synchronizacji, gdy moment obciążenia staje się zbyt duży, silnik traci synchronizm, i działa jak silnik indukcyjny. Automatycznie odzyskuje synchronizację, gdy moment obciążenia jest mniejszy niż moment synchronizujący.

Możliwość bezpośredniego rozruchu z sieci DOL (ang. direct on line) pracy z prędkością synchroniczną czyni ten silnik interesującym dla wielu zastosowań. Zakres mocy kończy się często na około 10 kW. Wadą jest zmniejszona sprawność, zwłaszcza podczas pracy z napędami AC, ponieważ uzwojenia wirnika działają jako dodatkowy tłumik (hamulec).

2.4.6 Synchroniczny silnik reluktancyjny

Konstrukcja nowej generacji silników reluktancyjnych SynRM skupia się na efektywności energetycznej. Ten wysoce efektywny typ silnika jest często omawiany, gdy mowa o silnikach reluktancyjnych synchronizowanych i nie powinien być mylony z silnikami reluktancyjnymi skupiającymi się na wysokiej gęstości pola magetycznego dla wytworzenia dużego momentu obrotowego lub możliwości uruchomienia bezpośrednio z sieci. Kluczem do efektywności jest nowa konstrukcja wirnika, Rys. 2.32.

Konstrukcja stojana i uzwojeń jest podobna do silnika indukcyjnego. Poprzez zastosowanie odpowiedniego napięcia do rozłożonych uzwojeń, tworzone jest pole harmoniczne, które powoduje niskie straty harmoniczne w stojanie. Ponadto konstrukcja wirnika jest zoptymalizowana, aby zredukować straty harmoniczne i pracować z niskimi tętnieniami momentu.

Ponieważ silnik nie może być uruchamiany bezpośrednio z sieci, wymagany jest napęd AC do sterowania silnikiem. Do magnesowania wycięć w laminacji wirnika silnika reluktancyjnego potrzebna jest wyższa moc pozorna niż w przypadku silnika indukcyjnego. Jeśli falownik i kondensatory w obwodzie pośrednim są odpowiednio dobrane, dostarczą dodatkowy prąd bierny. W takim przypadku sieć nie jest obciążana wyższą mocą bierną i gdyż indukcyjna moc bierna silnika, określona współczynnikiem mocy cosφ, jest bilansowana z pojemnością baterii kondensatorów obwodu pośredniego napędu AC.

Aby operować silnikiem, napęd AC musi odczytywać położenie kątowe wału wirnika, np. przez wykorzystanie enkodera absolutnego. W zależności od kąta, napęd zasila różne uzwojenia. Określenie położenia kąta wirnika często odbywa się bez użycia dodatkowych czujników, tzw. metodami bezczujnikowymi. Aby zapewnić sterowanie o wysokiej sprawności, falownik musi uwzględnić zależność L_d i L_q od warunków pracy, jak pokazano na Rys. 2.33.

Składowe indukcyjności wirnika silnika SynRM zmieniają się w zależności od obciążenia z powodu efektów nasycenia. Dlatego poszczególne indukcyjności L_d i L_q zależą od prądu I_d i I_q ($L_d(I_d, I_q)$ i $L_q(I_d, I_q)$). Indukcyjności są określane automatycznie przez przetwornicę częstotliwości podczas uruchamiania. Jeśli to się weźmie pod uwagę, możliwa jest bardzo wysoka sprawność energetyczna pracy silnika. W pewnym zakresie mocy duża sprawność przy niepełnym obciążeniu ma przewagę nad innymi koncepcjami.

Rys. 2.32: Specjalna konstrukcja laminacji wirnika zapewnia wysoką sprawność przy niskich tętnieniach momentu

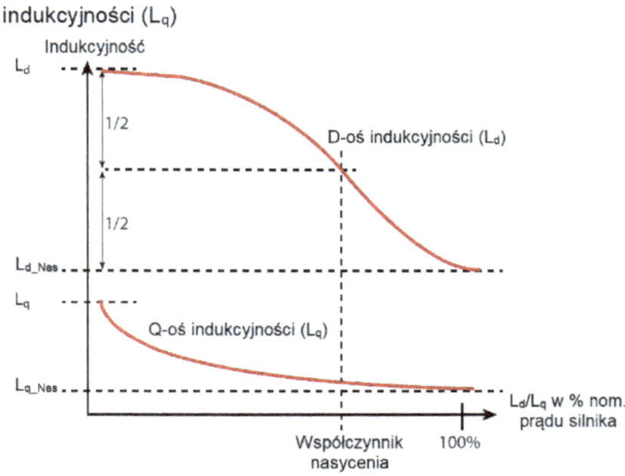

Rys. 2.33: Przykład relacji L_d/L_q do I_d/I_q

2.4.7 Silnik synchroniczny reluktancyjny wspomagany magnesami trwałymi

Silniki synchroniczne reluktancyjne wspomagane magnesami trwałymi PMaSynRM (ang. permanent magnet assisted synchronous reluctance motor) to odmiana silnika SynRM zbudowana poprzez dodanie słabych magnesów do geometrii wirnika, jak pokazano na Rys 2.34. Umiejscowienie magnesów może się różnić w zależności od konstrukcji, jednak ich zadaniem jest nasycenie żeber wirnika, co skutkuje zwiększeniem momentu obrotowego i poprawą współczynnika mocy.

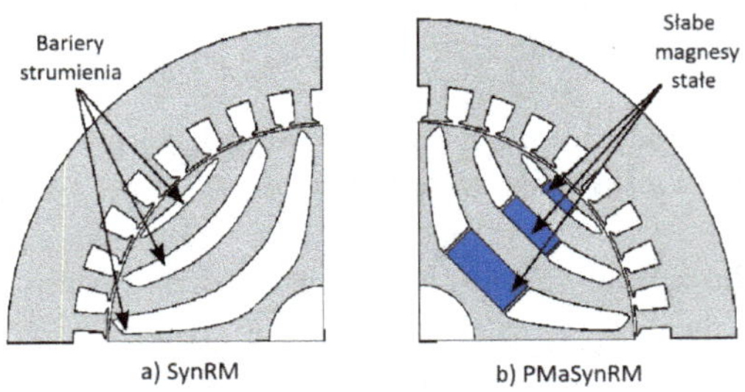

Rys. 2.34: Silnik SynRM wspomagany ma słabe magnesy PM umieszczone w laminacie wirnika [16]

W przeciwieństwie do silników SynRM, gdzie cały moment elektromagnetyczny wytwarzany jest przez różnice reluktancji wokół wirnika (moment reluktancyjny), w silnikach PMaSynRM moment elektromagnetyczny wytwarzany jest przez moment reluktancyjny oraz przez interakcję strumienia magnesu trwałego z prądem magnesującym stojana (moment PM).

Z punktu widzenia sterowania silnik PMaSynRM jest sterowany podobnie jak silnik wewnętrznymi magnesami w wirniku IPM (ang. internally placed magnet). Różnica między silnikami IPM a silnikami PMaSynRM polega na tym, że w IPM moment obrotowy wytwarzany przez magnes trwały jest wyższy niż moment reluktancyjny, podczas gdy w PMaSynRM moment reluktancyjny jest dominujący, Rys. 2.33.

W praktyce spotyka się również silniki synchroniczne określane jako IPM, które mają właściwości zbliżone do silników PMaSynRM. Do sterowania silnika IPM wymagana jest znajomość siły elektromotorycznej SEM międzyprzewodowej przy 1000 obr/min (k_e, określone w U_{sk} na 1000 obr./min) oraz zmiana indukcyjności L_d i L_q w zależności od prądu stojana, jak przedstawiono na Rys. 2.21 i dalej Rys. 2.33.

2.4.8 Silnik reluktancyjny przełączany

Budowa stojana silnika reluktancyjnego przełączanego SRM (ang. switched reluctance motor) jest bardzo podobna do stojana silników prądu stałego, ponieważ zastosowano w nim uzwojenia koncentryczne. Może to skutkować kompaktową obudową. Konstrukcja laminacji wirnika ma bardzo wyraźny kształt i charakteryzuje się on małą bezwładnością. Liczba biegunów wirnika może być łatwo zliczona. W silnikach SynRM dwubiegunowych,bieguny wirnika są wyrównane z biegunami stojana (2/2), natomiast w silnikach SRM stosunek biegunów jest zazwyczaj inny, np. 6/4. Ta zasada jest również stosowana w innych typach silników, ale jest oczywista w przypadku silników z przełączaną reluktancją, Rys. 2.35.

Rys. 2.35: Przykłady konfiguracji biegunów magnetycznych wirnika i stojana silników reluktancyjnych z przełączaną reluktancją SRM przełączanych

Aby uruchomić silnik, wymagany jest odpowiedni dedykowany napęd AC, który selektywnie zasila cewki stojana. Fazy są zasilane jedna po drugiej. Gdy cewki wybranej fazy są zasilane napięciem przemiennym, strumień jest ustalany przez bieguny stojana i wirnika, co powoduje ruch wirnika. Po rozpoczęciu ruchu wirnika napięcie zostanie przełączone na kolejną fazę i tak dalej.

Uruchomienie silnika bezpośrednio z sieci nie jest możliwe. Konstrukcja silnika pozwala na uzyskanie 100% momentu obrotowego przy zatrzymaniu na czas nieokreślony i silnik osiąga wysoką sprawność nawet przy pracy z częściowym obciążeniem. Wystające elementy w konstrukcje wirnika i stojana jak na Rys. 2.35 powodują, że konstrukcja silnika jest bardzo wytrzymała, ale zwykle skutkuje wysokimi tętnieniami momentu obrotowego, niską dynamiką i wyższym hałasem.

Przez dziesięciolecia silniki indukcyjne były powszechnie stosowane i ciągle doskonalono ich konstrukcje,inne rodzaje silników były używane tylko w niszowych aplikacjach. Trend w kierunku bardziej energooszczędnych silników i nowe możliwości sterowania oferowane przez elektroniczne napędy AC doprowadziły do powstania nowych innowacyjnych silników, takich jak silnik SynRM czy SRM.

W trakcie opracowywania są kolejne ulepszenia i optymalizacje.

Warto tu nadmienić, że tego typu silniki nie są przystosowane do pracy ze standardowymi napędami AC dedykowanymi dla silników indukcyjnych klatkowych.

2.5 Silniki średniego napięcia

Gdy aplikacja wymaga napędu o dużej mocy, korzystne może być zwiększenie napięcia zasilania silnika, aby otrzymać mniejsze prądy fazowe przy tej samej mocy silnika. Oznacza to, że można użyć kabli zasilających o mniejszych przekrojach żył, a to wpływa na obniżenie kosztów okablowania. Zmniejszenie prądów fazowych ogranicza również straty mocy w kablach zasilających, gdzie wielkość strat wynosi $P_s = I^2 \times R$.

Silniki indukcyjne średniego napięcia MVM (ang. medium voltage motors) mają zmniejszoną sprawność i są droższe niż silniki niskiego napięcia LVM (ang. low voltage motors). Jednak zalety mniejszych obciążeń prądowych kabli zasilających i rozdzielnic oraz lepsza ekonomia konwersji mocy ze źródła zasilania, rekompensują te negatywne czynniki. Ze względu na większy rozmiar fizyczny, koszt kabli i sprzętu potrzebnego do zasilania dużych silników LVM, w pewnym momencie staje się bardziej praktyczne i opłacalne stosowanie silników MVM.

Główne powody stosowania silników MVM:

- mniejsze przekroje kabli zasilających,
- rozdzielnice dostosowane do mniejszych prądów,
- mniejsze spadki napięcia między siecią a silnikiem,
- wielokrotnie większa moc wyjściowa przy mniejszym natężeniu prądu.

Norma IEC 60038 definiuje średnie napięcie jako zakres napięć od 1000 V do 35 kV.

Decyzja, kiedy użyć silników LVM lub MVM, różni się znacznie w zależności od kraju, branży i konkretnego zastosowania. Przejście z niskiego napięcia LV na na napięcie średnie MV jest zazwyczaj rozważane w przedziale mocy od 150 do 400 kW (200-500 KM). Silniki MVM są również dostępne dla mniejszej mocy, a silniki LVM dla większej mocy, ostateczną decyzję o użyciu wybranego typu silnika podejmuje projektant systemu napędowego. Średnie napięcie jest szczególnie istotne w zastosowaniach, które wymagają silnika o mocy wyjściowej 400 kW lub większej.

Mechanicznie silniki średniego napięcia nie różnią się znacząco od standardowych, asynchronicznych silników niskiego napięcia. Istnieją jednak pewne ważne różnice. Stojan silnika średniego napięcia ma ulepszoną izolację, aby dostosować go do pracy w wyższych napięciach. Obejmuje to system impregnacji próżniowej, w którym wszystkie wgłębienia są wypełniane lakierem wraz z materiałami ochrony przed efektem koronowym, aby zapobiec elektrycznemu zużyciu materiału izolacyjnego. Ponadto występują większe odstępy izolacyjne i powietrzne między przewodami a uziemieniem.

Uzwojenia stojana silników niskiego napięcia są zwykle nawijane okrągłym drutem pokrytym emalią. Silniki średniego napięcia są nawijane prostokątnym drutem miedzianym z izolacją z emalii lub taśmy mikowej, w zależności od poziomu napięcia. Są one znane jako cewki indukcyjne formowane. Ponieważ cewki indukcyjne formowane muszą być indywidualnie izolowane i formowane do precyzyjnych wymiarów, ich produkcja jest znacznie droższa. Ponadto, ze względu na grubszą izolację wymaganą przez wyższe poziomy napięcia, silnik średniego napięcia będzie zazwyczaj większy i droższy niż silnik niskiego napięcia o tej samej mocy znamionowej.

3 Elektroniczne napędy AC

Od końca lat 60. XX wieku, napędy prądu przemiennego AC rozwijały się w niesamowitym tempie. Główne postępy zostały osiągnięte dzięki rozwojowi technologii mikroprocesorowej i półprzewodnikowej oraz związanej z tym redukcji kosztów. Jednak podstawowe zasady działania napędów AC pozostają niezmienne.

Jak wspomniano we wstępie, główną funkcją napędu AC jest generowanie zmiennego zasilania - na przykład, od 0 do 400 V / od 0 do 50 Hz, z zasilania o „stałych" parametrach - na przykład, 3 x 400 V i 50 Hz. Istnieją dwa podejścia do realizacji tej konwersji, definiujące dwa typy napędów: konwertery bezpośrednie i napędy AC z obwodem pośrednim, Rys. 3.1.

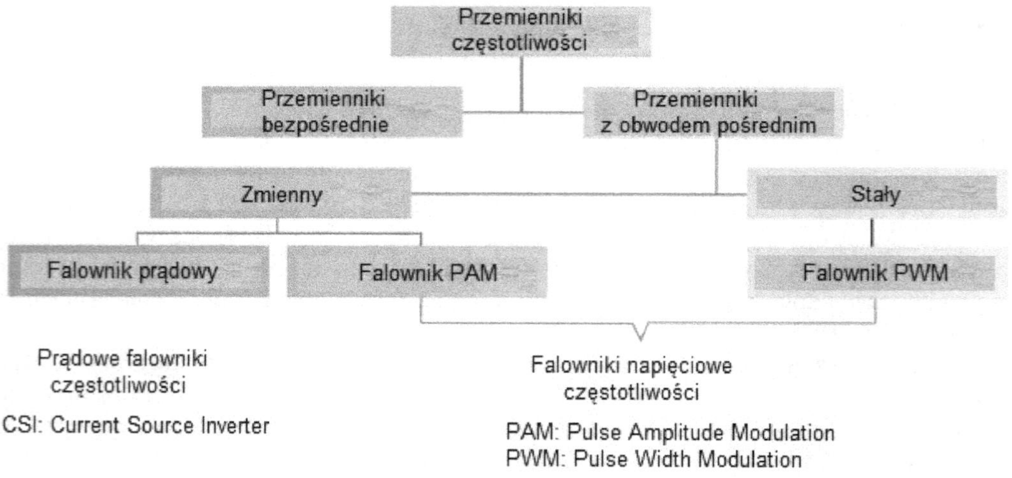

Rys. 3.1: Przegląd typów napędów AC

3.1 Konwertery bezpośrednie

Konwerter bezpośredni dokonuje konwersji bez pośredniego magazynowania energii.

Konwertery bezpośrednie są zazwyczaj używane tylko w aplikacjach o dużej mocy (zakres megawatów). Ta książka nie zajmuje się szczegółowo tym typem konwertera, ale warto wspomnieć o kilku cechach.

Charakterystyka konwerterów bezpośrednich:

- zredukowany zakres sterowania częstotliwością (około 25 do 30 Hz) przy częstotliwości sieciowej 50 Hz,
- powszechne zastosowanie z silnikami synchronicznymi,
- odpowiedniość do aplikacji wymagających rygorystycznych parametrów dynamicznych.

3.2 Napędy prądu przemiennego z obwodem pośrednim

W zdecydowanej większości przypadków, napęd prądu przemiennego AC jest wyposażony w obwód pośredni. Inne określenie na obwód pośredni to „szyna DC", „łącznik DC" lub „link DC".

W kategorii napędów AC z obwodem pośrednim wyróżnia się dwa podtypy:

- stały obwód pośredni, - stały prąd lub napięcie,
- zmienny obwód pośredni, - prąd lub napięcie o regulowanej wartości.

W napędach AC z obwodem pośrednim można wyróznić cztery główne komponenty, jak pokazano na Rys. 3.2.

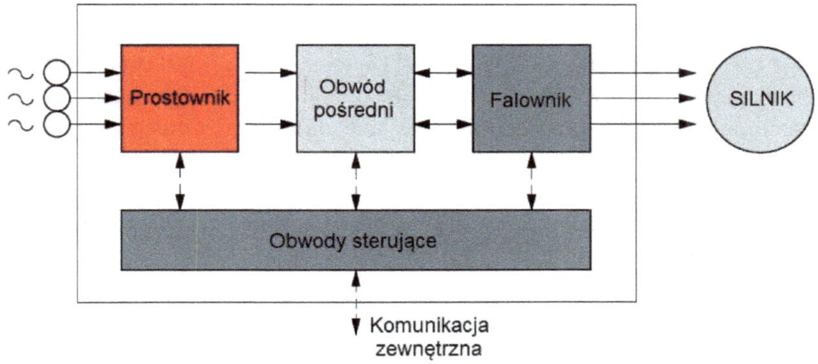

Rys. 3.2: Schemat blokowy napędu AC z obwodem pośrednim

Prostownik

Prostownik jest podłączony do jednofazowego lub trójfazowego zasilania AC i generuje pulsujące napięcie DC. Pulsacje w napięciu DC to niepożądany efekt prostowania, to niepożądane składowe harmoniczne, które należy minimalizować np. poprzez stosowanie selektywnych filtrów LC. Istnieją cztery podstawowe typy prostowników, jak pokazano na Rys. 3.3:

- niesterowany (Rys. 3.3 - 1),
- półsterowany (Rys. 3.3 - 2),
- w pełni sterowany (Rys. 3.3 - 3),
- aktywny prostownik wejściowy AFE (ang. active front end) Rys. 3.3 - 4).

Obwód pośredni, inaczej DC link

Obwód pośredni może działać na dwa różne sposoby, jak pokazano na Rys. 3.3.

- konwersja napięcia prostownika dla zwiększenia lub zmniejszenia wyprostowanego napięcia DC (Rys. 3.3 - 6), niemniej trzeba pamiętać, że zmniejszenie napięcia będzie powodowało zwiększone pulsacje przy założonym poziomie mocy dostarczanej do falownika,
- stabilizacja lub wygładzanie pulsującego napięcia DC, aby udostępnić je dla falownika (Rys. 3.3 - 7), ponadto dławiki DC będą powodowały ograniczenia zawartości harmonicznych w prądach fazowych prostownika.

Ważną funkcją kondensatorów obwodu pośredniego jest zapewnienie możliwości magazynowania energii mocy biernej silnika, przez co energia bierna silnika nie dostaje się do sieci zasilania, dlatego współczynnik mocy cosφ w obwodzie zasilania napędów AC jest bliski 1 (Rys. 3.3 - 5 i 8). Przy prostowniku diodowym przesunięcie fazowe jest zwykle małe (DPF), ale rzeczywisty współczynnik mocy (TPF) pogarszają harmoniczne prądu.

Falownik

Głównie stosowany jest falownik napięciowy (Rys. 3.3 - 10), chociaż stosowane są też napędy AC z falownikiem prądowym (Rys. 3.3 - 9). Falownik napięciowy jest zasilany ze źródła napięciowego i przekształca stałe napięcie DC z prostownika na zmienne napięcie AC i generuje częstotliwość napięcia silnika dla wyznaczania prędkości wału napędowego.

Kształt prądu jest tutaj zależny od rodzaju obciążenia. Dla obciążenia liniowego prąd będzie sinusoidalny przy zasilaniu napięciem sinusoidalnym, Obciążenie liniowe to takie gdzie, można go zastąpić układem elektrycznym zawierającym jedynie elementy liniowe: L, C, R. Gdy w układzie zastępczym obciążenia wystąpi element nieliniowy, np dioda, to prąd będzie przebiegiem okresowym niesinusoidalnym, a więc będzie zawierał harmoniczne przy rozkładzie w szereg Fouriera.

Falownik prądowy jest zasilany ze źródła prądowego i będzie generował sinusoidalne prądy fazowe. Natomiast napięcie obciążenia będzie zależało do jego właściwości.

W praktyce napędowej spotykamy głównie falowniki dwupoziomowe, to znaczy takie które generują dwa poziomy napięcia w napięciu międzyfazowym. można je opisać stanem „0"i „1", np. 0 = 0 V i 1 = 560 V. W napędach niskonapięciowych występują też sporadycznie falowniki wielopoziomowe 3, 5, 7..., niemniej nie będą one opisywane w tej książce [22].

Stosowanie elektronicznych napędów AC umożliwiło też budowanie silników wielofazowych (np 5, 6 fazowych) dla specjalnych zastosowań, te rodzaje silników też nie będą tutaj omawiane [23].

Układ sterowania

Układ sterowania komunikuje się z prostownikiem, obwodem pośrednim i falownikiem, przesyłając i odbierając sygnały. Topologia napędu AC określa, które jego komponenty są sterowane.

Konfiguracja napędu AC zależy od doboru głównych komponentów. Zobacz Tab. 3.1.

Wspólną cechą napędów AC jest to, że układ sterowania używa sygnałów do włączania i wyłączania półprzewodników falownika (np. tranzystorów IGBT). Wzorzec przełączania opiera się na różnych zasadach. Napędy AC z falownikiem napięciowym można dalej dzielić na typy w zależności od wzorca przełączania, który steruje napięciem zasilającym silnik.

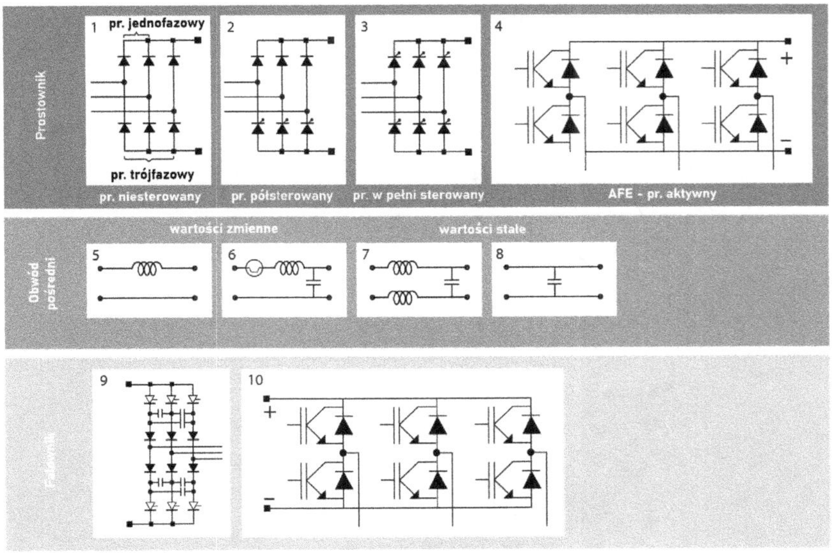

Rys. 3.3: Główne topologie komponentów

Przykłady konfiguracji	**Skrót**	**Konfiguracja:** Odniesienie do komponentów na Rys. 3.3
Napęd z modulacją amplitudy impulsu napięcia	PAM	[1 lub 2 lub 3] i 6 i [9 lub 10]
Napęd z modulacją szerokości impulsu napięcia	PWM	[1 lub 2 lub 3 lub 4] i [7 lub 8] i [9 lub 10]
Napęd z falownikiem prądowym prądu	CSI	3 i 5 i 9

Tab. 3.1: Przykłady konfiguracji napędu AC, według Rys. 3.3

3.3 Prostownik

W zależności od mocy, napęd jest zasilany z jedno lub trójfazowego napięcia AC o stałej częstotliwości.

Na przykład:

- trójfazowe napięcie AC: np. 3 x 400 V/50 Hz,
- jednofazowe napięcie AC: np. 1 x 230 V/50 Hz.

Prostownik napędu AC składa się z diod lub tyrystorów, kombinacji obu, lub z tranzystorów izolowaną bramką (IGBT). Nie są już stosowane tranzystory bipolarne (BJT).

Rys. 3.3 pokazuje cztery różne podejścia do prostowania, które są dostępne dzisiaj. W aplikacjach o małej mocy (do 50 kW w zależności od producenta). W napędach małych mocy zasilanych siecią trójfazową zazwyczaj stosuje się niesterowane sześciodiodowe prostowniki diodowe. Prostowniki półsterowane są używane w zakresie mocy 50 kW i więcej.

Opisywane obwody prostowników w topologii 1, 2, 3, wg Rys. 3.3 umożliwiają przepływ energii w jednym kierunku, **od zasilania do obwodu pośredniego**. Topologia 4 umożliwia dwukierunkowy przepływ prądu, jest to rozwiązanie droższe, ale nie powoduje negatywnego oddziaływania napędu AC na elektroenergetyczną sieć zasilania i jest już stosowana w wielu aplikacjach.

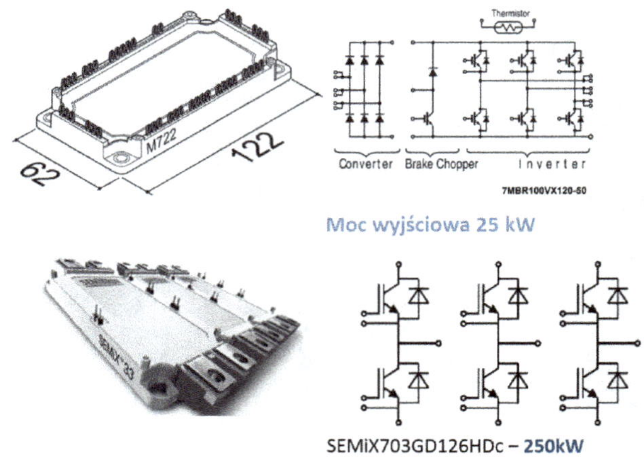

Rys. 3.4: Układy scalone mocy dla napędów AC

Obecnie półprzewodniki mocy dla napędów AC są dostępne w postaci dedykowanych układów scalonych do napędów. Mniejsze moce napędów AC zawierają wszystkie podzespoły obwodu mocy w jednym chipie, dlatego możliwa jest duża miniaturyzacja tych napędów, Rys. 3.4.

Dla dużych mocy dostępne są falowniki trójfazowe umieszczone w jednym chipie i osiągają moce rzędu 250 kW. Łącząc równolegle gałęzie falownika w jednym chipie dla sterowania prądem jednej fazy i stosując 3 chipy, osiągane są moce 750 kW. Problemem jest tu chłodzenie powietrzne, gdyż straty rzędu 1% wynoszą 7,5 kW, dlatego radiator, zwykle miedziany lub mosiężny musi mieć znaczące wymiary, a wentylatory nawiewowe muszą zapewnić dużą wydajność czynnika chłodzącego. Obniżenie strat przewodzenia i przełączania prądów w falowniku może być znacząco obniżone przy stosowaniu nowych generacji półprzewodników opartych na SiC lub GaN.

3.3.1 Prostowniki niesterowane

Prostowniki niesterowane składają się z diod, jak pokazano na Rys. 3.5.

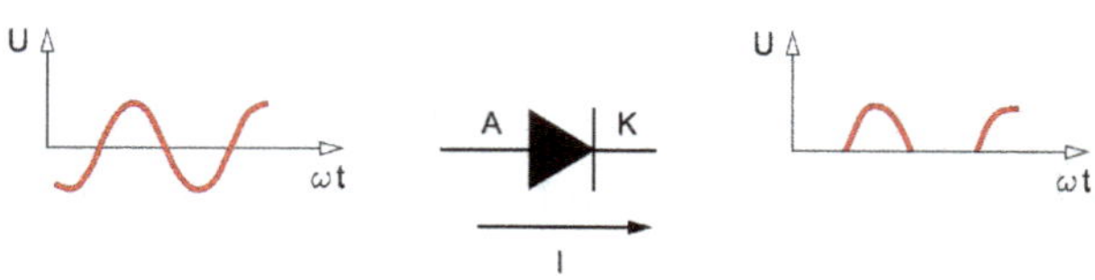

Rys. 3.5: Zasada działania diod

Diody przewodzą prąd tylko w jednym kierunku: od anody (A) do katody (K). Prąd jest blokowany, jeśli próbuje płynąć od katody do anody. Nie ma możliwości sterowania natężenia prądu, jak ma to miejsce w przypadku innych półprzewodników. Napięcie AC na diodzie jest przekształcane w pulsujące napięcie DC. Jeśli do niesterowanego trójfazowego prostownika podłączone jest napięcie trójfazowe AC, napięcie DC będzie pulsować ciągle (prostownik diodowy 6-pulsowy).

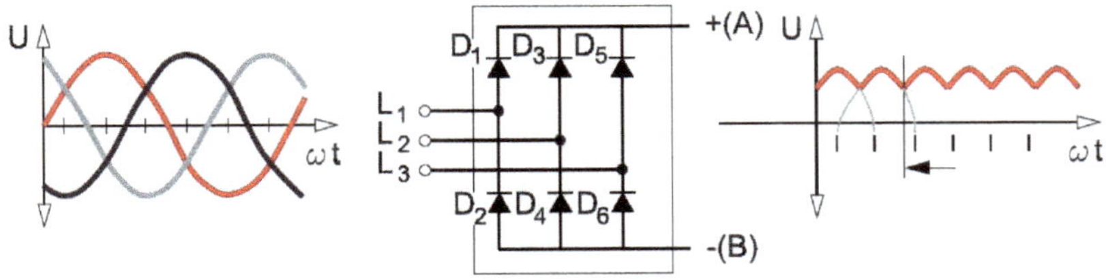

Rys. 3.6: Prostownik niesterowany (mostek diodowy 6D)

Rys. 3.6 pokazuje niesterowany trójfazowy prostownik składający się z sześciu diod, często nazywany prostownikiem 6-pulsowym. Diody można podzielić na dwie grupy. Jedna grupa składa się z diod D_1, D_3 i D_5. Druga grupa składa się z diod D_2, D_4 i D_6. Każda dioda w grupie przewodzi przez jedną trzecią okresu T (120°).

W obu grupach diody przewodzą kolejno. Okresy, w których obie grupy przewodzą, są przesunięte względem siebie o jedną szóstą okresu T (60°). Grupa diod $D_{1,3,5}$ przewodzi napięcie dodatnie. Kiedy napięcie fazy L_1 osiąga dodatnią wartość szczytową, zacisk (A) przyjmuje wartość fazy L_1. Szczytowe napięcia faz U_{L_2} i U_{L_3} po wyprostowaniu występują na pozostałych dwóch diodach (D_3 i D_5).

Ta sama zasada dotyczy grupy diod $D_{2,4,6}$. Tutaj zacisk (B) przyjmuje ujemne napięcie fazowe. Jeśli w danym momencie faza L_3 osiąga wartość progową ujemną, dioda D_6 przewodzi. Pozostałe dwie diody tej grupy są poddane działaniu odwrotnego napięcia faz U_{L_1} i U_{L_2}.

Napięcie wyjściowe DC niesterowanego prostownika jest stałe i reprezentuje różnicę między napięciami dwóch grup diod. Średnia wartość pulsującego napięcia DC wynosi około 1,31 do 1,41 razy skuteczne napięcie fazowe przy zasilaniu trójfazowym lub około 0,9 do 1,2 razy napięcie skuteczne w przypadku zasilania jednofazowego prostownika pełnomostkowego (4-diodowego).

Pobór prądu przez diody nie jest sinusoidalny. W konsekwencji niesterowane prostowniki generują niskoczęstotliwościowe zakłócenia sieciowe (harmoniczne prądu). Aby temu przeciwdziałać, coraz częściej stosuje się napędy AC z prostownikami 12-pulsowymi, 12D. Prostowniki 12D składają się z 12 diod, zorganizowanych w grupy po 6 diod dlatego, często nazywane prostownikami 12-pulsowymi.

Na Rys. 3.7 przedstawiono schemat elektryczny diodowego szeregowego prostownika 12-pulsowego utworzonego przez 2 szeregowo połączone prostowniki 6-pulsowe. Zasilanie prostownika 12-diodowego wymaga zastosowania trójuzwojeniowego transformatora Yyd dedykowanego dla tego prostownika.

Energia prądu stałego gromadzona jest w bateriach kondensatorów prostowników 6-diodowych. Zadaniem dławików DC jest ograniczenie zawartości harmonicznych prądu zasilających prostowniki, przez co zmniejszone są straty cieplne transformatora Yyd. Dla uzyskania 12 pulsów napięcia wyprostowanego wykorzystywane jest 30°. przesunięcie napięć fazowych w uzwojeniach wtórnych transformatora y i d. Indukcyjności dławików DC są dobierane podobnie jak dla prostowników 6-plusowych w napędach AC z prostownikami 6-pulsowymi [26], [27]. Wartość indukcyjności L dławika DC po przeliczeniu dla strony napięcia przemiennego prostownika 6-diodowego powinna powodować ok. 3% spadek napięcia

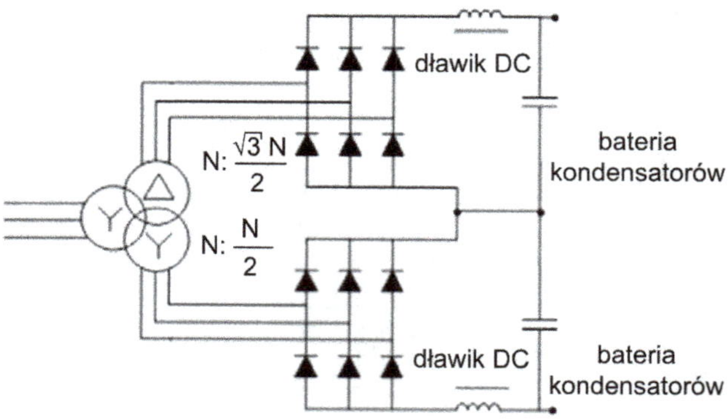

Rys. 3.7: 12-pulsowy prostownik szeregowy zasilany transformatorem typu Yyd

fazowego transformatora przy przepływie nominalnego prądu wejściowego tego prostownika. W prostownikach 12-plusowych uzyskujemy harmoniczne w prądzie uzwojenia pierwotnego transformatora Yyd rzędów $12n \pm 1$ - np. 550 Hz, 650 Hz i kolejne. Prąd uzwojenia Y jest sumą prądów uzwojeń wtórnych y i d. Rozkład harmonicznych w widmie prądowym można przeanalizować na podstawie symulacji komputerowych modelu przedstawionego na Rys. 3.8.

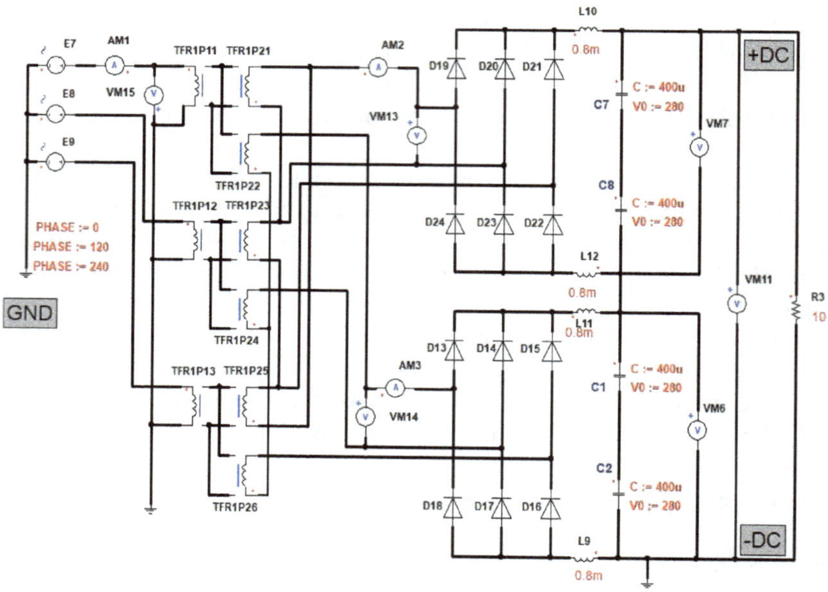

Rys. 3.8: Model do komputerowych badań symulacyjnych 12-pulsowego prostownika diodowego o mocy 30 kW obciążonego prądem nominalnym i zasilanego z transformatora 3-uzwojeniowego typu Yyd (model:2025+3f12d+rectifier.ssh) [29]

Model umożliwia wizualizacje przebiegów prądów i napięć w wybranych punktach pomiarowych oraz badanie właściwości prostownika w dziedzinie częstotliwości, np. wyznaczenie wartości współczynnika zawartości harmonicznych w prądach i napięciach THD_i

(ang. total harmonic distortion) THD_u. Przykładowe przebiegi czasowe napięć i prądów przedstawiono na Rys. 3.9.

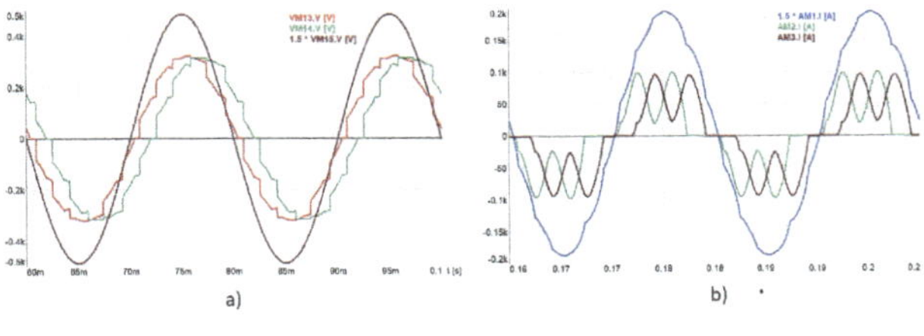

Rys. 3.9: Napięcia i prądy po stronie pierwotnej i wtórnej transformatora Yyd z prostownikiem 12d i obciążeniem 30 kW, wg. modelu z Rys. 3.8: a) - czasowe przebiegi napięć, b) - czasowe przebiegi prądów

3.3.2 Prostowniki półsterowane

W przypadku półsterowanych prostowników grupa tyrystorów zastępuje jedną z grup diod (na przykład $T_{1,3,5}$ i $D_{2,4,6}$, jak pokazano na Rys. 3.6 (pół-sterowany mostek tyrystorowo-diodowy 3T+3D). Tyrystory są również znane jako SCR (ang. silicon-controlled rectifiers). Tyrystory SCR znajdują zastosowanie w wielu aplikacjach elektronicznych, zwłaszcza do sterowania mocą.

Kontrolując czasy zapłonu tyrystorów, możliwe jest ograniczenie prądu ładowania baterii DC i osiągnięcie miękkiego ładowania kondensatorów w obwodzie pośrednim napędu AC. Maksymalne napięcie wyjściowe tych prostowników jest identyczne z napięciem generowanym przez niesterowane prostowniki. Typowo, półsterowane prostowniki stosowane są w napędach AC o mocy 37 kW i większej, gdzie ograniczanie prądu ładowania baterii kondensatorów poprzez włączenie dodatkowej rezystancji generuje znaczące straty.

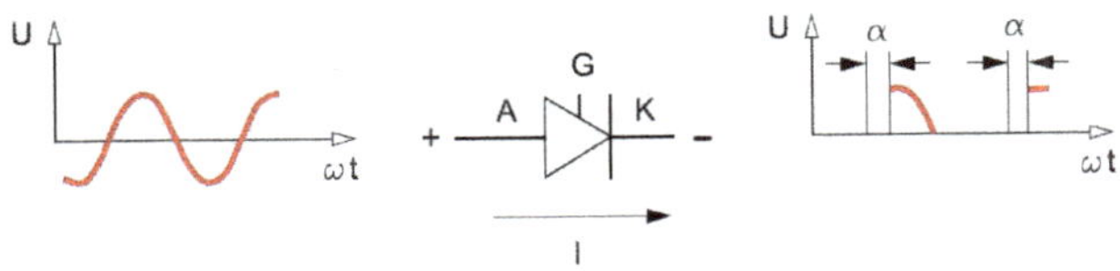

Rys. 3.10: Zasada działania tyrystorów

Odnosząc się do Rys. 3.10, gdy kąt załączenia tyrystora α wynosi od 0° do 90°, obwód tyrystora jest używany jako prostownik. Kiedy wartość α wynosi od 90° do 180°, obwód tyrystora działa jako falownik. W prostownikach półsterowanych praca falownikowa tyrystorów nie jest wykorzystywana, taki rodzaj pracy tyrystorów może być wykorzystywany w prostownikach w pełni sterowanych.

3.3.3 W pełni sterowane prostowniki

W pełni sterowane prostowniki wykorzystują tyrystory. Podobnie jak dioda, tyrystor pozwala na przepływ prądu tylko od anody (A) do katody (K). Różnica polega jednak na tym, że tyrystor ma trzeci zacisk znany jako bramka (G), jest to zacisk sterujący. Gdy bramka zostanie wyzwolona sygnałem, tyrystor zacznie przewodzić. Gdy prąd zacznie płynąć przez tyrystor, będzie on przewodził, dopóki prąd nie spadnie do zera. Prądu nie można przerwać, wysyłając sygnał do bramki, dlatego sam tyrystor SCR jest klasyfikujemy jako element półsterowany.

Tyrystory są używane w prostownikach. Sygnał wysyłany do bramki jest znany jako sygnał sterujący tyrystora. Kąt α to opóźnienie czasowe, które jest określane w stopniach kątowych 0 - 360°. Wartość stopni wskazuje opóźnienie między przejściem przez zero napięcia a momentem, w którym tyrystor zostaje wyzwolony, Rys. 3.11.

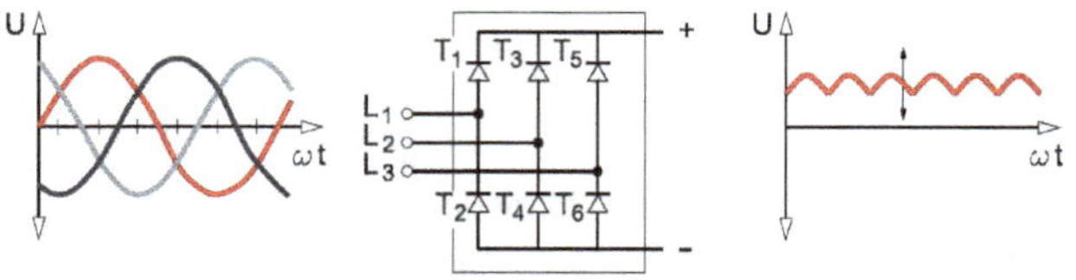

Rys. 3.11: W pełni kontrolowany tyrystorowy prostownik trójfazowy

W pełni sterowanych prostownikach trójfazowych można wydzielić dwie grupy tyrystorów: T_1, T_3 i T_5 z jednej strony oraz T_2, T_4 i T_6 z drugiej strony. W przypadku w pełni sterowanych prostowników kąt α jest obliczany od momentu, gdy odpowiednia dioda w niesterowanym prostowniku normalnie zaczęłaby przewodzić, czyli od 30° po przejściu napięcia przez zero. Pod każdym innym względem sterowane prostowniki zachowują się jak niesterowane prostowniki diodowe 6-pulsowe.

Amplituda napięcia wyprostowanego (równanie 3.1) może być zmienna przez sterowanie kątem wyzwolenia tyrystorów α. W pełni sterowane prostowniki dostarczają napięcie DC o średniej wartości U, gdzie:

$$U = 1,35 \times U_{sk_{sieci}} \times cos(\alpha) \tag{3.1}$$

W porównaniu do niesterowanych prostowników, w pełni sterowane prostowniki powodują znaczne straty i zakłócenia w sieci zasilającej, ponieważ pobierają wysoki prąd bierny wyższych harmonicznych (prąd odkształcony), gdy tyrystory przewodzą przez krótkie okresy czasu. Jednak zaletą w pełni sterowanych prostowników jest to, że umożliwiają one odzyskiwanie energii hamowania z obwodu pośredniego i zwracanie jej do sieci zasilającej.

3.3.4 Aktywny prostownik wejściowy

W przypadku niektórych aplikacji napędów AC, silnik czasami działa jako generator. W takich przypadkach bilans energetyczny można poprawić, zwracając energię do sieci zasilającej. W napędach AC z silnikami większych mocy (powyżej 50 kW), gdzie ważne jest maksymalizowanie sprawności napędu z wysokosprawnymi silnikami (indukcyjnymi, PM, lub reluktancyjnymi), zastosowane napędu z prostownikiem aktywnym może być koniecznością.

Takie napędy AC wymagają sterowanego, aktywnego prostownika, który umożliwia wsteczny przepływ energii. Dlatego, te urządzenia nazywane są prostownikami z aktywnym wejściem AFE lub aktywnymi konwerterami zasilającymi AIC (ang. active infeed converters). Warunkiem zwrotu energii do sieci zasilającej jest to, że poziom napięcia w obwodzie pośrednim jest wyższy niż wyprostowane napięcie sieci. Na Rys. 3.12 przedstawiono napięcia przy pobieraniu energii z sieci zasilania i odwrotnie, tak aby zapewnić współczynnik mocy $cos(\varphi)$=1 dla obydwu przypadków. Brak występowania mocy biernej przy prostowaniu i rekuperacji minimalizuje starty przepływu energii w sieci przemysłowej. Lewa strona

Rys. 3.12 przedstawia obwód przepływu energii i przebiegi prądowo-napięciowe w czasie prostowania napięcia zasilania, natomiast prawa strona dotyczy procesu „falowania" napięcia stałego i oddawania energii do sieci zasilania.

Rys. 3.12 a-pr) to uproszczony model równoważny pokazujący, jak działa prostowanie aktywne. Sieć zasilania dostarcza napięcie sinusoidalne V_N o częstotliwości roboczej f_N. Układ aktywnego prostownika generuje napięcie V_R, a różnica między dwoma napięciami odkłada się na dławiku podwyższającym L_N. Dławiki L_N są używane jako elementy magazynujące energię. Dodatnie napięcie na tym dławiku powoduje wzrost prądu, podczas gdy ujemne napięcie powoduje jego spadek. Aby uzyskać sinusoidalne prądy sieciowe I_N w fazie z napięciem zasilania V_R, układ prostownika musi generować napięcie V_R, które wykazuje niewielkie przesunięcie fazowe względem napięcia sieciowego V_N. Przebiegi napięcia i prądu przedstawiono odpowiednio na Rys. 3.12 b-pr), a wykres fazowy na Rys. 3.12 c-pr). Jest to powszechnie stosowana metoda aktywnego prostowania w różnych topologiach aktywnych prostowników.

Oddawanie energii do sieci zasilania z obwodu napięcia stałego (rekuperacja) odbywa się na podobnej zasadzie jak zostało zilustrowane na modelu Rys. 3.12 a-rek), przebiegach prądów i napięć Rys. 3.12 b-rek) oraz wykresu fazowego Rys. 3.12 c-rek).

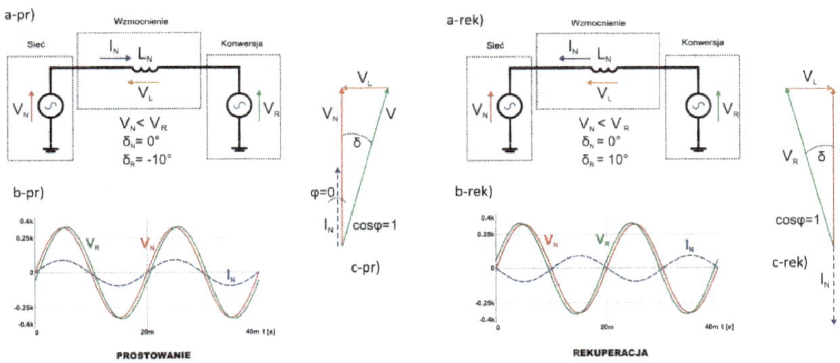

Rys. 3.12: Zasada przetwarzania energii przy prostowaniu i rekuperacji prostownika aktywnego AFE:
(model: 2025+AFE+regeneraing+rectifying.ssh)

Dostępne są różne strategie zmniejszania strat podczas stanu gotowości i pracy silnika, ale żadna z nich nie może całkowicie wyeliminować strat. Dodatkowo, w trybie generacyjnym wymagane jest filtrowanie zaburzeń napięciowych różnicowych DM (ang. differential mode voltage) i wspólnych CM (ang. common mode voltage), ponieważ generowane za pomocą modulacji PWM napięcie nie jest czystą fali sinusoidalną napięcia sieci zasilania.

Jednym ze sposobów wykorzystania odzyskanej energii jest łączenie równoległe obwodów pośrednich napięcia DC wielu napędów, Rys. 3.13. Zastosowano tutaj napędy AC wyposażone w indywidualne moduły przerywacza prądu z rezystorem hamowania, dlatego możliwa jest też praca systemu napędowego bez wykorzystywania wspólnej szyny DC. Zachodzi wtedy przekształcanie nadmiarowej energii elektrycznej na energię cieplną, co może znacząco obniżyć sprawność systemu napędowego.

Silniki pracujące w trybie generatorowym przekazują energię do obwodu napięcia stałego, która jest następnie wykorzystywana do zasilania pozostałych silników. Nadwyżka energii jest zamieniana na ciepło na rezystorach hamowania R_b, gdyż wykorzystywanie prostowników diodowych, np. 6D, uniemożliwia przepływ energii od napędów do sieci zasilania. Takie rozwiązanie jest często stosowane, gdy ilość wytracanej energii elektrycznej generowanej przez napędy nie jest znacząca.

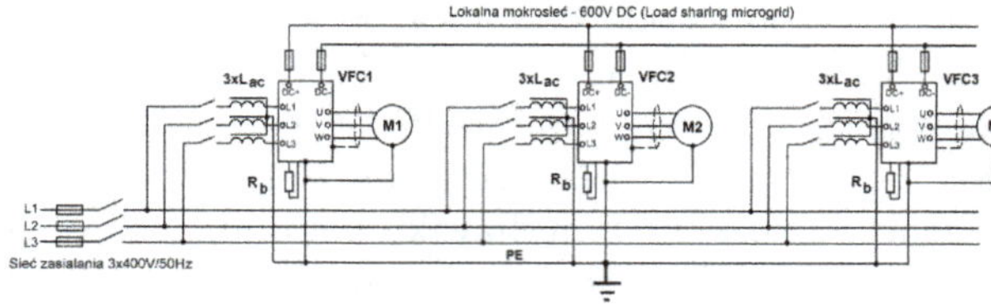

Rys. 3.13: Wspólny obwód napięcia stałego grupy napędów AC

Dodatkowym powodem stosowania aktywnego prostownika AFE jest to, że są one również bardzo efektywne w ograniczaniu harmonicznych w prądzie zasilania przekształtnika napędu AC, $THD_i < 3\%$ (zobacz też, rozdział 8).

3.4 Obwód pośredni

W zależności od konstrukcji, funkcje wykonywane przez obwód pośredni obejmują:

- działanie jako bufor energetyczny, aby silnik mógł pobierać energię z sieci lub zwracać energię do sieci poprzez dodatkowy falownik oraz jako środek do kompensacji napięcia DC przy chwilowych skokach obciążenia,
- oddzielenie prostownika od falownika,
- redukcja zakłóceń sieciowych,
- przesyłanie energii z baterii kondensatorów (falowniki napięciowe) lub dławika (falowniki prądowe) do silnika (moc czynna) i gromadzenie energii w baterii od silnika (moc bierna).

Obwód pośredni opiera się na jednym z czterech różnych podstawowych obwodów, pokazanych na Rys. 3.3. Typ obwodu pośredniego zależy od rodzaju prostownika i falownika, z którymi współpracuje.

Podstawowe różnice między różnymi typami obwodu pośredniego są wyjaśnione w kolejnych sekcjach.

3.4.1 Obwód pośredni z regulowaną wartością prądu lub napięcia DC

Obwód pośredni z regulowanym prądem DC

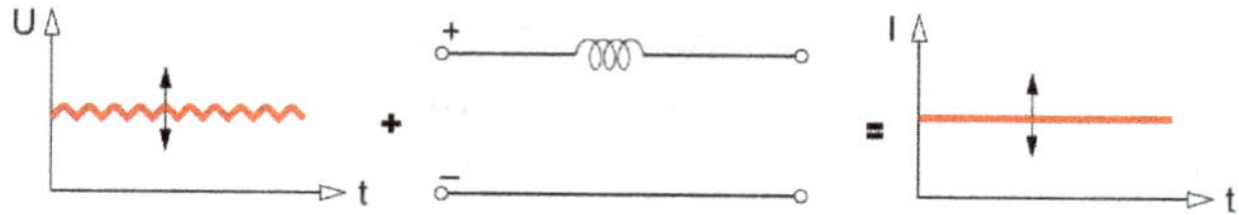

Rys. 3.14: Obwód pośredni z regulowanym prądem DC

Ten typ obwodu pośredniego składa się z bardzo dużego dławika, znanego również jako dławik DC i jest połączony z w pełni sterowanym prostownikiem, jak pokazano na Rys. 3.3, moduły: 3 + 5, oraz Rys. 3.14.

Dławik DC o dużej wartości jest używany w napędach AC jako źródło prądu w obwodzie pośrednim przy zasilaniu falowników prądowych (prądowe napędy AC), Rys. 3.3, moduły: 3+5+9.

Obwód pośredni z regulowanym napięciem DC

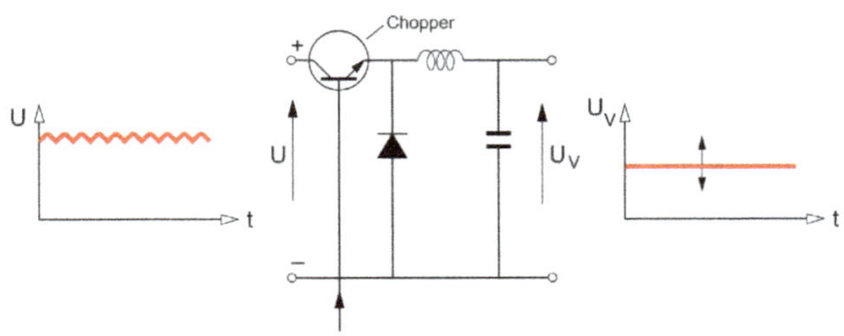

Rys. 3.15: Obwód pośredni z przerywaczem prądu do regulacji napięcia DC

Jeśli nie stosuje się prostownika sterowanego, a przed filtrem LC umieszczony jest prostownik diodowy, można dodatkowo zastosować przerywacz prądu BCH (ang. braking chopper) , jak pokazano na Rys. 3.3, moduły: 1 + 6 oraz Rys. 3.15, zapewniający w obwodzie pośrednim regulowane napięcie DC. Chopper zawiera tranzystor, który działa jako przełącznik włączający i wyłączający przepływ prądu z prostownika napięciowego. Układ sterowania konwertera napędowego steruje pracą przerywacza, porównując regulowane napięcie stałe po filtrze (U_V) z wartością zadaną przez układ sterowania napędu AC. Jeśli występuje różnica między tymi wartościami, stosunek czasu t_{on} (gdy tranzystor przewodzi) do czasu t_{off} (gdy tranzystor jest zablokowany) jest dostosowywany. To umożliwia zmienianie wartości napięcia U_V w zależności od tego, jak długo tranzystor przewodzi. Relacja pomiędzy wypełnieniem impulsu napięciowego a wartością średnia napięcia stałego DC ilustruje Rys. 3.16. Tę relację można wyrazić równaniem 3.2:

$$U_V = U_{DCmax} \times \frac{t_{on}}{t_{on} + t_{off}} \tag{3.2}$$

Gdy tranzystor choppera przerywa prąd, dławik filtra próbuje wyprodukować nieskończenie wysokie napięcie na tranzystorze. Aby temu zapobiec, chopper jest chroniony przez diodę zwrotną, jak pokazano na Rys. 3.15. Dioda zwrotna uczestniczy w przewodzeniu prądu ładowania baterii C i umożliwia przekazanie energii zgromadzonej w dławiku do baterii kondensatorów, w czasie gdy nie jest włączony tranzystor przerywacza prądu (chopper).

Filtr LC w obwodzie pośrednim wygładza napięcie prostokątne za przerywaczem prądu, utrzymując napięcie stałe przy zadanej częstotliwości łączeń tranzystora przerywacza. Częstotliwość łączeń związana z napięciem DC jest generowana w układzie sterowania przerywacza. Zwykle takie rozwiązanie jest stosowane w napędach AC typu PAM, czyli tam gdzie nie jest stosowana modulacja PWM falownika. Wato zauważyć, że wraz z obniżaniem się napięcia kondensatora maleje zmagazynowana w nim energia i zbyt duże prądy oddawane do obciążenia będą powodowały nadmierne pulsacje napięcia DC, dlatego taki obwód pośredni można stosować do napędów o małych prądach rozruchowych silnika, np. w napędach w systemach pompowo - wentylacyjnych HVAC - konfiguracja napędu AC, Rys. 3.3, moduły: 1+6+10.

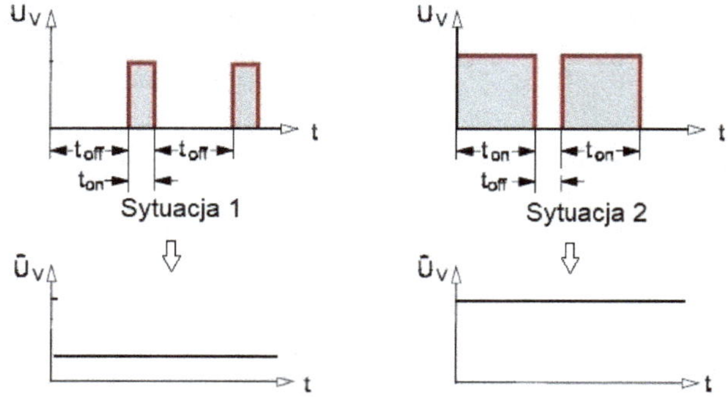

Rys. 3.16: Tranzystor przerywacza prądu reguluje napięcie obwodu pośredniego DC zapewniając odpowiednie napięcie zasialnia falownika napędu AC, typu PAM

3.4.2 Obwód pośredni z nieregulowanym napięciem stałym

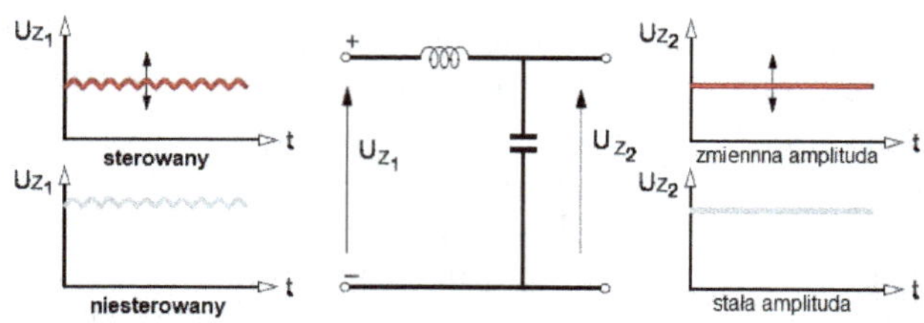

Rys. 3.17: Stała i regulowana wartość napięcia DC obwodu pośredniego napędu AC

Obwód pośredni może składać się z filtra składającego się z kondensatora i/lub indukcyjności (dławika). Zazwyczaj stosuje się kondensatory elektrolityczne ze względu na ich wysoką gęstość energii. Chociaż kondensatory mają ograniczoną żywotność, oferują następujące korzyści:

- wygładzanie pulsującego napięcia DC (U_{Z_1}),
- dostępność jako rezerwa energetyczna na wypadek spadków napięcia zasilania,
- dostępność do magazynowania energii w przypadku skoków obciążenia i generatorowej pracy silnika,
- magazynowanie energii dostarczanej przez moc bierną silnika.

Indukcyjności DC oferują następujące korzyści:

- wygładzanie tętnień prądu, co z kolei zwiększa żywotność komponentów obwodu pośredniego, zwłaszcza kondensatorów elektrolitycznych,
- redukcja zakłóceń sieciowych (harmonicznych) i możliwość stosowania mniejszych przekrojów kabli zasilających. Redukcję harmonicznych można również zrealizować za pomocą zewnętrznych dławików sieciowych, tzw. dławików AC. Obecnie dławik DC jest zwykle rozdzielony na 2 jednakowe sekcje umieszczone w gałęzi +DC i -DC, aby nie powodować przesunięcia punktu neutralnego baterii kondensatorów (połowy napięcia DC) względem potencjału uziomu (ziemi) elektroenergetycznego systemu zasilania.

Podczas planowania instalacji ważne jest, aby zauważyć, że dławiki są ciężkie i mogą się nagrzewać. Mogą wystąpić gorące miejsca.

Ten rodzaj obwodu pośredniego może być stosowany z różnymi typami prostowników. W przypadku w pełni sterowanych prostowników napięcie jest utrzymywane na stałym poziomie przy danej częstotliwości łączeń elementów sterowanych prostownika. W ten sposób napięcie dostarczane do falownika jest czystym napięciem DC (U_{Z_2}) o zadanej/zmiennej amplitudzie, Rys. 3.17. Oczekiwana wartość napięcia DC i częstotliwość łączeń przerywacza prądu są generowane w układzie sterowania napędu AC.

W przypadku prostowników półsterowanych, stosowanych do ograniczenia prądu wstępnego ładowania baterii kondensatorów linku DC lub niesterowanych prostowników napięcie na wejściu falownika jest napięciem DC o stałej amplitudzie, około $\sqrt{2}$ razy wyższe niż wartość skuteczna międzyfazowego napięcia sieciowego. Energia zgromadzona w baterii kondensatorów ma stała wartość, $U_c = 1/2 \times C \times U^2$.

Przykładową realizację obwodu pośredniego z prostownikiem niesterowanym, diodowym 3f6d (3-fazowy, 6-diodowy) przedstawiano na Rys. 3.18. Prostownik jest modułem wejściowym napędu AC zasilającym napięciem stałym DC falownik napięciowy poprzez obwód pośredni LC. Producenci napędów AC przygotowując obwód pośredni LC dla prostownika diodowego stosują dwa podejścia do stosowania dławików:

- podejście 1., producent stosuje dławiki DC (wbudowane w przekształtniku) i wtedy zewnętrze trójfazowe dławiki AC nie muszą być stosowane, gdyż zastosowana indukcyjność L_{DC} jest dostatecznie duża, aby ograniczyć zawartość harmonicznych w prądzie fazowym transformatora do akceptowanego poziomu, niezależnie od wartości indukcyjności transformatora,
- podejście 2., producent nie stosuje dławików DC, natomiast użytkownik powinien sam dobrać zewnętrze trójfazowe dławiki AC o wartości indukcyjności dopasowanej do poziomu akceptowanej zawartości harmonicznych w prądach fazowych (THD_i).

Zwykle dopuszczalna wartość(THD_i) w prądach fazowych na zasilaniu nominalnie obciążonego napędu AC z wejściowym prostownikiem diodowym wynosi ok. 42%. Pogłębiona analiza doboru dławików AC i DC jest zawarta w [26]. Zwykle dobierany jest dławik DC o indukcyjności wynikającej z obliczenia 3% spadku napięcia, po przeliczeniu na stronę fazowego napięcia przemiennego przy prądzie nominalnym. Przy czym należy uwzględnić 3 krotne (prąd trzech faz) zwiększenie strat czynnych wynikających z rezystancji dławika DC.

Stosując podejście 1. użytkownik nie potrzeby analizowania warunków zasilania napędu AC, ale jest to okupione zastosowaniem dławików dostosowanych do nominalnych prądów napędu AC, wtedy dławiki wpływają na zwiększenie masy, gabarytów i wydajności układu chłodzenia podzespołów mocy, co wpływa na cenę końcową. Uzyskane korzyści to głównie: zwiększona żywotność kondensatorów elektrolitycznych baterii oraz ograniczenie zaburzeń w sieci zasilania poprzez ograniczenie zawartości harmonicznych prądu.

W podejściu 2. użytkownik powinien znać wypadkową indukcyjność układu zasilania napędu, gdyż przewymiarowanie indukcyjności trójfazowego dławika AC prowadzi do nadmiernego spadku napięcia zasilania napędu, a tym samym niedopuszczanego obniżenia wartości napięcia wyprostowanego, w nominalnych warunkach obciążenia napędu. Niedoszacowanie indukcyjności dławików powoduje przyśpieszoną degradację kondensatorów baterii obwodu pośredniego.

Porównując podejście 1 i 2 można stwierdzić, że wg. podejścia 1. z wbudowanymi dławikami DC producent napędu AC dostarcza napęd gotowy do zastosowania bez konieczności stosowania specjalistycznych pomiarów i wiedzy użytkownika. W podejściu 2. jakość pracy

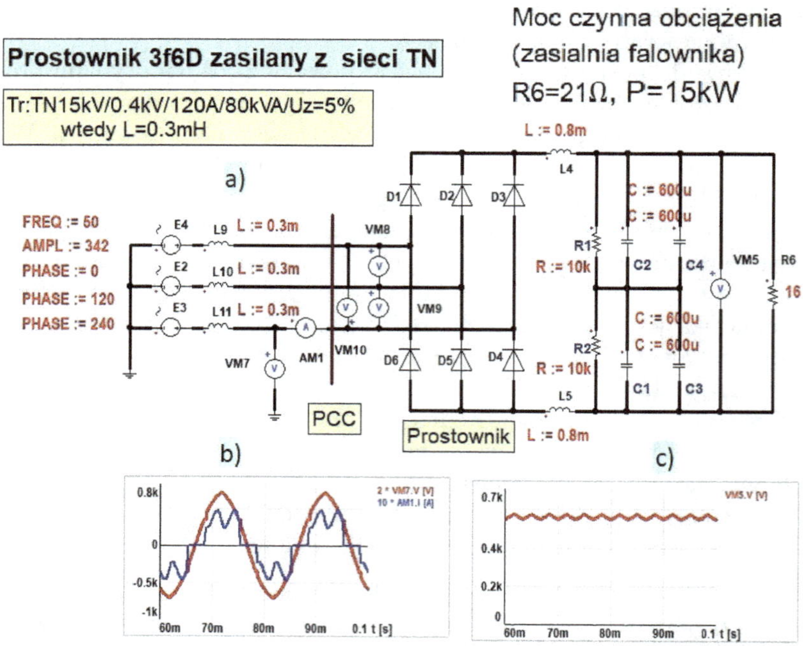

Rys. 3.18: Model obwodu pośredniego z prostownikiem 3f6d i dławikami DC oraz baterią kondensatorów obciążoną mocą czynną 15 kW:
a) - schemat prostownika dołączonego do transformatora z obwodem pośrednim LC i obciążeniem czynnym R,
b) - przebieg napięcia i prądu fazowego zasilania prostownika,
c) - napięcie DC prostownika obciążonego mocą 15 kW

napędu jest uzależniona od pomiarów w miejscu jego instalacji i specjalistycznej wiedzy użytkownika końcowego.

Na Rys. 3.18 b) przedstawiono prąd fazowy zasilnia prostownika z transformatora o mocy pozornej 80 kVA i całkowitej zawartości harmonicznych określonej współczynnikiem THD_i=42%. Widoczne jest też zaburzenie wysokoczęstotliwościowe napięcia fazowego transformatora, krótkotrwałe zapady napięcia fazowego występują w chwili rozpoczęcia przewodzenia prądu przez diodę prostowniczą.

Oddzielnym zadaniem jest właściwe dobranie wartości pojemności baterii kondensatorów obwodu pośredniego LC. W modelu przedstawionym na Rys. 3.18 zastosowano kondensatory elektrolityczne o pojemności 300μF połączone w 2. szeregowo-równoległe gałęzie. Łączenie szeregowe jest powszechnie stosowane ze względu na ograniczone napięcie nominalne tego typu kondensatorów, np. 450 V. Ponieważ napięcie wyprostowane sieci 3x400 V/50 Hz wynosi 560 V ($U_{DC} = \sqrt{2} \times 400\ V$), stąd niezbędne jest szeregowe połączenie kondensatorów. Dodatkowo potrzebna jest dodatkowa nadwyżka napięcia na kondensatorach, aby mogła być gromadzona energia w czasie pracy generatorowej silnika. Zastosowano też rezystory symetryzujące podział napięcia na kondensatorach U_{DC}.

Podstawowe warunki doboru wartości pojemności baterii to:

- warunek 1 - umożliwienia wzajemnej wymiany energii pomiędzy napędem AC i silnikiem, wymuszanej prądem biernym silnika: $Q_C \geq Q_S$.
- warunek 2 - ograniczenie pulsacji napięcia wyprostowanego do zadanej wartości, aby nie zniekształcać pola magnetycznego wytwarzanego w stojanie silnika. Składowa przemienna w napięciu wyprostowanym ma tutaj 1. harmoniczną o częstotliwości 300 Hz (6x50 Hz). Spełnienie warunku 2 zwykle skutkuje jednoczesnym spełnieniem warunku 1.

Przebieg napięcia U_{DC} z widocznymi pulsacjami - składową przemienną, przedstawiono na Rys. 3.18c). Zakładając brak rezonansowych filtrów szeregowych LC do filtracji tętnień w napięciu DC należy powiększyć pojemność baterii do uzyskania dopuszczalnej wartości pulsacji napięcia DC, tj. zawartości składowej przemiennej w wyprostowanym napięciu prostownika przy obciążeniu nominalnym ($THD_{U_{DC}}$).

3.4.3 Obwód pośredni bez baterii kondensatorów

W ostatnich kilku latach producenci opracowali obwody pośrednie bez kondensatorów i indukcyjności (dławików). Ogólnie nazywa się je „obwodami pośrednimi bez kondensatorów" lub „smukłymi" obwodami pośrednimi. Obwody pośrednie o wyeliminowanych lub mocno zmniejszanych pojemnościach w obwodzie pośrednim mogą być wykorzystywane do zasilania silników silników z małym udziale prądu biernego w prądzie silnika, np. do zasilania silników klasy sprawnościowej IE5 - silników z magnesami stałymi PM (także z wbudowaną w wirniku klatką rozruchową).

Silniki indukcyjne i rekrutacyjne większych mocy wymagają względnie dużego prądu biernego, stąd jest tutaj potrzeba zastosowania odpowiednich pojemności w obwodzie pośrednim dla gromadzenia energii biernej silnika.

Układ sterowania kontroluje prostowanie napięcia zasilającego w sposób umożliwiający osiągnięcie mniejszych prądów rozruchowych i ograniczenie zakłóceń sieci do wartości THD_i poniżej 40% (harmoniczne: 5., 7., 11., ...). To skutkuje następującymi cechami:

- niższe koszty budowy,
- brak wymaganego obwodu wstępnego ładowania baterii kondensatorów,
- bardziej kompaktowa i lżejsza konstrukcja,
- wrażliwość na spadki napięcia w systemie zasilania. To znaczy, że napęd AC jest bardziej podatny na zatrzymanie w przypadku spadków napięcia z powodu przejściowych zakłóceń w systemie zasilania,
- zakłócenia sieci mogą wystąpić w zakresie wysokich częstotliwości łączeń tranzystorów falownika,
- wysokie tętnienia związane z obwodem pośrednim zmniejszają napięcie wyjściowe o około 10% i powodują wyższe zużycie mocy przez silnik,
- czas ponownego uruchomienia może być dłuższy, ze względu na występowanie trzech procesów:
  - ponowna inicjalizacja napędu AC,
  - magnesowanie silnika,
  - rozpędzanie wału silnika do wymaganej wartości prędkości odniesienia dla aplikacji.

3.4.4 Wspólna szyna DC wielosilnikowego systemu napędowego

Obwody pośrednie wielu napędów AC mogą być również połączone, a napięcie DC może być współdzielone między kilkoma falownikami. W aplikacjach z kilkoma równoległymi silnikami, zamiast instalować oddzielne napędy AC dla każdego silnika - Rys. 3.13, można użyć tzw. napędu ze wspólną szyną DC.

System napędowy ze wspólną szyną DC składa się z jednej lub kilku jednostek wejściowych prostowników, które przekształcają napięcie AC z sieci w napięcie DC, dostarczając energię do wspólnej szyny DC, Rys. 3.19. Wspólna szyna DC przekazuje energię do napędów falownikowych. W zależności od rodzaju prostownika energia może być od napędu przekazywana do sieci, np. przy zastosowaniu dwukierunkowego prostownika aktywnego AFE, System napędowy ze wspólną szyną DC może również obejmować jednostkę z przerywaczem (ang. chopper) hamowania. Jest to ekonomiczne rozwiązanie do rozpraszania energii hamowania w przypadkach, gdy regeneracja energii do sieci nie jest możliwa lub ekonomicznie nieuzasadniona.

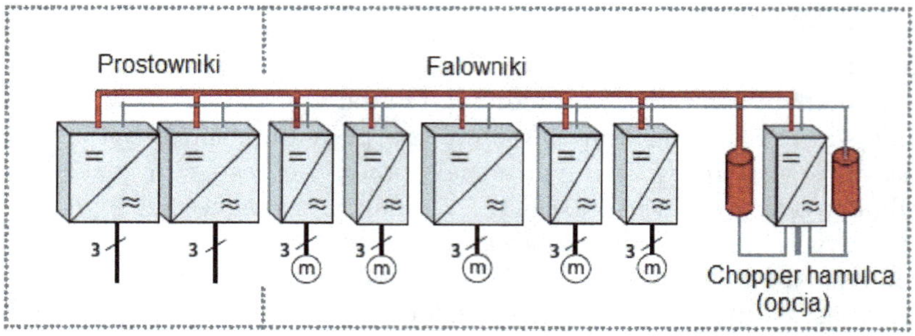

Rys. 3.19: System napędowy ze wspólną szyną DC

Konfiguracja wspólnej szyny DC może przynieść znaczne oszczędności energii, gdy energia hamowania silników jest zużywana przez inne napędy. Ma to miejsce, gdy do szyny DC jest podłączony więcej niż jeden napęd i przynajmniej jeden z nich hamuje. Energia hamowania jest bezpośrednio przekazywana do innych napędów za pośrednictwem wspólnej szyny DC. Poglądowa konfiguracja napędów AC ze wspólną szyną DC przedstawiona na Rys. 3.19, zawiera dwa oddzielne diodowe moduły prostownicze, falownikowe i moduł hamowania rezystancyjnego.

Napędy AC mogą też być zasilane z mikrosieci DC dostarczającą czystą (zieloną) energię z przemysłowych źródeł OZE (fotowoltaika, turbiny wiatrowe, itp.). Przykładowa niskonapięciowa mikrosieć DC 560 V zastosowana do zasilania napędów AC i innych odbiorników przemysłowych przedstawiona jest na Rys. 3.20.

Przedstawiona mikrosieć DC 560 V poprzez stałonapięciowe obwody pośrednie może dostarczać zieloną energię do wielu zespołów napędowych i innych przekształtników, np. ładowarek baterii elektrycznych pojazdów zakładowych i mobilnych maszyn roboczych. Należy tu zauważyć, że obecnie dostępne są już komercyjne wielozadaniowe przekształtniki, które mogą pracować jako napędy silników lub stałoprądowe ładowarki baterii pojazdów elektrycznych. Przedstawiona na Rys. 3.20 zakładowa sieć zasilania umożliwia przesyłanie nadmiarowej zielonej energii do sieci elektroenergetycznej. W przypadku braku dostatecznej ilości zielonej energii uzyskiwanej z zakładowych generatorów OZE prostowniki napędów AC są także wykorzystywane do zasilania mikrosieci DC energią sieci elektroenergetycznej. Dla poprawy jakości energii w zakładowej sieci elektroenergetycznej prostowniki diodowe

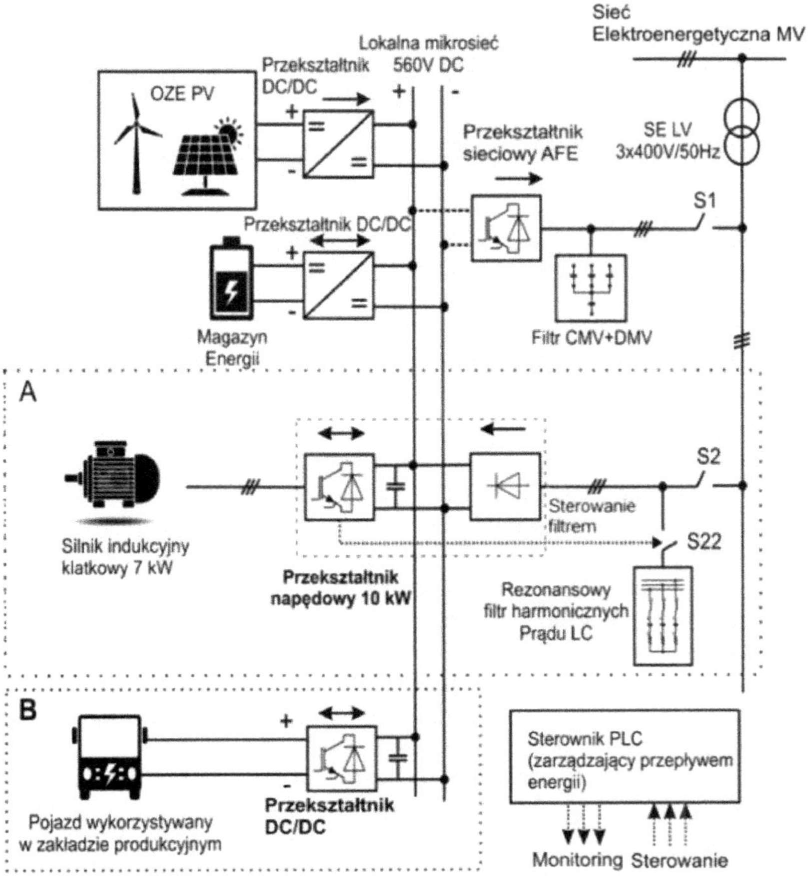

Rys. 3.20: Zielona energia dostarczana z przemysłowej mikrosieci DC 560 V do napędów AC i innych odbiorników: A - napęd AC zasilany z mikrosieci DC lub z sieci napięcia przemiennego 3x400 V/50 Hz, B - ładowarka baterii EV zasilana z mikrosieci DC

napędów są dodatkowo wyposażone w filtry harmonicznych oraz filtry zaburzeń wysokoczęstotliwościowych napięć DM (różnicowych) i CM (wspólnych) [30].

3.5 Falownik

Falownik jest ostatnim z głównych elementów składających się na elektroniczny napęd AC, Rys. 3.3. Procesy falownika stanowią końcowy etap generowania napięcia wyjściowego i częstotliwości. Gdy silnik jest podłączony bezpośrednio do sieci, idealne warunki pracy występują przy znamionowym punkcie pracy.

Napęd AC gwarantuje dobre warunki pracy w całym zakresie prędkości poprzez dostosowanie napięcia wyjściowego do warunków obciążenia. Dzięki temu możliwe jest utrzymanie magnetyzacji silnika na optymalnym poziomie.

Falownik pozyskuje z obwodu pośredniego jedną z następujących wielkości elektrycznych:

- zmienny - o regulowanej wartości, prąd stały (falownik prądowy),
- zmienne - o regulowanej wartości, napięcie DC (falownik napięciowy PAM),
- stałe napięcie DC (falownik napięciowy PWM, w literaturze polskiej jest też często stosowany akronim MSI, pochodzący od modulacji szerokości impulsów).

W każdym przypadku falownik napięciowy musi zapewnić, że silnik jest zasilany napięciem AC dostosowanym do jego prędkości i obciążenia. Innymi słowy, częstotliwość napięcia zasilania silnika musi być generowana w falowniku. Metoda sterowania falownikiem zależy od tego, czy jest on zasilany zmienną, czy stałą wartością napięcia DC - w falownikach napięciowych lub prądu DC - w falownikach prądowych. W przypadku zasilania falownika zmiennym prądem DC lub napięciem DC, falownik generuje częstotliwość, a amplituda napięcia AC jest określona przez napięcie DC obwodu pośredniego. W przypadku stałego napięcia DC zasilania falownika, falownik musi generować zarówno częstotliwość, jak i amplitudę sinusoidalnego napięcia AC zasilającego silnik.

Chociaż falowniki działają na różne sposoby, podstawowa konstrukcja jest zawsze taka sama. Główne komponenty to sterowane półprzewodniki, ułożone w pary w trzech gałęziach - półmostkach, jak pokazano na Rys. 3.3. Każda gałąź elementów sterowanych półmostka falownika odpowiada za budowę napięcia fazowego zasilającego silnik, dlatego falownik trójfazowy jest zbudowany z trzech półmostków.

Tranzystory TGBT są obecnie powszechnie stosowane i zastępują tyrystory w układzie falownika napędów AC z kilku istotnych powodów. Po pierwsze, tranzystory są teraz dostępne dla dużych prądów przewodzenia, wysokich napięć blokowania i wysokich częstotliwości przełączania. Ponadto, są elementami półprzewodnikowymi w pełni sterowanymi sygnałem napięciowym, czyli w przeciwieństwie do tyrystorów i diod, tranzystory nie blokują się przy przejściu prądu przez zerową wartość prądu. Tranzystory mogą przechodzić ze stanu przewodzenia do blokowania i odwrotnie w dowolnym momencie, po prostu przez zmianę polaryzacji napięcia przyłożonego do zacisków sterujących. Postępy w dziedzinie technologii półprzewodnikowej w ostatnich latach znacznie zwiększyły częstotliwość przełączania tranzystorów. Warto zauważyć, że mówimy tu o sterowaniu napięciowym zaworów półprzewodnikowych falownika, a więc nie ma poboru energii przez układ sterowania oraz obwód sterowania jest odseparowany galwanicznie od obwodu mocy tranzystora. **Górna granica przełączania wynosi teraz kilkadziesiąt kHz przez powszechnie stosowane tranzystory IGBT.**

W ten sposób można uniknąć zakłóceń magnetycznych powodowanych przez pulsacyjną magnetyzację wewnątrz silnika. Inną zaletą wysokiej częstotliwości przełączania jest fakt, że umożliwia ona stosowanie modulacji kształtującej przemienne napięcia wyjściowe napędu AC. Oznacza to, że można osiągnąć sinusoidalny prąd silnika, jak pokazano na Rys. 3.21. Układ sterowania napędu AC musi jedynie załączać i wyłączać tranzystory falownika zgodnie z odpowiednim wzorem. Wzrost częstotliwości przełączeń poprawia kształt prądu silnika, ale kosztem zwiększenia strat dynamicznych w falowniku. Trzeba szukać kompromisu pomiędzy jakością prądu silnika i strategią łączeń tranzystorów falownika. Dziś typowa wartość częstotliwości przełączania w falownikach napędów przemysłowych małych i średnich mocy z tranzystorami krzemowymi IGBT wynosi ok. 4.5 kHz.

Wybór częstotliwości przełączania falownika to kompromis między stratami w silniku (kształt sinusoidalny prądu silnika), a stratami w falowniku. W miarę wzrostu częstotliwości przełączania, rosną straty w falowniku, zgodnie z liczbą elementów półprzewodnikowych, a maleją w silniku.

Tranzystory o dużej częstotliwości łączeń można podzielić na trzy główne typy:

- bipolarne (JBT, LTR),

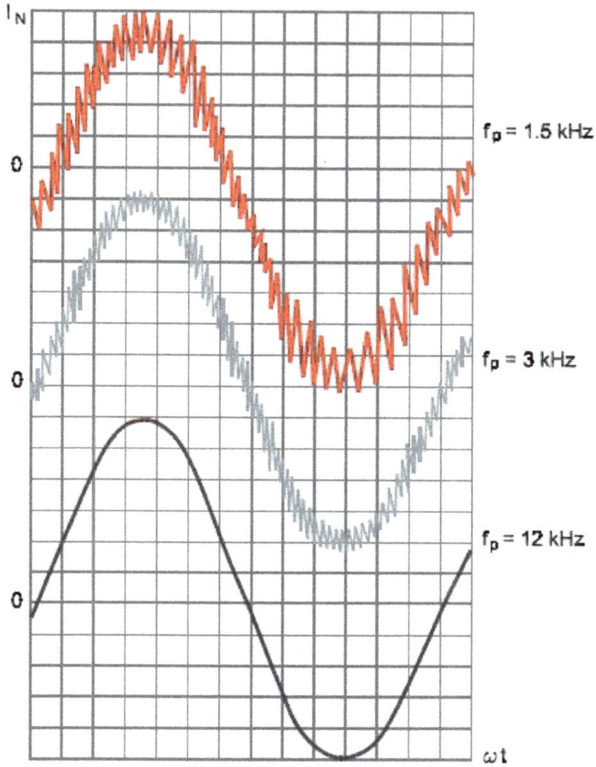

Rys. 3.21: Wpływ częstotliwości przełączania na prąd silnika

- unipolarne (FET, MOSFET),
- bipolarne z izolowaną bramką (IGBT, VH-IGBT).

Tranzystory z izolowaną bramką IGBTsą dobrym wyborem dla napędów AC pod względem zakresu mocy, dużych prądów przewodzenia, wysokiej częstotliwości przełączania i łatwości sterowania, Tab. 3.2. Łączą one cechy tranzystorów MOSFET i tranzystorów bipolarnych BJT. Rzeczywiste elementy przełączające i sterujące falownikiem są zazwyczaj połączone, tworząc pojedynczy moduł zwany „inteligentnym modułem mocy" IPMC (ang. inteligent power module chip).

Dioda zwrotna jest połączona przeciwrównolegle z każdym tranzystorem, ponieważ wysokie napięcia indukowane mogą wystąpić na indukcyjnym obciążeniu wyjściowym. Diody umożliwiają kontynuację przepływu prądów silnika w ich kierunku (do baterii kondensatorów) i chronią elementy przełączające przed niedozwolonymi wartościami napięć wstecznych (napięć blokowania). Moc bierna wymagana przez silnik jest również obsługiwana przez diody zwrotne, prąd bierny od silnika wraca przez diody zwrotne do baterii kondensatorów.

Właściwości	Półprzewodniki		
	MOSFET	IGBT	LTR
Symbol	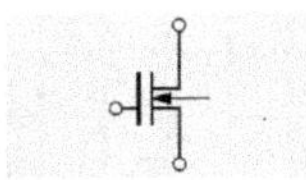	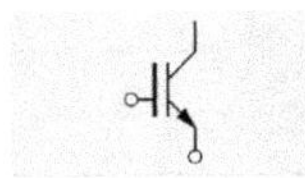	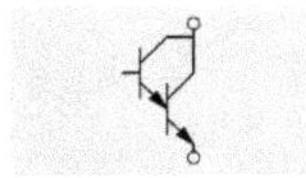
Konstrukcja	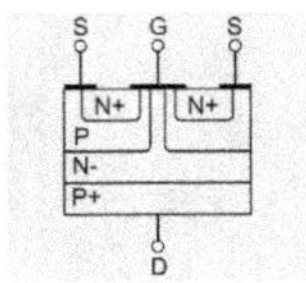	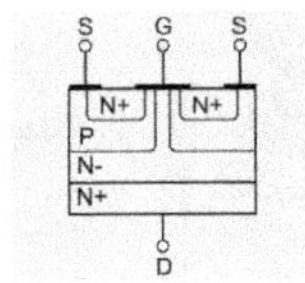	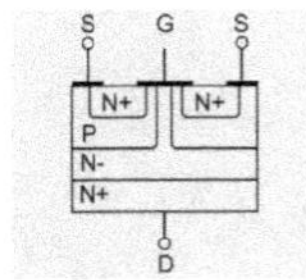
	Przewodnictwo		
Przewodnictwo prądowe Straty	Niskie Wysokie	Wysokie Nieznaczne	Wysokie Nieznaczne
	Warunki blokowania napięcia		
Górna granica	Niska	Wysoka	Średnia
	Warunki przełączania		
Czas włączenia Czas wyłączenia Straty	Krótki Krótki Nieznaczne	Średni Średni Średnie	Średni Niski Duże
	Warunki sterowania		
Moc Sterownik	Mała Napięcie	Mała Napięcie	Duża Prąd

Tab. 3.2: Porównanie charakterystyk tranzystorów mocy pokazuje kluczowe różnice między tranzystorami MOSFET tranzystor polowy z metalową bramką (ang. metal oxide semiconductor field effect transistor), IGBT tarnzystor bipolarny z izolowaną bramką, BJT tranzystor bipolarny (ang. bipolar junction transistor) i LTR - odmiana tranzystora BJT

3.6 Zasady modulacji napięciowej

Półprzewodniki w falowniku przewodzą lub blokują przepływ prądu zgodnie z sygnałami generowanymi przez układ sterowania. Zmienne napięcia i częstotliwości są generowane przy użyciu dwóch podstawowych zasad (typów modulacji), Rys. 3.22:

- modulacja amplitudy impulsów PAM (ang. pulse amplitude modulation),
- modulacja szerokości impulsów PWM (ang. pulse width modulation).

W literaturze polskojęzycznej często spotyka się akronim MSI zamast PWM pochodzący od określenia: modulacja szerokościowa impulsów.

3.6.1 Modulacja amplitudy impulsów

Modulacja PAM jest stosowana w napędach AC ze zmiennym napięciem lub prądem stałym w obwodzie pośrednim. W napędach z prostownikami niesterowanymi lub półstero-

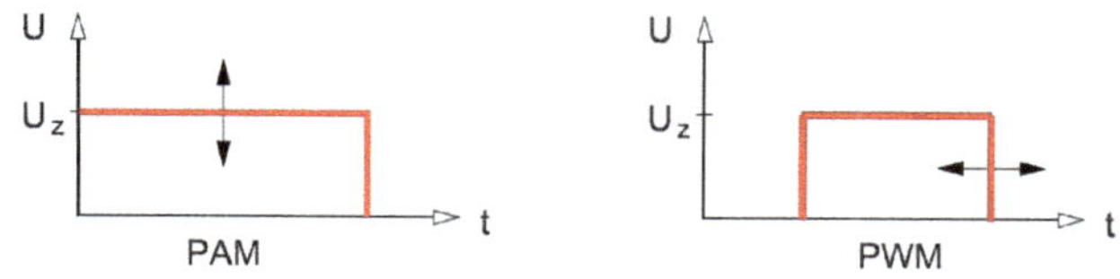

Rys. 3.22: Modulacja amplitudy impulsów PAM i szerokości impulsów PWM (MSI)

wanymi amplituda oczekiwanego napięcia stałego zasilania falownika jest generowana przez chopper w obwodzie pośrednim, jak pokazano na Rys. 3.15. W przypadku, gdy prostownik jest w pełni sterowany, amplituda napięcia DC jest generowana bezpośrednio przez prostownik. Oznacza to, że amplituda napięcia zasilania dla silnika jest zadawana bezpośrednio z obwodu pośredniego.

Interwały, podczas których poszczególne półprzewodniki falownika powinny być włączone lub wyłączone, są przechowywane w wzorcu, a ten wzorzec jest odczytywany z matrycy przełączeń wyznaczonej dla pożądanej częstotliwości wyjściowej falownika.

Wzorzec przełączania półprzewodników falownika jest wybierany dla oczekiwanej wartości napięcia DC lub prądu DC w obwodzie pośrednim. Jeśli stosowany jest generator wzorca częstotliwości łączeń falownika sterowany wartością napięcia zasilania silnika to częstotliwość kluczowania zawsze podąża za amplitudą tego napięcia.

Stosowanie modulacji PAM może skutkować mniejszym hałasem (szumem elektroakustycznym) silnika oraz niewielkim zwiększeniem sprawności w specjalnych aplikacjach, takich jak z silnikami o dużej prędkości (10 000 – 100 000 obr/min). Jednakże, te zalety często nie przeważają nad wadami, takimi jak wyższe koszty bardziej zaawansowanego przekształtnika DC/DC w obwodzie pośrednim, problemy ze sterowaniem oraz wyższe pulsacje momentu przy niskich prędkościach.

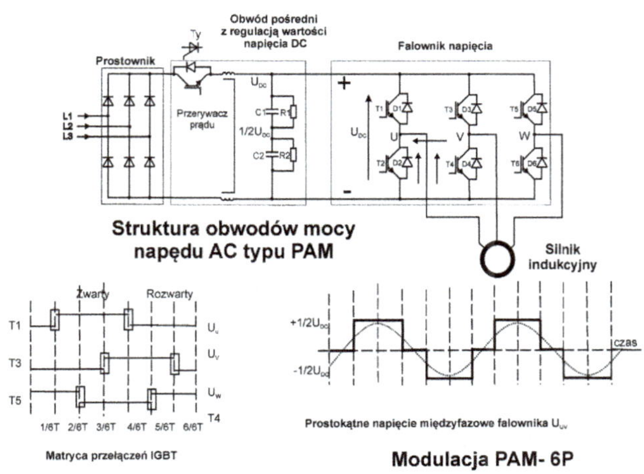

Rys. 3.23: Napęd AC z modulacją PAM falownika

Cechą charakterystyczną modulacji PAM falownika jest brak możliwości regulowania wartości skutecznej napięcia zasilania silnika, falownik reguluje jedynie częstotliwość przebiegu napięcia przemiennego. Na Rys. 3.23 przedstawiono napęd AC z falownikiem, w którym częstotliwość przełączania tranzystorów IGBT jest sterowana zadawaniem okresu T harmonicznej podstawowej międzyfazowego napięcia generowanego przez falownik. Okres T jest podzielany na 6 podokresów, co 60°. Każda faza napięcia trójfazowego falownika jest przesunięta o 2 podokresy (120°). Tranzystory IGBT: T2, T4, T6 mają przeciwne sterowanie w stosunku do tranzystorów: T1, T3, T5 tak aby nie wystąpiło zwarcie gałęziowe w falowniku.

Model do badań symulacyjnych falownika z modulacją PAM przedstawiony jest na Rys. 11.1 wśród innych modeli wykorzystywanych w tek książce. W modulacji PAM zmiana częstotliwości napięcia wyjściowego falownika nie powoduje zmiany rozkładu składowych harmonicznych w widmie amplitudowym napięć fazowych i międzyfazowych, jest to istotna zaleta tego typu modulacji. W pewnych przypadkach można stosować modulację mieszaną falownika: PAM i PWM. Wartości R i L w modelu silnika z Rys. 11.1 - sekcja 11 wyznaczono na podstawie danych znamionowych umieszczonych na tabliczce silnika o mocy 30 kW. W modelu R reprezentuje moc czynną silnika, a L jego moc bierną. Obniżając napięcie na baterii kondensatorów, zmniejszamy zgromadzoną w niej energię $W_C = \frac{1}{2} C U^2$, dlatego rozruch aplikacji napędowych wymagających stałej mocy jest bardzo problematyczny, np. napędów jazdy pojazdów szynowych, czy nawijarek.

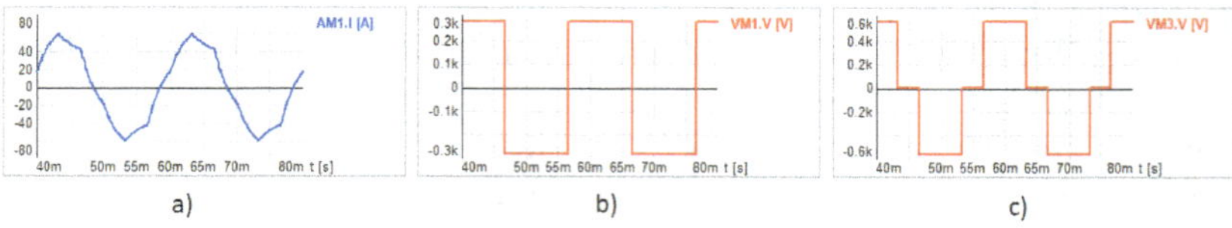

Rys. 3.24: Zasilanie silnika falownikiem PAM: a) prąd przewodowy silnika i_{AM1}, b) napięcie fazowe silnika u_{VM1}, c) napięcie międzyfazowe silnika u_{VM3}, model Rys. 11.1 - sekcja 11

Modulacja PAM nie jest obecnie stosowana w napędach AC, niemniej ma swoje pozytywne cechy. Przykładowo, napięcie zaburzeń wspólnych CMV generowane przez falownik jest przebiegiem prostokątnym o częstotliwości 3 razy większej od częstotliwości napięcia zasilania silnika i jego amplituda zmniejsza się wraz zmieszaniem wartości napięcia stałego w linku DC zasilania falownika. Algorytm sterowania falownika, jest łatwy do realizacji technicznej, szybki w działaniu i nie wymaga zaangażowania wydajnej jednostki obliczeniowej. W napędach o niewymagających właściwościach dynamicznych, takich jak wentylatory czy pompy, można rozważać tego typu modulację PAM falownika. Niemniej, nie jest ona obecnie rozwijana przez producentów napędów AC, którzy głównie skupili się na napędach AC z modulacją szerokościową impulsów PWM. Niewątpliwym mankamentem tej metody zasilania silnika jest widoczne odkształcenie prądu fazowego (i_{AM1}), co może być dalej analizowane, Rys. 3.24. Napięcie fazowe jest prostokątem o współczynniku wypełnienia α=1/2, a międzyfazowe α=2/3.

3.6.2 Modulacja mieszana napięcia falownika

W modulacji mieszanej PAM+PWM można stosować przekształtnik DC/DC (buck lub boost) lub prostownik sterowany AC/DC do regulacji wartości napięcia DC zasilania falownika PWM. Falownik PWM może korzystać z asynchronicznej sinusoidalnej modulacji ciągłej o stałym współczynniku głębokości modulacji amplitudy, np. M=1, model z Rys. 3.25. Zwykle sygnałem modulowanym jest symetryczny przebieg trójkątny o częstotliwości rzędu kilku kiloherców. Rodzaje stosowanych w napędach AC modulacji PWM są opisane w dalszej części książki.

Zastosowanie falownika PWM o stałym współczynniku głębokości modulacji amplitudy M=1 i regulowania falownikiem jedynie częstotliwości napięcia wyjściowego zapewnia szereg korzyści:

- sinusoidalne i symetryczne przebiegi prądów fazowych silnika oraz sinusoidalne i symetryczne napięcia międzyfazowe, także dla małych (startowych) prędkości silnika,
- zmniejszona pojemność baterii na zasilaniu falownika, której zadaniem jest jedynie utworzenie obwodu do przepływu mocy biernej między silnikiem i obwodem pośrednim napędu PAM-PWM (wartość tej pojemności wynika z bilansu energii biernej dla mocy nominalnej silnika),
- napięcie trybu wspólnego u_{CM} (zaburzeń wspólnych) ma jednakowy rozkład widma amplitudowego harmonicznych, co umożliwia jego odfiltrowanie filtrami selektywnymi. Prądy upływu doziemnego wywoływane napięciem trybu wspólnego CM dodatkowo zmniejszają się przy zmniejszonych obrotach silnika, gdyż wraz z redukcją obrotów zmniejsza się napięcie zasilania falownika.

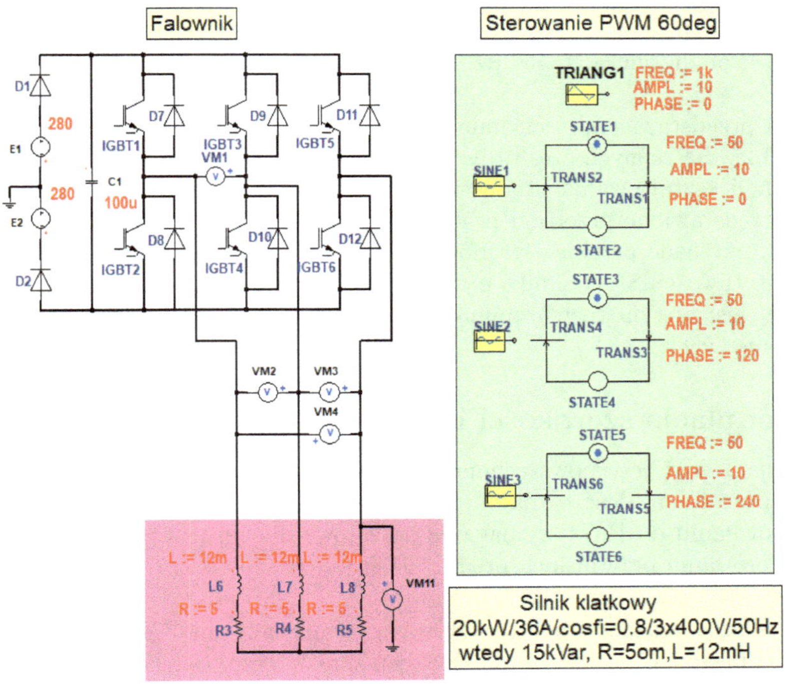

Rys. 3.25: Model falownika PWM: M=1, f_c=1 kHz, w którym regulowana jest jedynie częstotliwość napięcia zasilania silnika. Napięcie zasilania falownika (E1 + E2) decyduje o wartości skutecznej napięć międzyfazowych

Na Rys. Rys. 3.25 przedstawiono model falownika PWM, gdzie M= const.=1, zasilanego z jednokierunkowego źródła napięcia stałego i regulowanej wartości napięcia i oddającego energię do obciążenia (falownika). Zastosowana pojemność (C1) umożliwia wymianę energii biernej zmagazynowanej w indukcyjnościach silnika. Do falownika jest dołączony silnik prądu przemiennego 30 kW. L i R z modelu silnika wynikają jego mocy biernej i czynnej, reprezentują one zdolność silnika do akumulowania mocy biernej i odbioru mocy czynnej.

Wartość prądu silnika może być dowolnie regulowana dla danej częstotliwości poprzez zadawanie odpowiedniej wartości napięcia DC zasilania falownika, np. dla napędów odśrodkowych pomp i wentylatorów trzeba zapewnić moment rosnący proporcjonalny do kwadratu prędkości wału, dlatego musi być warunek napięciowy u/f^2 = constans. Regulacja napięcia zasilania falownika PAM może być tu uzyskana poprzez zastosowanie przekształtnika DC/DC (buck lub boost).

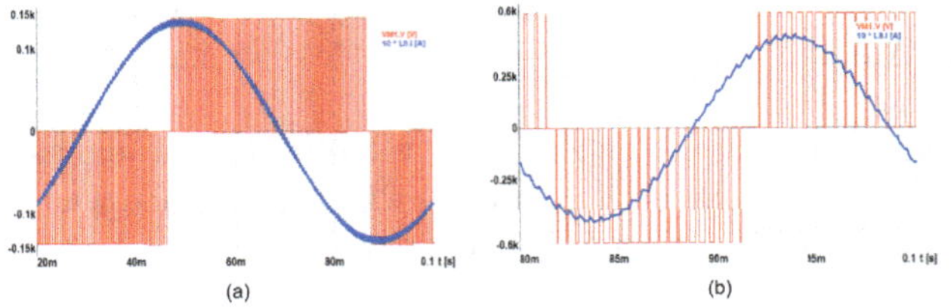

Rys. 3.26: Prądy fazowe sinika i napięcia międzyfazowe falownika przy zastosowaniu modulacji mieszanej PAM+PWM. PAM regulacja napięcia stałego zasilania falownika oraz PWM regulacja częstotliwości napięcia zasilania silnika:
(a) częstotliwość prądu silnika: f_s=12,5 Hz, Isk=9,4 A, U_{DC}= (2x70 V)=140 V,
(b) częstotliwość prądu silnika: f_s=50 Hz, Isk=36 A, U_{DC}= (2x280 V)=560 V

Rys. 3.26 przedstawia napięcia międzyfazowe i prądy fazowe silnika uzyskane z modelu z Rys. 3.25 dla różnych częstotliwości i wartości napięć zasilania falownika. Dla lepszej wizualizacji kształtowania prądu silnika zredukowano częstotliwość nośną modulacji do 1 kHz. Przedstawione przebiegi prądowe wskazują istotną zaletę modulacji mieszanej PAM+PWM, uzyskane przebiegi prądowe są sinusoidami niezależnie od ich wartości skutecznej i częstotliwości. Start silnika przy minimalnym poślizgu, nawet z częstotliwościami rzędu 0.1 Hz, jest w tym rozwiązaniu osiągalny i układ sterowania nie wymaga dużych mocy obliczeniowych.

3.6.3 Modulacja szerokości impulsów napięcia falownika

Modulacja PWM jest powszechnie stosowana w napędach AC z stałym napięciem w obwodzie pośrednim. Jest to najbardziej rozpowszechniona i najlepiej rozwinięta metoda. W porównaniu do PAM wymagania sprzętowe dla tej metody modulacji są niższe, wydajność sterowania przy niskich prędkościach jest dość dobra, a działanie rezystora hamującego jest zawsze możliwe.

Napięcie silnika można zmieniać, zwierając tranzystorami IGBT falownika, napięcie obwodu pośredniego DC do wybranych uzwojeń silnika, przez określony czas. Częstotliwość można zmieniać, przesuwając dodatnie i ujemne impulsy napięcia DC dla dwóch półokresów wzdłuż osi czasu.

Technologia modulacji zmieniająca szerokość impulsów napięcia w falowniku, znana jest jako modulacja szerokości impulsów MSI lub PWM. W konwencjonalnych technikach PWM układ sterujący określa czasy włączenia i wyłączenia półprzewodników w taki sposób, że przebieg napięcia silnika jest jak najbardziej sinusoidalny. Dzięki temu można zmniejszyć straty w uzwojeniach silnika i uzyskać płynną pracę, nawet przy niskich prędkościach.

Częstotliwość wyjściowa jest zmieniana przez połączenie uzwojeń silnika z połową napięcia obwodu pośredniego przez określony czas. Napięcie wyjściowe jest zmieniane przez podzielenie impulsów napięcia na wyjściach napędu AC na serię węższych impulsów z przerwami między nimi. Stosunek impulsu do przerwy może być modyfikowany w zależności od wymaganego poziomu napięcia. Oznacza to, że amplituda ujemnych i dodatnich impulsów napięcia zawsze odpowiada połowie napięcia DC obwodu pośredniego, Rys. 3.27.

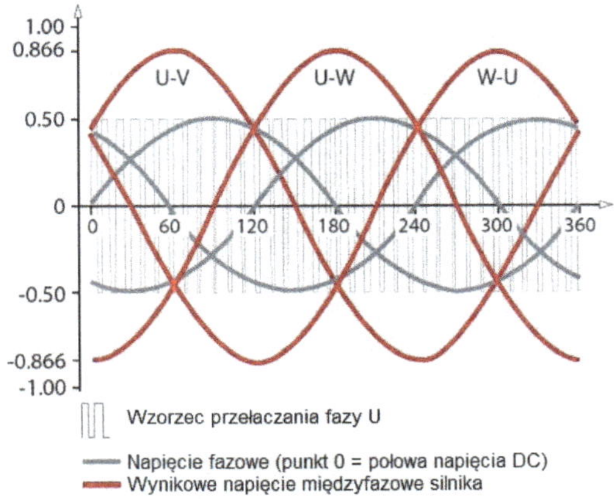

Rys. 3.27: Napięcie wyjściowe falownika PWM, gdy współczynnik głębokości modulacji M=1, model na Rys. 11.2 - sekcja 11

Metoda zwiększania wartości napięć międzyfazowych silnika dla częstotliwości bliskiej nominalnej, przez zastosowanie przemodelowania, modulacja przerywana PWM jest przedstawiona na Rys. 11.3 - sekcja 11.

Niska częstotliwość przełączania elementów sterowanych falownika (np. tranzystorów IGBT) prowadzi do wzrostu hałasu akustycznego silnika. Aby ograniczyć natężenie generowanego hałasu, można zwiększyć częstotliwość przełączania. Dzięki postępom w technologii półprzewodników możliwe jest obecnie generowanie prądu o kształcie bliskim sinusoidzie. Napęd AC z falownikiem PWM, który wykorzystuje wyłącznie modulację sinusoidalną, może dostarczyć do 86,6% napięcia znamionowego, zobacz Rys. 3.27.

Wartość skuteczna napięcia fazowego na wyjściach napędu AC odpowiada połowie napięcia obwodu pośredniego U_{DC} podzielonej przez $\sqrt{2}$ i amplituda napięcia fazowego równa połowie napięcia DC - $1/2U_{DC}$. Napięcie międzyfazowe na wyjściach falownika jest równe $\sqrt{3}$ razy napięcie fazowe i wynosi 0,866 razy międzyfazowego napięcia zasilania.

Napięcie wyjściowe napędu AC nie może równać się napięciu nominalnemu silnika, napięcie wyjściowe jest około 13% obniżone. Jeśli potrzebne jest pełne nominalne napięcie silnika, trzeba zastosować modyfikacje sinusoidalnej modulacji PWM. Zwiększenie napięcia falownika można uzyskać, zmniejszając liczbę impulsów, gdy częstotliwość przekracza około 45 Hz (przerywana modulacja PWM). Wadą użycia tej metody jest to, że napięcie zmienia się skokowo, a prąd silnika przejściowo ulega zwiększonemu odkształceniu. Jeśli liczba impulsów napięciowych jest zmniejszona, zawartość harmonicznych w napięciu na wyjściu napędu AC wzrasta. To prowadzi do wyższych strat w silniku.

Modulacja przerywana PWM powoduje zwiększanie maksymalnej wartości napięcia międzyfazowego zasilania silnika, jej synchroniczną odmianę przedstawia Rys. 3.32. W załącznikach 11, na Rys. 11.3 - sekcja 11 przedstawiono model dwupoziomowego falownika napięciowego, powszechnie stosowanego w niskonapięciowych napędach AC. Wykorzystano tu klasyczne sterowanie sinusoidalną modulacją przerywaną (amplitudowy współczynnik głębokości modulacji $M > 1$). Zastosowana modulacja umożliwia uzyskanie maksymalnej wartości harmonicznej podstawowej napięcia falownika równej 380 V. Dla uzyskania przemiennych napięć międzyfazowych o wartości 400 V z napięcia DC 560 V należy stosować bardziej złożone przebiegi modulujące. Uzyskane napięcie fazowe i międzyfazowe falownika PWM zawiera oprócz użytecznej harmonicznej podstawowej, decydującej o momencie napędowym na wale silnika, szereg harmonicznych wyższych rzędów. Poza harmoniczną użyteczną falownik generuje pasożytnicze harmoniczne, jest to uboczny efekt stosowania modulacji PWM (inherentna cecha modulacji). Powstają, tzw. napięcia zaburzeń różnicowych DM i wspólnych CM.

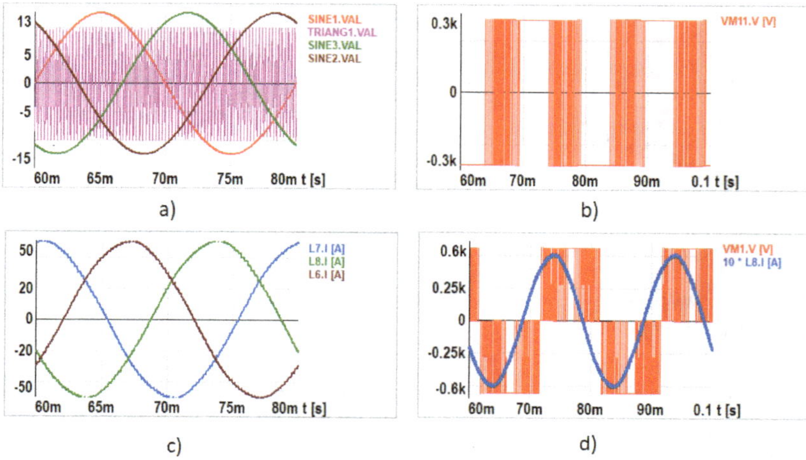

Rys. 3.28: Prądy i napięcia obciążonego falownika PWM, gdy M=1,25 (modulacja przerywana), model 11.3

Rys. 3.28 przedstawia uzyskane z symulacji komputerowej wybrane napięcia i prądy falownika z przerywaną modulacją PWM:
a) napięcia modulatora PWM: napięcie modulowane/nośne $u_{triang1}$, sinusoidalne napięcia modulujące $u_{sine1-2-3}$,
b) napięcie międzyfazowe falownika u_{VM11},
c) prądy fazowe silnika i_{L6-7-8},
d) napięcie międzyfazowe falownika i prąd fazowy (przewodowy) silnika.

Na Rys. 3.29 jest przedstawione widmo amplitudowe międzyfazowego napięcia falownika dla M=125% uzyskane z symulacji komputerowej modelu przedstawionego na Rys. 11.3 - sekcja 11. Uzyskana amplituda harmonicznej podstawowej napięcia międzyfazowego wynosi 540 V (U_{sk-ff}=380 V). Pozostałe wyższe harmoniczne układają się pasmami wokół wielokrotności nośnej $f_c = 4$ kHz, a THD_u tego napięcia wynosi 53,6%, w niektórych przypadkach trzeba te harmoniczne odfiltrować (np. filtrami silnikowymi sinusoidalnymi), niemniej w większości napędów silników nie są one filtrowane, gdyż nie mają one zasadniczego wpływu na kształt prądów fazowych silnika.

Zaburzenia od wyższych harmonicznych w napięciach międzyfazowych falownika to jedynie zaburzenia międzyfazowe DM (nie występują tu zaburzenia doziemne CM).

W widmie amplitudowym są one rozłożone wokół wielokrotności częstotliwości przełączania tranzystorów IGBT falownika - częstotliwości przebiegu nośnego modulacji, tutaj symetrycznego przebiegu trójkątnego o częstotliwości 4 kHz, stąd określamy je zaburzeniami wysokoczęstotliwościowymi. Analiza zaburzeń wysokoczęstotliwościowych powodowanych falownikiem z modulacją PWM oraz ich minimalizowanie będzie omawiana w dalszej części tej książki.

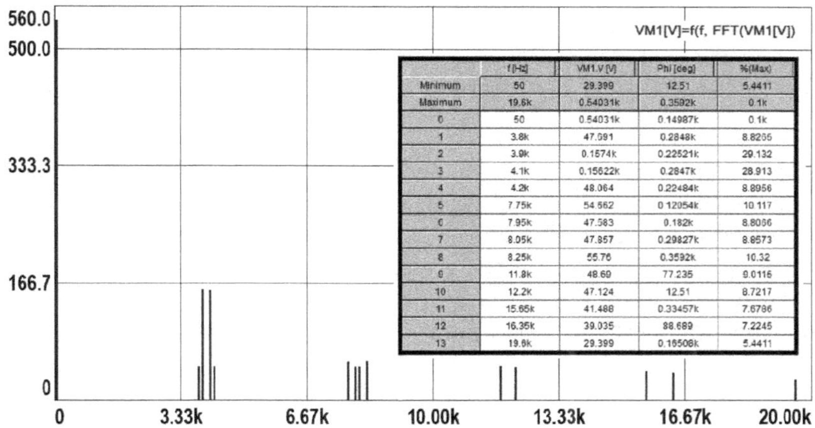

	f [Hz]	VM1.V [V]	Phi [deg]	%(Max)
Minimum	50	29.399	12.51	5.4411
Maximum	19.6k	0.54031k	0.3592k	0.1k
0	50	0.54031k	0.14987k	0.1k
1	3.8k	47.691	0.2848k	8.8265
2	3.9k	0.1574k	0.22521k	29.132
3	4.1k	0.15622k	0.2847k	28.913
4	4.2k	48.064	0.22484k	8.8956
5	7.75k	54.662	0.12054k	10.117
6	7.95k	47.583	0.182k	8.8066
7	8.05k	47.857	0.29827k	8.8573
8	8.25k	55.76	0.3592k	10.32
9	11.8k	48.69	77.235	9.0116
10	12.2k	47.124	12.51	8.7217
11	15.65k	41.488	0.33457k	7.6786
12	16.35k	39.035	88.689	7.2245
13	19.6k	29.399	0.16508k	5.4411

Rys. 3.29: Widmo amplitudowe napięcia międzyfazowego falownika (VM1 - Rys. 11.3) dla współczynnika głębokości modulacji M= 125%

W sinusoidalnej modulacji PWM falownika wykorzystuje trzecią harmoniczną odniesienia sinusoidalnego. Zwiększając amplitudę sinusoidy modulującej/odniesienia sinusoidalnego o 15,5% poprzez dodanie trzeciej harmonicznej (np. dla częstotliwości sinusoidy modulującej 50 Hz trzecia harmoniczne to 150 Hz), można uzyskać modyfikację wzorca przełączania dla półprzewodników falownika, który zwiększa napięcie wyjściowe napędu AC. Wszystkie wartości sterujące przełączaniem półprzewodników mocy falownika są przekazywane z płyty sterującej. Sygnały odniesienia do określania czasów przełączania są przechowywane w tabeli (matrycy) pamięci i są następnie odczytywane i przetwarzane zgodnie z wartością sygnału odniesienia dla wytworzenia wymaganej wartości napięcia zasilania silnika.

Istnieją inne sposoby określania i optymalizacji czasów włączania i wyłączania półprzewodników. Zasady sterowania wektorem przestrzennym napięcia VVC lub VVC^{+}, (ang. vector voltage control) opierają się na obecnie obliczeniach mikroprocesorowych, które określają optymalne czasy przełączania dla półprzewodników falownika.

Specjalistyczne oprogramowanie zaangażowane w obliczanie czasów przełączania jest specyficzne dla producenta przekształtników napędowych AC i nie będą tutaj omawiane. Każdy producent ma własne algorytmy tworzenia napięcia przez falownik PWM i nie ujawnia szczegółów budowy matryc przełączeń zaworów falownika.

Jeśli napęd AC ma spełniać bardziej rygorystyczne wymagania dotyczące zakresu ustawień prędkości i charakterystyk płynności pracy silnika, czasy przełączania PWM muszą być określane przez dodatkowy cyfrowy układ scalony, a nie przez główny mikroprocesor zarządzający. Na przykład, procesor sygnałowy DSP (ang. digital signal processor) lub FPGA (ang. field programmable gate array) mogą określać czasy przełączania w modulacji szerokościowej PWM. Ten komponent zawiera sprawdzoną wiedzę producenta. W międzyczasie, mikroprocesory są odpowiedzialne za realizację innych zadań sterujących i zabezpieczających napęd.

3.6.4 Asynchroniczna modulacja szerokości impulsów napięcia falownika

Poniżej opisane są dwie metody asynchronicznej modulacji PWM:

- asynchroniczna modulacja wektorowa zorientowana na strumień stojana SFAVM (ang. stator flux-oriented asynchronous vector modulation) ,
- asynchroniczna modulacja wektorowa AVM60° (ang. asynchronous vector modulation).

Te metody umożliwiają skokową zmianę amplitudy i kąta fazowego napięć falownika. W modulacji asynchronicznej, częstotliwość sygnału modulowanego (np. trójkątnego) nie jest zsynchronizowana z częstotliwością sygnału odniesienia (np. sinusoidy czy trapezu). Oznacza to, że cykle przełączania mogą występować w różnych miejscach względem sinusoidy przy każdym okresie. Modulacja asynchroniczna jest używana w sytuacjach, gdzie prostota implementacji jest ważniejsza, a wpływ harmonicznych nie jest krytyczny.

Synchronizacja przebiegu nośnego z przebiegiem modulującym może być realizowana w różny sposób, np. dla każdej częstotliwości przebiegu modulującego dobierana jest częstotliwość przebiegu modulowanego, tak aby zapewnić przełączanie zaworów falownika w jednakowych wartościach kąta fazowego przebiegu modulującego.

3.6.5 Asynchroniczna modulacja wektorowa zorientowana na strumień stojana

Asynchroniczna modulacja wektorowa zorientowana na strumień stojana SFAVM (ang. stator flux-oriented asynchronous vector modulation) to metoda modulacji wektorów przestrzennych, która umożliwia dowolną zmianę napięcia falownika, ale skokowo w czasie przełączania półprzewodników falownika (czyli asynchronicznie). Głównym celem tego typu modulacji jest utrzymanie strumienia stojana na optymalnym poziomie w całym zakresie napięcia stojana, zapewniając brak pulsacji momentu. W porównaniu do zasilania sieciowego silnika, „standardowe" zasilanie, PWM powoduje odchylenia w amplitudzie wektora strumienia stojana i kącie strumienia. Te odchylenia wpływają na pole wirujące (moment) w szczelinie powietrznej silnika i powodują pulsację momentu. Efekt wywołany odchyleniem amplitudy jest nieznaczny i można go zredukować przez zwiększenie częstotliwości przełączania.

Odchylenie kąta zależy od sekwencji przełączania i może prowadzić do wyższych poziomów pulsacji momentu. W konsekwencji sekwencja przełączania musi być obliczona w taki sposób, aby zminimalizować odchylenie kąta wektora napięcia.

Każda gałąź falownika 3-fazowego PWM może przyjmować dwa stany przełączania, on lub off, jak pokazano na Rys. 3.30. Trzy przełączniki skutkują ośmioma możliwymi kombinacjami przełączników, co z kolei prowadzi do ośmiu dyskretnych wektorów napięcia na wyjściu falownika lub na uzwojeniu stojana podłączonego silnika. Jak pokazano poniżej, te wektory 100, 110, 010, 011, 001, 101 oznaczają narożniki sześciokąta, gdzie wektory 000 i 111 są wektorami zerowymi (pasywnymi, co oznacza brak przepływu prądu pomiędzy obwodem pośrednim DC napędu AC a silnikiem).

W kombinacjach przełączników 000 i 111 ten sam potencjał występuje na wszystkich trzech wyjściach falownika. Będzie to potencjał dodatni lub ujemny z obwodu pośredniego, jak pokazano na Rys. 3.30. Dla silnika jest to równoważne zwarciu wyjść i zastosowaniu napięcia 0 V dołączonego do uzwojeń silnika.

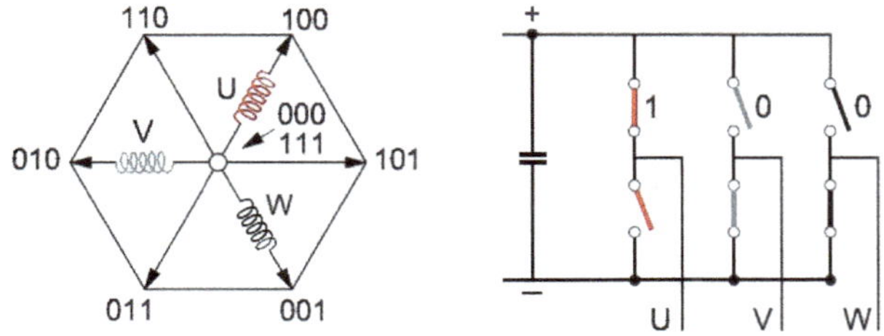

Rys. 3.30: Stany łączników falownika

Generacja napięcia silnika

Praca w stanie ustalonym polega na kontrolowaniu wektora napięcia silnika U_s = f(u, ω, t) na ścieżce kołowej. Długość wektora napięcia U jest miarą wartości napięcia silnika, a prędkość obrotowa ω odpowiada częstotliwości roboczej w danym momencie, natomiast t określa chwile włączeń określonych wektorów sterujących. Napięcie silnika jest generowane przez krótkie pulsowanie sąsiednich wektorów w celu uzyskania wartości średniej.

Kilka istotnych cech metody SFAVM:

- amplituda i kąt wektora napięcia mogą być zadawane w odniesieniu do zadanej wartości referencyjnej bez występowania odchyleń,
- punkt początkowy sekwencji przełączania to zawsze 000 lub 111. To umożliwia każdemu wygenerowanemu wektorowi napięcia posiadanie trzech stanów przełączania,
- wektor napięcia jest uśredniany za pomocą krótkich impulsów na sąsiednich wektorach, jak również wektorach zerowych 000 i 111.

Modulator PWM, tutaj typu SFAVM stanowi połączenie między systemem sterowania a układem mocy falownika. Modulacja jest synchroniczna z częstotliwością przełączania zał./wył. (ang. on/off) zaworów półprzewodnikowych falownika i asynchroniczna w stosunku do podstawowej częstotliwości napięcia silnika, wymuszającej jego prędkość obrotową. Synchronizacja sterowaniem przełączania tranzystorów falownika z modulatorem jest zaletą dla sterowania dużą mocą (na przykład przy sterowaniu wektora napięcia lub wektora strumienia), ponieważ system sterowania może kontrolować wektor napięcia bezpośrednio i bez ograniczeń. Amplituda, kąt fazowy i prędkość kątowa wektora napięcia są sterowalne niezależnie.

Aby znacząco zredukować czas obliczeń w czasie rzeczywistym, wartości napięcia dla różnych kątów są zapisane w tabeli. Rys. 3.31 przedstawia napięcie wyjściowe falownika na zaciskach silnika i pokazuje sposób kształtowania napięcia międzyfazowego silnika przez dynamiczne dostosowywanie napięć fazowych do prędkości obrotowej silnika.

Sprawność przy małych prędkościach silnika

Ciągłe impulsowanie wszystkich sześciu tranzystorów IGBT falownika w celu symulacji wymaganej wyjściowej fali sinusoidalnej jest idealne dla pracy przy niskich prędkościach. Zapewnia płynną pracę silnika i pozwala napędowi spełniać wymagania dotyczące rozruchu obciążeń z dużym początkowym tarciem lub dużej bezwładności. Jednakże, ten wzorzec przełączania nie jest odpowiedni dla pracy przy dużych prędkościach. Ciągłe pulsowanie

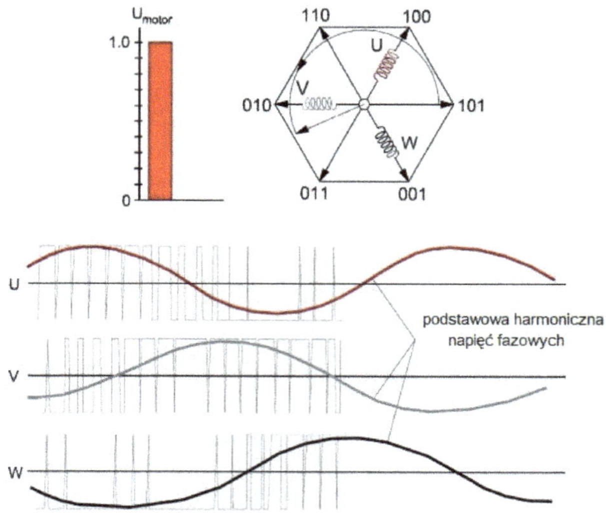

Rys. 3.31: Maksymalizowanie modulacją falownika napięcia międzyfazowego - napięcie międzyfazowe uzyskiwane z dynamicznie kształtowanych wzajemnych przesunięć między napięciami fazowymi

wszystkich sześciu IGBT falownika powoduje dodatkowe straty przełączania w falowniku, zwiększone generowanie ciepła i zmniejszoną sprawność napędu.

Ponadto, jeśli dla zbudowania każdego napięcia fazowego falownika PWM jest stosowany czysty wzorzec fali sinusoidalnej, maksymalne napięcie wyjściowe jest ograniczone do 87% napięcia sieciowego. To uniemożliwia uzyskanie znamionowej mocy silnika bez przekroczenia znamionowego prądu silnika. Aby uzyskać wyższe napięcia przy pełnej prędkości, niektóre konwencjonalne napędy PWM dodają trzecią i dziewiątą harmoniczną do swojej sinusoidalnej fali odniesienia - fali modulującej. Bez pełnego napięcia na silniku, konwencjonalne przebiegi PWM wykorzystują przeciążeniowy współczynnik (serwisowy) prądu silnika do uzyskania znamionowej mocy wyjściowej. To skraca żywotność silnika na skutek zwiększonych strat cieplnych.

Modulacja asynchroniczna AVM60°

Jeśli stosowana jest metoda AVM60°, w przeciwieństwie do zasady SFAVM, wektory napięcia są określane w następujący sposób:

- w jednym okresie przełączania jest używany tylko jeden wektor zerowy 000 lub 111,
- wektor zerowy 000 lub 111 nie zawsze jest używany jako punkt początkowy sekwencji przełączania,
- jedna faza falownika jest utrzymywana w stanie stałym przez 1/6 okresu 60°, Rys. 3.32. Stan przełącznika 0 lub 1 pozostaje taki sam w tym przedziale. W dwóch pozostałych fazach przełączanie odbywa się w normalny sposób, przedziały 60° przesunięte są względem siebie o 120° i 240° - porównaj z modulacją przestawioną na Rys. 11.3 - sekcja 11 - modulacją AVM75°.

Rys. 3.33 ilustruje sekwencję przełączania zaworów falownika w modulacjach AVM60° i SFAVM w krótkim przedziale czasowym oraz Rys. 3.34 ilustruje te napięcia dla kilku okre-

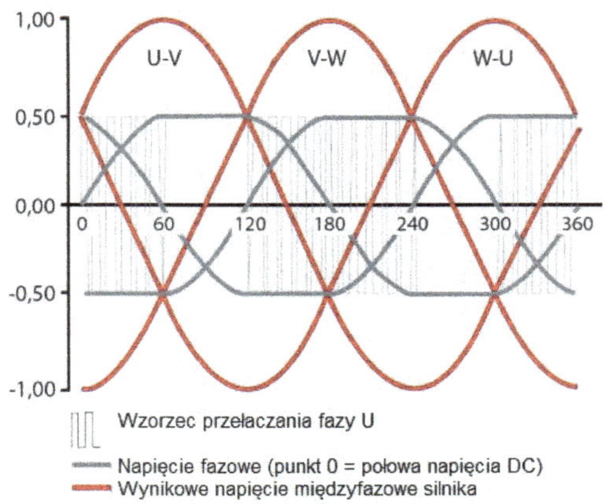

Rys. 3.32: Synchroniczna modulacja AVM60° (PWM60°). Pełne napięcie wyjściowe falownika jest uzyskiwane bezpośrednio z wyniku modulacji (przebieg modulowany (trójkąt) jest zsynchronizowany z modulującym (sinus)

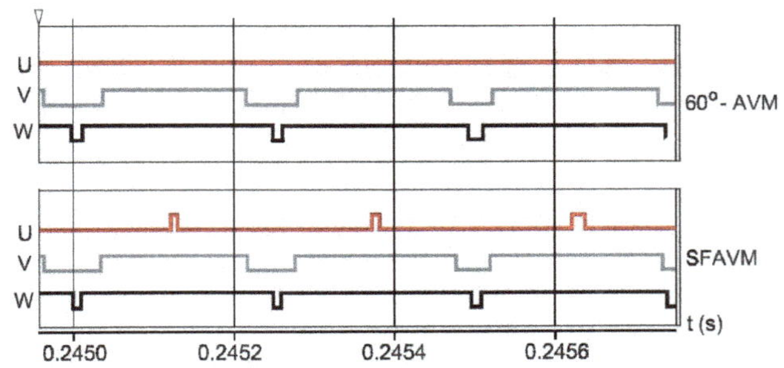

Rys. 3.33: Sekwencja przełączania w modulacjach metodami AVM60° i SFAVM w krótkim interwale czasowym

sów napięcia silnika. Rysunki porównują sekwencję przełączania metod modulacji AVM60° i SFAVM – dla krótkiego interwału czasowego i dla kilku okresów napięcia zasilania silnika.

Duża efektywność sterowania dużą prędkością i pełną mocą silnika

Ze względu na ograniczenia sterowaniem dużą prędkością silnika w metodzie SFAVM, powyżej zdefiniowanej (zadanej) częstotliwości wyjściowej preferowana jest metoda AVM60°. Powyżej tej prędkości, sterowanie mikroprocesorowe utrzymuje każdy IGBT w stanie włączenia przez 60° pełnego cyklu i w stanie wyłączenia przez kolejne 60° pełnego cyklu. Dzięki temu, że podczas każdego 120° cyklu wyjściowego nie następuje przełączanie w każdym IGBT falownika, napęd minimalizuje straty przełączania. Dodatkowo, ten unikalny wzorzec przełączania pozwala napędowi dostarczyć silnikowi pełne znamionowe napięcie. Dzięki temu silnik może generować pełny znamionowy moment przy pełnej prędkości bez nadmiernego nagrzewania się silnika i falownika.

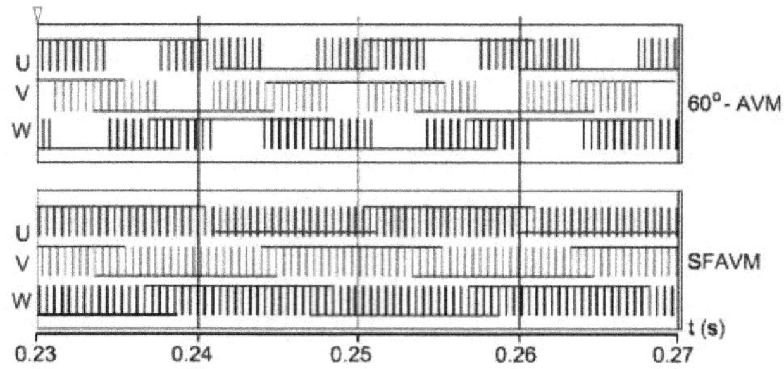

Rys. 3.34: Sekwencja przełączania metod AVM60° i SFAVM dla kilku okresów harmonicznej podstawowej zasilania silnika

3.7 Układ i metody sterowania falowników

Układ sterowania, lub płyta sterująca, jest czwartym głównym elementem napędu AC, Rys. 3.2. Trzy sprzętowe komponenty omawiane do tej pory (prostownik, obwód pośredni i falownik) są często kupowane od tych samych producentów zewnętrznych. Są to tzw. moduły obwodu mocy napędu AC, w większości przypadków, te komponenty są standardowe, prawie zawsze kupowane od tych samych zewnętrznych producentów. Projektowanie układu sterowania stanowi kontrast do tego, jako obszar, w którym producent napędów AC koncentruje całą swoją zdobytą wiedzę.

W zasadzie, układ sterowania ma cztery główne zadania:

- sterowanie półprzewodnikami napędu AC. Półprzewodniki determinują oczekiwane dynamiczne właściwości lub dokładność,
- wymiana danych między napędem AC a peryferiami (PLC, enkodery),
- pomiar, wykrywanie i wyświetlanie usterek, warunków oraz ostrzeżeń,
- wykonywanie funkcji ochronnych dla napędu AC i silnika.

Z wykorzystaniem technologii mikroprocesorowej, z jednym lub dwoma procesorami, możliwe jest zwiększenie szybkości układu sterowania, używając gotowych wzorców impulsów, które są przechowywane w pamięci. W rezultacie, liczba wymaganych obliczeń jest znacząco zredukowana. W tego typu sterowaniu, procesor jest zintegrowany z napędem AC i zawsze może określić optymalny wzorzec impulsów dla każdego etapu pracy. Istnieje wiele metod sterowania dostępnych do określania dynamicznych właściwości i czasu reakcji w przypadku zmiany prędkości lub momentu, a także dokładności pozycjonowania wału silnika.

W ogólnym ujęciu, podstawowe funkcje napędu AC można podsumować następująco:

- obracanie i pozycjonowanie wirnika,
- otwarte lub zamknięte sterowanie prędkością silnika AC,
- otwarte lub zamknięte sterowanie momentem silnika AC,
- monitorowanie i sygnalizowanie stanów pracy.

Klasyfikując różne napędy AC (według formy sterowania) dostępne na rynku i zasilane ze źródła napięcia, można wyróżnić co najmniej sześć różnych typów:

- proste (skalarne) bez sterowania kompensacyjnego,
- skalarne ze sterowaniem kompensacyjnym,
- sterowanie wektorem przestrzennym,
- otwarte sterowanie strumieniem (zorientowane na pole),
- zamknięte sterowanie strumieniem (zorientowane na pole),
- systemy serwo.

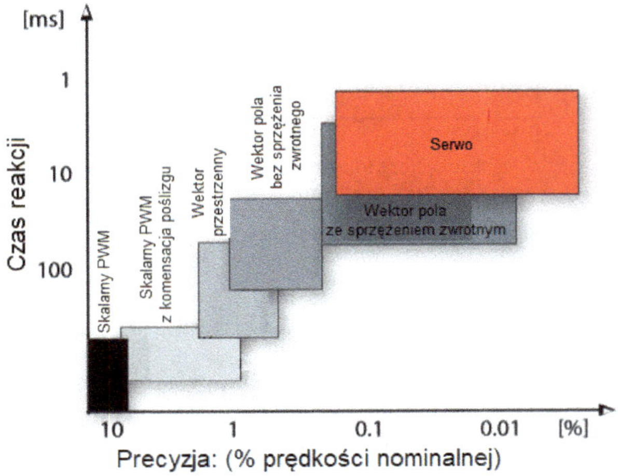

Rys. 3.35: Klasyfikacja napędów AC wg. wydajności sterowania prędkością silnika

Ta klasyfikacja jest zilustrowana na Rys. 3.35 oraz Rys. 3.36. Czas reakcji odnosi się do tego, jak długi czas potrzebuje napęd AC, aby uzyskać odpowiednią zmianę sygnału wyjściowego, gdy nastąpi zmiana sygnału wejściowego. Właściwości silnika określają, jak długo trwa zarejestrowanie odpowiedzi na wale silnika, gdy skorygowany sygnał zostanie podany na wejście napędu AC.

Częstotliwość znamionowa silnika jest używana jako podstawa do ustalenia dokładności prędkości. Częstotliwość znamionowa silnika wynosi 50 Hz w większości krajów, a 60 Hz w USA. Napędy AC mogą być klasyfikowane według stosunku ceny do wydajności. To znaczy, że napęd AC używający prostej metody sterowania ma lepszą wartość stosunku ceny do wykonywania bardzo prostych zadań niż taki, który obejmuje sterowanie polowo zorientowane.

Zakresy ustawień prędkości związane z poszczególnymi typami napędów AC są w przybliżeniu następujące:

- proste (skalarne) bez kompensacji 1:15,
- skalarne z kompensacją 1:25,
- wektor przestrzenny 1:100,
- strumień (zorientowane na pole) otwarty 1:1000,
- strumień (zorientowane na pole) zamknięty 1:10.000,
- serwo 1:10.000.

Wydajność sterowania momentem można sklasyfikować następująco:

- czas reakcji może być zdefiniowany w taki sam sposób jak dla sterowania prędkością,

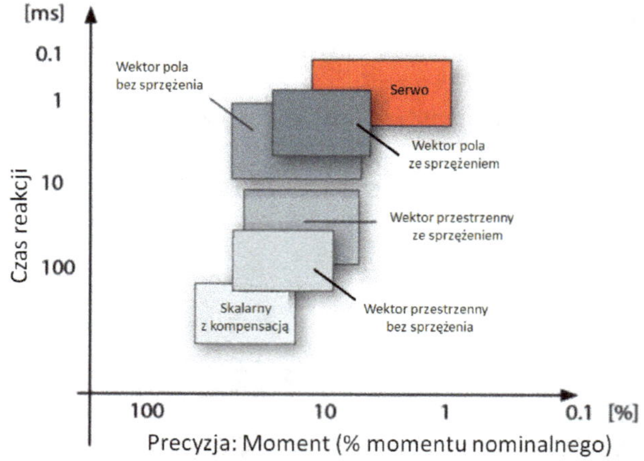

Rys. 3.36: Klasyfikacja wydajności sterowania momentem

- dokładność jest określona w odniesieniu do znamionowego momentu silnika.

Należy zauważyć, że napędy AC opierające się na prostej metodzie sterowania nie mogą być używane do otwartego ani zamkniętego sterowania momentem silnika, Rys. 3.37. Sterujemy nimi prędkością wału silnika, a moment na wale jest funkcją jego obciążenia. To ograniczenie często uniemożliwia stosowanie takich napędów w układach wielosilnikowych, np. tam, gdzie dla różnych obciążeń silników wymagana jest jednakowa prędkość ich wałów napędowych.

3.7.1 Proste metody sterowania

Ten rodzaj sterowania jest dzisiaj rzadko używany. Sterowanie jest w zasadzie stałą relacją między pożądaną prędkością silnika a napięciem silnika.

Metoda może być mniej lub bardziej wyrafinowana, ale główne wady to:

- niestabilna prędkość silnika,
- trudny start silnika,
- brak ochrony silnika.

Jedyną zaletą prostego sterowania może być niska cena, ale ponieważ podstawowe komponenty do pomiaru charakterystyk silnika są stosunkowo tanie, bardzo niewielu producentów obecnie stosuje tę metodę.

3.7.2 Skalarne sterowanie z kompensacją poślizgu

W porównaniu do prostego sterowania, napęd AC z kompensacją dodaje trzy nowe bloki funkcji sterowania, jak pokazano na Rys. 3.38. Kompensator obciążenia wykorzystuje pomiar prądu do obliczenia dodatkowego napięcia Δu wymaganego do kompensacji obciążenia na wale silnika. Prąd jest zazwyczaj mierzony za pomocą rezystora w obwodzie pośrednim. Zakłada się, że moc w obwodzie pośrednim jest równa mocy zużywanej przez

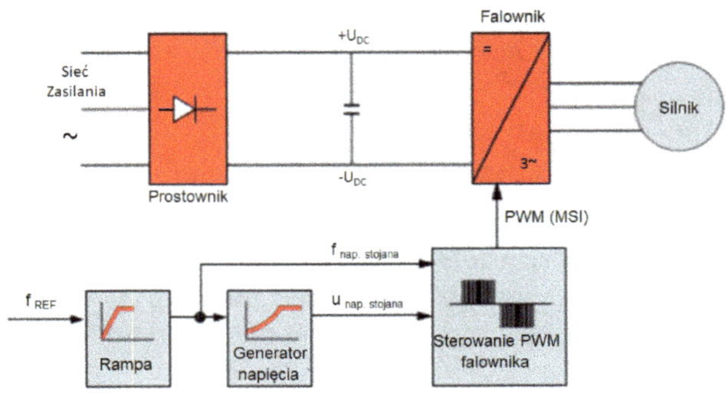

Rys. 3.37: Struktura napędu AC z prostą metodą sterowania PWM - bez kompensacji prędkości wału silnika w funkcji jego obciążenia

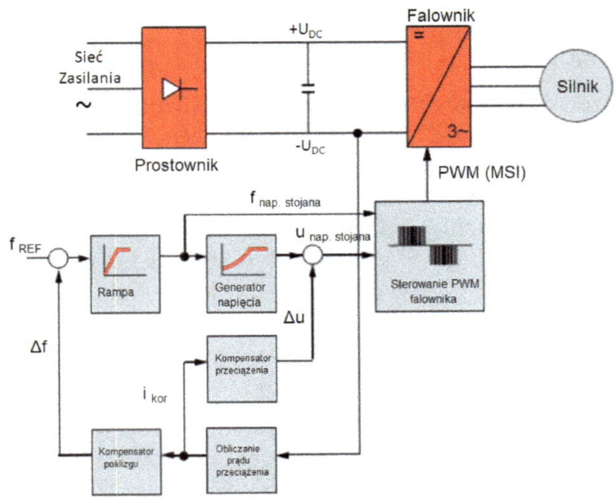

Rys. 3.38: Struktura skalarnego napędu typu AC z pośrednią kompensacją poślizgu wału silnika

silnik. Jeśli prąd kilku aktywnych pozycji przełączania jest uśredniony, można go wykorzystać do rekonstrukcji istotnych informacji o prądzie fazowym.

Podstawowe cechy:

- sterowanie napięciem i częstotliwością z pośrednią kompensacją poślizgu przy zmianach obciążenia,
- sterowanie amplitudą napięcia i częstotliwością, np. dla zapewnienia u/f]= const.

Typowe dane wału silnika:

- zakres ustawień prędkości 1:25,
- dokładność prędkości +/- 1% znamionowej częstotliwości,
- moment przyspieszenia 40-90% znamionowego momentu,
- czas reakcji na zmianę prędkości 200-500 ms,

- czas reakcji na zmianę momentu - brak danych (zależny od zastosowanych rozwiązań technicznych).

Typowe cechy:

- poprawione właściwości sterowania w porównaniu do prostego sterowania skalarnego,
- zdolność do wytrzymywania nagłych zmian obciążenia,
- brak wymaganego zewnętrznego sygnału sprzężenia zwrotnego,
- brak możliwości rozwiązania problemów z rezonansami mechanicznymi,
- brak możliwości sterowania wytworzonym momentem (brak możliwości ograniczania prądu silnika),
- problemy przy próbie sterowania silnikami o dużej mocy (przy dużych momentach bezwładności obciążeń),
- problemy w przypadku zmian obciążenia w niskim zakresie prędkości.

3.7.3 Sterowanie wektorem przestrzennym napięcia bez sprzężenia zwrotnego

Wektor przestrzenny w kontekście sterowania silnikami elektrycznymi odnosi się do reprezentacji wartości trójfazowych (takich jak napięcia lub prądy) w postaci jednego wektora w płaszczyźnie dwuwymiarowej. Jest to kluczowy element w metodzie sterowania wektorem przestrzennym SVM (ang. space vector modulation). Wektor przestrzenny jest przedstawiany w płaszczyźnie dwuwymiarowej, która jest matematyczną reprezentacją układu odniesienia związanego ze stojanem lub wirnikiem. W tej przestrzeni, wartości trójfazowe są przekształcane i reprezentowane jako jeden wektor, który obraca się w tej płaskiej przestrzeni.

Transformacje matematyczne:

- transformacja Clarke'a i Parka są powszechnie używane do przekształcenia trójfazowych sygnałów do dwuwymiarowej przestrzeni wektorowej,
- transformacja Clarke'a przekształca wartości trójfazowe do układu dwuwymiarowego (α, β), a transformacja Parka dalej przekształca je do układu (d, q), który obraca się razem z wirnikiem.

Wektor przestrzenny napięcia po transformacji Clarke'a i/lub Parka można zapisać jako liczbę zespoloną, co jest powszechną praktyką w analizie systemów elektrycznych. Użycie liczb zespolonych umożliwia łatwiejszą analizę i obliczenia, ponieważ operacje takie jak obrót wektora w płaszczyźnie (co odpowiada zmianie fazy) można wyrazić jako mnożenie przez liczbę zespoloną o module 1 i odpowiednim kącie. Liczby zespolone są użyteczne w modelowaniu dynamicznym systemów elektrycznych, gdzie można łatwo uwzględnić zarówno amplitudę, jak i fazę sygnałów.

Podsumowując, transformacje Clarke'a i Parka efektywnie przenoszą składowe wektora napięcia do dziedziny liczb zespolonych, co upraszcza analizę i sterowanie systemami elektrycznymi, zwłaszcza w kontekście zaawansowanego sterowania silnikami. Przekształcenie napięć fazowych układu trójfazowego do zapisu zespolonego wektora przestrzennego ilustruje Rys. 3.39.

Metoda sterowania wektorem przestrzennym jest dostępna z (ang. closed loop) lub bez (ang. open loop) zewnętrznego sprzężenia zwrotnego prędkości silnika. Do sterowania dodano funkcję umożliwiającą polową transformację prądu silnika (w komponentach odpowiedzialnych za magnesowanie i generowanie momentu). Tutaj, kąt fazowy wektora napięcia

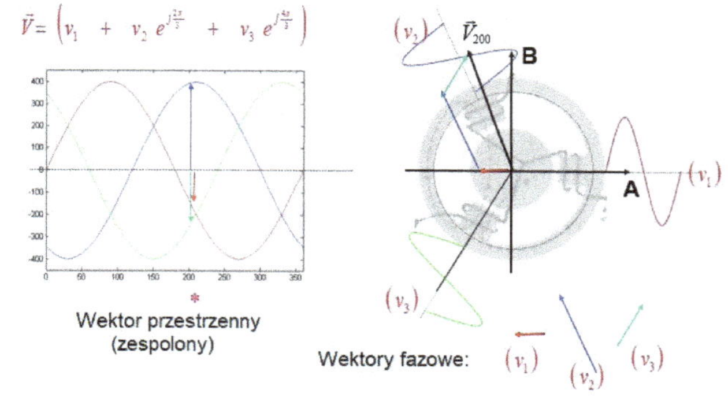

Rys. 3.39: Wektor przestrzenny napięcia trójfazowego dla kąta 200° zapisany liczbą zespoloną

(θ_u) jest regulowany oprócz napięcia (u) i częstotliwości (f). Kąt napięcia (θ_u), odnosi się do kąta fazowego przestrzennego wektora napięcia w odniesieniu do układu odniesienia stojana (ustalony układ odniesienia związany z uzwojeniami stojana) lub wirnika (układ odniesienia, który obraca się wraz z wirnikiem). W ustalonym układzie odniesienia, wektor przestrzenny napięcia jest rzutowany na płaszczyznę (α, β) po transformacji Clarke'a, a kąt θ_u określa pozycję tego wektora w tej płaszczyźnie.

Alternatywnie, kąt fazowy θ_u może być mierzony względem układu odniesienia związanego z wirnikiem, który porusza się wraz z polem magnetycznym wirnika. Transformacja Parka jest często stosowana, by przekształcić układ (α, β) do układu (d, q), który obraca się z wirnikiem, co pozwala na bardziej intuicyjną kontrolę momentu i strumienia magnetycznego.

W praktyce, sterowanie w układzie odniesienia wirnika jest często używane w zaawansowanych systemach sterowania, takich jak wektorowe sterowanie polowe FOC (ang. field oriented control), gdzie dąży się do niezależnej kontroli komponentów momentu i strumienia. Wybór układu odniesienia (stojana lub wirnika) jest kluczowy dla osiągnięcia optymalnej wydajności i precyzji w aplikacjach wymagających zaawansowanego sterowania silnikami elektrycznymi.

STEROWANIE WEKTOREM PRZESTRZENNYM NAPIĘCIA LUB PRĄDU

Podstawowa cecha:

- sterowanie wektorem napięcia w odniesieniu do wartości charakterystycznych dla stanu ustalonego (statyczne).

Typowe cechy:

- poprawiona wydajność dynamiczna w porównaniu do sterowania skalarnego,
- bardzo dobre wytrzymywanie nagłych zmian obciążenia (w porównaniu do sterowania skalarnego z kompensacją),
- praca na granicznych wartościach prądu,
- możliwość aktywnego tłumienia rezonansów mechanicznych napędu,
- możliwość otwartego/zamkniętego sterowania momentem,
- duży moment startowy i utrzymania,
- problemy podczas szybkiego odwracania kierunku wirowania wału w porównaniu z sterowaniem wektorem strumienia,

- brak „szybkiego” sterowania prądem.

STEROWANIE WEKTOREM PRZESTRZENNYM NAPIĘCIA W UKŁADZIE OTWARTYM

Jeśli wektor przestrzenny jest określany bez zewnętrznego sprzężenia zwrotnego (ang. open loop) prędkości, prędkość i pozycja będą obliczane przez oprogramowanie sterujące na podstawie informacji o prądzie silnika i częstotliwości napięcia silnika, które są mierzone (zobacz też przykład na Rys. 3.45).

Podstawowa cecha:

- Sterowanie wektorem napięcia w odniesieniu do wartości charakterystycznych stanu ustalonego (statyczne).

Typowe dane wału silnika:

- zakres ustawień prędkości 1:100,
- dokładność prędkości (stan ustalony) +/- 0,5% znamionowej częstotliwości,
- moment przyspieszenia 80-130% znamionowego momentu,
- czas reakcji na zmianę prędkości 50-300 ms,
- czas reakcji na zmianę momentu 20-50 ms.

STEROWANIE WEKTOREM PRZESTRZENNYM W UKŁADZIE ZAMKNIĘTYM

Dla metody sterowania wektorem przestrzennym z zamkniętą pętlą sprzężenia zwrotnego (ang. closed loop) wymagany jest enkoder lub inne urządzenie do wykrywania prędkości lub pozycji wału silnika. W tym oprogramowaniu sterującym szybkość reakcji i rozdzielczość na wejściu sprzężenia zwrotnego oraz rozdzielczość enkodera determinują dokładność sterowania silnikiem.

Typowe dane wału silnika:

- zakres ustawień prędkości 1:1000 – 10000,
- dokładność prędkości (stan ustalony), zależy od rozdzielczości użytego komponentu sprzężenia zwrotnego,
- moment przyspieszenia 80 – 130% znamionowego momentu,
- czas reakcji na zmianę prędkości 50 – 300 ms,
- czas reakcji na zmianę momentu 20 – 50 ms.

3.7.4 Otwarte i zamknięte sterowanie wektorem strumienia

Sterowanie wektorem strumienia jest również określane jako zorientowane na pole (polowo zorientowane). Metody sterowania wymienione powyżej kontrolują strumień magnetyczny silnika przez stojan. Przy sterowaniu zorientowanym na pole, strumień wirnika jest kontrolowany bezpośrednio. Prądy stojana są przekształcane za pomocą transformacji Parka (z układu (α,β) do układu (d,q)) w celu uzyskania składowych d (magnesującej) i q (generującej moment).

Sterowanie zorientowane na pole FOC polega na tym, że wektory prądów stojana są transformowane na układ odniesienia związany z wirnikiem, co pozwala na niezależne sterowanie komponentami prądu odpowiedzialnymi za moment i strumień.

W kontekście sterowania wektorem strumienia, kąt θ_i odnosi się do kąta fazowego między wektorami prądu stojana, które reprezentują prąd generujący moment (prąd q) oraz prąd magnesujący (prąd d). Sterowanie wektorem strumienia polega na oddzielnej kontroli tych dwóch składowych prądu, co pozwala na efektywne sterowanie momentem i strumieniem magnetycznym silnika. Kąt θ_i odnosi się do orientacji tych wektorów w układzie odniesienia związanym z wirnikiem. Optymalne magnesowanie silnika wymaga odpowiedniego ustawienia tego kąta.

Nie jest to kąt napięcia fazowego ani kąt między mocą czynną a bierną (jak w przypadku kąta mocy). Zamiast tego, chodzi o wewnętrzną transformację wektorów związanych z prądami stojana.

W praktyce, sterowanie wektorem strumienia wymaga precyzyjnej regulacji tego kąta, aby zapewnić optymalną wydajność silnika, co jest realizowane przez zaawansowane algorytmy sterujące wykorzystujące model matematyczny silnika.

Następujące zmienne silnika są sterowane w tym kontekście:

- prędkość,
- moment.

Po wprowadzeniu znamionowych danych dla silnika, model przebiegu strumienia magnetycznego może być użyty do określenia niezbędnego napięcia i kąta θ_i w celu zapewnienia optymalnego magnesowania silnika. Mierzony prąd silnika jest przekształcany do prądu generującego moment i prądu magnesującego. Wewnętrzny regulator PID jest odpowiedzialny za kontrolę prędkości, a błąd regulacji sprzężenia zwrotnego jest szacowany na podstawie mierzonego prądu silnika.

Sterowanie wektorem strumienia w układzie otwartym

Sterowanie strumieniem silnika w układzie otwartym wymaga dokładnych informacji o stanie, temperaturze i pozycji wirnika silnika. Jest to wyzwanie, aby działać w trybie otwartym podczas symulacji stanu silnika. Osiągnięcie optymalnej wydajności może być trudne, szczególnie przy niskiej prędkości silnika.

Typowe dane wału:

- Zakres ustawień prędkości 1:1000,
- Dokładność prędkości (stan ustalony) +/- 0,5% znamionowej częstotliwości,
- Moment przyspieszenia 100-150% znamionowego momentu,
- Czas reakcji na zmianę prędkości 50-200 ms,
- Czas reakcji na zmianę momentu 0,5-5 ms.

Dla metody sterowania wektorem strumienia w układzie zamkniętym (z zamkniętą pętlą) wymagany jest enkoder lub podobny czujnik na wale silnika. To oprogramowanie sterujące i rozdzielczość sprzężenia zwrotnego determinują dokładność sterowania silnikiem. Sterowanie odbywa się dokładnie tak samo jak w metodach otwartych. Jednak w tym przypadku prędkość jest obliczana na podstawie sygnałów enkodera, a nie szacowana.

Przykładową realizację precyzyjnego sterowania prędkością i momentem silnika z wykorzystaniem enkodera do wyznaczania rzeczywistej prędkości wału silnika przedstawia uproszczony schemat blokowy przedstawiony na Rys. 3.40.

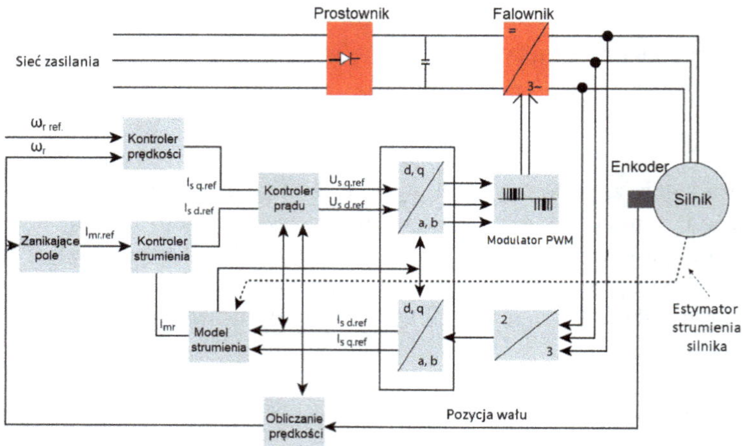

Rys. 3.40: Struktura sterowania wektorem strumienia z zamkniętą pętlą

Zmierzone prądy fazowe silnika służą do obliczenia składowych zespolonych prądu wirnika $I_{s,d}$ i $I_{s,q}$, które po skorygowaniu są wykorzystane do wyznaczenia długości interwałów czasowych w modulatorze PWM falownika. Estymator strumienia silnika uwzględnia jego warunki temperaturowe. Zastosowana transformacja Clarke'a (tutaj moduł 3/2) i Parka (tutaj moduły a,b/d,q) umożliwiają szybkie obliczenia w dziedzinie liczb zespolonych. Rzeczywista prędkość ω_r jest korygowana do wartości zadanej $\omega_{r\,ref}$. Napięcia $U_{s,q\,ref}$ i $U_{s,d\,ref}$ po odwrotnej transformacji Parka (d,q/a,b) i Clarke'a (a,b/U_{s1}, U_{s2}, U_{s3}) także modyfikują pracę modulatora PWM falownika.

Typowe dane wału:

- Zakres ustawień prędkości 1:1000 – 10000,
- Dokładność prędkości (stan ustalony) Zależna od sygnału sprzężenia zwrotnego (enkoder),
- Moment przyspieszenia 100 – 150% znamionowego momentu,
- Czas reakcji na zmianę prędkości 5,00 – 50 ms,
- Czas reakcji na zmianę momentu 0,50 – 5 ms.

Obecnie metody PWM sterowania napędami AC są już zaimplementowane w specjalizowanych układach scalonych, procesorach sygnałowych DSP i w połączeniu z układami scalonymi mocy zawierającymi półprzewodniki obwodu mocy można zbudować napęd AC

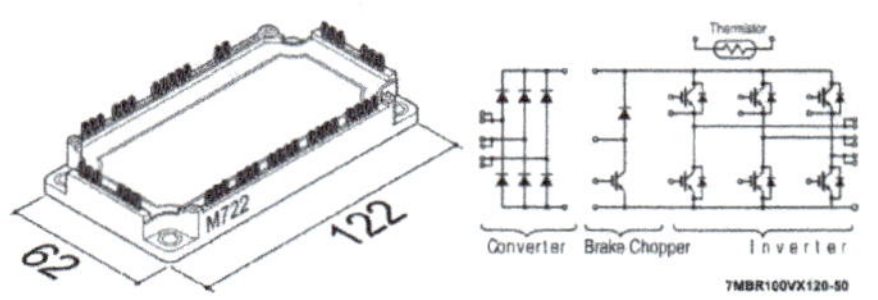

Schemat ideowy układu scalonego mocy zawierającego prostownik i falownik dwupoziomowy 100A/1200V

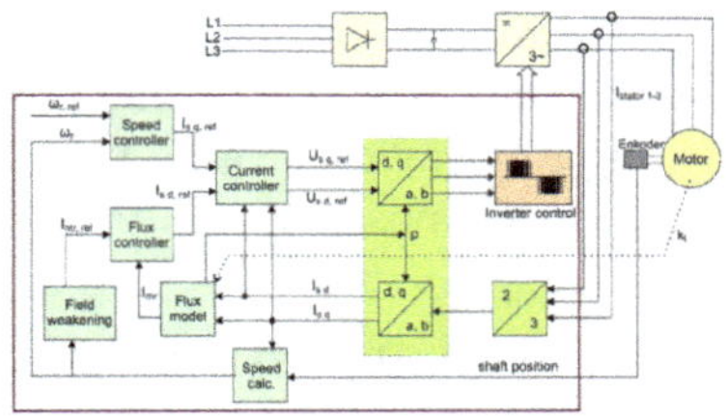

Realizacja w DSP **TMS320F2812** zorientowanej przestrzennie metody sterowania wektorem strumienia (FOC) przekształtnika napędowego silnika PMSM

Rys. 3.41: Układy scalone w napędowych przemiennikach częstotliwości, tj. w napędach AC

w dużym stopniu zminiaturyzowania i z wykorzystaniem zrobotyzowanych procesów produkcji, Rys. 3.41.

3.7.5 Sterowanie napędem serwo

Metoda sterowania napędów serwo nie będzie tu szczegółowo omawiana. Jedną z powszechnych metod jest metoda bardzo podobna do zamkniętego sterowania wektorem strumienia, ale aby zapewnić szybką dynamiczną odpowiedź, komponenty mocy (ang. power hardware) mogą mieć zwiększone osiągi prądowe, zapewniając odpowiedni moment, niezbędny dla szybkiego rozruchu i pokonania momentu bezwładności na wale silnika lub motoreduktora. Napędy serwo są niezwykle istotne w aplikacjach wymagających precyzyjnego sterowania ruchem silnika.

Można sformułować kilka podstawowych kryteriów do uwzględniania przy projektowaniu napędów serwo:

Szybka odpowiedź dynamiczna:
Aby uzyskać szybką odpowiedź dynamiczną, komponenty mocy i pomocniczy hardware (radiator, wentylacja) muszą być zaprojektowane tak, aby były w stanie dostarczyć prąd i moment znacznie większe niż te, które są zwykle potrzebne w standardowych napędach AC. W praktyce oznacza to, że komponenty te mogą mieć zwiększoną wydajność prądową nawet dwukrotnie, trzykrotnie lub czterokrotnie.

Pokonywanie momentu bezwładności:
Napędy serwo muszą być zdolne do szybkiego rozruchu i zatrzymania, co wymaga pokonania momentu bezwładności na wale silnika lub motoreduktora. Wymaga to, aby falownik był w stanie dostarczyć dodatkowy prąd w krótkim czasie.

Zaawansowane algorytmy sterowania:
Układ sterowania falownika musi korzystać z zaawansowanych algorytmów, takich jak sterowanie wektorowe strumieniem z zamkniętą pętlą sprzężenia zwrotnego, co pozwala na dokładne monitorowanie i regulację prędkości oraz momentu.

Stosowanie enkoderów absolutnych:
W robotach przemysłowych, gdzie precyzyjna kontrola położenia jest kluczowa, stosowanie enkoderów absolutnych jest niezwykle ważne. Umożliwiają one dokładną identyfikację położenia kątowego wału silnika, co jest szczególnie istotne przy awaryjnych zatrzymaniach napędu. Dzięki temu system może szybko i dokładnie wznowić pracę bez konieczności ponownego kalibrowania położenia.

Zwiększona niezawodność i wydajność:
Komponenty mocy muszą być nie tylko przewymiarowane prądowo, ale także bardziej niezawodne, aby wytrzymać ciągłe i dynamiczne zmiany obciążenia bez zmniejszenia ich żywotności i niezawodności.

3.7.6 Zintegrowany sterownik ruchu

Operacje pozycjonowania i synchronizacji są zazwyczaj wykonywane za pomocą napędu serwo lub sterownika ruchu. Jednak wiele z tych aplikacji nie wymaga dużej dynamiki reakcji osiągalnej przez napędy serwo.

Precyzyjne pozycjonowanie i synchronizacja mogą być również wykonywane za pomocą napędu AC. Aby zaoszczędzić czas i koszty, w napędach mogą też być zaimplementowane zintegrowane sterowniki ruchu IMC (ang. integrated motion controller), które mogą zastąpić bardziej złożone sterowniki pozycjonowania i synchronizacji w aplikacjach wymagających pozycjonowania i synchronizacji na jednej osi.

IMC może być ustawiony do pracy w trybie pozycjonowania, synchronizacji lub ustalania pozycji początkowej.

Pozycjonowanie

W trybie pozycjonowania napęd kontroluje ruch do określonej odległości (pozycjonowanie względne) lub do określonego celu (pozycjonowanie absolutne). Napęd oblicza profil ruchu na podstawie docelowej pozycji, odniesienia prędkości i ustawień rampy (przyrostu prędkości wału). Istnieją 3 typy pozycjonowania wykorzystujące różne odniesienia do określenia docelowej pozycji:

- pozycjonowanie absolutne: docelowa pozycja jest względna do zdefiniowanego punktu zerowego maszyny,
- pozycjonowanie względne: docelowa pozycja jest względna do aktualnej pozycji maszyny,
- pozycjonowanie za pomocą sondy dotykowej: docelowa pozycja jest względna do sygnału na wejściu cyfrowym.

Synchronizacja

W trybie synchronizacji napęd podąża za pozycją mastera. Wiele napędów może podążać za tym samym masterem. Sygnał mastera może być sygnałem zewnętrznym, np. z enkodera, wirtualnym sygnałem mastera generowanym przez napęd lub pozycjami mastera przesyłanymi przez magistralę komunikacyjną (polową). Współczynnik przekładni i przesunięcie pozycji są regulowane za pomocą parametru programowego.

Ustalanie pozycji początkowej

Przy bezczujnikowym sterowaniu i zamkniętym sterowaniu z enkoderem inkrementalnym ustalanie pozycji początkowej jest wymagane do stworzenia odniesienia dla fizycznej pozycji maszyny po włączeniu zasilania. Wykorzystywane jest kilka funkcji ustalania pozycji początkowej, z czujnikiem i bez czujnika wyboru. Funkcja synchronizacji pozycji początkowej może być używana do ciągłego wyrównywania pozycji początkowej podczas pracy, gdy w systemie występuje jakiś rodzaj poślizgu. Na przykład, w przypadku bezczujnikowego sterowania silnikiem indukcyjnym lub określonego poślizgu w przekładni mechanicznej.

3.7.7 Wnioski dotyczące sterowania

Podsumowując, wszystkie metody sterowania są głównie obsługiwane przez oprogramowanie. Im bardziej dynamiczne musi być sterowanie silnikiem, tym bardziej skomplikowany algorytm sterowania jest wymagany.

Podobna zasada dotyczy inicjowania użycia napędu AC. Inicjowanie użycia napędu AC w typowych aplikacjach (pompa, wentylator, przenośnik jednosilnikowy) nie wymaga złożonego programowania. W większości przypadków wystarczy wprowadzić dane silnika. Jednak dla aplikacji wymagających sterowania wektorem strumienia lub krytycznych aplikacji, takich jak wielosilnikowe wciągarki, wymagane jest bardziej skomplikowane programowanie, już od początkowego startu / uruchomienia.

Ponieważ sterowanie napędu AC jest głównie kwestią oprogramowania, wielu producentów zaimplementowało kilka metod sterowania w swoich urządzeniach, na przykład U/f, wektor przestrzenny napięcia lub sterowanie zorientowane na pole. Parametry aplikacji są potrzebne do przełączania napędu z jednej metody sterowania na inną, na przykład ze sterowania wektorem przestrzennym na metodę sterowania wektorem strumienia. Menu kontekstowe pomaga operatorowi ustawić parametry programowe potrzebne dla każdej metody sterowania, aby spełnić wymagania aplikacji.

3.8 Metody sterowania elektronicznych napędów AC

Ogólny przegląd standardowych zasad sterowania prądem silnika dla napędów AC rozpatrzymy na przykładzie napędów firmy Danfoss.

Stosowane oprogramowanie i sprzętowy programowalny sterownik napędu jest przedstawiony na Rys. 3.42.

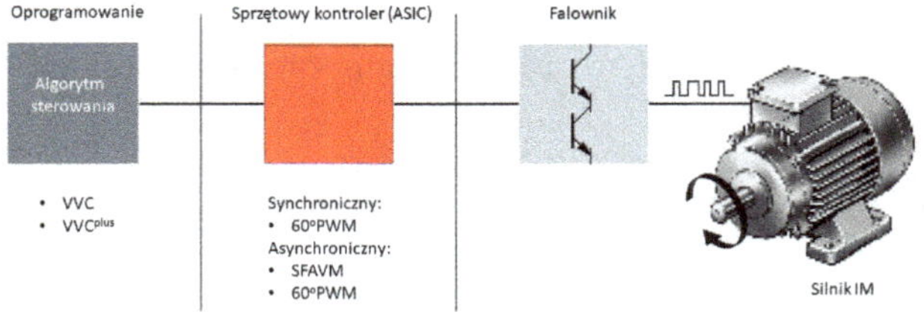

Rys. 3.42: Podstawowe zasady standardowego napędu AC firmy Danfoss

Matryce przełączeń zaworów PWM są obliczane dla falownika przy użyciu wybranego algorytmu sterowania. Sterowanie u/f jest odpowiednie dla aplikacji obejmujących:

- silniki specjalne,
- silniki połączone równolegle pracujące na sztywny wał.

W przypadku wyżej wymienionych aplikacji nie jest wymagana kompensacja prędkości silnika. Według metody sterowania VVC$^+$, amplituda i kąt wektora napięcia są kontrolowane bezpośrednio, podobnie jak częstotliwość. W tej metodzie jest zaimplementowany bardziej rozbudowany model silnika. Typ tej metody sterowania to VVC (ang. voltage vector control).

Niektóre z oferowanych funkcji napędów ze sterowaniem VVC obejmują:

- poprawione właściwości dynamiczne w niskim zakresie prędkości (0 - 10 Hz),
- poprawiona magnetyzacja silnika,
- zakres kontroli prędkości: 1:100 w trybie otwartym,
- dokładność prędkości: $\pm 0,5\%$ prędkości znamionowej bez sprzężenia zwrotnego,
- aktywne tłumienie rezonansu mechanicznego dla wybranej prędkości wału silnika,
- kontrola momentu,
- praca przy maksymalnym prądzie silnika.

3.8.1 Zasada sterowania VVC$^+$

Zasada sterowania VVC$^+$ wg. Danfoss, wykorzystuje metodę modulacji wektorowej dla falowników PWM zasilanych ze źródła napięcia. W zależności od wymagań aplikacji, schemat zastępczy silnika może być uproszczony (tj. straty żelaza, miedzi i przepływu powietrza są ignorowane) lub jest używany w pełnej złożoności.

Przykład:

Prosta aplikacja wentylatora lub pompy korzysta z uproszczonego schematu silnika. Jednak dynamiczna aplikacja wciągnika wymagająca sterowania wektorem strumienia wymaga złożonego schematu zastępczego silnika, uwzględniającego wszystkie straty w algorytmie sterowania.

Wzór przełączania falownika jest obliczany przy użyciu metody SFAVM lub AVM60°, aby utrzymać pulsujący moment w szczelinie powietrznej na bardzo małym poziomie. Użytkownik może wybrać preferowaną zasadę działania lub pozwolić sterowaniu na automatyczny wybór na podstawie temperatury radiatora. Gdy temperatura jest poniżej 75°C, do sterowania falownikiem stosowana jest zasada SFAVM. Przy temperaturach powyżej 75°C, stosowana jest zasada AVM60°, gdyż straty dynamiczne (przełączania zaworów falownika) są o 1/3 raza zmniejszone.

Algorytm sterowania uwzględnia dwa warunki pracy:

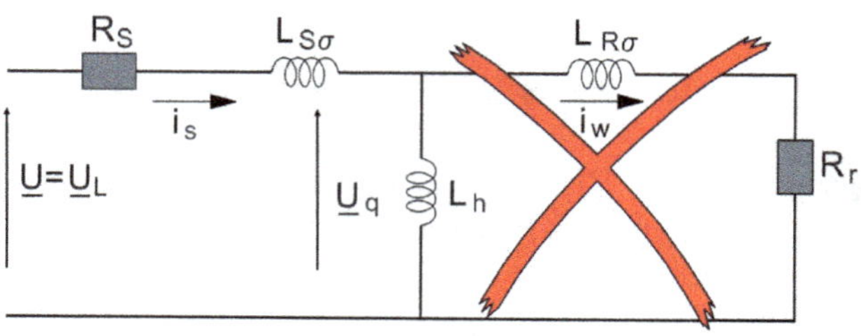

Rys. 3.43: Schemat zastępczy silnika przy braku obciążenia

- stan bez obciążenia (stan jałowy), zobacz Rys. 3.43.
  W stanie bez obciążenia, na wale silnika nie ma obciążenia. Dla przenośników stan bez obciążenia oznacza dosłownie brak transportowanych produktów. Przyjmuje się po prostu, że prąd pobierany przez silnik jest potrzebny tylko do magnetyzacji i kompensacji strat. Prąd czynny jest uważany za niemal zerowy. Napięcie bez obciążenia ($\underline{U}_L$)

jest określane na podstawie danych silnika (znamionowe napięcie, prąd, częstotliwość, prędkość).

- stan obciążenia, zobacz Rys. 3.44.

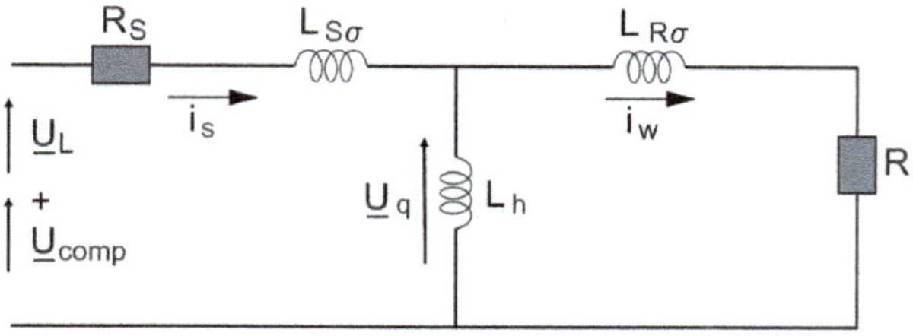

Rys. 3.44: Schemat zastępczy silnika przy obciążeniu

Wał silnika jest obciążony, co oznacza, że produkty są transportowane, jak pokazano na Rys. 3.44. Silnik pobiera więcej prądu, gdy jest obciążony. Aby wyprodukować wymagany moment napędowy, potrzebny jest prąd czynny (i_W). Straty w silniku (szczególnie w niższym zakresie prędkości) muszą być kompensowane zwiększeniem napięcia startowego. Dodatkowe napięcie zależne od obciążenia ($\underline{U}_{Comp}$) jest zadawane na uzwojenia stojana dla silnika, równanie 3.3.

$$U = U_{obc} = \underline{U}_L + \underline{U}_{Comp} \tag{3.3}$$

Dodatkowe napięcie $\underline{U}_{Comp}$ jest określane przy użyciu prądów mierzonych w dwóch wyżej wymienionych warunkach (obciążenia i braku obciążenia) oraz zakresu prędkości: małej lub dużej. Wartość napięcia i zakres prędkości są następnie określane na podstawie danych znamionowych silnika.

Zasada sterowania jest zilustrowana na schemacie blokowym przedstawionym na Rys. 3.45. Przedstawiona metoda sterowania falownikiem PWM ilustruje algorytm Danfoss VVC$^+$.

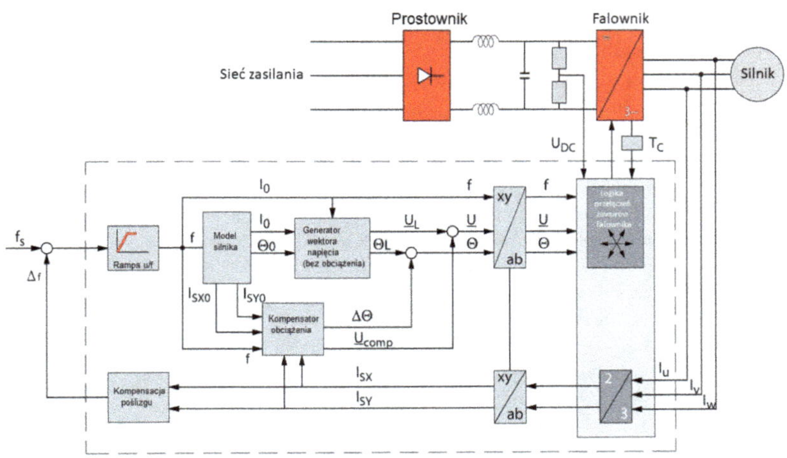

Rys. 3.45: Podstawowe moduły stosowane do sterowania modulacją przestrzenną wektora napięcia wg. Danfoss VVC$^+$, oznaczenia użyte na rysunku są opisane w Tab. 3.3

Jak pokazano na Rys. 3.45, model silnika oblicza odniesienia bez obciążenia (prądy i kąty) dla kompensatora obciążenia (I_{SX0}, I_{SY0}) i generatora wektora napięcia (I_0, θ_0). Generator wektora napięcia oblicza napięcie bez obciążenia ($\underline{U}_L$) i kąt (θ_L) wektora napięcia na podstawie prądu bez obciążenia, rezystancji stojana i indukcyjności stojana. Mierzone prądy silnika (I_u,I_v i I_w) są używane do obliczania składowych prądu silnika: prądu biernego (I_{SY}) i prądu czynnego (I_{SX}).

Na podstawie obliczonych prądów (I_{SX0}, I_{SY0}, I_{SX}, I_{SY}) i rzeczywistych wartości wektora napięcia, kompensator obciążenia szacuje moment w szczelinie powietrznej i oblicza, ile dodatkowego napięcia ($\underline{U}_{Comp}$) jest potrzebne do utrzymania natężenia pola magnetycznego na zadanym poziomie. Następnie koryguje odchylenie kąta ($\Delta\theta$), który ma wystąpić przy obciążeniu wału silnika. Wektor wyjściowy napięcia jest reprezentowany w formie biegunowej (x, y). To umożliwia bezpośrednią nadmodulację (modulacja przerywana) napięcia i ułatwia współpracę z modulatorem PWM.

Sterowanie wektorem napięcia jest szczególnie użyteczne przy małych prędkościach, gdzie dynamiczna wydajność napędu może być znacząco poprawiona (w porównaniu do sterowania u/f) poprzez odpowiednie sterowanie kątem wektora napięcia przestrzennego. Dodatkowo, praca napędu w stanie ustalonym poprawia się, ponieważ system sterowania może lepiej szacować moment obciążenia, na podstawie wartości wektorowych zarówno napięcia, jak i prądu, dokładniej niż by to było możliwe na podstawie sygnałów skalarnych (wartości amplitud).

Pomiar temperatury radiatora (moduł T_C) umożliwia uwzględnienie temperatury w parametrach modelu silnika oraz automatyczne wybieranie metody sterowania przy zmniejszonych stratach przełączania zaworów półprzewodnikowych falownika VVC$^+$.

Oznaczenie	Nazwa angielska	Nazwa polska
f	Internal frequency	Częstotliwość wewnętrzna
f_s	Reference frequency set	Ustawiona częstotliwość odniesienia
Δf	Calculated slip frequency	Obliczona częstotliwość poślizgu
I_{SX}	Reactive current (calculated)	Prąd bierny (obliczony)
I_{SY}	Active current (calculated)	Prąd czynny (obliczony)
I_{SX0}, I_{SY0}	No-load current of x/y axis (calculated)	Prąd bez obciążenia osi x/y (obliczony)
I_u, I_v, I_w	Measured phase current (U, V, W)	Mierzony prąd fazowy (U, V, W)
R_s	Stator resistance	Rezystancja stojana
R_r	Rotor resistance	Rezystancja wirnika
θ	Voltage vector angle	Kąt wektorów napięcia
θ_0	„No-load" theta value	Wartość θ przy „braku obciążenia"
$\Delta\theta$	Load-dependent angular compensation	Kompensacja kąta zależna od obciążenia
T_c	Heat-sink temperature (measured)	Temperatura radiatora (mierzona)
U_{DC}	Intermediate circuit voltage	Napięcie obwodu pośredniego
U_L	No-load voltage vector	Wektor napięcia bez obciążenia
U_s	Stator voltage vector	Wektor napięcia stojana
U_{Comp}	Load-dependent voltage compensation	Kompensacja napięcia zależna od obciążenia
U	Motor supply voltage	Napięcie zasilania silnika
X_h	Reactance	Reaktancja
X_1	Stator leakage reactance	Reaktancja upływu stojana
X_2	Rotor leakage reactance	Reaktancja upływu wirnika
ω_s	Stator frequency	Częstotliwość stojana
L_s	Stator inductance	Indukcyjność stojana
L_{Ss}	Stator leakage inductance	Indukcyjność upływu stojana
L_{Rs}	Rotor leakage inductance	Indukcyjność upływu wirnika

Tab. 3.3: Symbole stosowane na schematach i rysunkach oraz ich objaśnienia

Lista rysunków i diagramów z użyciem symboli wymienionych w Tabeli 3.3:

3.8.2 Zasada modulacji wektora strumienia w układzie otwartym

Zasada działania metody sterowania wektorem strumienie FOC zakłada dostępność pełnych danych schematu zastępczego silnika. W tym podejściu wszystkie istotne parametry silnika są uwzględniane przez algorytmy sterowania. Należy określić znacznie więcej danych dotyczących silnika niż w przypadku podstawowego sterowania modulacją VVC^+.

Zmiana jednego parametru podczas uruchamiania przełącza algorytm sterowania z VVC^+ na FVC (ang. flux vector control) inaczej FOC. W tym przypadku więcej informacji musi zostać wprowadzonych do napędu, aby zapewnić płynne sterowanie silnikiem. Wszystkie parametry nie będą tutaj wyjaśnione, ponieważ są one dokładnie opisane w instrukcjach obsługi napędów AC producentów, np Danfoss, Siemens, Schneider Electric, ABB i innych.

Krótki opis strategii sterowania przedstawiono na Rys. 3.46. W napędzie AC przechowywana jest baza danych dla sterowania metodą wektora strumienia stojana. Prądy mierzone we wszystkich trzech fazach są przekształcane na współrzędne biegunowe (x, y).

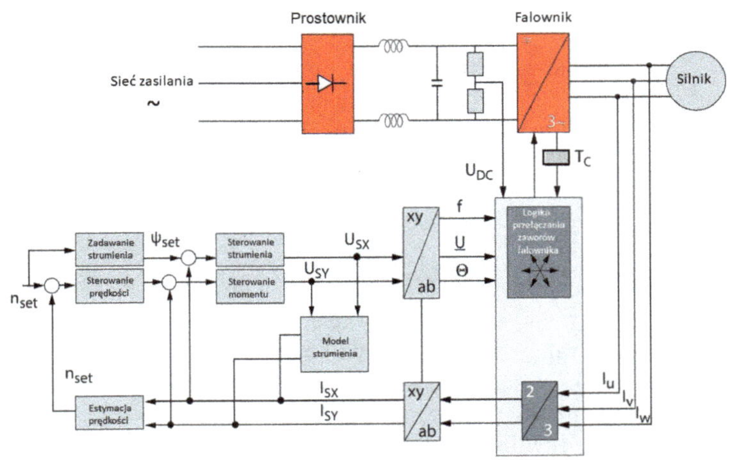

Rys. 3.46: Ilustracja zasady sterowania strumieniem pola stojana bez sprzężenia, wg. Danfoss

W napędach i z silnikami indukcyjnymi o dużych wymaganiach dynamicznych (w tym trakcyjnych) standardem jest strategia FOC sterowania silnikiem, a falownik realizuje tworzenie odpowiednio wektora napięcia/prądu przez modulację SVPWM (często) lub SPWM/DPWM.

- SPWM/SVPWM: warstwa modulacji falownika (jak przełączać tranzystory, żeby uzyskać zadane napięcia).
- FOC: warstwa sterowania silnika indukcyjnego (jak sterować momentem i strumieniem, szybko i precyzyjnie).

Duże wymagania dynamiczne napędów z silnikami indukcyjnymi (trakcyjne, dźwignice, walcownie, szybkie zmiany momentu): zwykle wykorzystuję FOC + SVPWM/DPWM (SVPWM daje lepsze wykorzystanie U_{dc} i dobrą jakość prądu; DPWM – modulacja przerywana, bywa używana dla ograniczenia strat przełączania w napędach dużych mocach).

3.9 Napędy średniego napięcia

Wraz z rozwojem infrastruktury na całym świecie i rosnącym znaczeniem przemysłów ciężkich, rośnie zapotrzebowanie na większą moc. Silniki stają się większe w wielu branżach i w szerokim zakresie napędzanego sprzętu. Napędy AC średniego napięcia są potrzebne, aby zaspokoić potrzeby klientów i użytkowników w zakresie napędów AC w średnim i dużym zakresie mocy. Kiedy wymagana moc wyjściowa wzrasta, przychodzi moment, w którym sensowne jest przejście z napędów niskiego napięcia (LV) na napędy średniego napięcia (MV). Nie jest praktyczne ani ekonomiczne stosowanie napędów LV w wyższym zakresie mocy. Powyżej pewnego poziomu zapotrzebowania na moc nie ma innego wyboru niż napędy MV. Wyższe napięcie umożliwia stosowanie mniejszych prądów, a to zmniejsza straty i obniża koszty eksploatacji systemu napędowego.

Dzięki postępom technologicznym w przyrządach półprzewodnikowych, takich jak IGBT, nowoczesne napędy MV są coraz częściej stosowane w przemyśle petrochemicznym, górniczym, hutniczym i metalurgicznym, a także w transporcie, w celu oszczędzania energii elektrycznej, zwiększania produktywności i poprawy jakości produktów. Rozwój napędów MV jest również motywowany poprawą wydajności, wagi i objętości silnika oraz obniżeniem kosztów instalacji związanych z transformatorami, przekrojami kabli, korytkami kablowymi, itp.

Napędy MV są klasyfikowane w zakresie mocy od 0,2 MW do prawie 40 MW przy poziomie napięcia MV 2,3–13,8 kV. Jednak większość zainstalowanych napędów MV w zastosowaniach przemysłowych lokuje się w zakresie 1–4 MW, z napięciami znamionowymi 3,3–6,6 kV.

3.9.1 Półprzewodniki MV

W napędach MV stosuje się różne rodzaje półprzewodników. Należą do nich tranzystory IGBT, zintegrowany tyrystor z komutacją bramkową IGCT (ang. integrated gate-commutated thyristor) i tranzystor z bramką wzmacnianą wtryskiem IEGT (ang. injection enhanced gate transistor). Najczęściej stosowanym przyrządem półprzewodnikowym jest dioda mocy, która jest szeroko stosowana w prostownikach niesterowanych i jako dioda zwrotna połączeniach antyrównoległych (dioda zwrotna, nazywana też przeciwrównoległą) z przełącznikami mocy, falowników, chopperów, itp.

Tranzystory IGBT są dominującą technologią w aplikacjach małej mocy i niskiego napięcia. Niemniej istnieją technologie innych półprzewodników mocy, które mogą je zastąpić w napędach AC MV. Ostatnie osiągnięcia zaowocowały tranzystorami IGBT o wyższej zdolności blokowania napięcia, zbliżonych parametrami do IGCT, zwanych również MV-IGBT, HV-IGBT i IEGT. Obecnie tranzystory IGBT i IGCT są najczęściej stosowanymi półprzewodnikami krzemowymi na rynku.

3.9.2 Topologie napędów średnich napięć

Badania i rozwój w zakresie napędów średnich napięć MV (ang. medium voltage) były bardzo efektywne w ciągu ostatniej dekady. W rzeczywistości wprowadzono kilka nowych komercyjnych topologii napędów MV. Głównym powodem ich rozwoju była zwiększona liczba procesów przemysłowych wymagających większej mocy, zasilania z sieci MV i zapewnienia możliwości zmiennej prędkości. W rezultacie opracowano różne topologie napędów, aby spełnić wymagania w różnych zastosowaniach.

Główne komponenty napędów MV są podobne do tych stosowanych w napędach niskich napięć LV (ang. low voltage): prostownik, łącznik/obwód pośredni DC, falownik oraz opcjonalne filtry po stronie sieci i silnika, Rys. 3.47. Prostownik może być sterowany lub niesterowany, regeneracyjny AFE (ma zdolność przekazywania energii od silnika do sieci zasilania i napięciem AC) lub nieregeneracyjny. Ponadto napędy MV można klasyfikować jako konwertery dwupoziomowe i wielopoziomowe w zależności od liczby poziomów napięcia generowanych na wyjściu, Rys. 3.48.

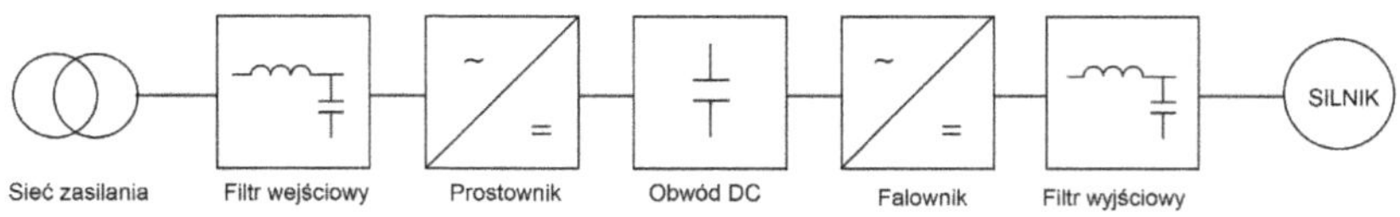

Rys. 3.47: Schemat blokowy typowego napędu AC MV

Niektóre z najczęściej stosowanych topologii napędów MV są przedstawione na Rys. 3.48.

Trójpoziomowy falownik z punktem neutralnym 3L-NPC

Napęd AC typu 3L-NPC wykorzystuje układ, w którym na każdą gałąź przypadają cztery przełączniki mocy z diodami dołączonymi do punktu środkowego łącznika DC. Każdy przełącznik blokuje połowę całkowitego napięcia łącznika DC, umożliwiając działanie MV przy użyciu łączników IGCT i HV-IGBT. Konwerter łączy wyjście fazowe do punktu neutralnego, generując dodatkowy poziom napięcia w porównaniu do konwerterów dwupoziomowych.

3L-NPC to topologia prosta i sprawdzona w praktyce. Do jej głównych zalet należy zaliczyć zmniejszenie du/dt i THD_u w napięciach wyjściowych AC. Co ważniejsze, falownik można użyć w napędzie MV, aby osiągnąć określony poziom napięcia bez jednoczesnego przełączania półprzewodników mocy połączonych szeregowo. Wadą tej topologii jest konieczność wyrównania napięć kondensatorów łącznika DC. Warto zauważyć, że mogą tu być wykorzystywane sterowane niskonapięciowe przyrządy mocy.

Kaskadowy falownik pełnomostkowy

Jednofazowy kaskadowy falownik pełnomostkowy CHB (ang. cascaded H-bridge converter) jest jedną z najpopularniejszych topologii falowników stosowanych w napędach MV. Składa się z wielu jednostek jednofazowych, dwupoziomowych pełnomostkowych komórek mocy. Komórki H-Bridge są zwykle połączone w kaskadę po stronie AC, aby zwiększyć napięcie falownika i osiągnąć działanie MV. Liczba poziomów napięcia wyjściowego wynosi 2k+1, gdzie k jest liczbą komórek. Za pomocą pełnych niskonapięciowych mostków falowników jednofazowych można utworzyć trójfazowy falownik MV. Podstawową rolę odgrywa tu transformator wielouzwojeniowy po stronie wtórnej.

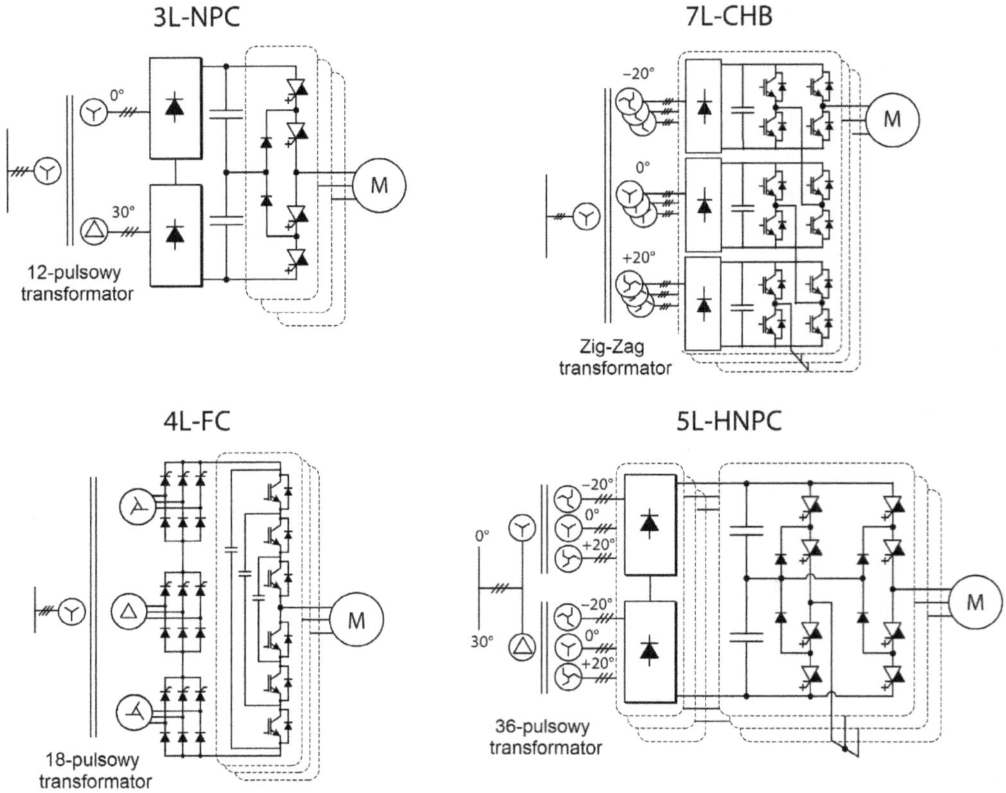

Rys. 3.48: Schematy blokowe wybranych typów napędów MV

Ze względu na dużą liczbę poziomów napięcia wyjściowego ten falownik nie wymaga filtra wyjściowego w większości zastosowań. Główną wadą tej topologii jest potrzeba izolowanych źródeł DC do zasilania każdej komórki H-Bridge, co wymaga skomplikowanego transformatora z przesunięciem fazowym. Jednak ten transformator wraz z prostownikami diodowymi tworzy konfigurację wielopulsacyjną z bardzo niskim zniekształceniem prądu wejściowego i eliminuje konieczność wyrównania napięć kondensatorów. Ze względu na skomplikowaną budowę transformatora i jednokierunkowe prostowniki, nie jest ta konfiguracja powszechnie stosowana w wysoko regeneracyjnych zastosowaniach, gdyż większość z nich ma prostowniki diodowe.

W praktyce, liczba komórek mocy w falowniku CHB jest determinowana głównie wymaganym napięciem roboczym i kosztami produkcji. Wykorzystanie identycznych komórek mocy prowadzi do struktury modułowej, co jest skutecznym środkiem redukcji kosztów i serwisu. Z tego powodu komercyjne CHB można znaleźć do 17 poziomów i 13,8 kV w technologii IGBT niskiego napięcia. Najczęstsze konfiguracje to siedmiopoziomowy CHB przy 3,3 kV i trzynastopoziomowy CHB przy 6,6 kV.

Czteropoziomowy falownik z przełączanymi kondensatorami 4L-FLC

Ta topologia 4L-FLC (ang. four-level flying capacitor converter) stanowi rozwinięcie falownika dwupoziomowego, w którym dodano kondensatory DC do kaskadowych przełączników. W każdym z falowników znajdują się trzy pary przełączników komplementarnych. Każda para przełączników z jednym kondensatorem latającym (przełączanym) tworzy komórkę mocy. Dodatkowe komórki mogą być połączone, zwiększając liczbę poziomów napięcia falownika, dlatego też topologia ta jest uważana za strukturę modułową. 4L-FLC może generować napięcie fazowe falownika z czterema poziomami napięcia, jednocześnie zmniejszając naprężenia napięciowe na przełącznikach mocy. Jednak praktyczne zastosowanie falownika 4L-FLC jest ograniczone ze względu na użycie wielu kondensatorów i skomplikowany schemat sterowania.

Pięciopoziomowy falownik 5L-HNPC

Pięciopoziomowy falownik 5L-HNPC (ang. five-level h-bridge NPC converter) został opracowany na bazie topologii 3L-NPC i CHB. Składa się z dwóch gałęzi 3L-NPC tworzących pełny mostek na fazę. Generuje to pięciopoziomową falę napięcia wyjściowego, znacznie zwiększając moc falownika. Falownik nie ma żadnych przełączników w połączeniu szeregowym, co eliminuje problemy z dynamicznym i statycznym dzieleniem napięcia na półprzewodnikach. Podobnie jak w przypadku CHB, ta topologia wymaga izolowanych źródeł napięcia DC dla każdej komórki falownika H-Bridge, co zwiększa złożoność i koszt systemu zasilania DC. Jednak podobnie jak w przypadku CHB, to rozwiązanie przynosi znaczną poprawę kształtu prądów po stronie sieci, prowadzi do mniejszych du/dt oraz całkowitego zniekształcenia harmonicznych (THD_u i THD_i).

Wszystkie różne topologie falowników mają swoje zalety i wady. Chociaż każda z nich ma pewne cechy, w których przewyższa pozostałe pod pewnymi względami, jednak żadna z topologii nie jest idealna we wszystkich aspektach technicznych. Każda z nich spełnia potrzeby dla określonych zastosowań.

3.10 Moduły napędów niskonapięciowych w napędach średnich napięć

Zastosowanie modułów niskonapięciowych LV napędów AC jest mocno rozpowszechnione w budowie napędów średnich napięć MV, zasilaczy DC MV oraz konwerterów DC/DC. Moduły niskonapięciowe LV są znacząco tańsze od ich odpowiedników dla średnich napięć MV, dlatego wykorzystanie modułów LV jest ekonomicznie uzasadnione. Istnieje wiele konfiguracji napędów SN wykorzystujących moduły niskonapięciowe.

Technologia budowy napędów niskonapięciowych rozwija się już od ponad 50. lat (udokumentowany początek to rok 1968), stąd cechują się one dużą niezawodnością, sprawnością i żywotnością.

Technologia wytwarzania modułów LV umożliwia ich adaptację do nowych konwerterów, które cechują się budową modułową i mogą być skalowane mocowo - łączenie równoległe modułów oraz napięciowo - poprzez łączenie szeregowe modułów.

Przykładowo moduły prostownicze z obwodem pośrednim napędów AC (patrz, Rys. 3.3: 1+7) można wykorzystać w 3., 7. i 5. poziomowym napędzie MV na Rys. 3.48. Napęd 7. poziomowy 7L-CHB oprócz trójfazowego prostownika 6D wraz z baterią kondensatorów wykorzystuje niskonapięciowe falowniki pełnomostkowe PWM, które są powszechnie stosowane w zasilaczach jednofazowych.

Moduł zasilacza o napięciu 1,1 kV napędu MV 3L-NPC może być zbudowany wg schematu przedstawionego na Rys. 3.49. Zasilacz na Rys. 3.49 skaluje szeregowo, 3-krotnie, 12-pulsowe diodowe moduły prostownicze LV, co umożliwia uzyskanie stabilnego napięcia

DC 3,4 kV. Stosując prostowniki 6-diodowe, wykorzystywane w napędach 3x400 V/500 kW, uzyskujemy mikrosieć DC 3,4 kV i mocy 3 MW. Zastosowanie transformatora Yyd umożliwiło uzyskanie przesunięcia fazowego 30° pomiędzy uzwojeniami wtórnymi (yd) transformatora.

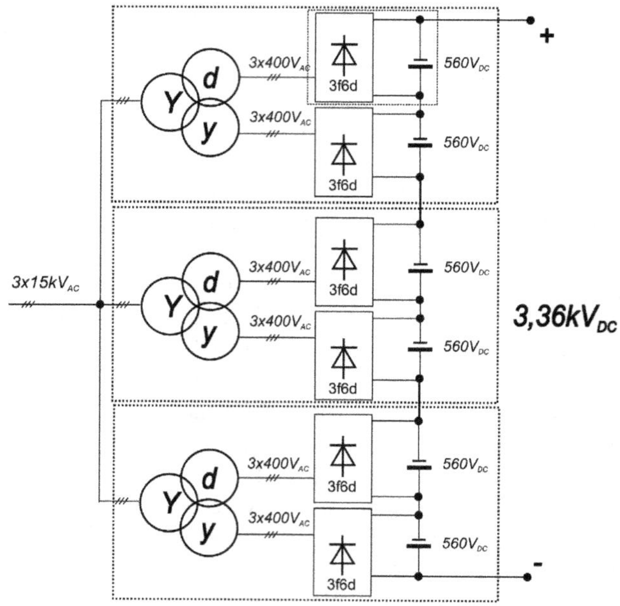

Rys. 3.49: Przykładowa mikrosieć DC 3,4 kV zbudowana z niskonapięciowych prostowników diodowych i kondensatorów elektrolitycznych, pełniących funkcję zasobników energii

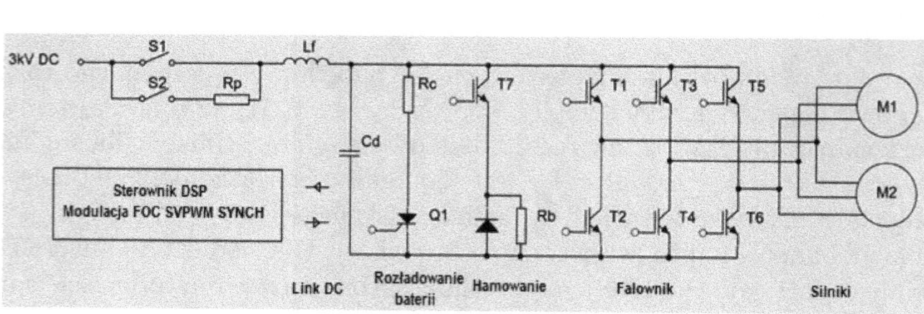

Rys. 3.50: Uproszczony schemat napędu MV z falownikiem trójfazowym i tranzystorami HV-IGBT-6,5 kV zasilanego siecią trakcyjną DC 3 kV

Przedstawiony zasilacz SN (średniego napięcia) 3,4 kV, wykorzystujący niskonapięciowe moduły prostowników 12-pulsowych - Rys. 3.49, stanowi atrakcyjne rozwiązanie zarówno pod względem serwisu, jak i kosztów. Takie rozwiązanie może być wykorzystane do zasilania falowników trójfazowych, w miejsce wykorzystujących tranzystory HV-IGBT o napięciu 6,45 kV. Napędy AC SN z tranzystorami zdolnymi blokować średnie napięcia mają budowę zbliżoną do napędów niskonapięciowych. Rys. 3.50 przedstawia przykładowe rozwiązanie napędu AC SN stosowanego w trakcji kolejowej. Silniki zasilane z jednego falownika mają jednakową prędkość obrotową, co jest wykorzystywane przy napędzaniu sztywnego wału maszyny lub w napędzie jazdy pojazdów szynowych.

Dla sprawdzenia właściwości prostownika 12-pulsowego zbudowanego z 2. prostowników 6D powszechnie stosowanych w przemysłowych napędach AC opracowano model do badań komputerowych, przedstawiony na Rys. 3.51. W miejsce uzwojeń wtórnych trójfazowego transformatora Yyd zastosowano modele uzwojeń yy o wzajemnym przesunięciu między napięciami fazowymi 30° i zasilanych napięciami fazowymi 3x230 V/50 Hz.

Zasilanie prostowników 6D odwzorowuje sieć trójfazową 3x400 V/50 V wytworzoną przez transformator Yyd, porównaj z Rys. 3.8. Przesunięcie fazowe 30° prądów i pomiędzy prostownikami 6D, powoduje powstanie 12-pulsowego napięcia wyprostowanego. Harmoniczna podstawowa prądu przemiennego w prądzie wyprostowanym prostownika 12-pulsowego wynosi 600 Hz. Obciążenie transformatora SN/nN Yyd prostownikiem 12-pulsowym znacząco ogranicza taże zawartość harmonicznych THD_i w uzwojeniu pierwotnym transformatora.

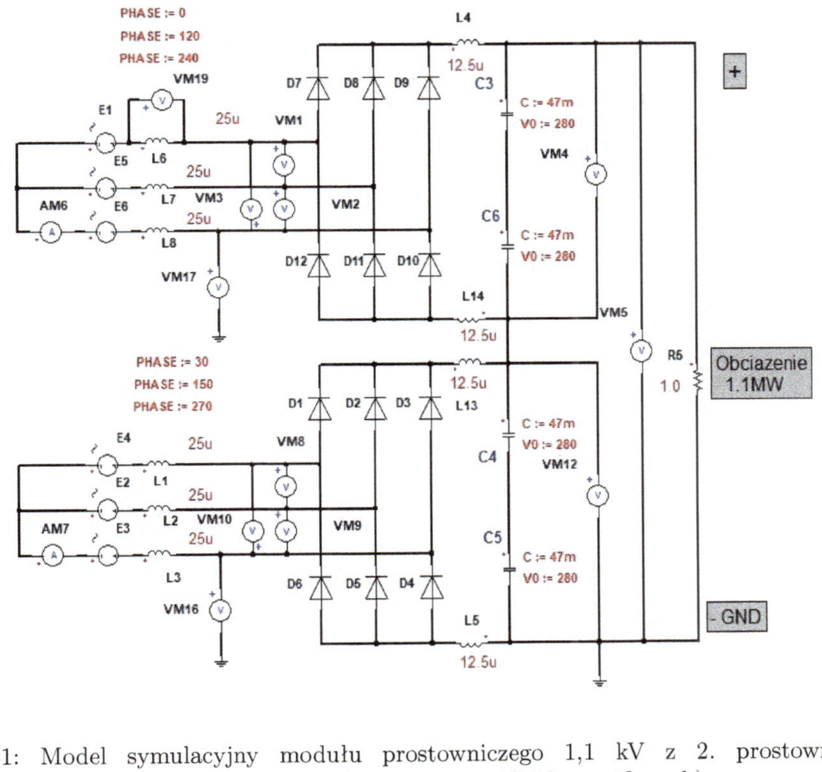

Rys. 3.51: Model symulacyjny modułu prostowniczego 1,1 kV z 2. prostownikami 6D 3x400 V/500 kW i obciążeniem 1,1 MW (model: 2025+3f12d+rectifier.ssh)

Prądy fazowe i napięcia międzyfazowe uzwojeń d i y transformatora oraz wyprostowane napięcie DC prostownika 6D przedstawia Rys. 3.52.

3.11 Normy i przepisy

Podobnie jak w przypadku innych produktów, na całym świecie obowiązują przepisy i normy techniczne, mające na celu zapewnienie bezpiecznego działania napędów AC. Prze-

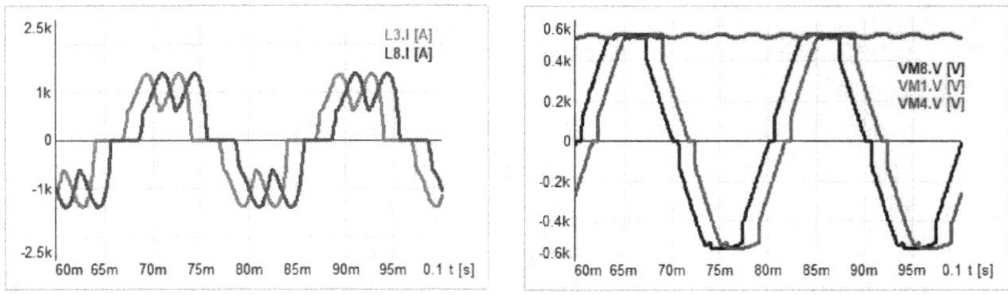

a) b)

Rys. 3.52: Prądy i napięcia prostownika 12-pulsowego 1,1 kV z 2. prostownikami 6D, wg. Rys. 3.51 i obciążeniem 1,1 MW:
a) prądy uzwojeń wtórnych transformatora Yyd,
b) odkształcone napięcia przemienne uzwojeń wtórnych transformatora Yyd i napięcie wyprostowane pojedynczego prostownika 6D

pisy są wydawane przez ustawodawcę rządu krajowego lub lokalnego i oczywiście mogą się różnić w różnych krajach na całym świecie. Jednak ich przestrzeganie jest obowiązkowe – to jest prawo. Jest to dokument polityczny, zazwyczaj wolny od specyficznych szczegółów technicznych – te szczegóły można znaleźć w normach.

Normy są opracowywane przez ekspertów w odpowiednich organizacjach normalizacyjnych np. IEC - Międzynarodowa Komisja Elektrotechniczna lub CENELEC - Europejski Komitet Normalizacyjny Elektrotechniki i odzwierciedlają aktualny stan wiedzy technicznej. Rola norm polega na ustanowieniu wspólnej technicznej podstawy dla współpracy między uczestnikami rynku. Zazwyczaj normy IEC są akceptowane w większości krajów, a lokalne normy (EN, NEMA) są harmonizowane, aby do nich pasowały. Producenci muszą wykazać i udokumentować zgodność z lokalnymi przepisami, przestrzegając norm, w przeciwnym razie nie mogą sprzedawać swojego produktu na lokalnym rynku. Na samym produkcie zgodność jest wskazywana przez symbole, Rys. 3.53.

Rys. 3.53: Oznakowanie CE i lista UL

Jakie normy zostały zastosowane i jaka zgodność legislacyjna została stwierdzona, jest odnotowane, na przykład w Europie w Deklaracji Zgodności. Dla lepszego zrozumienia, ta książka omawia kilka norm związanych z napędami AC i niektóre istotne środki legislacyjne (przykładowo: zobacz rozdział 5.5).

4 Napęd i regulacja prędkości silnika

W poprzednich rozdziałach silnik i napęd AC były przedstawiane oddzielnie. Ten rozdział wyjaśnia interakcję między tymi dwoma komponentami. W praktyce występuje wiele nieporozumień w wyjaśnianiu zagadnień z przekształtnikowymi napędami AC. Te urządzenia elektroniki mocy, nazywane także napędowymi przekształtnikami energoelektronicznymi, zmieniają naszą klasyczną wiedzę o napędzie elektrycznym, dlatego trzeba często zmienić sposób myślenia, gdy analizujemy działanie elektronicznego napędu AC.

Budowa obwodów mocy systemu napędowego nie ulega tak szybkim transformacjom jak towarzyszące mu obwody sygnałowe: zabezpieczeń, adaptacyjnego sterowania falownikiem, komunikacji z systemami zarządzania, produkcją - lokalnie lub chmurowo, dostosowane do strategii IoT. Typowy schemat obwodu mocy systemu napędowego z powszechnie stosowanym napięciowym falownikiem dwupoziomowym przedstawia Rys. 11.4 - sekcja 11.

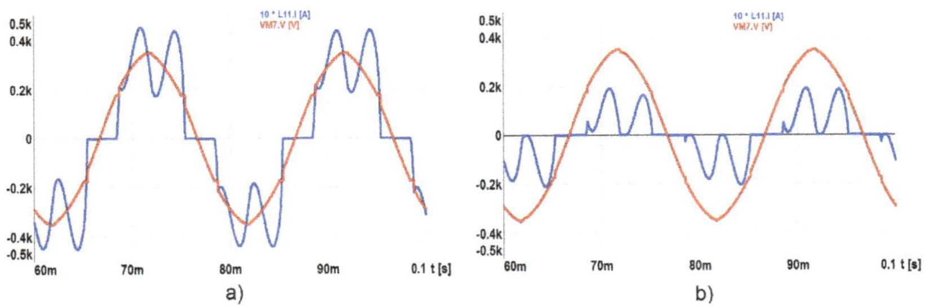

Rys. 4.1: Niesinusoidalny prąd przewodowy i napięcie fazowe obciążonego prostownika 3f6d w napędzie AC, wg. modelu napędu AC z Rys. 11.4 - sekcja 11:
a) prąd przewodowy i_{L11} i napięcie fazowe u_{VM7} w sieci zasilania nominalnie obciążonego napędu AC, $i_{L11} = I_N$,
b) prąd przewodowy i_{L11} i napięcie fazowe u_{VM7} w sieci zasilania nieobciążonego napędu AC, $i_{L11} = 0.1\ I_N$

Model transformatora uwzględnia spadek napięcia na jego indukcyjnościach fazowych, zależny od prądu obciążenia prostownika napędu AC. W dobranych komponentach systemu napędowego uwzględniono indukcyjność układu zasilania napędu AC. Prąd obciążonego napędu z trójfazowym prostownikiem diodowym 3f6d (ang. six pulse half bridge diode rectifier) jest przebiegiem odkształconym o współczynnik zawartości harmonicznych THD_i bliskim 40% przy nominalnym obciążeniu Rys. 4.1 a. Przewymiarowanie napędu w stosunku do mocy silnika, to tak jak jego praca przy niedociążeniu zwiększa się udział wyższych harmonicznych w prądzie przewodowym sieci zasilania, Rys. 4.1 b.

Napęd AC zawiera: prostownik diodowy, obwód pośredni napięcia stałego z dławikami DC do ograniczania harmonicznych w sieci zasilania i baterię kondensatorów z rezystorami symetryzującymi podział napięcia na kondensatorach. Falownik PWM i tranzystorami IGBT (półprzewodniki i pełni sterowalne sygnałem napięciowym) i diodami zwrotnymi dla ograniczania przepięć łączeniowych i utworzenia obwodu przewodzenia prądu biernego silnika.

Model silnika uwzględnia fazowe rezystancje R wynikające z mocy czynnej oraz fazowe indukcyjności L wynikające z jego mocy biernej. Model silnika pozwala odwzorować nominalne prądy fazowe powstające przy zasilaniu go falownikiem napięciowym napędu AC.

4.1 Podstawowe zasady

4.1.1 Działanie u/f i osłabianie pola

Główne cechy techniczne silnika można znaleźć na jego tabliczce znamionowej. Informacje tam zawarte są bardzo istotne dla instalatora elektrycznego, ponieważ podane są wartości napięcia, częstotliwości i prądu przy pełnym obciążeniu, ale ważne informacje dotyczące konstrukcji mechanicznej są pominięte i można je znaleźć w karcie katalogowej, katalogu lub poprzez bezpośredni kontakt z producentem silnika.

Informacje dotyczące konstrukcji mechanicznej obejmują dane związane z uruchomieniem silnika i pracą przerywaną, a także dostępny moment obrotowy na wale silnika. Moment obrotowy wału można łatwo obliczyć na podstawie danych z tabliczki znamionowej.

Dla danego obciążenia, moment obrotowy można obliczyć z następującego wyrażenia 4.1:

$$M[Nm] = 9{,}55\frac{P_2[W]}{n[obr/min]} = 9{,}55\frac{\sqrt{3} \times U \times I \times cos\varphi \times \eta}{f \times 60/p \times (1-s)} = k\frac{U \times I}{f} \tag{4.1}$$

To skutkuje zasadniczą zależnością 4.2:

$$M \sim \frac{U}{f} \times I \tag{4.2}$$

Synchroniczną prędkość obrotową silnika sterowanego częstotliwościowo wyznaczamy z zależności 4.3, gdzie p oznacza liczbę par biegunów silnika:

$$n_s[obr/min] = 60\frac{f}{p} \tag{4.3}$$

Zależność ta jest wykorzystywana w napędach AC, które regulują napięcie tak, aby utrzymać stały stosunek u/f. Ten stały stosunek u/f określa gęstość strumienia magnetycznego Φ w silniku i jest ustalany na podstawie danych z tabliczki znamionowej silnika (np. 400 V/50 Hz = 8 V/Hz). Stała gęstość strumienia zapewnia możliwość wytworzenia nominalnego momentu obrotowego silnika bez zwiększenia prądu ponad jego wartość nominalną w zakresie prędkości do n_n. Idealnie, stosunek 8 V/Hz oznacza, że każda zmiana częstotliwości wyjściowej o 1 Hz skutkuje zmianą napięcia wyjściowego falownika o 8 V. Ten sposób kontroli wartości wyjściowych napędu AC nazywany jest kontrolą charakterystyki u do f.

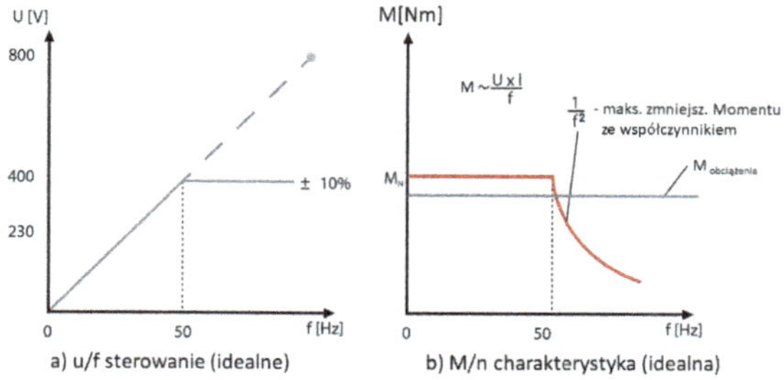

Rys. 4.2: Zasada kształtowania charakterystyki u/f i momentu M

Idealna krzywa charakterystyki u/f dla silnika podłączonego w gwiazdę przy 50 Hz pokazana jest na Rys. 4.2. Zasada kształtowania charakterystyki u/f: a) napięcie zasilania silnika w funkcji częstotliwości napięcia silnika, b) wynikowy moment obrotowy. Do 50 Hz napęd AC zachowuje stały stosunek u/f do silnika, co pozwala na uzyskanie stałego momentu obrotowego silnika.

Teoretycznie, podczas pracy silnika z częstotliwością 100 Hz, napięcie wyjściowe falownika powinno zostać zwiększone do 800 V, aby zachować stały stosunek u/f, przerywana linia na Rys. 4.2 a). Ponieważ to wysokie napięcie jest krytyczne dla izolacji silnika oraz brak jest możliwości uzyskania tego napięcia w typowych napędach AC zasilanych napięciem sieci 3x400 V, ta strategia nie jest stosowana. Zazwyczaj napęd AC ogranicza swoje napięcie wyjściowe do wartości napięcia wejściowego (np. 400 V +/-10%).

Oznacza to, że napęd AC może utrzymywać stały stosunek u/f tylko do pewnej częstotliwości (pierwsza strefa regulacji prędkości silnika - praca ze stałym momentem). Po przekroczeniu tej częstotliwości (druga strefa regulacji - praca ze stałą mocą) możliwe jest dalsze zwiększanie częstotliwości, ale już nie napięcia. Ponieważ wpływa to na stosunek u/f, gęstość strumienia magnetycznego jest zmniejszana. Dlatego ten zakres prędkości nazywany jest także obszarem osłabiania pola, Rys. 4.2 b). Zmniejszone pole magnetyczne skutkuje zmniejszeniem maksymalnego momentu silnika. O ile napięcie silnika do osiągnięcia wartości nominalnej zwiększa się proporcjonalnie do f, to moment zatrzymania silnika w drugiej strefie regulacji zmniejsza się proporcjonalnie do $1/f^2$. Przy stałej wartości napięcia zasilania silnika w drugiej strefie regulacji, impedancja uzwojeń stojana zwiększa się proporcjonalnie do f, co jednocześnie zmniejsza prąd silnika. W pierwszej strefie regulacji prędkości, przy proporcjonalnym zwiększaniu częstotliwości napięcia zasilania także zwiększamy wartość napięcia, przez co możemy utrzymywać stały moment napędowy na wale.

Należy zauważyć, że pokazane krzywe są idealne i wymagają pewnych kompensacji, które są opisane w kolejnych sekcjach.

4.1.2 Konfiguracja gwiazdy i trójkąta w działaniu z osłabianiem pola

Zazwyczaj silniki indukcyjne pracujące z napędami AC są dostosowane do zasilnia nominalnym napięciem sieci. Oznacza to, że silnik 400 V/230 V będzie skonfigurowany w gwiazdę podczas pracy z napędem 400 V. Jak opisano w poprzedniej sekcji, silnik po przekroczeniu 50 Hz wejdzie w osłabienie pola, gdy napięcie nie może być już zwiększane. Aby wydłużyć zakres prędkości przy stałym polu, silnik może być skonfigurowany w trójkąt.

Przykład

Silnik: 15 kW, 400 V/230 V, Y/Δ, 27,5 A/48,7 A, 50 Hz, $cos\varphi = 0{,}783$

Przy 50 Hz moc w konfiguracji gwiazdy i trójkąta wynosi 15 kW. Z powodu różnego napięcia sieciowego, skutkuje to różnymi prądami silnika.

$P_Y(50\ Hz) = \sqrt{3} \times 400\ V \times 27{,}50\ A \times cos\varphi \times \eta = 14{,}92$ kW

$P_\Delta(50\ Hz) = \sqrt{3} \times 230\ V \times 48{,}70\ A \times cos\varphi \times \eta = 15{,}19$ kW

Analiza konfiguracji trójkąta, Rys. 4.3, pokazuje, że w odróżnieniu od konfiguracji gwiazdy, silnik pracuje ze stałym stosunkiem u/f do napięcia 230 V. Jeżeli jednak napęd AC jest zasilany z sieci 400 V, możliwe jest utrzymanie stałego stosunku u/f do napięcia 400 V, kosztem zwiększonego prądu.

$P_\Delta(87\ Hz) = \sqrt{3} \times 400\ V \times 48{,}70\ A \times cos\varphi \times \eta = 28{,}42$ kW

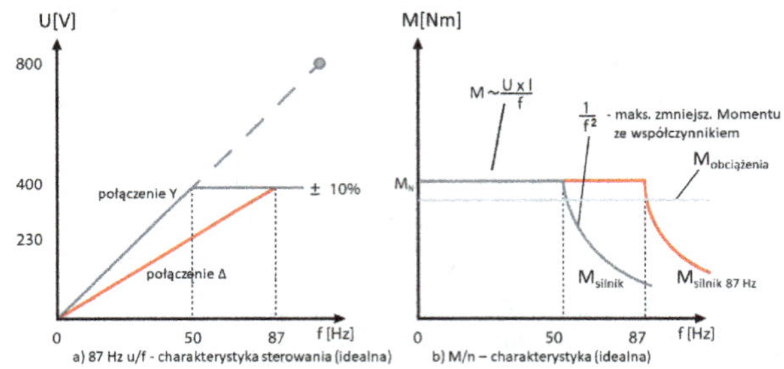

Rys. 4.3: Charakterystyka 87 Hz

Oznacza to, że mamy nominalną gęstość strumienia (Φ) do 400 V, nawet gdy silnik jest skonfigurowany na 230 V. Dzięki temu wyższemu napięciu możemy zwiększyć maksymalną częstotliwość przy nominalnym strumieniu do 87 Hz.

Wykorzystanie tej wiedzy zakłada następujące warunki:

- wybrany napęd AC musi łatwo obsługiwać wyższy prąd w konfiguracji trójkąta (48,70 A),
- uzwojenia silnika muszą być nawinięte w taki sposób, aby wytrzymały wymagane napięcie robocze (zazwyczaj wyższe w konfiguracji gwiazdy) podawane przez napęd AC (tj. przy napięciu sieci zasilania 690 V w napędzie AC 690 V, ta aplikacja jest możliwa do zastosowania tylko z silnikiem nawiniętym na 690 V/400 V, Y/Δ),
- moment obrotowy na wale silnika pozostaje taki sam dla obu konfiguracji do 50 Hz. Powyżej 50 Hz, silnik podłączony w gwiazdę wchodzi w zakres osłabiania pola. Gdy jest podłączony w trójkąt, to pracuje przy stałym strumieniu aż do około 87 Hz. Jeśli wykorzystać tolerancję +/-10% napędu AC, zakres osłabiania pola zaczyna się odpowiednio przy 55 Hz lub 95 Hz. Dla wyższych częstotliwości moment obrotowy zmniejsza się, ponieważ napięcie silnika nie jest zwiększane.

Korzyści z tego zwiększonego zakresu prędkości przy stałej mocy silnika są następujące:

- istniejący napęd AC może obsługiwać większy zakres regulacji prędkości przy stałej mocy silnika,
- można użyć silnika o mniejszej mocy. Taki silnik może mieć mniejszy moment bezwładności, co pozwala na lepszą dynamikę. To poprawia dynamiczne charakterystyki systemu.

Wady tego zwiększonego zakresu prędkości przy stałej mocy silnika są następujące:

- wyższa prędkość skróci żywotność łożysk lub będzie wymagała częstszej konserwacji łożysk,
- silnik o mniejszej mocy oznacza, że nominalny moment na wale jest mniejszy i łożyska są mniejsze, dlatego zalecane jest mniejsze obciążenie mechaniczne.

Należy zauważyć, że działanie silnika 400 V/230 V Y/Δ w konfiguracji trójkąta przy 400 V jest możliwe tylko z napędem AC z powodu wyższej częstotliwości napięcia zasilania 87 Hz. Działanie silnika w układzie Δ bezpośrednio na sieci 400 V/50 Hz zniszczy silnik.

4.1.3 Praca z ograniczeniem prądu

Zależność 4.2 między momentem obrotowym na wale silnika a prądem silnika wskazuje, że jeśli prąd silnika można kontrolować, to również moment obrotowy jest pod kontrolą. W aplikacjach wymagających stałego momentu obrotowego istotne jest, aby napęd AC był przystosowany do pracy ciągłej przy ograniczonym prądzie i nie ulegał natychmiastowemu wyłączeniu w wyniku jego przekroczenia.

Istnieją różne strategie projektowania napędu AC do pracy w sytuacjach ograniczenia prądu. Najbardziej typową strategią jest taka, że moment będzie zmniejszany, gdy prędkość jest zmniejszana. Ale jak zobaczymy później, istnieją aplikacje, w których ta strategia nie może być wykorzystana i może nawet powodować większe problemy.

4.2 Kompensacje

Kiedyś trudno było dostroić napęd AC do silnika, ponieważ niektóre funkcje kompensacji, takie jak „napięcie startowe", „kompensacja startowa" i „kompensacja poślizgu", były trudne do implementacji w praktyce.

Te kompensacje są wymagane, ponieważ charakterystyki silnika nie są liniowe. Na przykład silnik indukcyjny wymaga większego prądu przy niskiej prędkości, aby osiągnąć zarówno prąd magnetyzujący, jak i prąd wytwarzający moment obrotowy w silniku. Wbudowane parametry kompensacji zapewniają wydajną magnetyzację, a tym samym maksymalny moment obrotowy:

- podczas startu,
- przy małych prędkościach,
- w zakresie do prędkości znamionowej silnika.

W najnowszej generacji napędów AC, urządzenie automatycznie ustawia niezbędne parametry kompensacji po zaprogramowaniu znamionowych danych katalogowych silnika w napędzie AC. Te szczegóły obejmują napięcie, częstotliwość, prąd i prędkość. Dotyczy to około 80% standardowych aplikacji, takich jak przenośniki i pompy odśrodkowe. Zazwyczaj te ustawienia kompensacji można również zmienić ręcznie w celu precyzyjnego dostrojenia aplikacji, takich jak podnoszenie lub pompy wyporowe, jeśli jest to wymagane.

4.2.1 Kompensacje startowe niezależne od obciążenia

Zwiększ, jeśli to konieczne, napięcie wyjściowe w dolnym zakresie prędkości, ręcznie ustawiając podwyższone napięcie początkowe, często nazywane napięciem startowym.

Przykład

Silnik, który jest znacznie mniejszy niż zalecany rozmiar ramy silnika dla napędu AC, może wymagać dodatkowego, ręcznie zadawanego, zwiększonego napięcia, aby przezwyciężyć tarcie statyczne lub zapewnić optymalną magnetyzację w dolnym zakresie prędkości.

Dodatkowa kompensacja niezależna od obciążenia (napięcie startowe) zapewnia wydajny moment obrotowy podczas rozruchu (moment startowy).

Jeśli kilka silników jest sterowanych jednym napędem AC (praca równoległa), może zaistnieć potrzeba wyłączenia kompensacji niezależnej od obciążenia.

4.2.2 Zależne od obciążenia kompensacje startowe

Dodatkowa kompensacja napięcia zależna od obciążenia (kompensacja startowa i poślizgowa) jest określana na podstawie pomiaru prądu (prąd czynny). Ta kompensacja jest zwykle nazywana kompensacją $I \times R$, zwiększeniem momentu lub kompensacją startową.

Ten typ sterowania jest trudny w stosowaniu, gdy zakłócenia są trudne do zmierzenia, a obciążenie falownika jest bardzo zmienne, na przykład w silnikach ze zmianą rezystancji uzwojenia do 25% między stanem zimnym a gorącym).

Zwiększenie napięcia może mieć różne skutki. W warunkach bez obciążenia może prowadzić do nasycenia materiału stojana i wirnika. W przypadku nasycenia, przepływa wysoki prąd bierny, który prowadzi do nagrzewania się silnika. Jeśli silnik pracuje z obciążeniem, będzie wytwarzać niewielki moment obrotowy z powodu słabego głównego strumienia i może przestać działać. Rzeczywiste charakterystyki u/f i M/n są zazwyczaj przedstawione jak na Rys. 4.4.

Na Rys. 4.4 dodatkowe napięcie jest dostarczane do silnika przy niskich prędkościach w celu kompensacji - wymuszenia zwiększonego prądu startowego, ograniczonego na skutek dominacji rezystancji w impedancji silnika. Należy tu też zwrócić uwagę na fakt częstotliwości startowej o wartości ok. 0.5 Hz, a więc poślizg początkowy może wynosić więcej niż poślizg nominalny wysoko-sprawnych silników. Ponadto zbudowanie napięć fazowych falownikami PWM jest dla małych częstotliwości zadaniem bardzo złożonym. Impulsowy charakter napięć międzyfazowych ogranicza możliwości uzyskania symetrycznych prądów fazowych.

4.2.3 Kompensacje obciążenia

Napięcie silnika jest zwiększane pod obciążeniem ustalonym na podstawie zmierzonego prądu silnika. Napięcie wyjściowe otrzymuje dodatkowy impuls napięcia, który skutecznie przezwycięża wpływ rezystancji uzwojeń silnika przy niskich częstotliwościach i podczas rozruchu. Zwiększenie napięcia wyjściowego, które może być zbyt wysokie w porównaniu do

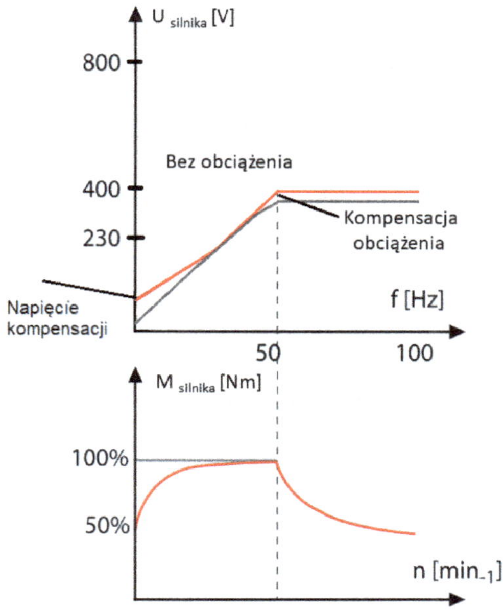

Rys. 4.4: Rzeczywista charakterystyka u/f i M/n

charakterystyki u/f, prowadzi do nadmiernej magnetyzacji silnika. Zwiększa to obciążenie termiczne silnika, co może skutkować zmniejszeniem momentu obrotowego. Napięcie silnika jest zmniejszane w warunkach bez obciążenia.

4.2.4 Kompensacja poślizgu

Poślizg silnika indukcyjnego jest zależny od obciążenia i zazwyczaj wynosi około 5% prędkości znamionowej (mniej niż 1% dla silników większych mocy). Dla silnika dwubiegunowego oznacza to, że poślizg wynosi około 150 obr/min. Jednak poślizg wynosi około 50% wymaganej prędkości, jeśli napęd AC steruje silnikiem przy 300 obr/min (10% znamionowej prędkości synchronicznej 3000 obr/min).

Jeśli start silnika rozpoczniemy z częstotliwością 0,5 Hz to oznacza, że ruszamy silnik z poślizgiem 0,5% s_n, a to nie spowoduje zauważalnego wzrostu prądów rozruchowych silnika.

Jeśli napęd AC ma kontrolować silnik z dokładnością mniejszą niż 5% prędkości znamionowej, to silnik zatrzyma się, jeśli będzie obciążony. Ta zależność od obciążenia jest niepożądana, a napęd może w pełni kompensować ten poślizg poprzez efektywne mierzenie prądu czynnego do silnika. Napęd AC kompensuje poślizg, odpowiednio zwiększając częstotliwość na podstawie zmierzonego prądu. To nazywa się aktywną kompensacją poślizgu. Napęd AC oblicza częstotliwość poślizgu f_{slip} i prąd magnetyzacji I_ϕ lub prąd bez obciążenia I_s na podstawie danych silnika. Częstotliwość poślizgu jest skalowana liniowo do prądu czynnego (różnica między prądem bez obciążenia a prądem zmierzonym przy obciążeniu).

Przykład

Silnik czterobiegunowy (2 pary biegunów) z prędkością znamionową 1455 obr./min. (prędkość synchroniczna 1500 obr./min.) ma częstotliwość poślizgu 1,5 Hz i prąd magnetyzacji około 12 A. Przy prądzie obciążenia 27,5 A i 50 Hz, napęd AC wytworzy częstotliwość napięcia zasilania silnika około 51,5 Hz. Przy prądzie obciążenia między I_ϕ (12 A) a $I_s = I_n$ (27,5 A), częstotliwość kompensacji będzie dostosowywana odpowiednio między zerem a 1,5 Hz.

Fabryczne ustawienia kompensacji poślizgu są często dobierane tak, aby silnik pracował z teoretyczną prędkością synchroniczną. W powyższym przykładzie: 51,5 Hz - 1,5 Hz = **50 Hz**.

4.2.5 Kompensacje dla silników PM i SynRM

W przypadku silników z magnesami trwałymi (PM) kompensacje startowe i poślizgowe nie są istotne, lecz inne parametry nabierają znaczenia.

Profil magnetyzacji różni się oczywiście od silnika indukcyjnego, ale inne ważne dane do kompensacji to:

- dla silników PM:

- nominalna prędkość i częstotliwość silnika,
- wsteczna siła elektromotoryczna SEM (ang. back EMF),
- maksymalna prędkość przed uszkodzeniem napędu AC przez siłę elektromotoryczną,
- osłabianie pola,
- szczegóły dynamiczne istotne dla sterowania.

- dla silników SynRM inne parametry są istotne, przykładowo:

- rezystancja stojana,
- indukcyjności osi d i q,
- indukcyjności nasycenia,
- punkt nasycenia.

4.3 Automatyczna adaptacja silnika

Dane silnika na tabliczce znamionowej lub w kartach katalogowych producenta dotyczą określonego typoszeregu silników lub konkretnego projektu, ale te wartości rzadko odnoszą się do indywidualnego silnika. Ze względu na różnice w produkcji silników i instalacji, te dane silnika nie zawsze są wystarczająco dokładne, aby zapewnić wydajne/wysokosprawne działanie.

Również, jak widzieliśmy wcześniej, istnieje kilka rodzajów kompensacji, które wymagają ustawienia. Dla nowoczesnych napędów AC dostrajanie do rzeczywistego silnika i instalacji może być skomplikowanym i uciążliwym zadaniem.

Aby ułatwić instalację i początkowe uruchomienie, funkcje automatycznej konfiguracji AMA (ang. automatic motor adaptation), np. firmy Danfoss, stają się coraz bardziej powszechne. Te funkcje mierzą rzeczywistą rezystancję i indukcyjność stojana. Uwzględniany jest również wpływ długości i rodzaju kabla między napędem AC a silnikiem.

Parametry wymagane dla różnych typów silników różnią się w wielu istotnych szczegółach. Na przykład wartość przeciw elektromotorycznej SEM (EMF), jest kluczowa dla silników PM, a poziom punktu nasycenia jest ważny dla silników SynRM. Dlatego wymagane są różne rodzaje AMA. Należy zauważyć, że nie wszystkie napędy AC obsługują funkcję identyfikacji silnika dla wszystkich typów silników.

W zasadzie stosuje się dwie strategie pomiaru odpowiednich parametrów silnika:

Dynamiczna - *powszechnie stosowane w napędach AC starszej generacji*

Funkcja przyspiesza silnik do określonej prędkości w celu wykonania pomiarów. Zazwyczaj silnik musi być odłączony od obciążenia/maszyny na czas pomiarów, przeprowadzania „próby identyfikacyjnej". Konieczność odłączania silnika od obciążenia jest często uciążliwa w warunkach przemysłowych uruchomień, dlatego zwykle pomijano tę fazę uruchamiania napędu.

Statyczna - *obecnie stosowana*

Parametry silnika są mierzone w stanie spoczynku. Oznacza to, że nie ma potrzeby odłączania wału silnika od maszyny. Ważne jest jednak, aby wał silnika nie był obracany przez zewnętrzne siły i podczas pomiaru silnik był w stanie zimnym.

4.4 Działanie napędu AC i wymuszanie pożądanych zachowań systemu napędowego

4.4.1 Kontrola prędkości silnika

Częstotliwość wyjściowa napędu AC, a tym samym prędkość silnika, jest kontrolowana przez jeden lub więcej sygnałów (0-10 V; 0/4-20 mA, lub impulsy napięcia) jako odniesienie prędkości. Jeśli odniesienie prędkości wzrasta, prędkość silnika wzrasta, a pionowa część charakterystyki momentu obrotowego silnika przesuwa się w prawo, Rys. 4.5.

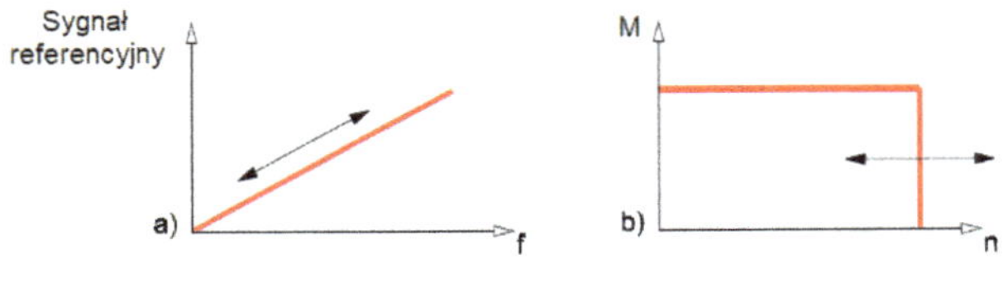

Rys. 4.5: Odniesienie sygnału i relacja momentu obrotowego silnika

Jeśli moment obciążenia jest mniejszy niż moment silnika, prędkość osiągnie wymaganą wartość. Jak pokazano na Rys. 4.6, krzywa momentu obciążenia przecina krzywą momentu obrotowego silnika w pionowej części (w punkcie A). Jeśli przecięcie znajduje się w poziomej części (punkt B), prędkość silnika nie może stale przekraczać odpowiadającej jej wartości. Napęd AC pozwala na krótkie przekroczenia limitu prądu bez wyłączania (punkt C), ale konieczne jest ograniczenie czasu trwania przekroczenia.

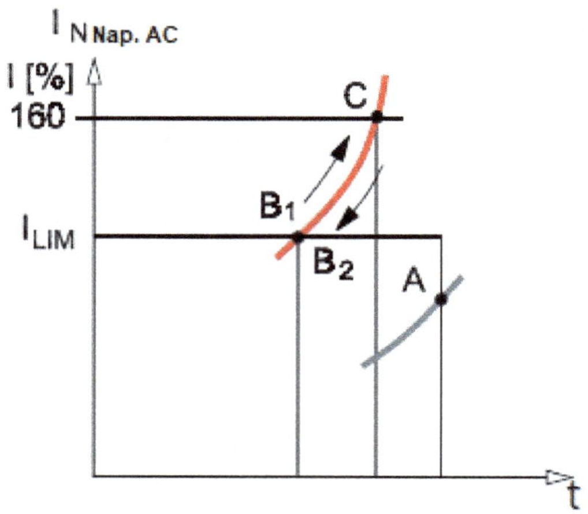

Rys. 4.6: Relacja limitu prądu i limitu przeciążenia

4.4.2 Zmiana kierunku obrotów

Kierunek obrotów silników asynchronicznych i wielu silników synchronicznych jest określany przez sekwencję faz napięcia zasilającego. Jeśli dwie fazy zostaną zamienione miejscami, kierunek obrotów silnika zmienia się (silnik odwraca się), Rys. 4.7.

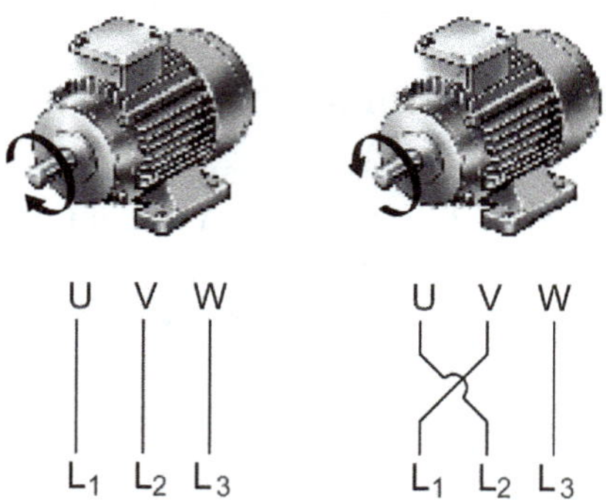

Rys. 4.7: Relacja sygnału odniesienia i kierunku momentu obrotowego silnika

Napęd AC może odwrócić silnik poprzez elektroniczną zmianę sekwencji faz. Odwracanie odbywa się albo za pomocą negatywnego odniesienia sygnału prędkości lub wejściowego sygnału cyfrowego, Rys. 4.8. Jeśli silnik musi mieć określony kierunek obrotów przy pierwszym uruchomieniu, ważne jest, aby znać domyślne ustawienie fabryczne napędu AC. W niektórych przypadkach odwracanie może nawet uszkodzić silnik, np. w napędach pomp, więc zazwyczaj odwracanie jest domyślnie wyłączone.

Napędach jednokierunkowych korzystnie jest ograniczyć moment silnika przy pierwszym rozruchu, aby bezpiecznie sprawdzić kierunek obrotów wału napędowego.

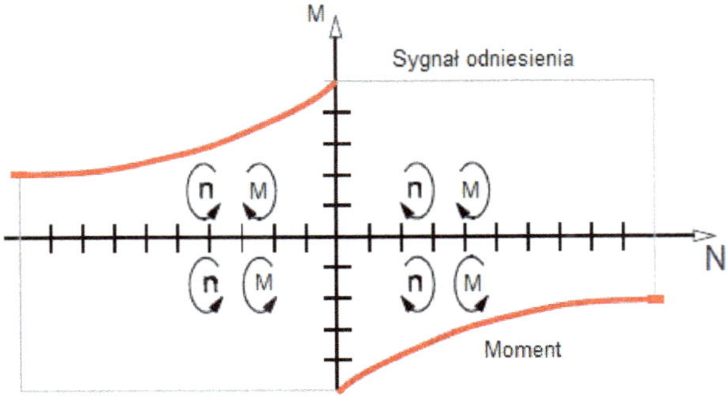

Rys. 4.8: Relacja sygnału odniesienia i momentu obrotowego silnika

Ponieważ napęd AC ogranicza prąd silnika do wartości znamionowej, silnik kontrolowany przez napęd może być odwracany częściej niż silnik podłączony bezpośrednio do sieci.

4.4.3 Rampy przyspieszania i zwalniania prędkości silnika

Dla wielu aplikacji istnieją różne powody, dla których prędkość nie może zmieniać się zbyt szybko, ale zamiast tego musi być zmieniana powoli lub z płynnymi przejściami. Wszystkie nowoczesne napędy AC posiadają funkcje ramp, aby to ułatwić. Te rampy są regulowane i zapewniają, że odniesienie prędkości może wzrastać lub spadać tylko z ustaloną szybkością, Rys. 4.9.

Rampa przyspieszania (ang. ramp up) wskazuje, jak szybko prędkość jest zwiększana. Jest podana w formie czasu przyspieszania t_{acc} i wskazuje, jak szybko silnik powinien osiągnąć nową prędkość. Te rampy są zazwyczaj oparte na znamionowej częstotliwości silnika, np. rampa przyspieszania 5 sekund oznacza, że napęd AC potrzebuje 5 sekund, aby przejść od postoju do znamionowej częstotliwości silnika ($f_n = 50$ Hz).

Jednakże, są też producenci, którzy odnoszą przyspieszanie i zwalnianie do wartości między minimalną a maksymalną częstotliwością.

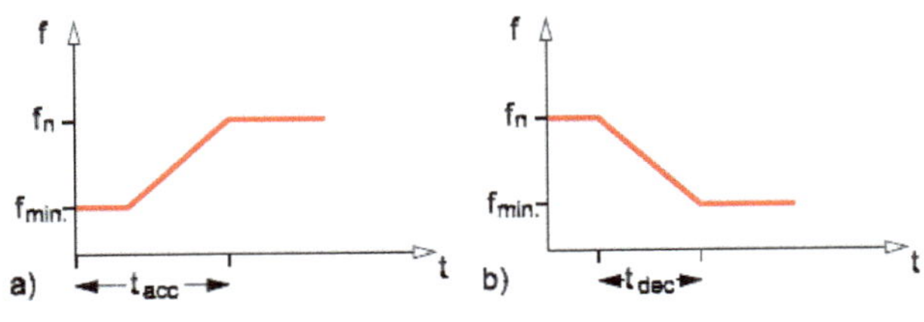

Rys. 4.9: Relacja sygnału odniesienia i prędkości obrotowej silnika:
a) - zadany czas osiągnięcia prędkości obrotowej wału silnika t_{acc} w przedziale częstotliwości f_{min} do f_{nom},
b) - zadany czas redukcji prędkości t_{dec}

Rampa zwalniania (ang. ramp down) wskazuje, jak szybko prędkość jest zmniejszana. Jest podana w formie czasu zwalniania t_{dec} i wskazuje, jak szybko silnik powinien osiągnąć nową zmniejszoną prędkość.

Możliwe jest przejście bezpośrednio z przyspieszania do zwalniania, ponieważ silnik zawsze podąża za częstotliwością wyjściową napięcia falownika.

Czasy ramp można ustawić na tak małe wartości, że w niektórych sytuacjach silnik nie może podążać za ustawioną prędkością to prowadzi do wzrostu prądu silnika, aż do osiągnięcia limitu prądu. W przypadku krótkich czasów rampy zwalniania napięcie w obwodzie pośrednim może wzrosnąć, wskutek pracy generatorowej silnika, do takiego poziomu, że układ ochronny zatrzyma napęd AC, wtedy następuje hamowanie silnika wybiegiem.

Jeśli znana jest inercja wału silnika i inercja obciążenia, można obliczyć optymalne czasy przyspieszania t_{acc} i zwalniania t_{dec} z równań 4.4 i 4.5.

$$t_{acc} = 9{,}55 \times J \times \frac{n_2 - n_1}{(M_{acc} - M_{fric})} \tag{4.4}$$

$$t_{dec} = 9{,}55 \times J \times \frac{n_2 - n_1}{(M_{dec} - M_{fric})} \tag{4.5}$$

Gdzie:

J - jest momentem bezwładności wału silnika i obciążenia [kgm^2].

M_{fric} - jest momentem tarcia układu [Nm].

M_{acc} - jest momentem przeciążenia używanym do przyspieszania [Nm].

M_{dec} - jest momentem hamowania występującym, gdy odniesienie prędkości jest zmniejszane [Nm].

n_1 i n_2 - to prędkości przy częstotliwościach f_1 i f_2 [obr/min].

Jeśli napęd AC pozwala na przeciążenie silnika przez krótki czas, momenty przyspieszania i zwalniania są ustawiane na znamionowy moment silnika M_n. W praktyce czasy przyspieszania i zwalniania są zazwyczaj identyczne.

Przykład

Maszyna ma następujące specyfikacje:

$J = 0.42$ kgm^2, $n_1 = 500$ obr/min, $n_2 = 1000$ obr/min,

$M_{fric} = 0.05 \times M_n$, $M_n = 27$Nm

Teoretyczny najkrótszy czas przyspieszania można obliczyć w następujący sposób:

$$t_{acc} = 9{,}55 \times J \times \frac{n_2 - n_1}{(M_{acc} - M_{fric})} = 9{,}55 \times 0,42 \times \frac{(1000 - 500)}{[27.0 - (0.05 \times 27.0)]} \approx 0.5s \tag{4.6}$$

Funkcje ramp zapewniają płynną zmianę prędkości, pod warunkiem, że napęd AC został skonfigurowany z uwzględnieniem przyspieszenia.

Jest to niezbędne dla wielu aplikacji, takich jak:

- zapobieganie przewracaniu się butelek na przenośnikach transportujących butelki,
- zapobieganie uderzeniom wodnym w systemach pomp,
- zapewnienie komfortu jazdy na schodach ruchomych lub windach,
- zapobieganie zerwaniu taśmy przy rozruchu długich obciążonych przenośników taśmowych.

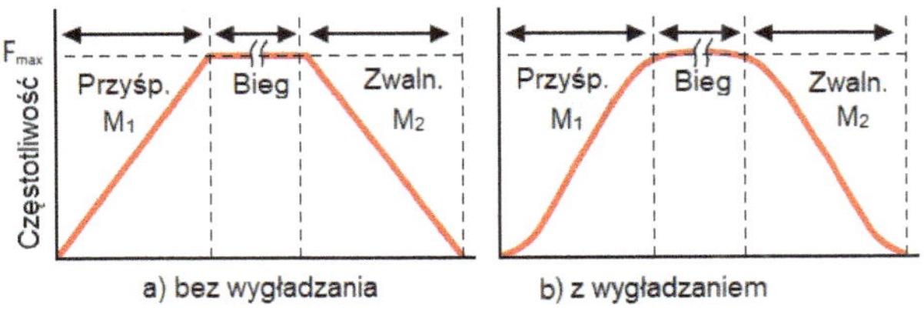

Rys. 4.10: Kształtowanie krzywej przyśpieszania t_{acc} i zwalniania prędkości t_{dec} silnika: a) - rampa liniowa L i b) rampa sinusoidalna S

Najczęściej używane są rampy liniowe. Jednakże, dla różnych zastosowań możliwe są różne charakterystyki, na przykład rampa „S^1' lub „S^2". W przypadku rampy „S" przejścia do i z postoju są szczególnie łagodne, Rys. 4.10. Zastosowanie charakterystyki sinusoidalnej „S^1' lub „S^2" przy sterowaniu prędkością silnika i napędem AC jest szczególnie istotne podczas rozruchu lub hamowania napędów z obciążeniem o charakterze elastycznym lub sprężystym, np. długich przenośników taśmowych z taśmą wzmocnioną stalowymi linkami.

4.4.4 Sterowanie momentem obrotowym silnika

Moment obrotowy silnika jest kolejnym parametrem, który jest ważny dla aplikacji. Jak pokazano na Rys. 4.6, prąd silnika może krótko przekroczyć wartość dopuszczalną prądu (ang. current limit). Moment obrotowy ma podstawy wpływ na obrót wału silnika a tym samym ruch obciążenia.

Powody sterowania momentem obrotowym wynikają głównie z:

- ograniczenia momentu obrotowego, aby zapobiec uszkodzeniu maszyny itp.,
- kontroli momentu obrotowego, aby umożliwić wyrównanie obciążenia przez kilka silników.

Jeśli aplikacja nagle zostanie przeciążona, a napęd AC jest przystosowany do przeciążenia, maszyna może pracować przez określony czas w trybie przeciążenia. Jednakże, ten nadmierny moment obrotowy może być zgubny dla maszyny lub skrócić jej żywotność. Dlatego wiele napędów AC można zaprogramować, aby wysyłały ostrzeżenie w przypadku przeciążenia, ale także ograniczały moment obrotowy w określonych warunkach.

Jak opisano w sekcji 4.1, istnieje związek między prądem a momentem obrotowym. Ten związek nie jest bezpośredni, ale zależy od poślizgu, współczynnika mocy i temperatury silnika. Ograniczenie oparte na pomiarze prądu nie jest dokładne. Jeśli napęd AC jest typu sterowanego wektorem przestrzennym napięcia VVC lub typu sterowanego strumieniem FVC, zobacz też rozdział 3.7, prąd jest mierzony geometrycznie (wektorowo) we wszystkich trzech fazach silnika i udział harmonicznych jest pomijalny. Przy takich warunkach napęd AC może dokładnie obliczać moment obrotowy, aby zapewnić ochronę napędzanej maszyny.

W sytuacjach, gdy we wspólnym układzie mechanicznym znajduje się więcej silników, ważne jest, aby silniki równomiernie rozkładały obciążenie. Jeśli współczynnik kompensacji poślizgu jest zmniejszony, silniki automatycznie zrównoważą swój moment obrotowy, ale niekoniecznie utrzymają żądaną prędkość, np. w napędach przenośników o rozciągliwej taśmie.

Inna funkcja w niektórych napędach AC nazywa się funkcją Droop. Funkcja Droop oznacza, że jeden silnik kontroluje prędkość, a dodatkowe napędy podążają za jego prędkością i automatycznie dzielą obciążenie wyrównując momenty napędowe.

Przykład

1000 metrowy przenośnik taśmowy ma liczne stacje napędowe rozmieszczone wzdłuż taśm, stacje pośrednie. Jeśli jeden z silników będzie działał nieco szybciej niż inne, ten silnik będzie musiał dostarczyć większy moment obrotowy. Skutek może być następujący:

- silnik może być przeciążony i przegrzany,
- taśma może zostać uszkodzona z powodu częściowo wyższego momentu obrotowego,
- koła pasowe i bębny napędowe mogą się ślizgać, co prowadzi do nadmiernego zużycia.

W takich sytuacjach ważne jest sterowanie równomiernym rozdziałem sumarycznego momentu obrotowego pomiędzy napędy AC.

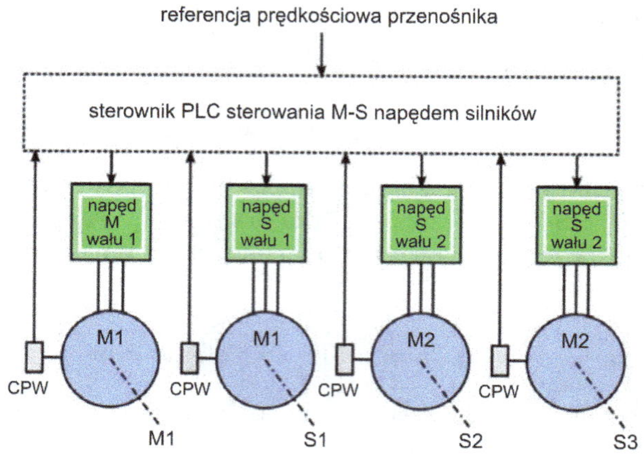

Rys. 4.11: Napęd M-S długiego przenośnika taśmowego, z referencją momentową silników nadążnych, umożliwiający stosowanie napędów pośrednich i zapewniających jednakowe obciążenie silników

Po roku 2010. stały się dostępne napędy AC utrzymujące jednakowy moment na wale silników pracujących grupowo na wspólne obciążenie. To jest bardzo istotna właściwość, która umożliwia pracę napędów wielosilnikowych, w których napęd wiodący ustala prędkość a pozostałe dzielą się obciążeniom w ustalony sposób, zwykle jednakowo. Są to systemy napędowe wielosilnikowe, typu M-S (ang. master-slave), realizowana jest tu funkcja Droop.

Napęd wiodący ustala prędkość a pozostałe napędy dzielą się obciążeniem w taki sposób aby moment napędowy wszystkich silników był jednakowy.

Na Rys. 4.11 przedstawiono napęd 4. silnikowy przenośnika taśmowego z regulowaną prędkością taśmy, w którym dwa silniki napędzają jeden wał napędowy. Sterownik PLC zarządza tu wartością prędkości silnika master - M1, uruchomianiem i zatrzymaniem poszczególnych silników oraz śledzi sygnały kontrolne, np. temperaturę silników i napędów AC. Równomierny podział obciążenia silników odbywa się tu automatycznie poprzez wybranie właściwych nastaw programowych napędów AC. Dwa wały napędowe przenośnika połączone są taśmą przenośnika, która cechuje się elastycznością i sprężystością.

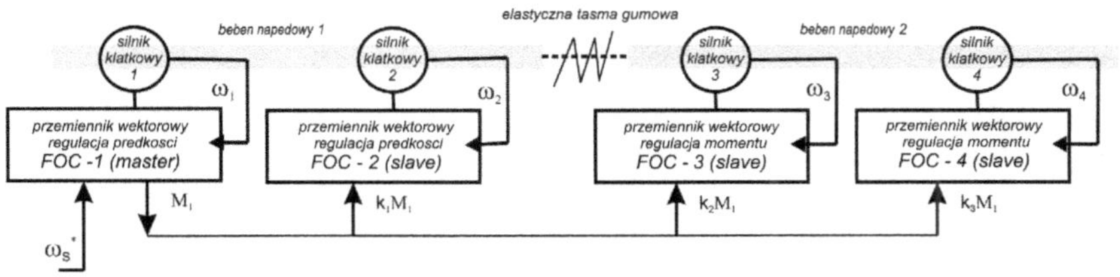

Rys. 4.12: 4. silnikowy napęd M-S stacji zasilania długiego przenośnika taśmowego z dwoma elastycznie sprzęgniętymi wałami napędowymi

Na Rys. 4.12 przedstawiono napęd wielosilnikowy M-S, w którym dwa sztywne wały napędowe są połączone sprzęgiem elastycznym. Zadana prędkość taśmy ω_1 jest zadawana ze sterownika PLC do napędu M (master - wiodący), a pozostałe napędy typu S (slave - nadążne) dążąc do wyrównania obciążenia mogą zwiększać lub zmniejszać swoją prędkość. System napędowy typu M-S umożliwia unikanie wzajemnego przeciągania się napędów i przez to wyeliminowane jest niepożądane wprowadzanie silników w stan pracy generatorowej. To często prowadzi do przypadkowych i niepożądanych zatrzymań systemu napędowego z skutek nadmiernej wartości napięcia w obwodzie pośrednim napędu AC z silnikiem pracującym generatorowo.

Systemy wielosilnikowe typu M-S, w których silniki S stabilizują moment są wykorzystywane napędach jazdy, w których silniki mają pracować z różnymi prędkościami, np. w napędach jazdy mobilnych maszyn gąsienicowych czy kołowych [31].

4.4.5 Kontrola napędu, silnika i maszyny roboczej

Napędy AC mogą monitorować silnik i interweniować w przypadku zakłóceń operacyjnych w samym napędzie, ta samodzielna kontrola realizowana przez napęd (ang. watchdog) możne być podzielona na trzy obszary kontrolne: napędu, silnika i maszyny roboczej.

Maszyny są monitorowane przez:

- częstotliwość wyjściową napięcia silnika,
- prąd wyjściowy falownika napędu AC (prąd silnika),
- moment obrotowy silnika.

Na podstawie tych wartości można ustawić szereg limitów, które interweniują w funkcję sterowania, jeśli zostaną przekroczone. Te limity mogą obejmować najniższą dopuszczalną prędkość silnika (minimalna częstotliwość), najwyższy dopuszczalny prąd silnika (limit prądu) lub najwyższy dopuszczalny moment obrotowy silnika (limit momentu obrotowego). Jeśli limity zostaną przekroczone, napęd AC może na przykład zostać zaprogramowany, aby:

- wydać sygnał ostrzegawczy,
- zmniejszyć prędkość obrotową silnika,
- zatrzymać silnik tak szybko, jak to możliwe.

Monitorowanie napędu można wykorzystać do przewidywania możliwych problemów przed ich wystąpieniem i planowania odpowiedniej konserwacji zapobiegawczej. To zwiększa dostępność napędu, zmniejsza ryzyko niepożądanych zatrzymań silnika, awarii napędu AC i obniża koszty przestojów.

Przykład

W instalacji używającej pasa klinowego jako połączenia między silnikiem a resztą instalacji, napęd AC można zaprogramować do monitorowania pasa klinowego. Jeśli pas klinowy zacznie się ślizgać lub pęknie, napęd AC wykryje nagły spadek momentu obrotowego silnika i może zostać zaprogramowany, aby wydać ostrzeżenie lub zatrzymać silnik.

Napędy AC zwykle mają wbudowane kilka niezależnych trybów pracy dedykowanych do potrzeb wykorzystywanych silników. Zwykle są to 4 tryby pracy napędu wybierane programowo lub za pomocą listwy cyfrowych sygnałów sterujących, np. sygnał 00 - oznacza pracę z zestawem nastaw programowych dla setup 1 (np. wentylator), sygnał 01 dla setup 2 (np. przenośnik), sygnał 10 dla setup 3 (np. winda), sygnał 11 dla setup 4 (np. regulowane napięcie DC do ładowania baterii). Jeden napęd AC można automatycznie przełączać do realizacji różnych zadań. Zwykle użytkownicy napędów AC wykorzystują je tylko do realizacji pojedynczego zadania.

004 Aktywny zestaw parametrów
(ACTIVE SETUP)

Wartości:

Zestaw nastaw fabrycznych (FACTORY SETUP)	[0]
★ Zestaw 1 (SETUP 1)	[1]
Zestaw 2 (SETUP 2)	[2]
Zestaw 3 (SETUP 3)	[3]
Zestaw 4 (SETUP 4)	[4]
Praca wielozestawowa (MULTI SETUP)	[5]

104 Częstotliwość silnika
(MOTOR FREQUENCY)

Wartości nastaw:

★ 50 Hz (50 HZ)	[50]
60 Hz (60 HZ)	[60]

Maks. częstotliwość silnika 1000 Hz.

Zastosowanie:

W tym miejscu wybierana jest znamionowa częstotliwość silnika $f_{M,N}$ (dane z tabliczki znamionowej).

422 Napięcie U 0 przy 0 Hz
(U0 VOLTAGE (0HZ))

Wartości nastaw:

0,0 - parametr 103 ★ 20,0 volt

Zastosowanie:

Parametry 422-432 mogą być wykorzystywane w powiązaniu ze Specjalną charakterystyką silnika (parametr 101). Możliwe jest utworzenie charakterystyki U/f na podstawie sześciu definiowalnych napięć i częstotliwości. Zmiana danych z tabliczki znamionowej silnika (parametr 102-106) ma wpływ na parametr 422.

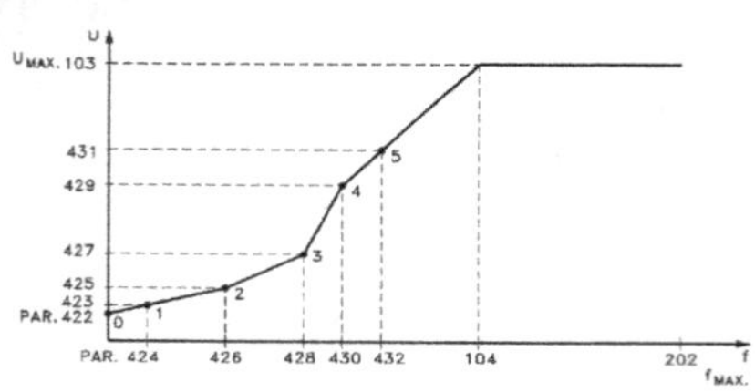

Rys. 4.13: Przykładowe zestawy parametrów programowych napędu AC do wyboru aktywnego setupu i jego wstępnej konfiguracji i parametryzacji

Na Rys. 4.13 przedstawiono funkcje programowe napędu AC. Funkcje programowe parametrów służą do ustalenia sposobu pracy napędu z silnikiem. Każdy zestaw danych/setup 004 może też sterować pracą innego silnika lub tym samym silnikiem dla potrzeb innej aplikacji.

4.4.6 Energooszczędny rozruch silnika

Energia potrzebna do uruchomienia silnika może być podzielona na 3 główne części:

- energia wymagana do obsługi obciążenia,
- energia wymagana do przyspieszenia obciążenia i silnika,
- energia strat w silnikach i sterowaniu.

Najprostszym sposobem uruchomienia silnika jest podłączenie silnika bezpośrednio do sieci DOL, ale jest to rozwiązanie nieefektywne i często prawnie niedozwolone. Silnik będzie miał wysokie straty podczas uruchamiania z powodu dużego poślizgu przy podawaniu pełnego napięcia. Podczas przyspieszania silnika następuje zmniejszanie poślizgu, a tym samym straty są zmniejszane, Rys. 4.14.

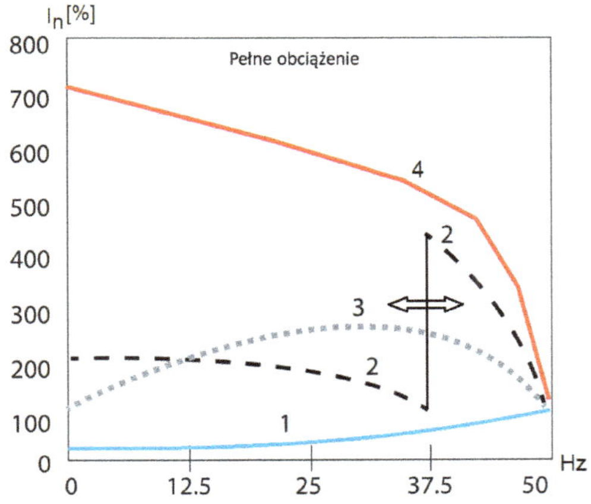

Rys. 4.14: Typowe krzywe prądu silnika obciążonego wentylatorem (VT) i uruchamianego przez napęd AC: 1 - start z napędem AC, 2 - starter gwiazda-trójkąt, 3 - softstarter, 4 - bezpośrednio z sieci DOL

Softstartery elekrtoniczne mogą być używane w zastosowaniach niesprzecznych z dyrektywą UE dla ekoprojektu silników, dostosowują napięcie silnika w sposób ciągły, podobnie jak startery elektromechaniczne gwiazda-trójkąt, które dostosowują napięcie silnika skokowo. Urządzenie zwiększa napięcie, aż osiągnie ustawiony limit prądu. Limit prądu zależy od aplikacji, zazwyczaj jest w zakresie 300-500%I_n FLC (ang. full load current). Podczas przyspieszania silnika prąd spada, a urządzenie zwiększa napięcie. Sekwencja ta trwa, aż do momentu uzyskania napięcia sieciowego na silniku. Po zakończeniu rozruchu silnika, softstarter może być bocznikowany w celu dalszej poprawy sprawności napędu. Napęd AC zapewnia największą sprawność przy rozruchu silnika, gdyż oprócz napięcia zmienia jednocześnie jego częstotliwość minimalizując poślizg.

Na Rys. 4.15 przedstawiono moment i prąd silnika z obciążeniem wentylatorowym, którego rozruch jest dokonywany przez bezpośrednie dołączenie do sieci i za pomocą softstartera. Oprócz zwiększonych strat przy rozruchu bezpośrednio z sieci widoczne jest gwałtowne narastanie momentu napędowego silnika w końcowej fazie rozruchu co skutkuje dużymi naprężeniami mechanicznymi, które mogą uszkodzić wentylator.

Aby zminimalizować straty softstartery są zazwyczaj używane w trybie by-pass po uruchomieniu silnika. Podczas pracy z silnikiem softstarter powoduje w każdej fazie powstawanie strat w wartości około 4,5W na 1A. (4,5W/A). Użycie by-passu po zakończeniu rozruchu w softstarterach jest możliwe, ale rzadko stosowane.

Jak wykazano na Rys. 4.14 najbardziej efektywnym sposobem uruchomienia silnika jest użycie napędów AC (krzywa 1), ale jest to rozwiązanie relatywnie najkosztowniejsze. Ponieważ napięcie i częstotliwość są kontrolowane, dlatego minimalizowany do wartości znamionowej jest poślizg, a tym samym straty są zmniejszane. Napędy AC umożliwiają krótkotrwałe zwiększenie prądu silnika w czasie jego rozruchu do wartości ok. 150 - 200%

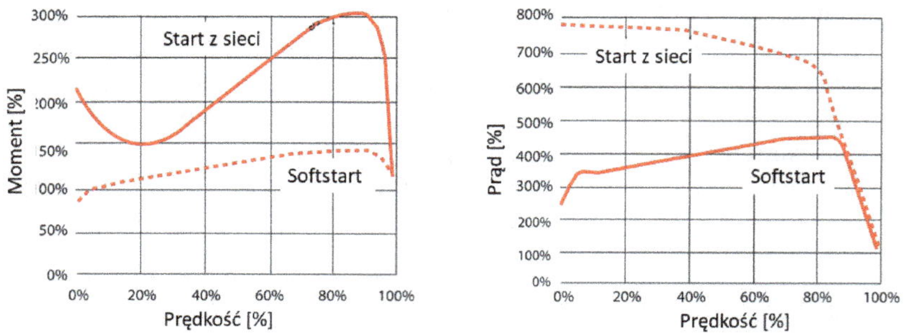

Rys. 4.15: Porównanie momentu i prądu silnika z obciążeniem wentylatorowym, uruchamianego bezpośrednio do sieci z przez softstarterem (limit prądu 400% I_n)

I_n, dlatego można forsować skrócenie czasu rozruchu obciążonego silnika. Na Rys. 4.16 wykazano, że silnik obciążony momentem bliskim 150% lub 200% I_n utknie przy próbie rozruchu bezpośrednio z sieci lub softstartem, natomiast rozruch będzie dokonany przy użyciu napędu AC.

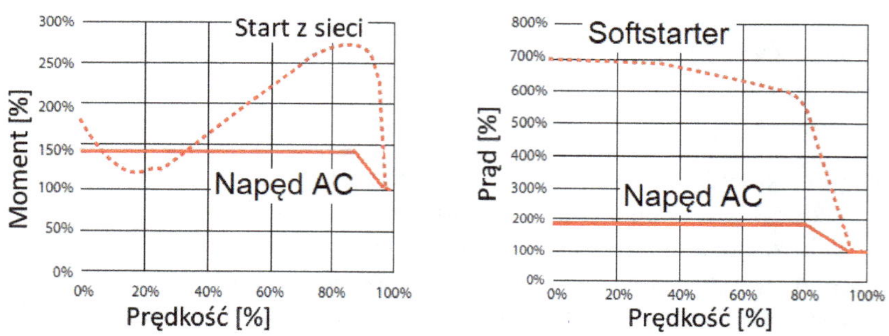

Rys. 4.16: Porównanie uruchomienia silnika z softstarterem i z napędem AC przy stałym przeciążeniu podczas rozruchu 140%I_n i 190%I_n i jego redukcji do 100%I_n w stanie ustalonym (po rozruchu)
a) zbyt mały moment rozruchowy dla „start z sieci" DOL,
b) zbyt duży prąd softstartu w czasie rozruchu

Przykładowe krzywe przebiegu momentu obrotowego i prądu przy uruchamianiu silnika z obciążeniem wentylatorowym bezpośrednio z sieci i przez softstarter są pokazane na Rys. 4.15. Porównanie uruchomienia silnika ze stałym obciążeniem przy podłączeniu silnika bezpośrednio do sieci, przez softstarter i napęd AC przedstawiono na Rys. 4.16. Krzywe przebiegu momentu rozruchowego i prądu silnika będą wyglądać inaczej w różnych obciążeniach, niemniej napęd AC dokona prawidłowy rozruch silnika jeśli dopuszczalny prąd napędu AC jest porównywalny z prądem nominalnym silnika.

4.4.7 Energooszczędne sterowanie silnikiem

Wszystkie silniki działają poprzez zasilenie stojana odpowiednim kształtem napięcia przy danej częstotliwości. Jednakże, obracający się wał nie oznacza, że silnik działa efektywnie. Aby kontrolować efektywnie silnik, wymagany jest algorytm sterowania napięciem stojana (U/f, wektor napięcia, wektor strumienia i inne) oraz strategia sterowania. Oba komponenty muszą pasować do typu silnika, co widać łatwo na przykładzie silników z magnesami trwałymi PM. Aby uzyskać optymalne energetycznie działanie, sterownik napędu AC musi dopasować kształt napięcia zasilającego stojan silnika PM do kształtu napięcia przeciwelektromotorycznego SEM (ang. back EMF). Modulacja blokowa (przerywana) jest stosowana, gdy wirnik wzbudza trapezoidalne napięcie SEM w stojanie, a modulacja sinusoidalna dla sinusoidalnego SEM, Rys. 4.17.

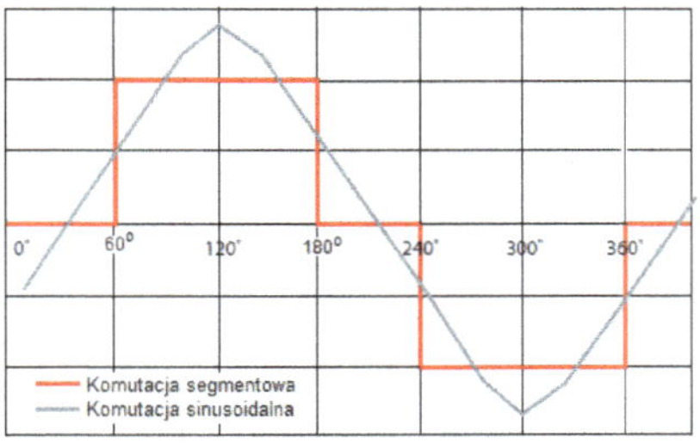

Rys. 4.17: Kształtowanie napięcia stojana, modulacja przerywana (blokowa - trapezowa lub prostokątna) versus modulacja ciągła (sinusoidalna lub trójkątna) dla różnych rodzajów silników prądu przemiennego sterowanych energoelektronicznymi napędami AC

Komutacja blokowa jest znana z pewnych wad, takich jak pulsacja momentu obrotowego przy małych prędkościach wału i nadmierny hałas. Niemniej, obie techniki sterowania są porównywalne pod względem efektywności i sprawności silnika.

Strategie sterowania często wykorzystują różnych algorytmy sterowania dla różnych silników:

Stały kąt momentu obrotowego, silnik PM

Maksymalny moment obrotowy jest tworzony, gdy kąt momentu obrotowego jest utrzymywany na stałym poziomie 90°. Strategia stałego kąta momentu obrotowego utrzymuje kąt stały poprzez zmniejszanie prądu na osi d wirnika do zera (układ d-q), pozostawiając wektor prądu na osi y (układ x-y).

Maksymalny moment na amper, silnik reluktancyjny

Ta strategia minimalizuje wartość prądu stojana dla wymaganego momentu obrotowego, biorąc pod uwagę moment reluktancyjny. Aby uzyskać najlepsze wyniki, należy uwzględnić zmiany indukcyjności silnika w trakcie pracy.

Stała kontrola współczynnika mocy, silnik indukcyjny klatkowy

Kąt między wektorem prądu a wektorem napięcia jest utrzymywany na stałym poziomie w ramach tej strategii, dzięki czemu można zmniejszyć pozorną moc znamionową napędu AC (mniejsza bateria kondensatorów).

Ponadto, napędy AC oferują dodatkowe funkcje zmniejszania siły pola magnetycznego przy zmniejszonym obciążeniu. Można to zrobić za pomocą specjalnych charakterystyk u/f lub funkcji automatycznej optymalizacji energii AEO (ang. automatic energy optimization), Rys. 4.18.

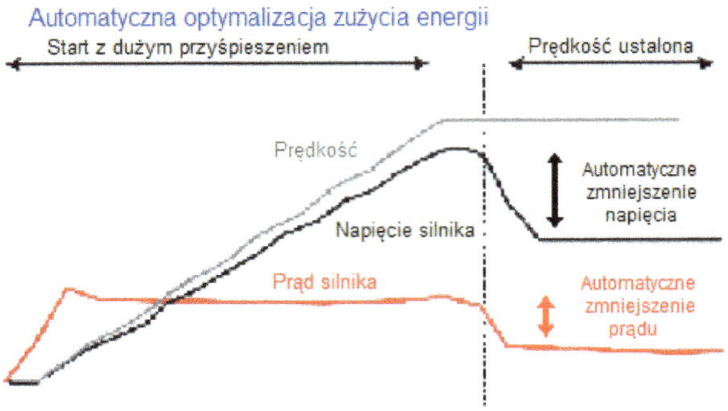

Rys. 4.18: Automatyczna optymalizacja zużycia energii w silniku indukcyjnym klatkowym

Automatyczne dostosowanie następuje po osiągnięciu stanu ustalonego przez aplikację. Zastosowana strategia sterowania zmniejsza poziom magnetyzacji, a tym samym zużycie energii. Musi istnieć odpowiednia równowaga między oszczędnością energii a zapewnieniem wystarczającej magnetyzacji dla nagłych przyrostów obciążenia, aby zapewnić niezawodną pracę.

Przeciętny potencjał oszczędności energii dla małych i średnich napędów wynosi od 3 do 5% znamionowej mocy silnika podczas pracy przy małych obciążeniach.

Bardzo ważny jest tutaj pozytywny efekt uboczny, silnik działa niemal bezgłośnie przy niskich obciążeniach – nawet w przedziale od niskich do średnich częstotliwości przełączania tranzystorów mocy falownika.

4.5 Działanie hamulca dynamicznego

Maszyny mogą wytwarzać energię potencjalną lub kinetyczną, którą chcemy usunąć z maszyny:

- energia potencjalna jest spowodowana przez grawitację, na przykład gdy ładunek jest podniesiony do określonej pozycji i jest utrzymywany w tej pozycji,
- energia kinetyczna jest spowodowana ruchem, na przykład wirówka działająca z określoną prędkością, którą chcemy zmniejszyć lub wózek, który należy zatrzymać.

Dynamiczne charakterystyki niektórych obciążeń wymagają pracy w czterech kwadrantach, Rys. 4.19. Zmniejszenie częstotliwości napięcia stojana przez napęd AC pozwala silnikowi działać jako generator i przekształcać energię mechaniczną w energię elektryczną.

Silniki pracujące jako generator, podłączone bezpośrednio do sieci, przesyłają energię hamowania z powrotem do sieci.

Jeśli silnik jest sterowany przez napęd AC, energia hamowania jest magazynowana w obwodzie pośrednim napędu (w baterii kondensatorów). Jeśli energia hamowania przekracza straty mocy napędu AC, napięcie w obwodzie pośrednim gwałtownie rośnie (w niektórych

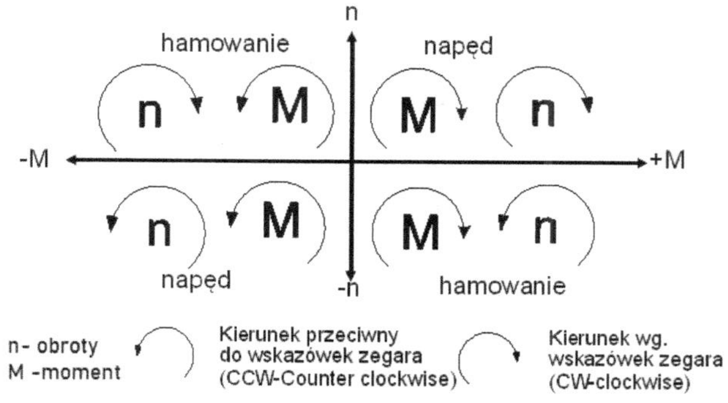

Rys. 4.19: Praca w czterech kwadrantach: zgodnie CW i przeciwnie do ruchu wskazówek zegara CCW

przypadkach przekraczając 1000 V DC). Jeśli napięcie przekracza wewnętrzny limit (zadane ograniczenie) napięcia, napęd AC jest wyłączany w celach samoobrony - silnik hamuje wybiegiem i napęd zazwyczaj generuje komunikat alarmowy lub kod błędu „przepięcie". Należy podjąć środki zapobiegające wyłączeniu napędu AC, jeśli silnik zwraca nadmierną energię hamowania.

Typowe środki zaradcze obejmują:

- wydłużenie czasu rampy zwalniania lub zastosowanie hamowania wybiegiem silnika,
- rozpraszanie energii w silniku, czyli użycie silnika jako rezystora hamowania (hamowanie stałoprądowe),
- wyposażenie napędu AC w elektroniczny obwód „choppera hamulcowego" i odpowiednie rezystory hamowania,
- wykorzystanie jednostki hamowania regeneracyjnego do zwracania energii do sieci (rekuperacja energii),
- wykorzystanie napędów AC z aktywnym prostownikiem do zwracania energii do sieci,
- przesyłanie energii do innych napędów przez wspólną magistralę DC,
- przesyłanie energii do magazynu energii (np. zewnętrznej baterii elektrochemicznej lub zestawu akumulatorów).

Pierwsze dwa środki nie wymagają dodatkowych komponentów sprzętowych. Wszystkie pozostałe środki wymagają dodatkowych komponentów i muszą być uwzględnione na etapie projektowania napędu maszyny.

4.5.1 Wydłużenie rampy zwalniania

Czas rampy zwalniania może być wydłużony przez operatora poprzez zmianę ustawienia odpowiedniego parametru. Jednakże, operator sam musi ocenić proporcje obciążenia i czasu hamowania częstotliwościowego.

Przykład:

Próba hamowania silnika o mocy 22 kW sterowanego przez napęd AC z 50 Hz do 10 Hz w ciągu jednej sekundy spowoduje wyłączenie napędu, ponieważ silnik działający jako generator zwróci zbyt dużo energii. Użytkownik może zapobiec wyłączeniu napędu, zmieniając czas rampy zwalniania (na przykład, na 10 sekund).

Alternatywnie, nowoczesny napęd AC posiada funkcje kontroli przepięcia OVC (ang. over voltage controller), które muszą być włączone, aby zapobiec wyłączeniu napędu lub automatycznie wydłużyć rampy. Napęd AC sam określa wtedy odpowiedni czas rampy. Ten typ wydłużenia rampy automatycznie uwzględnia zmienne bezwładności obciążenia. Należy zachować ostrożność przy używaniu tego rodzaju funkcji w maszynach z ruchem pionowym lub poziomym (takich jak wciągniki, windy i suwnice bramowe), ponieważ wydłużenie czasu rampy oznacza również, że czas hamowania będzie dłuższy i może być automatycznie zmieniany zależnie obciążenia silnika.

4.5.2 Silnik jako rezystor hamowania

Producenci stosują różne metody użycia silnika jako rezystora hamowania. Podstawowa zasada polega na ponownym namagnesowaniu silnika. Każdy producent nadaje swojej metodzie inną nazwę, taką jak hamulec AC, hamulec strumieniowy lub hamowanie złożone. Ten typ hamowania nie jest zalecany do zastosowań wysoce dynamicznych (takich jak wciągniki lub windy), ponieważ im częściej występuje hamowanie, tym gorętszy staje się silnik, co może skutkować jego niewłaściwym działaniem.

4.5.3 Obwód choppera hamulcowego - moduł hamulcowy i rezystor

Napędy AC mogą być wyposażone w chopper hamulcowy i rezystor hamulcowy. Obwód ten składa się zasadniczo z tranzystora (np. IGBT), który eliminuje nadmiar napięcia DC poprzez „siekanie" go i wysyłanie do podłączonego rezystora, Rys. 4.20. Obwód sterujący musi być odpowiednio poinformowany podczas uruchomienia, że rezystor hamulcowy jest podłączony. Obwód sterujący może również sprawdzić, czy rezystor jest nadal sprawny. Zazwyczaj należy określić, czy napęd AC jest standardowo wyposażony w chopper hamulcowy, czy nie, na etapie zamawiania. Rezystory mocy są zwykle specyfikowane jako 10% lub 40%, co oznacza że przez 10 lub 40% czasu na minutę mogą przewodzić prąd nominalny i są w stanie odprowadzić wydzielone ciepło przez układ wentylacji.

Zwykle rezystory mocy stosuje się przy występowaniu krótkotrwałych interwałów pracy generatorowej silnika, powyżej określonego poziomu generowanej mocy, użycie modułu hamulcowego i rezystora spowoduje problemy z ciepłem, przestrzenią i wagą.

4.5.4 Użycie jednostki hamowania regeneracyjnego

Jeśli obciążenie często generuje dużą ilość energii regeneracyjnej, może być przydatne użycie w pełni regeneracyjnej jednostki hamowania.

Jeśli napięcie w obwodzie pośrednim wzrośnie do określonego poziomu, nadmiarowa energia baterii obwodu pośredniego jest zwracana do sieci. Synchronicznie zarówno w amplitudzie, jak i fazie, przez dodatkowy falownik jednostki regeneracyjnej.

Zwracanie energii może być realizowane przez:

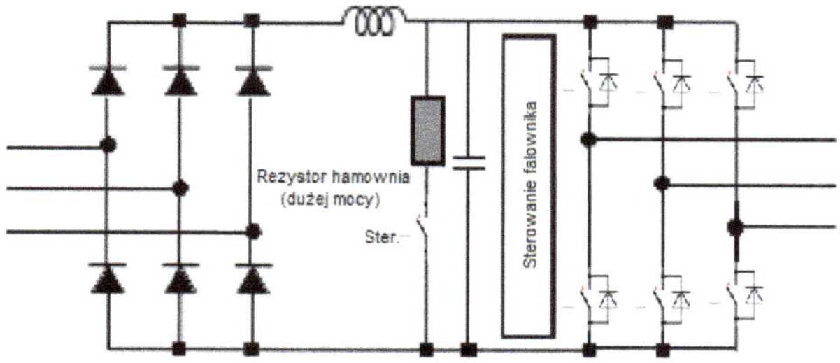

Rys. 4.20: Szeregowo połączony chopper i rezystor hamowania (rezystor mocy)

- napędy AC z aktywnym prostownikiem (tzw. napędy AFE). W tym typie napędu możliwa jest praca falownikowa prostownika i może on przesyłać energię z obwodu pośredniego DC do sieci zasilania,
- zewnętrzne jednostki hamowania regeneracyjnego, które są dodatkowo podłączane do obwodu pośredniego DC jednego lub więcej napędów AC i monitorują napięcie w obwodzie pośrednim, Rys. 4.21.

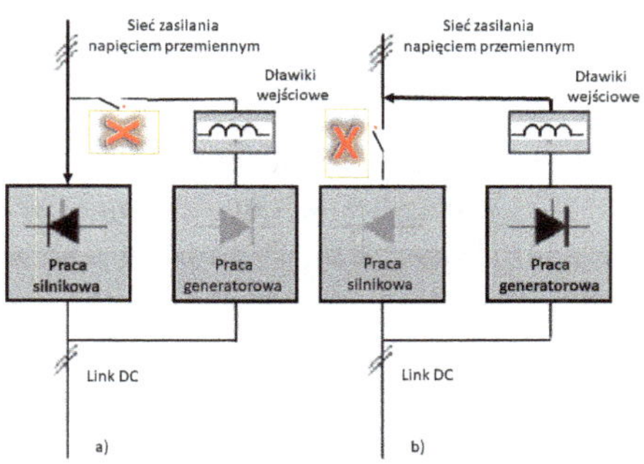

Rys. 4.21: Hamowanie rekuperacyjne - moduły ilustrują pracę silnikową i generatorową napędu AC:
a) napęd AC podczas pracy silnikowej silnika
b) napęd AC podczas pracy generatorowej silnika

Aby ocenić, kiedy ekonomiczne uzasadnione jest użycie tego rodzaju urządzeń, należy odnieść się do rozdziału 5.

4.6 Działanie hamulca statycznego

Napęd AC ma kilka funkcji do blokowania lub wybiegu wału silnika, takich jak:

- wybieg do zatrzymania,
- hamulec DC,
- przytrzymanie DC,
- hamulec elektromechaniczny.

Trzy ostatnie funkcje mogą być zazwyczaj wykonywane tylko po wydaniu polecenia zatrzymania. To jest często błędnie rozumiane. Zwykle nie należy używać tych funkcji, gdy kierunek obrotów wału jest przeciwny do zadanego, np. na skutek zewnętrznego oddziaływania na wirnik silnika, np. wsteczne obroty niezahamowanego wału silnika w skutek ciągu konwekcyjnego powietrza w kominie spalin.

4.6.1 Wybieg do zatrzymania

Podczas wybiegu silnika napięcie i częstotliwość są natychmiast elektroniczne przerywane (brak modulacji PWM falownika - 0 V/0 Hz), a silnik jest „uwalniany". Ponieważ silnik nie jest już zasilany, zazwyczaj obraca się do zera prędkości. W zależności od prędkości i bezwładności obciążenia może to zająć od kilku sekund do kilku godzin (na przykład dla dużych separatorów lub wirujących bezwładnie dużych mas).

4.6.2 Hamowanie DC

Napięcie DC przyłożone między dowolne dwie z trzech faz silnika jest używane do generowania stacjonarnego pola magnetycznego w stojanie. To pole nie może generować dużego momentu hamowania przy znamionowej częstotliwości. Energia hamowania pozostaje w silniku i może powodować jego przegrzanie.

Do hamowania DC wymagane jest uwzględnienie trzech zależności:

- Częstotliwość, przy której hamulec powinien zostać aktywowany. Zaleca się wartość częstotliwości poniżej 10 Hz. Wskazane jest stosowanie częstotliwości poślizgu silnika jako wzorca. Częstotliwość 0 Hz oznacza, że funkcja jest wyłączona,
- Prąd hamowania używany do przytrzymania wału silnika. Zaleca się, aby nie przekraczać znamionowego prądu silnika, aby zapobiec możliwemu przeciążeniu termicznemu.
- Ograniczenie czasu trwania hamowania DC. To ustawienie zależy od rodzaju zastosowania.

4.6.3 Podtrzymanie prądu DC

W przeciwieństwie do hamulca DC, podtrzymanie prądu DC nie ma limitu czasowego. W przeciwnym razie zalecenia dotyczące hamulca DC mają zastosowanie. Ta funkcja może być używana, gdy „dodatkowe ogrzewanie" jest stosowane w silniku umieszczonym w bardzo zimnym środowisku. Ponieważ przez silnik płynie stały prąd, nie należy przekraczać znamionowego prądu silnika, to minimalizuje obciążenie termiczne silnika, gdyż nie występuje tu obracanie się wału silnika. Wytwarzany prądem podtrzymania DC stały moment hamujący, może też przeciwdziałać niepożądanemu samoczynnemu kręceniu się wału silnika, np. wskutek konwekcyjnego przepływu powietrza przez wentylator obciążenia silnika.

4.6.4 Hamulec elektromechaniczny

Hamulec elektromechaniczny jest pomocniczym środkiem do zatrzymania wału silnika. Może być sterowany z napędu AC za pomocą przekaźnika i istnieje kilka możliwych opcji sterowania hamulcem. Ważne jest, aby ustalić, kiedy hamulec może być zwolniony, a także jak długo przytrzymać wał silnika.

Niektóre punkty do rozważenia to:

- wstępne namagnesowanie silnika, to oznacza, że wymagane jest minimalne natężenie prądu,
- częstotliwość, przy której następuje aktywacja lub dezaktywacja hamulca,
- czasy reakcji (czasy opóźnienia) przekaźników sterujących hamulcem.

W przypadku krytycznych aplikacji, takich jak wciągniki lub windy, po wydaniu polecenia start, hamulec może być zwolniony dopiero po zapewnieniu optymalnego wstępnego namagnesowania silnika, w przeciwnym razie ładunek może spaść. Zwykle prąd magnesujący silnik, powinien najpierw płynąć, aby zapewnić, że silnik nie upuści ładunku. Aby uzyskać więcej informacji, należy odnieść się do rozdziału 4.8.

4.7 Podgrzewanie silnika i monitorowanie termiczne

Energia tracona w silnikach podczas pracy będzie nagrzewać silnik. Jeśli silnik jest mocno obciążony, potrzebne jest chłodzenie.

W zależności od systemu, silniki mogą być chłodzone na różne sposoby:

- samowentylacja,
- chłodzenie wymuszone powietrzem,
- chłodzenie cieczą.

Aby utrzymać dużą żywotność silnika, należy utrzymywać silnik w określonym zakresie temperatur. Najczęstszą metodą chłodzenia jest samowentylacja, gdzie silnik jest chłodzony przez wentylator zamontowany na wale.

Warunki temperaturowe silnika są poddane dwóm wpływom:

- gdy prędkość wału maleje, objętość powietrza chłodzącego również maleje w kwadracie,
- gdy obecny jest niesinusoidalny prąd silnika, w silniku generowane jest więcej ciepła.

Przy małych prędkościach wentylator silnika nie jest w stanie dostarczyć wystarczającej ilości powietrza do chłodzenia. Problem ten pojawia się, gdy moment obciążenia jest stały w całym zakresie sterowania. To zmniejszone wentylowanie determinuje dopuszczalny poziom momentu podczas ciągłego obciążenia.

Gdy silnik pracuje ciągle przy 100% znamionowego momentu, przy prędkości mniejszej niż połowa znamionowej prędkości, silnik wymaga dodatkowego wymuszonego chłodzenia powietrzem. To dodatkowe chłodzenie powietrzem jest wskazane przez zacienione obszary wskazane na Rys. 4.22. Z przedstawionych charakterystyk mechanicznych silników wynika, że obciążenie nominalne silnika 15 kW nie spowoduje konieczności stosowania obcego chłodzenia jeśli silnik zostanie powiększony do 22 kW.

Alternatywnie zamiast zapewnienia dodatkowego chłodzenia, można zmniejszyć obciążenie silnika. Aby zmniejszyć obciążenie silnika, należy wybierać większy silnik. Jednak specyfikacja napędu AC narzuca ograniczenia co do wielkości silnika, który można podłączyć. Gdy prąd silnika jest niesinusoidalny, silnik wytwarza prądy harmoniczne, które zwiększają straty, a tym samym temperaturę silnika, jak pokazano na Rys. 4.23. Wielkość prądów harmonicznych determinuje ilość dodatkowych strat cieplnych. Dlatego zaleca się

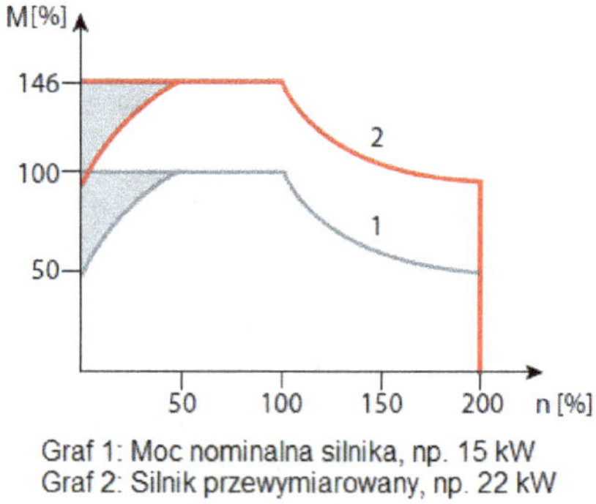

Rys. 4.22: Charakterystyki mechaniczne M/n silników 15 kW i 22 kW bez zewnętrznego chłodzenia zasilanych z napędów AC

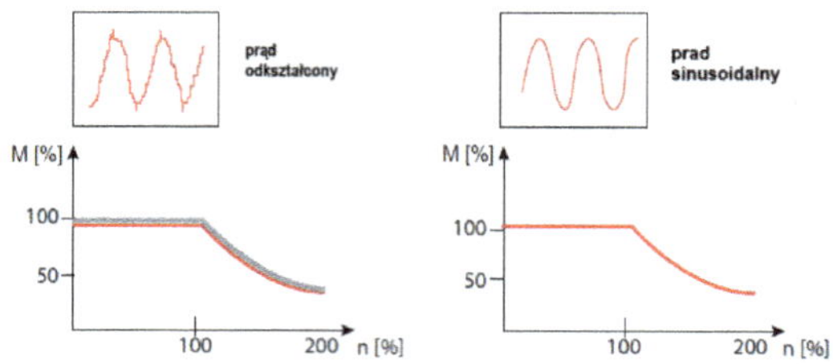

Rys. 4.23: Maksymalny ciągły moment zależny od kształtu prądu silnika przy występowaniu jednakowych strat cieplnych

sprawdzenie klasy temperaturowej silnika dla jego ciągłej pracy przy 100% obciążeniu, gdy prąd jest niesinusoidalny lub niesymetryczny, np. na skutek nieprecyzyjnego przezwojenia.

W aplikacjach wymagających głównie niskich prędkości zalecany jest dodatkowy wentylator chłodzący silnik, zapewniający pełny moment obrotowy. Wentylator powinien być zasilany z niezależnego źródła, a nie z wyjścia napędu AC. Jako alternatywa dla powietrza, ciecz może być używana do chłodzenia silnika. Chłodzenie cieczą jest zazwyczaj stosowane w specjalnych konstrukcjach silników.

Dwie metody monitorowania temperatury są zaimplementowane w napędzie AC, aby chronić silnik:

obliczenia: Temperatura silnika jest obliczana na podstawie matematycznego modelu silnika.

pomiar: Zwykle termistory PTC (rezystory półprzewodnikowe) są umieszczone wewnątrz silnika mogą być podłączone do napędu AC w celu monitorowania temperatury. Rezystancja PTC gwałtownie wzrasta po osiągnięciu temperatury nominalnej. Jeśli występuje przegrzewanie silnika, wtedy wymagane działania naprawcze są podejmowane zgodnie z potrzebami aplikacji.

4.8 Bezpieczeństwo funkcjonalne

Maszyny muszą być bezpieczne w obsłudze. Odpowiedzialność za eliminację wszystkich ryzyk poprzez staranne i efektywne projektowanie spoczywa na konstruktorze maszyn. Jednakże, nie istnieje coś takiego jak całkowicie bezpieczna maszyna.

Bezpieczeństwo funkcjonalne definiuje ochronę przed zagrożeniami spowodowanymi nieprawidłowym działaniem komponentów lub systemów. Napęd AC nie jest sam w sobie systemem bezpieczeństwa, ale może być używany jako część systemu bezpieczeństwa. Rola napędu AC w systemie bezpieczeństwa polega na funkcji elementu wykonawczego. Napęd AC ma zaimplementowane funkcje, które mogą być certyfikowane do użycia w systemach lub aplikacjach związanych z bezpieczeństwem.

W Europie bezpieczeństwo funkcjonalne podlega Dyrektywie Maszynowej 2006/42/WE. Dyrektywa Maszynowa opisuje cel bezpieczeństwa funkcjonalnego następująco: „Maszyny muszą być projektowane i budowane w taki sposób, aby były odpowiednie do swojej funkcji i mogły być obsługiwane, regulowane oraz konserwowane bez narażania osób na ryzyko, gdy te operacje są wykonywane w przewidzianych warunkach, ale także uwzględniając wszelkie rozsądnie przewidywalne niewłaściwe użycie."

W zależności od rodzaju aplikacji musi być spełniony określony poziom bezpieczeństwa. Wymagany poziom bezpieczeństwa jest określany na podstawie analizy ryzyka. Analiza ryzyka polega na ustaleniu, jak poważne mogłyby być wypadki, jakie jest prawdopodobieństwo ich wystąpienia i jak często występują sytuacje ryzyka. Dyrektywa Maszynowa odwołuje się do różnych norm, zgodnie z wymaganym poziomem bezpieczeństwa. Np. określonych normami: IEC/EN 61800-5-2, EN ISO 13849-1, IEC 60204-1. Wybrane normy określające warunki zapewnienia właściwy poziom bezpieczeństwa przedstawiono w Tab. 4.1.

Poziom bezpieczeństwa	**Skrót**	**Norma**
Kategoria	Cat	EN 954-1
Poziom wydajności	PL	EN ISO 13849-1
Poziom nienaruszalności bezpieczeństwa	SIL	IEC 61508/IEC 62061

Tab. 4.1: Dyrektywa Maszynowa 2006/42/WE odwołuje się do różnych norm bezpieczeństwa - wybrane normy

Oprócz wymaganego poziomu bezpieczeństwa ważne jest rozpoznanie rodzaju ryzyka, a tym samym wymaganej funkcji bezpieczeństwa. Aby to określić, konieczne jest zrozumienie, jak działa maszyna, w jakim procesie jest używana i jaki jest najbezpieczniejszy sposób aby zatrzymać maszynę, jeśli ryzyko się zrealizuje.

Europejskie przepisy dotyczące bezpieczeństwa funkcjonalnego są porównywalne z wieloma innymi na całym świecie. Na przykład, w Ameryce Północnej obowiązuje OSHA (ang. occupational safety and health act), a w Kanadzie CCOHS (ang. canadian centre for occupational health and safety), które zapewniają ramy do stosowania środków bezpieczeństwa. Chociaż odpowiednie normy różnią się między regionami, zasady bezpieczeństwa są blisko spokrewnione. Ogólnie rzecz biorąc, powszechne jest używanie skrótów w różnych ramach prawnych i normach do opisu funkcji i poziomu bezpieczeństwa.

Od 20 stycznia 2027 r. zastosowanie będzie miało Rozporządzenie Parlamentu Europejskiego i Rady (UE) 2023/1230 w sprawie maszyn, dotychczasowa Dyrektywa Maszynowa 2006/42/WE zostanie całkowicie uchylona.

W tab. 4.2 przedstawiono opis funkcji bezpieczeństwa i funkcjonalność w odniesieniu do napędów i silnikami elektrycznymi.

Funkcja	Opis	Ilustracja
STO Bezpieczny moment wyłączony (ang. safe torque off)	Silnik nie otrzymuje energii do wytwarzania momentu obrotowego/obrotu. Ta funkcja spełnia kategorię zatrzymania 0 zgodnie z normą IEC 60204-1.	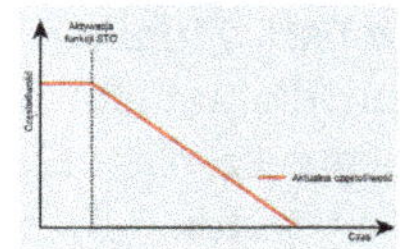
SS1 Bezpieczny stop (ang. safe stop 1)	Kontrolowane zatrzymanie, w którym elementy napędowe maszyny są zasilane w celu jej zatrzymania. Zasilanie jest odłączane dopiero po osiągnięciu stanu spoczynku. Ta funkcja spełnia kategorię zatrzymania 1 zgodnie z normą IEC 60204-1.	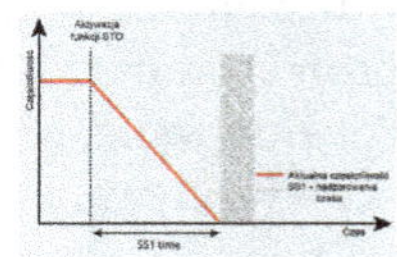
SLS Ograniczona bezpieczna prędkość (ang. safe limited speed)	Bezpieczny stan prędkości nazywa się Bezpieczną Ograniczoną Prędkością. Zapewnia to, że maszyna działa z bezpieczną, stałą prędkością. Jeśli działa szybciej, aktywowana zostanie funkcja zatrzymania.	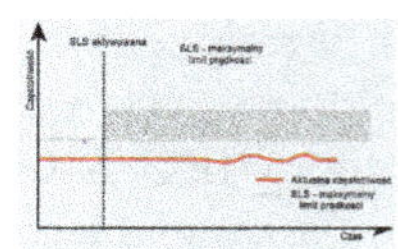
SMS Maksymalna bezpieczna prędkość (ang. safe maximum speed)	Zapewnia, że maszyna nie działa z prędkością wyższą niż określona maksymalna prędkość. Zapobiega uszkodzeniom maszyny i zmniejsza zagrożenia. Funkcjonalnie jest to ta sama zasada co SLS.	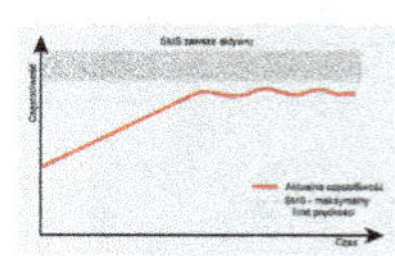
SSM Monitorowanie bezpiecznej prędkości (ang. safe speed monitor)	SSM monitoruje prędkość zerową i ustawia wysoki sygnał wyjściowy, jeśli osiągnięto prędkość zerową. Ta funkcja może być używana do odblokowywania drzwi lub po prostu do wyświetlania, że maszyna jest w stanie spoczynku.	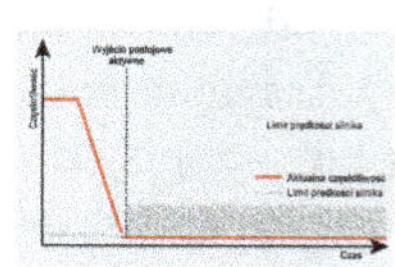

Tab. 4.2: Opis funkcji bezpieczeństwa i ich funkcjonalności

Norma produktowa EN/IEC 61800-5-2 definiuje kilka dodatkowych funkcji bezpieczeństwa funkcjonalnego dla napędów AC:

- SOS Bezpieczne zatrzymanie operacyjne (ang. safe operating stop)
- SS2 Bezpieczne zatrzymanie 2 (ang. safe stop 2)
- SDI Bezpieczny kierunek (ang. safe direction)

- SBC Bezpieczne sterowanie hamulcem (ang. safe brake control)
- SMA Bezpiecznie monitorowane przyspieszenie (ang. safely-monitored acceleration)
- SLP Bezpiecznie ograniczona pozycja (ang. safely-limited position)
- SCA Bezpieczna krzywka (ang. safe cam)
- SLI Bezpiecznie ograniczony przedział (ang. safely-limited increment)
- SSR Bezpieczny zakres prędkości (ang. safe speed range)
- SBT Bezpieczny test hamulca (ang. safe brake test)
- SQS Bezpieczne szybkie zatrzymanie (ang. safe quick stop)
- SLA Bezpiecznie ograniczone przyspieszenie (ang. safely-limited acceleration)
- SAR Bezpieczny zakres przyspieszenia (ang. safe acceleration range)
- SLT Bezpiecznie ograniczony moment (ang. safely-limited torque)
- STR Bezpieczny zakres momentu (ang. safe torque range)
- SMT Bezpieczna temperatura silnika (ang. safe motor temperature)

SISTEMA

Niezależne narzędzia programowe, takie jak SISTEMA (ang. safety integrity software tool for the evaluation of machine applications) , pomagają konstruktorom maszyn w obliczaniu aplikacji bezpieczeństwa [2].

Rys. 4.24: Zrzut ekranu strony startowej do oprogramowania SISTEMA stosowanego przez Danfoss

Narzędzie programowe SISTEMA zapewnia wsparcie dla deweloperów i testerów sterowań maszyn związanych z bezpieczeństwem, w ocenie bezpieczeństwa w kontekście normy ISO 13849-1, Rys. 4.24. Narzędzie umożliwia modelowanie struktury komponentów sterowania związanych z bezpieczeństwem na podstawie wyznaczonych architektur. To modelowanie umożliwia automatyczne obliczanie wartości niezawodności na różnych poziomach szczegółowości, w tym osiągniętego poziomu wydajności PL, tab. 4.1.

Odpowiednie parametry są wprowadzane krok po kroku w dialogach wejściowych, przykładowo:

- parametry ryzyka do określenia wymaganego poziomu wydajności PLr,
- kategoria SRP/CS,
- środki przeciwko awariom wspólnego pochodzenia CCF w systemach wielokanałowych,
- średnia jakość komponentów MTTFd,
- średnia jakość testów DCavg komponentów i bloków.

Wpływ każdej zmiany parametru na cały system jest natychmiast odzwierciedlany w interfejsie użytkownika. Końcowe wyniki są drukowane w podsumowaniu dokumentu [2].

5 Oszczędzanie energii za pomocą napędów AC

5.1 Potencjał

Silniki elektryczne odpowiadają za około 50% globalnego zużycia energii elektrycznej. W zastosowaniach przemysłowych stosunek ten jest jeszcze wyższy. W zależności od regionu i obszaru przemysłowego, 65-75% energii elektrycznej w przemyśle jest zużywane przez silniki elektryczne. Dlatego technologia napędów elektrycznych ma duży potencjał w zakresie redukcji światowego zużycia energii [5].

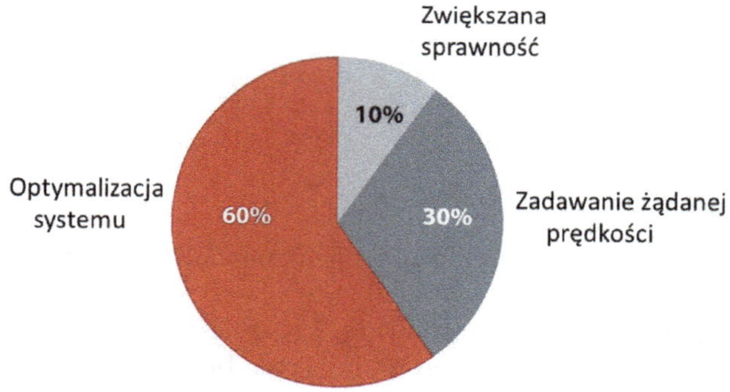

Rys. 5.1: Potencjalne oszczędności energii w napędach z silnikami prądu przemiennego

Napędy AC umożliwiają rozwój i poprawę bardziej energooszczędnych technologii silników. Jeszcze bardziej korzystne jest zastosowanie głównego powodu, dla którego napędy AC zostały opracowane: regulacji prędkości. Regulacja prędkości pomaga zwiększyć wydajność procesów, umożliwiając pracę silnikom przy optymalnej prędkości i momencie obrotowym.

Zgodnie z Rys. 5.1, gdy całkowity potencjał oszczędności, który można uzyskać w systemie, jest zdefiniowany jako 100%, około 10% tego potencjału można uzyskać, stosując bardziej efektywne komponenty, takie jak silniki. Praca z regulacją prędkości oferuje potencjalne oszczędności energii na poziomie ok. 30%. Jednak największe oszczędności (ok. 60%) można uzyskać optymalizując cały system.

Jeśli uwzględni się kilka kluczowych punktów, napędy AC mogą prowadzić do szybkiego i łatwego osiągnięcia wysokich oszczędności energii, ponieważ większość aplikacji (ok. 60-70%) nadaje się do regulacji prędkości. W szczególności wentylatory i pompy, które obejmują prawie 50% aplikacji, dlatego są one oczywistymi celami ze względu na ich ogromny potencjał oszczędności.

5.2 Sprawność systemu silnik + napęd AC

Sprawność systemu składającego się z silnika sterowanego przez napęd AC można obliczyć, mnożąc poszczególne sprawności jego komponentów, równanie 5.1:

$$\eta_{systemu} = \eta_{silnika} \times \eta_{napduAC} \tag{5.1}$$

Typowe krzywe sprawności napędu AC przy dwóch różnych obciążeniach są pokazane na Rys. 5.2, gdzie A = 100% obciążenia oraz B = 25% obciążenia nominalnego. Efektywność napędu AC jest wysoka w całym zakresie sterowania, zarówno przy dużych, jak i małych poziomach obciążenia.

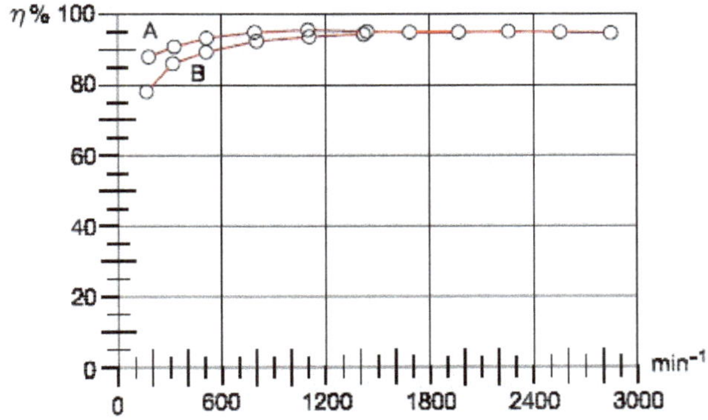

Rys. 5.2: Przykład sprawności napędów AC

Oprócz aspektu ekonomicznego, że wysokie sprawności napędów AC skutkują niższym zużyciem energii, zmniejsza się również moc rozpraszana (moc strat), której energię cieplną trzeba usunąć z instalacji. Jest to ważne, jeśli napęd AC jest umieszczony w zabudowie szafowej. Jeśli straty są zbyt wysokie, wymagane są osobne urządzenia wentylujące lub chłodzące (klimatyzatory), które również zużywają energię.

Nominalnie (krzywa A) i częściowo (krzywa B) obciążone silniki przy większych prędkościach mają sprawność o kilka procent mniejszą w porównaniu ze sprawnością napędu AC (zobacz Rys. 5.2), jak pokazano na Rys. 5.3.

W konsekwencji silnik ma duży wpływ na sprawność systemu napędowego, Rys. 5.4. Tutaj: A = 100% obciążenia nominalnego oraz B = 25% obciążenia.

Dopasowanie poszczególnych komponentów do konkretnego systemu napędowego ma kilka zalet w porównaniu do wstępnie skonfigurowanych systemów, ponieważ pozwala inżynierowi (projektantowi) na zoptymalizowanie systemu zgodnie wymaganiami konkretnej aplikacji. Wstępnie skonfigurowane systemy są zawsze optymalizowane pod kątem ogólnych zastosowań i nigdy nie mogą pasować do wszystkich. Jeśli jest to możliwe, wskaźnikiem efektywności komponentów jest klasa efektywności.

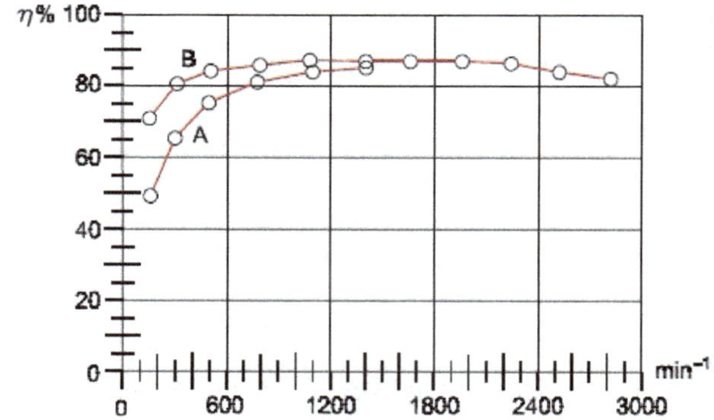

Rys. 5.3: Przykładowa sprawność silnika z 2 biegunami (1 para biegunów): A - obciążenie nominalne, B - obciążenie częściowe

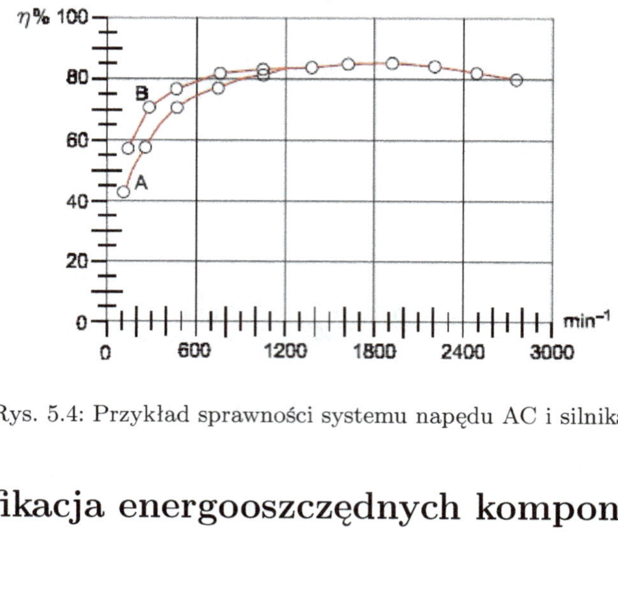

Rys. 5.4: Przykład sprawności systemu napędu AC i silnika

5.3 Klasyfikacja energooszczędnych komponentów

Napęd AC

Norma IEC 61800-9-2 definiuje klasy efektywności dla napędów AC. Ponieważ elektronika mocy może mieć kilka konfiguracji, klasy IE0-IE2 są zdefiniowane dla Kompletnych Modułów Napędowych CDM (ang. complete drive modules) składających się z prostownika, obwodu pośredniego i falownika, Rys. 5.5. Napędy AC typu CDM z możliwością zwrotu energii (zwrot energii hamowania silnika do sieci) nie są ujęte w normie (choć są opisane), ponieważ mają zazwyczaj wyższe straty, a ich przydatność do konkretnej aplikacji można ocenić za pomocą obliczeń na poziomie konkretnego systemu, przy uwzględnieniu określonego cyklu zmian obciążenia.

Klasy IE są zdefiniowane w odniesieniu do referencyjnego napędu RCDM (ang. reference complete drive modules). Mając tę samą skalę dla wszystkich rozmiarów mocy, klasy są zdefiniowane przez względne straty. CDM ze stratami w zakresie +/- 25% od RCDM jest

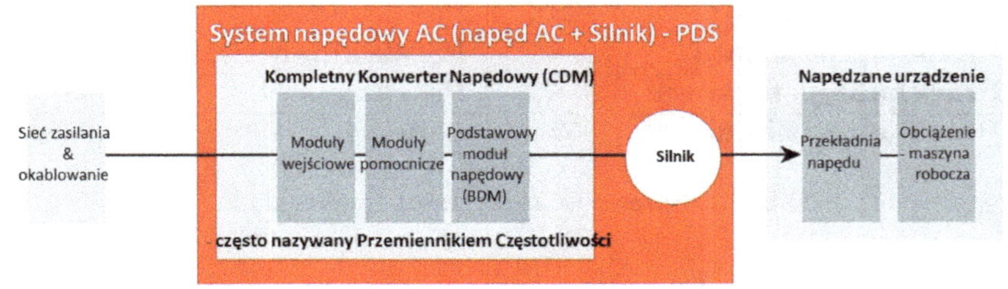

Rys. 5.5: Moduły systemu napędowego uwzględniane w definicji klas sprawności CDM i PDS

klasyfikowany jako IE1. CDM z wyższymi stratami są grupowane w IE0, podczas gdy CDM z niższymi stratami są w klasie IE2, zobacz też, Rys. 5.6.

Ocena nie odzwierciedla efektywności napędu AC typu DM przy mniejszej prędkości lub momencie obrotowym, ponieważ jest określana przy 90% względnej prędkości i 100% względnym prądzie wytwarzającym moment obrotowy. Przy weryfikacji napęd CDM jest testowany ze wszystkimi włączonymi komponentami przy zdefiniowanym obciążeniu testowym. Precyzyjne dostrojenia lub specjalny tryb testowy nie są dozwolone.

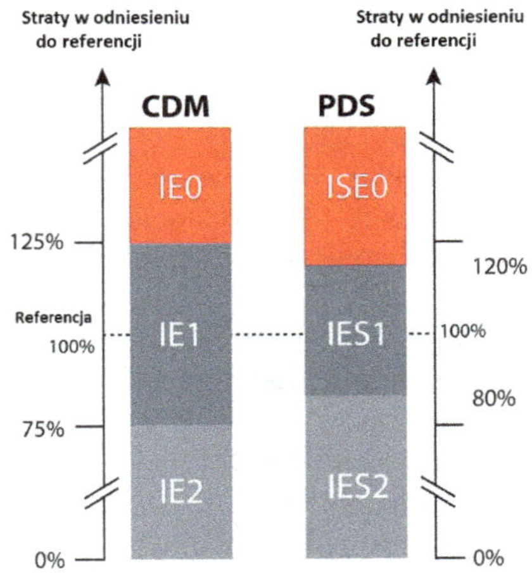

Rys. 5.6: Definicja klas sprawności CDM i PDS

Przekładnia

Chociaż rodzaj przekładni może mieć ogromny wpływ na efektywność systemu, klasy efektywności nie są zdefiniowane.

Tabela 5.1 wskazuje typowe sprawności przekładni.

Przykładowe wykonanie przekładni kątowej z trójfazowym silnikiem z magnesami stałymi PM przedstawia Rys. 5.7.

Napęd bezpośredni	100%	**Pasek płaski**	96...98%
Przekładnia zębata	98%	**Pasek klinowy**	92...94%
Przekładnia stożkowa	98%	**Pasek zębaty**	96...98%
Przekładnia ślimakowa	95%	**Łańcuch**	96...98%

Tab. 5.1: Sprawność różnych typów przekładni

Rys. 5.7: VLT® OneGearDrive® to wysoko sprawny, trójfazowy, synchroniczny silnik z magnesami trwałymi, sprzężony z wydajną przekładnią kątową

Silniki

Dla zakresu mocy 0,12-1000 kW klasy efektywności IE1 - IE4 dla silników elektrycznych są zdefiniowane w normie IEC/EN 60034-30-1. Chociaż norma jest ważna praktycznie dla wszystkich typów silników, niektóre konstrukcje są wyłączone z normy, np. silniki hamulcowe.

Wiele krajów i regionów stosuje limity klas IE do definiowania minimalnych standardów sprawności MEPS (ang. minimum efficiency performance standards), aby ograniczyć używanie silników z małą sprawnością.

Klasa sprawności odnosi się do nominalnego punktu pracy silnika.

Sprawność przy pełnej prędkości, ale zredukowanym momencie obrotowym musi być podana na tabliczce znamionowej lub w dokumentacji. Limity są różne dla częstotliwości zasilania (50/60 Hz) i liczby biegunów silnika (2, 4 lub 6 biegunów).

Klasy sprawności dla silników zasilanych za pomocą napędów AC są zdefiniowane w normie EC/EN 60034-30-2.

Połączenie napędu AC i silnika

Klasy sprawności dla systemu: napęd AC i silnik PDS, są zdefiniowane w normie IEC 61800-9-2 za pomocą oceny IES. Podobnie jak kompletny konwerter napędowy CDM. Klasy systemu napędowego PDS, który jest połączeniem silnika i napędu AC, Rys. 5.5 są związane z systemem referencyjnym, Rys. 5.6. System PDS z 20% wyższymi stratami niż referencyjny, znajduje się w klasie IES0, podczas gdy systemy z 20% niższymi stratami od referencji są w klasie IES2.

Klasyfikacja jest dokonywana dla 100% względnej prędkości i 100% względnego momentu obrotowego. Jeśli napęd AC jest zaprojektowany dla krótkiego kabla silnikowego lub jest bezpośrednio zamontowany na silniku, musi to być podane w dokumentacji. Ogólnie rzecz biorąc, możliwe są wszelkie optymalizacje, pod warunkiem, że są one odnotowane

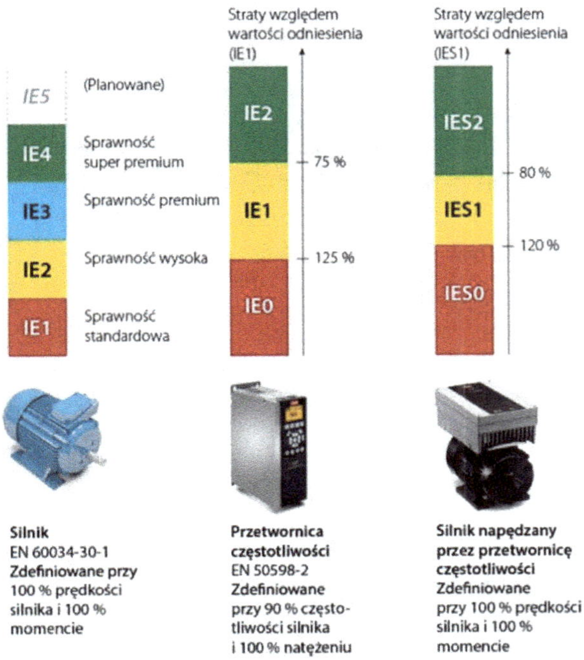

Rys. 5.8: Klasyfikacje sprawności energetycznej dla silników, napędów AC i systemów napędowych PDS [8]

w dokumentacji. W konsekwencji, porównywanie dwóch ocen PDS jest trudne, ponieważ najprawdopodobniej będą miały różne warunki podstawowe.

Klasa IES dla kombinacji napęd AC i silnik ilustruje trudność w optymalizacji systemu i to, że wszystkie komponenty muszą być starannie dobrane, aby optymalizować aplikację, Rys. 5.8.

Różnica między wstępnie skonfigurowanymi a nieoptymalizowanymi systemami będzie najczęściej niewielka, ale precyzyjne dopasowanie różnych komponentów zazwyczaj pozwala na dokładniejsze dostosowanie wymogów do maszyny, dając konstruktorowi maszyny przewagę konkurencyjną.

Narzędzia do obliczania efektywności energetycznej

Aby pomóc użytkownikom w radzeniu sobie z aspektami związanymi z efektywnością energetyczną, producenci napędow AC opracowali specjalistyczne oprogramowanie. Przykładowo Danfoss opracował narzędzie „MyDrive ecoSmart". Może ono być używane do obliczania klasy efektywności, również przy częściowym obciążeniu napędu Danfoss, albo dla samodzielnego produktu CDM, albo w połączeniu z silnikiem PDS.

To narzędzie ułatwia łączenie napędu Danfoss z dowolnym silnikiem, ponieważ wynikowa efektywność systemu zostanie obliczona przez narzędzie na podstawie danych silnika i wybranego napędu AC. „MyDrive® ecoSmart" jest dostępny jako aplikacja internetowa (zob. ecoSmart.danfoss.com) oraz jako aplikacja na iOS lub Androida, Rys. 5.9.

Silniki, napędy i systemy napędowe PDS są klasyfikowane w klasach sprawności energetycznej. Normy stosowane do klasyfikacji są różne, podobnie jak liczba klas sprawności, tab. 5.2.

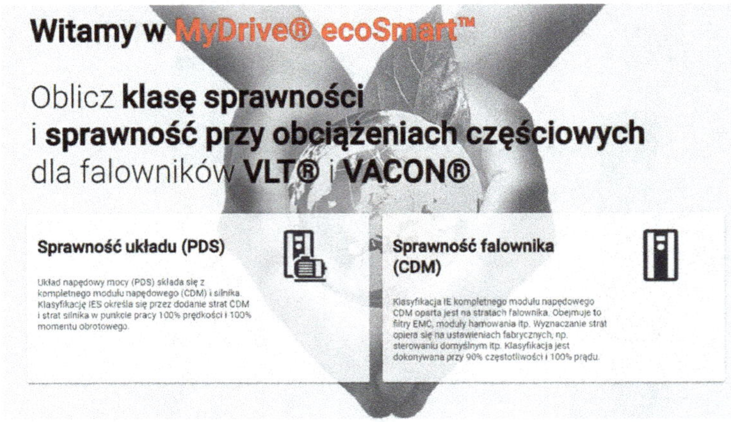

Rys. 5.9: Przykład strony internetowej dla aplikacji narzędziowej „MyDrive® ecoSmart” [2]

5.4 Rozkład obciążenia w czasie

Każdy komponent w systemie ma pewne straty, więc dodawanie komponentów do systemu napędowego powinno być unikane, jeśli to możliwe. Dotyczy to również napędów AC. Dodanie napędu AC lub soft-startu do silnika, który musi pracować cały dzień przy pełnym obciążeniu i pełnej prędkości, spowoduje tylko dodatkowe straty. Należy tu rozważyć zastosowanie by-pass pro zakończeniu rozruchu silnika. Jednakże, gdy tylko zmniejszenie prędkości i momentu ma sens dla danej aplikacji, użycie napędu AC zmniejszy zużycie energii. Osiągalne oszczędności zależą od profilu obciążenia w czasie, charakterystyki momentu obrotowego i sprawności systemu: silnika i napędu AC w danych punktach częściowego obciążenia.

Częściowe obciążenie jest używane w dwóch różnych kontekstach:

- gdy silnik jest zasilany bezpośrednio z sieci, częstotliwość zasilania silnika jest stała, a prędkość zmienia się w niewielkim zakresie, tylko w zależności od obciążenia,
- oraz, gdy silnik jest sterowany przez napęd AC, częściowe obciążenie opisuje moment obrotowy przy określonej prędkości, gdzie charakterystyka momentu obrotowego jest określona przez aplikację.

Typ urządzenia	Norma definiująca klasyfikację
Silniki zasilane z sieci	Międzynarodowa norma IEC 60034-30-1, zharmonizowana w Europie jako EN 60034-30-1
Silniki zasilane z napędu AC	Specyfikacja techniczna IE: IEC TS 60034-30-2
Napędy AC i systemy napędowe	IEC/EN 61800-9-2, oparta na i zastępująca EN 50598-2

Tab. 5.2: Normy stosowane do klasyfikacji sprawności energetycznej silników i systemów napędowych

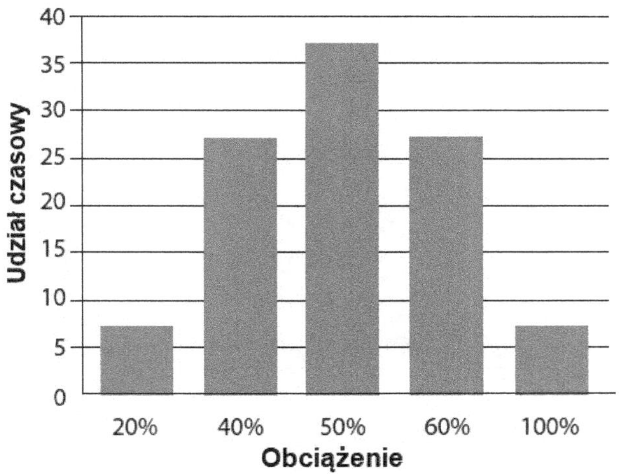

Rys. 5.10: Wykres obciążenia w funkcji czasu wskazuje, jak długo obciążenie jest eksploatowane przy obciążeniu częściowym

W rzeczywistości większość aplikacji działa przy częściowym obciążeniu. Dotyczy to również silników zasilanych z sieci, ponieważ są one zazwyczaj przewymiarowane, Rys. 5.10.

5.4.1 Aplikacje ze zmiennym momentem obrotowym

Aplikacje ze zmiennym momentem obrotowym często obejmują pompy i wentylatory. Jednakże, w przypadku pomp należy dokonać rozróżnienia. Chociaż najpopularniejsze typy pomp odśrodkowych mają kwadratową charakterystykę momentu obrotowego w funkcji prędkości obrotowej, to pompy mimośrodowe, próżniowe lub wyporowe mają stałą charakterystykę momentu obrotowego.

Potencjał oszczędności energii pomp odśrodkowych i wentylatorów jest bardzo wysoki, ponieważ maszyny te przestrzegają praw podobieństwa:

- $\frac{Q_1}{Q_2} \sim \frac{n_1}{n_2}$ - przepływ jest proporcjonalny do prędkości,
- $\frac{H_1}{H_2} \sim (\frac{n_1}{n_2})^2$ - ciśnienie lub wysokość podnoszenia jest proporcjonalna do kwadratu prędkości,
- $\frac{P_1}{P_2} \sim (\frac{n_1}{n_2})^3$ - moc jest proporcjonalna do sześcianu prędkości.

Przepływ Q zwiększa się liniowo wraz ze wzrostem prędkości (obr/min), podczas gdy ciśnienie/wysokość podnoszenia H zwiększa się kwadratowo, a zużycie mocy P zwiększa się do trzeciej potęgi. Teoretycznie, w systemach napędowych AC o kwadratowej charakterystyce momentu obciążenia, redukcja prędkości o 20% skutkuje redukcją zużycia energii o 50%.

W wielu systemach wentylatorów i pomp używa się klap, przepustnic lub dławików do kontrolowania przepływu w systemie. Jeśli pompa odśrodkowa jest kontrolowana za pomocą zaworu dławicowego, dławienie przesuwa punkt pracy maszyny wzdłuż charakterystyki pompy. Uzyskana redukcja wymagań energetycznych jest minimalna w porównaniu z nominalnym punktem pracy pompy, Rys. 5.11.

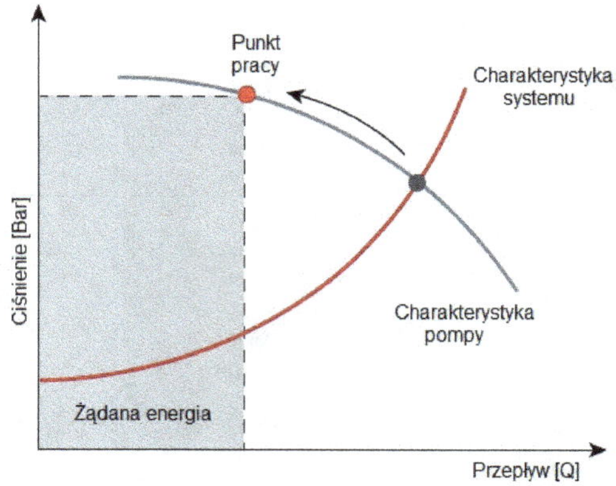

Rys. 5.11: Energia wymagana w aplikacji pompy ze zmiennym momentem obrotowym do regulacji przepustnicą

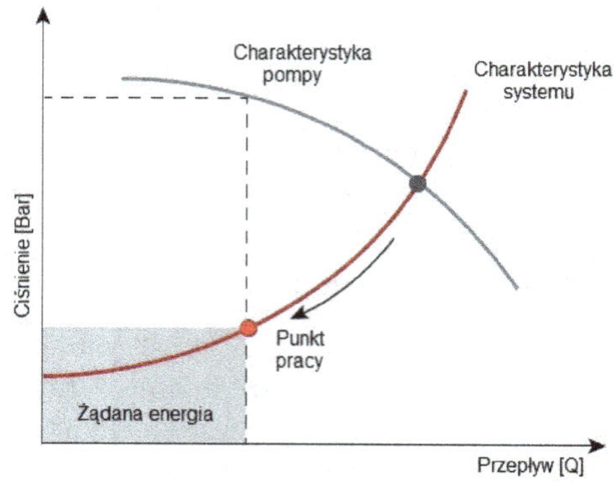

Rys. 5.12: Energia wymagana w aplikacji pompy ze zmiennym momentem obrotowym do regulacji prędkości

Jeśli wentylator/pompa jest sterowana prędkością, punkt pracy przesuwa się wzdłuż charakterystyki systemu, Rys. 5.12. Przesuwa to jednostkę poza jej najlepszy punkt sprawności, a efektywność zazwyczaj nieznacznie spada, ale oszczędność energii wynikająca ze zmniejszenia prędkości jest nadal znacznie większa w porównaniu do dławienia lub innych mechanicznych metod sterowania przepływem. W rzeczywistych aplikacjach uzyskane oszczędności energii będą się różnić od teoretycznych, ponieważ straty w rurociągach i kanałach skutkują dodatkowym obciążeniem i dodatkowymi stratami.

W aplikacjach pomp często wymagana jest minimalna prędkość (związana z aplikacją i typem/modelem pompy) w celu uniknięcia sedymentacji (osadzania się) ciał stałych i zapewnienia odpowiedniego smarowania pompy. Jeśli zakres między minimalną prędkością a prędkością dla maksymalnej wymaganej mocy jest zbyt duży, system można kaskadować. Gdy pompy są kaskadowane, jedna pompa sterowana prędkością pokrywa podstawowe obciążenie. Jeśli zużycie wzrasta, napęd AC włączy kolejne pompy sekwencyjnie. Kolejne załączone pompy działają wtedy z maksymalną sprawnością. Sterowanie kaskadowe pomp zapewnia, że system jest zawsze jak najbardziej energooszczędny. W niektórych aplikacjach więcej niż jedna pompa jest sterowana prędkością (częstotliwościowo). Kaskady działające w podobny sposób można stosować do innych aplikacji, takich jak wentylatory czy sprężarki.

5.4.2 Aplikacje ze stałym momentem obrotowym

Aplikacje ze stałym momentem obrotowym to te, w których obciążenie zazwyczaj nie zmienia się znacząco w zależności od prędkości. Obejmuje to przenośniki taśmowe, wciągniki i mieszalniki.

Jeśli na przykład blok silnika (lub dowolny inny materiał) jest umieszczony na poziomym przenośniku taśmowym, waga tego bloku silnika nie zmieni się, niezależnie od prędkości przenośnika taśmowego. Moment obrotowy wymagany do przesunięcia tego bloku silnika jest zawsze taki sam. Oczywiście tarcie i moment przyspieszenia zmieniłyby się w zależności od warunków pracy, ale moment wymagany do przeniesienia ładunku pozostaje stały.

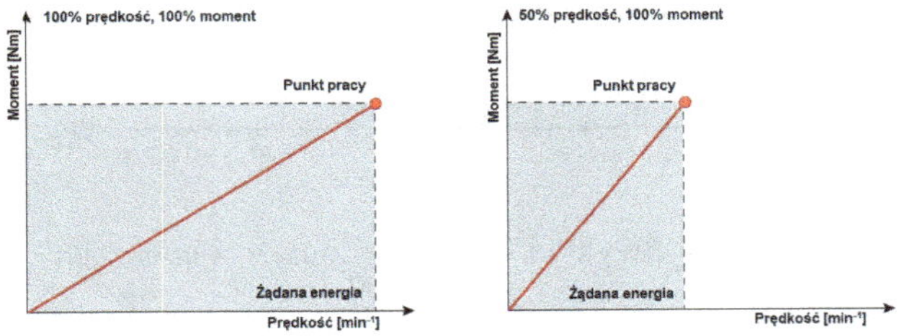

Rys. 5.13: Energia wymagana przy różnych prędkościach i stałym obciążeniu

Moc P, a tym samym energia wymagana przez taki system jest proporcjonalna do wymaganego momentu obrotowego i prędkości silnika, Rys. 5.13.

$$P \sim M \times n$$

Jeśli prędkość można zmniejszyć przy stałym obciążeniu, jak ma to miejsce w cyklach chłodzenia, jednym z bezpośrednich rezultatów będą oszczędności energii. W innych aplikacjach ze stałym obciążeniem zmniejszenie prędkości nie będzie miało dużego wpływu. Jeśli na przykład prędkość przenośnika taśmowego zostanie zmniejszona, energia wymagana do przetransportowania towarów z punktu A do punktu B pozostaje w przybliżeniu taka sama, ponieważ odległość pozostaje taka sama. Niewielkie oszczędności są osiągane dzięki takim czynnikom jak zmniejszenie strat tarciowych lub optymalizacja przyspieszenia.

Należy przeanalizować wpływ zmniejszenia poboru mocy biernej przez niedociążone silniki zasilane napędami AC w przypadku pracy przenośnika bez obciążenia lub ze znacząco zmniejszonym oraz ocenić wpływ zastosowania funkcji automatycznej optymalizacji zużycia energii AEO, Rys. 4.18.

Niemniej, użycie regulacji prędkości w aplikacjach ze stałym momentem obrotowym stale rośnie ze względu na korzyści dla samego procesu, ale też zmniejszenia zużycia energii, choć nie tak znaczącego jak przy regulacji wydajności pomp i wentylatorów.

5.5 Koszty cyklu życia

Potencjalne sposoby oszczędzania energii można znaleźć w prawie wszystkich sektorach, takich jak usługi budowlane, systemy przenośników taśmowych czy procesy chemiczne.

Koszty cyklu życia aplikacji można w przybliżeniu podzielić na cztery części: koszt początkowej inwestycji, koszt eksploatacji i konserwacji aplikacji, koszt energii potrzebnej do aplikacji oraz koszt utylizacji na końcu cyklu życia aplikacji. Różne komponenty cyklu życia aplikacji są pokazane na Rys. 5.14.

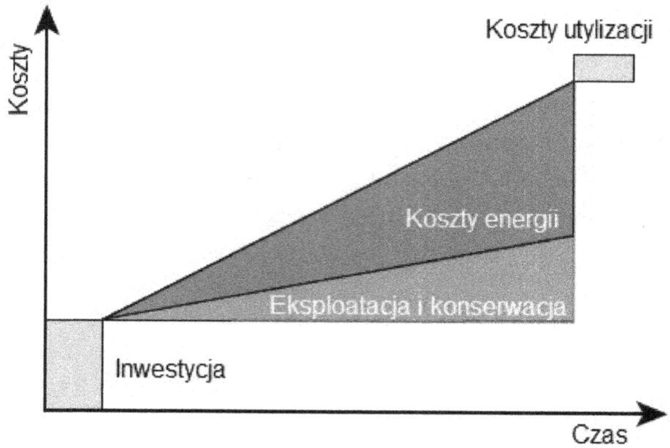

Rys. 5.14: Przykład kosztów cyklu życia aplikacji

Koszty początkowej inwestycji zazwyczaj stanowią tylko około 10% całkowitych kosztów cyklu życia, podczas gdy koszty energii mogą stanowić największą część całkowitych kosztów cyklu życia, zwłaszcza w aplikacjach z wysokim zużyciem energii. Dlatego wyższe koszty początkowe urządzenia oszczędzającego energię często zwracają się w krótkim czasie.

5.6 Oszczędności systemowe

Skuteczna implementacja systemu napędowego opiera się na dokładnym planowaniu i precyzyjnym wymiarowaniu systemu napędowego. Rzeczywiste oszczędności są generowane w ciągu lat użytkowania, gdy wymiarowanie i konfiguracja systemu napędowego są optymalne do celu. Każdy klient ma unikalny proces, co oznacza, że każdy system napędowy jest równie unikalny i musi być zaprojektowany zgodnie z wymaganiami procesu klienta. Niezależnie od tego, czy efektywność energetyczna nowego czy istniejącego procesu/maszyny ma być poprawiona, zawsze należy uwzględniać cały system. Istniejące instalacje mają tę zaletę, że można dokonać pomiarów w celu określenia strat, tworząc punkt odniesienia i weryfikować czy ulepszenia systemu działają zgodnie z oczekiwaniami.

Rys. 5.15 ilustruje system napędowy obsługujący przenośnik, pokazując większość komponentów, które można znaleźć w systemie napędowym. Niektóre komponenty są opcjonalne.

Konfiguracja i całe wymiarowanie systemu zależy od aplikacji (przekładnia, silnik, filtr wyjściowy i kabel silnikowy) oraz jego otoczenia (filtr EMC, filtry wejściowe harmonicznych pasywne/aktywne, kable zasilania, sieć, klimat, itp.). Dlatego inżynieria i ocena oszczędności energii powinny zawsze zaczynać się od oceny aplikacji. Nie ma sensu wybierać jednego lub dwóch wysokosprawnych komponentów, jeśli mają one negatywny wpływ na efektywność systemu. Jest to zilustrowane w poniższym przykładzie.

Przykład:

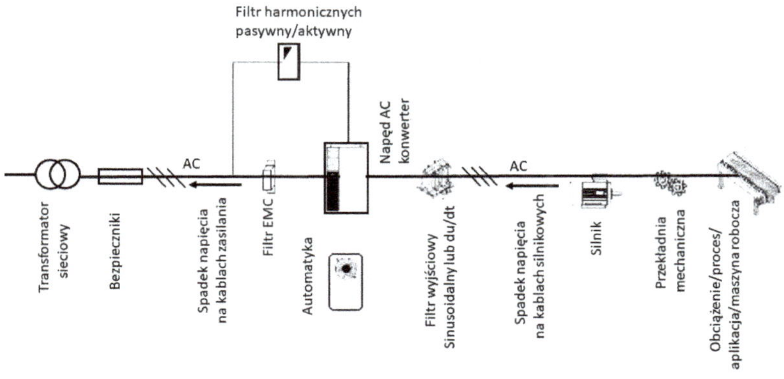

Rys. 5.15: Przegląd systemu napędowego z różnymi akcesoriami

Wentylator 1 na Rys. 5.16 jest napędem bezpośrednim DOL, a sprawność systemu wzrasta, gdy używane są bardziej sprawne silniki (lepsza klasa IE).

Wentylator 2 jest wentylatorem ECF (ang. electronically commutated fans) z wysokosprawnym silnikiem klasy IE4. Jednakże, ponieważ silnik jest umieszczony jako piasta w wentylatorze EC, przepływ powietrza jest zaburzony, a efektywność systemu spada. W tym przypadku konstrukcja wentylatora prowadzi do niższej efektywności systemu. Oba wentylatory nie mają regulowanej prędkości obrotowej, ich obciążenie regulowane jest poprzez zadławienie przepływu powietrza.

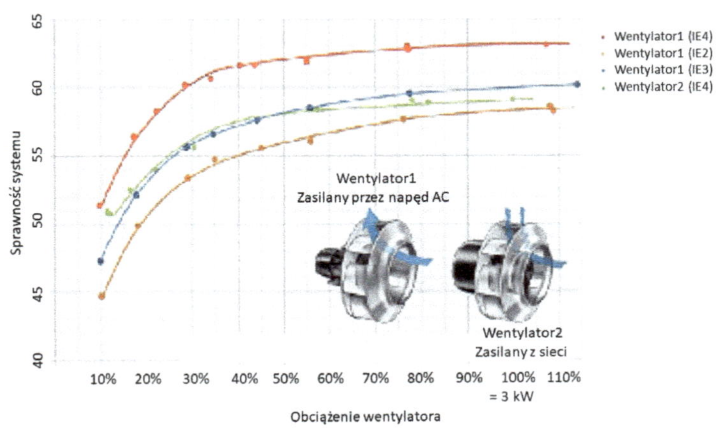

Rys. 5.16: Pomiar różnych systemów wentylacji z wentylatorami 3 kW według DIN EN ISO 5801 w tej samej wentylowanej jednostce

Przed podjęciem decyzji o inwestycji, należy zbadać nie tylko aspekty techniczne, ale także handlowe i logistyczne, aby uniknąć lub zminimalizować środki, które nie są opłacalne lub są kontr-produktywne. Całkowite koszty w określonym czasie TCO (ang. total cost of ownership) i koszty poniesione w cyklu życia LCC (ang. life cycle costs) to metody stosowane w takiej ocenie.

Analiza kosztów cyklu życia obejmuje nie tylko koszty zakupu i instalacji, ale także koszty energii, eksploatacji, konserwacji, przestojów, środowiskowe i utylizacji. Dwa czynniki, koszt energii i koszt konserwacji, mają decydujący wpływ na koszty cyklu życia LCC, równanie 5.2.

$$LCC = C_{ic} + C_{in} + C_e + C_o + C_m + C_s + C_{env} + C_d \tag{5.2}$$

Gdzie:
C_{ic} - koszt kapitałowy początkowy (koszt zakupu)
C_{in} - koszty instalacji i uruchomienia
C_e - koszt energii
C_o - koszt eksploatacji
C_m - koszt konserwacji
C_s - koszty przestojów i utraconej produkcji
C_{env} - koszt środowiskowy
C_d - koszty wycofania i eksploatacji oraz utylizacji

Jednym z największych czynników w formule kosztów cyklu życia jest koszt energii. Wyższe koszty inwestycji, które obniżają zużycie energii, będą miały w wielu aplikacjach duży wpływ na zmniejszenie kosztów energii i dłuższym okresie.

5.7 Wykorzystanie energii regenerowanej

Silniki elektryczne mogą działać w trybie generatywnym, gdy moment obrotowy jest wytwarzany w przeciwnym kierunku niż prędkość wału (praca w II i IV kwadrancie – zobacz rozdział 4.5). Może to nastąpić podczas zwalniania silnika z jednej prędkości do innej. W takiej sytuacji energia będzie przepływać z silnika do napędu AC. Ta energia musi być jakoś rozproszona.

W praktyce można to zrobić na trzy sposoby:

- wstrzykiwanie energii z powrotem do sieci elektrycznej (regeneracja / rekuperacja),
- wykorzystanie energii w innych napędach AC podłączonych razem obwodem DC (podział /dzielenie obciążenia),
- wytracanie energii w rezystorze hamującym.

Wybór odpowiedniego rozwiązania zależy od kilku czynników. Najtańszym rozwiązaniem jest dzielenie obciążenia, ale jego zastosowanie zależy od aplikacji, jeśli w aplikacji znajduje się wiele napędów, w których niektóre pracują jako napędowe, podczas gdy inne jako generatywne.

Użycie rezystorów hamujących jest nieco droższe i energia jest marnowana. W wielu sytuacjach, zwłaszcza przy niższych mocach, jest to akceptowalne.

Napędy regeneracyjne, znane również jako AFE lub AIC oraz konwertery czterokwadrantowe są droższe.

Czy użycie napędów regeneracyjnych jest opłacalne, to zależy od 3 czynników:

1. Dostępna energia

Większość aplikacji generuje energię podczas procesów zwalniania. Ta energia zmniejsza się stopniowo podczas zmiany prędkości. Teoretycznie energia regenerowana stanowi 100% różnicy między energią, która została przejęta się z systemu energetycznego podczas częstotliwościowego startu (rozruchu) i kontrolowanego częstotliwościowo zwalniania/zatrzymywania, ale w rzeczywistości dla odzysku ta wartość wynosi między 10 a 20%. Wyjątki od tego można zauważyć w windach, suwnicach i wciągnikach – ogólnie w operacjach ruchu pionowego. Ponadto, nominalna moc silnika nie jest równa maksymalnej mocy regenerowanej, ponieważ przewymiarowanie silników jest powszechną praktyką. Bardzo rzadko nominalna moc silnika dokładnie odpowiada wymaganej mocy dla regeneracji energii w aplikacji.

2. Straty

Silnik, kable, przekładnie, a nawet samo AFE powodują straty, które zmniejszają ilość energii, która może być zwrócona z powrotem do sieci, Rys. 5.17.

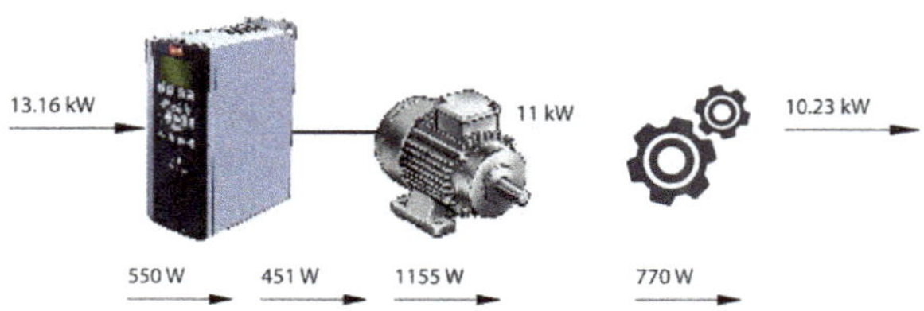

a) Straty systemu napędowego przy pracy silnikowej

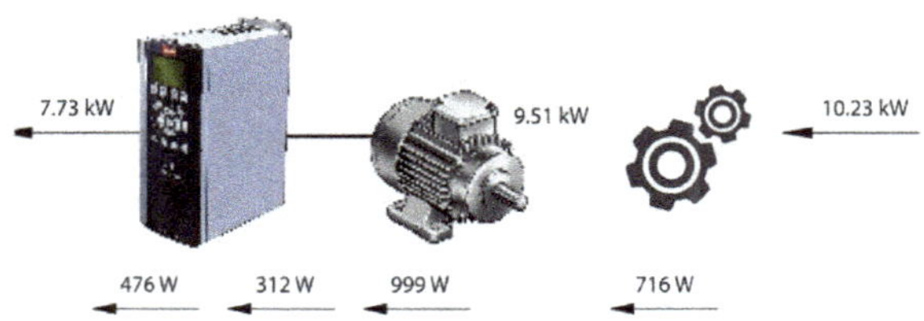

b) Straty systemu napędowego przy pracy generatorowej

Rys. 5.17: Straty w systemie podczas pracy silnika zasilanego napędem AC typu AFE: a) w trybie napędowym i b) w trybie generatorowym

Straty powodowane przez sam napęd AFE są wyższe niż w przypadku stosowania standardowego napędu AC (z prostownikiem diodowym) ze względu na aktywny prostownik, którego straty mogą być dwukrotnie wyższe nie tylko podczas pracy, ale także w trybie gotowości. Ponadto, aby zapobiec wyższym stratom w sieci i z powodu szumów przełączania (zaburzeń wysokoczęstotliwościowych), AFE wymaga filtrów po stronie wejściowej.

3. Częstotliwość występowania trybu generatorowego silnika

Im częściej silnik pracuje w trybie regeneracyjnym, tym więcej energii jest zwracane z powrotem do sieci. Dlatego należy uwzględnić sytuacje podczas cyklu pracy napędu, w których generowana jest energia. Oprócz samego cyklu obciążenia mogą występować cykle zwrotu, liczba cykli obciążenia definiuje ilość energii do zwrotu w danym czasie. Przykładowo, można to analizować jak przy cyklach rozpędzania (obciążenie) i hamowania (zwrot energii) wirówek, np. cukrowniczych.

5.8 Hybrydyzacja

Hybrydyzacja odnosi się do łączenia i wykorzystywania wielu źródeł energii w celu zapewniania określonej mocy przy maksymalizacji sprawności. Idea hybrydyzacji polega na rozwiązywaniu problemów z zapotrzebowaniem na energię i moc napędów w najbardziej opłacalny i odpowiedni sposób. Odbywa się to poprzez wprowadzenie jednostki magazynującej energię do systemu, takiego jak baterie, super-kondensatory, koła zamachowe, hydroelektrownie pompowe lub sprężone powietrze.

Najczęściej używane z tych źródeł są baterie litowe, takie jak baterie litowo-jonowe (Li-Ion) lub litowo-polimerowe. Magazynowanie energii w bateriach jest często wybierane w aplikacjach, takich jak źródła zasilania awaryjnego, ze względu na zdolność do magazynowania i dostarczania zmagazynowanej energii przez dość długi okres czasu. Ceny baterii szybko spadają, przez rozwój przemysłu samochodów hybrydowych i całkowicie elektrycznych oraz rynku energii odnawialnej. Oznacza to, że w stosunkowo krótkim czasie baterie będą bardziej opłacalne i efektywne kosztowo dla klientów poszukujących migracji do systemów hybrydowych w swoich aplikacjach.

Magazynowanie energii jest często opisywane jako kluczowy element umożliwiający integrację ze źródłami energii odnawialnej w systemach generacji energii. Jednak poprzez wyposażenie zarówno maszyn, jak i całych procesów w systemy magazynowania energii, można również znacznie poprawić jakość energii systemowej, wydajność i ogólną efektywność. Magazynowanie energii zapewnia większą stabilność w systemach produkcji energii poprzez redukcję szczytów zapotrzebowania i dostawie energii, przesunięcia produkcji w czasie i zasilania awaryjnego w sytuacjach kryzysowych.

Przesunięcie czasowe

Przesunięcie czasowe polega na magazynowaniu energii w czasie, gdy koszty energii z sieci są niskie, a dostarczaniu energii z medium magazynującego, gdy koszty energii z sieci są wysokie.

Redukcja szczytów

Redukcja szczytów polega na optymalizacji przepływu energii między dostawcą a lokalnym magazynem w celu zredukowania szczytów zapotrzebowania. Nadmiar energii można magazynować, gdy zapotrzebowanie i koszty dostawy są niskie.

Zasilanie awaryjne

Magazynowanie energii można wykorzystać do zapewnienia zasilania awaryjnego podczas przerw w dostawie energii, utrzymując możliwość działania odbiorników przez pewien czas, np. dla kontrolowanego zatrzymania silników w systemach pompowych.

Typowe rodzaje aplikacji, w których stosuje się rozwiązania hybrydowe, Rys. 5.18:

- energia słoneczna i wiatrowa,
- produkcja energii,
- sieć i stacje transformatorowe,
- przemysł morski i offshore,
- porty,
- przemysł procesowy,

- budynki komercyjne,
- transport,
- budownictwo lądowe i górnictwo.

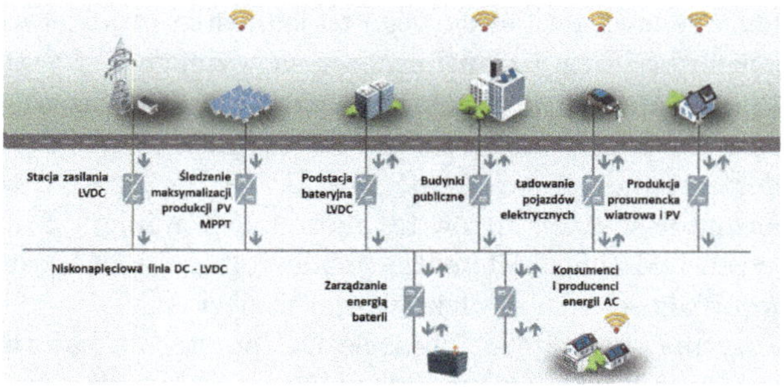

Rys. 5.18: Przykładowy system zasilania odbiorców energią OZE z magazynami energii

Sieciowe konwertery AC/DC i DC/DC są używane do podłączenia magazynów energii do sieci AC lub DC. W przypadku scentralizowanego magazynu energii, magazyn energii jest podłączony do sieci AC za pomocą konwertera sieciowego. Magazyn energii może być następnie wykorzystany przez wszystkie obciążenia podłączone do sieci AC. Konwerter sieciowy jest używany do przekształcania napięcia DC magazynu energii, aby dopasować napięcie i częstotliwość do sieci AC.

W przypadku zintegrowanego magazynu energii, magazyn energii jest zintegrowany z obciążeniem i używany do zasilania pojedynczej aplikacji. Magazyn energii może być podłączony bezpośrednio do linku DC lub wspólnej magistrali DC za pomocą konwertera DC/DC. Konwerter DC/DC jest potrzebny do przekształcania wartości napięcia DC z magazynu energii na poziom napięcia DC mikrosieci LVDC (linku DC), Rys. 5.19.

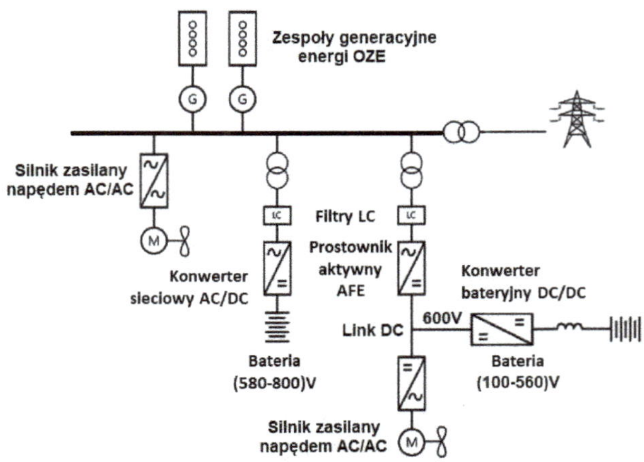

Rys. 5.19: Magazyny energii dołączone do sieci AC przez konwerter sieciowy DC/AC - 3x400 V/50 Hz i do mikrosieci DC - 600 V poprzez konwerter bateryjny DC/DC

5.8.1 Konwerter sieciowy AC/DC

Konwerter sieciowy umożliwia dwukierunkową transformację między napięciem DC i AC. Konwerter może dostarczać energię do sieci AC z baterii lub ładować baterię z sieci AC.

Główne komponenty konwertera sieciowego to jednostka inwertera (falownik), filtr LC i opcjonalnie transformator. Filtr i transformator są wymagane po stronie sieci AC, aby zapewnić właściwą jakość energii podczas zasilania sieci AC oraz aby mieć dopasowane napięcie do ładowania baterii. Transformator jest również wymagany, aby zapewnić, że do baterii nie jest dostarczane napięcie wspólne CMV. W przypadku zastosowania filtrów napięcia CM transformator w sekcji filtrów LC może być pominięty. Filtracja zaburzeń wysokoczęstotliwościowych DM (ang. differential mode voltage) i CM jest ważnym zadaniem dla zapewnienia dobrej jakości energii elektrycznej w sieci AC.

Konwerter sieciowy ma „pływające" napięcie DC po stronie baterii. Napięcie DC jest zależne od stanu naładowania i obciążenia baterii. Napięcie baterii może się różnić, ale musi znajdować się między minimalnym a maksymalnym napięciem DC, które może obsłużyć link DC napędu (obwód pośredni napędu AC).

Konwertery dwukierunkowe AC/DC (sieciowy) i DC (bateryjny: buck-boost) umożliwiają całkowitą eliminację transformatorów w niskonapięciowej sieci zasilania. Znane są już konwertery sieciowe i bateryjne dla średnich napięć.

Można się spodziewać w najbliższych latach dużej transformacji dystrybucyjnego systemu energetycznego niskich i średnich napięć - docelowo system energetyczny może nie wykorzystywać transformatorów nN i SN, wskazuje na to przykład przedstawiony na Rys. 5.20. Zasilanie sieci AC z DC oraz zasilanie silników odbywa się tu dwukierunkowymi konwerterami sieciowymi (AC/DC) lub bateryjnymi (DC/DC) bez udziału transformatorów. Technologie przemysłowe masowej produkcji tego typu konwerterów są praktycznie tożsame jak dla napędów AC, dlatego produkcja konwerterów sieciowych i bateryjnych nie będzie kapitałochłonna i dostosowanie systemu elektroenergetycznego może być procesem relatywnie szybkim. Przykładowo, korporacja Danfoss ma w swojej ofercie konwertery mocy DC/DC, seria „Vacon® NX-AC Drives" [32].

5.8.2 Konwerter bateryjny DC/DC i mikrosieć DC

Konwerter bateryjny DC/DC działa jako dwukierunkowy kontroler napięcia między baterią a linkiem DC lub wspólną magistralą (mikrosiecią) DC. Energia o określonej mocy może być dostarczana z baterii do linku DC lub bateria może być ładowana z linku DC.

Napięcie używanej baterii nie musi odpowiadać napięciu linku DC. Napięcie może się znacznie różnić w zależności od stanu naładowania baterii i stanu jej obciążenia, ale maksymalne napięcie baterii musi być nieco niższe niż napięcie linku DC, jeśli wykorzystywany jest konwerter bateryjny DC/DC/$^+$ typu boost (podwyższający napięcie) dla dopasowania poziomów napięć.

Na Rys. 11.5 - sekcja 11 przedstawiono model konwertera podwyższającego napięcie i przesyłającego energię zmagazynowaną w baterii elektrochemicznej (np. Li-Ion) do mikrosieci DC 600 V. W tym konwerterze przełączane są jedynie dolne tranzystory IGBT mostka falownika. W stosunku do napędu AC nastąpiła jedynie wymiana oprogramowania sterującego i dodatkowo zastosowane są zewnętrzne indukcyjności ($L_{31-32-33}$) 3 $\times$4 mH, aby „przepompowały" energię z baterii. Ponieważ zastosowana bateria ma 2-krotnie mniejsze napięcie niż mikrosieć, odpowiednio 300 V i 600 V, trzeba przełączać w gałęziach kon-

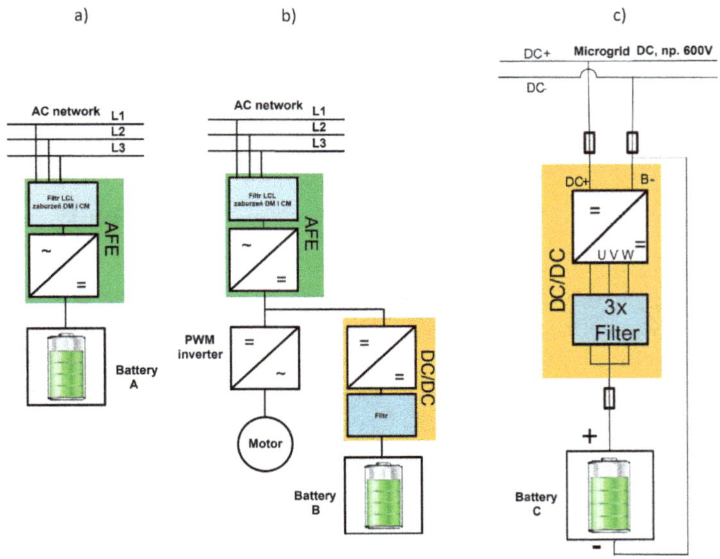

Rys. 5.20: Wykorzystywanie elektrochemicznych zasobników energii (np. baterii Li-jon) do podtrzymywania zasilania w sieciach AC i DC:
a) przekształtniki sieciowe - stabilizują napięcie sieci,
b) - podtrzymaniu zasilania silnika (by-pass),
c) - dostarczanie energii do mikrosieci DC z magazynu bateryjnego lub odwrotnie

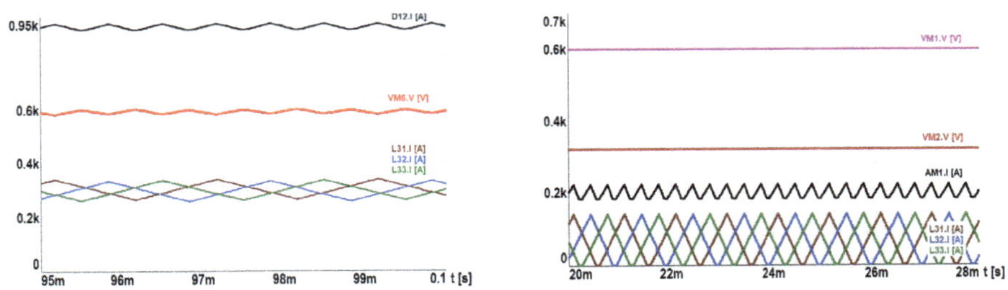

(a) (b)

Rys. 5.21: Napięcia i prądy trójgałęziowego konwertera podwyższającego i obniżającego napięcie DC:
(a) - prądy gałęziowe konwertera DC/DC/$^+$ - boost, prąd sumaryczny i napięcie w mikrosieci 600 V obciążonej mocą 270 kW, wg modelu 11.5 - sekcja 11,
(b) - napięcia i prądy konwertera DC/DC/$^-$ - buck, Rys. 11.6 - sekcja 11. Energa z mikrosieci 600 V o mocy 66 kW jest dostarczana do baterii

wertera prądy o wartościach 300 A, co daje sumaryczny prąd 900 A, więc energia baterii przesyłana jest z mocą 270 kW do mikrosieci DC 600 V, Rys. 5.21 (a).

Konwerter DC/DC zawiera jednostkę inwertera/falownika oraz indywidualne dławiki dla każdej fazy po stronie baterii. Dławiki minimalizują tętnienia prądu DC dostarczanego z baterii. Dławiki są również używane do umożliwienia podawania prądu z baterii o niższym napięciu (300V) do mikrosieci o wyższym napięciu DC (600 V), poprzez "podbijanie„

napięcia DC. Dławiki pełnią tutaj funkcję chwilowych magazynów energii $W_L = \frac{1}{2}(L \times I^2)$ "przepompowywanej" z baterii.

W podobnej konfiguracji może być zbudowany konwerter obniżający napięcia converter DC/DC/$^-$ (ang. buck) ładujący baterię z niższym napięciem energią z mikrosieci (ang. buck converter), Rys. 5.21 (b). Wtedy algorytm sterowania falownika PWM wykorzystuje jedynie górne tranzystory falownika $IGBT_{1-2-3}$, porównaj z Rys. 11.6 - sekcja 11.

Ładowanie baterii pojazdów EV przedsiębiorstwa ze zmodyfikowanego napędu AC

Napędy AC mogą też być, praktycznie bezkosztowo, adoptowane do ładowania baterii pojazdów EV. W sąsiedztwie napędów AC można lokalizować punkty ładowania baterii elektrochemicznych (np. Li-Ion lub kwasowych) i wykorzystywać napędy AC w czasie gdy nie zasilają silników. Rozwiązanie w Rys. 5.22 jest szczególnie atrakcyjne w miejscach o długotrwałych przestojach napędów AC, np. w sezonowych przestojach napędów pompowych zakładów ciepłowniczych.

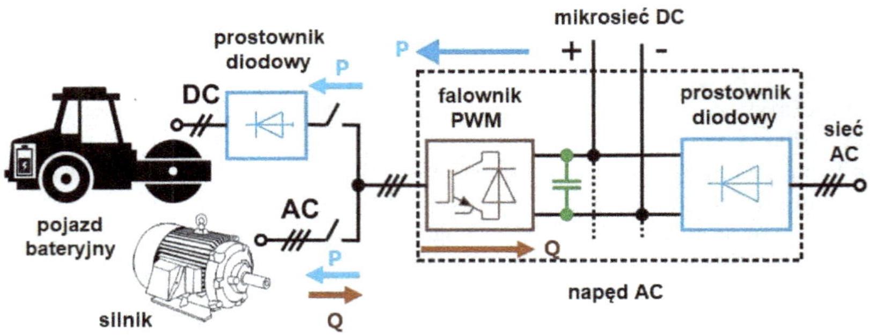

Rys. 5.22: Praca z dwoma zestawami parametrów programowych napędu AC: SetUp I - sterowanie silnikiem, SetUp II - sterowanie ładowaniem baterii [20], [21]

Sprawność przedstawionego rozwiązania systemu ładowania baterii napędem AC jest porównywalna ze sprawnością napędowego napędu AC (zwykle ponad 96%), gdyż w przeciwieństwie do silnika bateria pobiera jedynie moc czynną. Nie ma tu też potrzeby stosowania indukcyjności o dużych wartościach, gdyż pełnią one rolę jedynie separującą od obwodu pośredniego falownika, aby umożliwić regulowanie napięcia wyprostowanego, tj. na baterii. Podwyższenie częstotliwości napięcia wyjściowego napędu AC (falownika), np. do 500 Hz, obniża 10-krotnie składową przemienną w napięciu wyprostowanym, co eliminuje konieczność jej filtracji. Model jednokierunkowego konwertera AC/DC, wykorzystującego napęd AC i dodatkowy prostownik diodowy 3f6d przedstawiono na Rys. 11.7 - sekcja 11.

Na Rys. 5.23 (a) przedstawiono specjalną funkcję zależności u(f) dla prostowania napięcia falownika. Jest ona dostępna poprzez programową parametryzację zależności napięcia od częstotliwości w napędach AC, zobacz Rys. 4.13. Dla potrzeb prostowania, napięcie na baterii jest regulowane automatycznie w zakresie 200-400 V/250-400 Hz przez użycie parametru ograniczenia prądowego. Przez to możliwe jest ładowanie baterii stałym prądem godzinnym 1C lub nawet 3C, zależnie od potrzeb szybkości ładowania.

Prąd ładowania baterii można zadać z poziomu napędu AC ustawiając odpowiednie wartości ograniczenia prądowego (parametr: current limit), jest to parametr dostępny w każdym napędzie AC. Godzinny prąd ładowania baterii 1C=120 A przy napięciu nominalnym 460 V (55 kWh) przedstawiono na Rys. 5.23 (b).

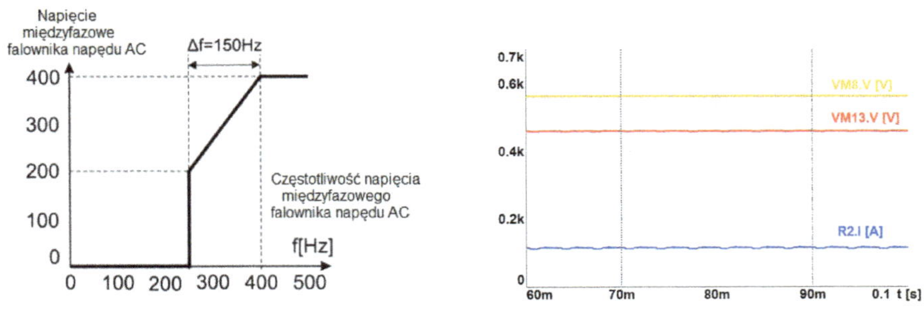

(a) (b)

Rys. 5.23: Charakterystyka napięcia sterującego falownikiem PWM napędu AC i regulowanego napięcia stałego na dołączonym dodatkowym prostowniku:
(a) - Charakterystyka specjalna u(f) falownika dla utrzymywania napięcia 200 - 400 V i zakresie częstotliwości 250 - 400 Hz. SetUp II, Rys. 5.22,
(b) - Prąd ładowania baterii I_{R2} - 120 A, napięcie baterii o rezystancji wewnętrznej R_2=0,5 Ω - 460 V (w modelu przyjęto U_{N-bat})=400 V), model 11.7 - sekcja 11

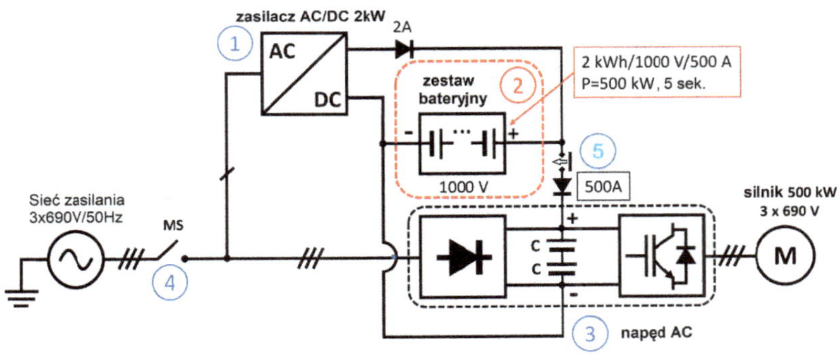

Rys. 5.24: Podtrzymanie zasilania napędu AC o mocy 500 kW energią zgromadzoną w baterii pomocniczej dla zapewnienia kontrolowanego zatrzymania silnika

Podtrzymanie zasilania napędu AC

Przypadkowe zaniki lub krótkotrwałe przerwy w zasilaniu urządzeń przemysłowych stają dziś wyzwaniem dla coraz bardziej zautomatyzowanego i zrobotyzowanego przemysłu. Złożone technologiczne linie produkcyjne wymagają podtrzymania zasilania przy wystąpieniu przypadkowego zaniku napięcia w sieci energetycznej, aby umożliwić kontrolowane wyłączenie wrażliwych odbiorów. Często wśród nich są napędy AC, w tym napędy dużych mocy.

Podtrzymanie zasilania jest realizowane na wiele różnych sposobów, niemniej szybkie dostarczanie energii z zasobników bateryjnych jest coraz częściej stosowane. Energię zmagazynowaną w baterii można dostarczyć do napędu AC w formie napięcia przemiennego za pomocą konwertera sieciowego AC/DC - Rys. 5.20 a). Nie jest to rozwiązanie preferowane ze względu na mniejszą sprawność, w stosunku do wprowadzenia tej energii wprost do DC linku napędu (obwodu pośredniego) - Rys. 5.20 b). Do dostarczenia energii do linku DC napędu AC można zastosować konwerter DC/DC, którego działanie zostało już wcześniej opisane, a przykładowy schemat jest przedstawiony na Rys. 11.5 - sekcja 11. Danfoss ma

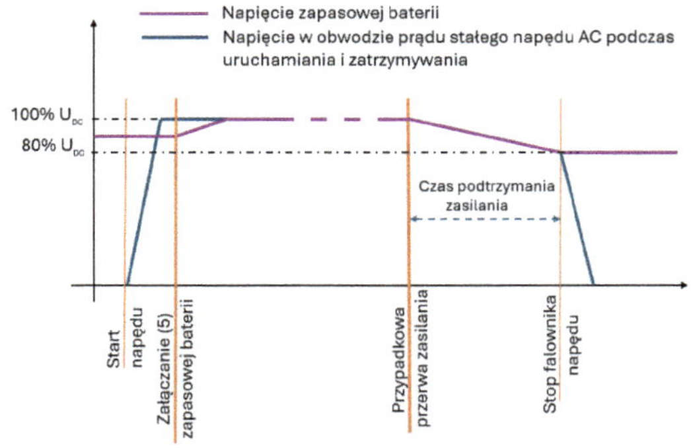

Rys. 5.25: Sterowanie chwilą podłączenia i odłączenia zapasowego akumulatora (baterii pomocniczej) do łącza prądu stałego (obwodu pośredniego) napędu AC bez natychmiastowego przepływu prądu w przełączniku 5, Rys. 5.24

w swojej ofercie konwertery DC/DC do takich zastosowań - to wspomniane już wcześniej konwertery DC/DC typu „NX -AC Drives" [32].

W wybranych aplikacjach można zastosować rozwiązanie bez wykorzystywania konwertera DC/DC, ale tutaj napięcie baterii musi być porównywalne z napięciem obwodu DC napędu, Rys. 5.24. Jeśli istnieje potrzeba podtrzymania zasilania napędu (3) z wielogodzinnymi/wielodniowymi przerwami między zdarzeniami, to dla zapewniania bezpiecznego zatrzymania silnika, ładowanie baterii może być bardzo wolne. Wtedy małą mocą, a więc i małym prądem (1), można ładować baterię podtrzymania zasilania (2). Napęd zasilany z sieci 3×690 V (4) ma napięcie w DC linku 1kV. Stosując system podtrzymania zasilania, jak na Rys. 5.24 można znacząco obniżyć koszty systemu podtrzymania zasilania napędu dużej mocy przez wyeliminowanie konwertera DC/DC. Warto zauważyć, że łącznik baterii (5) jest tutaj załączany i wyłączany w trybie bezprądowym. EMS kontroluje napięcie baterii i dołącza ją, gdy napięcie baterii jest niższe od napięcia w linku DC napędu oraz odłącza po zatrzymaniu napędu.

W zaproponowanym innowacyjnym rozwiązaniu podtrzymania zasilania napędu AC, elektrochemiczny zasobnik energii jest dołączany bezpośrednio do obwodu pośredniego DC przekształtnika napędowego, z pominięciem zastosowania konwertera DC/DC podwyższającego napięcie zasobnika.

Ponieważ moc przekształtnika DC/DC musi być porównywalna z mocą przekształtnika napędowego AC, to przy jego sporadycznym wykorzystaniu, koszt takiego sposobu zabezpieczania napięcia gwarantowanego, np. przez 20 sek., jest bardzo duży.

Przykładowe rozwiązanie sterowania chwilą dołączenia i odłączenia pomocniczego zasobnika/akumulatora (baterii pomocniczej) do linku DC (obwodu pośredniego) napędu AC bez natychmiastowego przepływu prądu w przełączniku (5), tj. przy jego zerowym prądzie w chwili dołączenia i odłączenia, przedstawiono na Rys. 5.25.

Zbudowanie zasobnika energii o napięciu 1 kV i małej pojemności (np. 10 kWh) zdolnego dostarczyć energię w krótkim czasie i mocy 500 kW, tj. z obciążeniem prądowym 500 A jest wyzwaniem inżynierskim, ale możliwym do realizacji (np. stosując baterie Li-Ion NG-LiFePO4/25, 6V-200 A i superkondensatory).

Kluczowa jest tutaj metoda bezprądowego łączenia zasobnika z napędem AC. Przedstawiony na Rys. 5.25 sposób łączenia baterii z napędem AC, w którym dołączenie baterii następuje w czasie, gdy jej napięcie jest niższe w stosunku do napięcia na baterii kondensatorów elektrolitycznych napędu, a odłączenie następuje, gdy odbiór prądu przez falownik

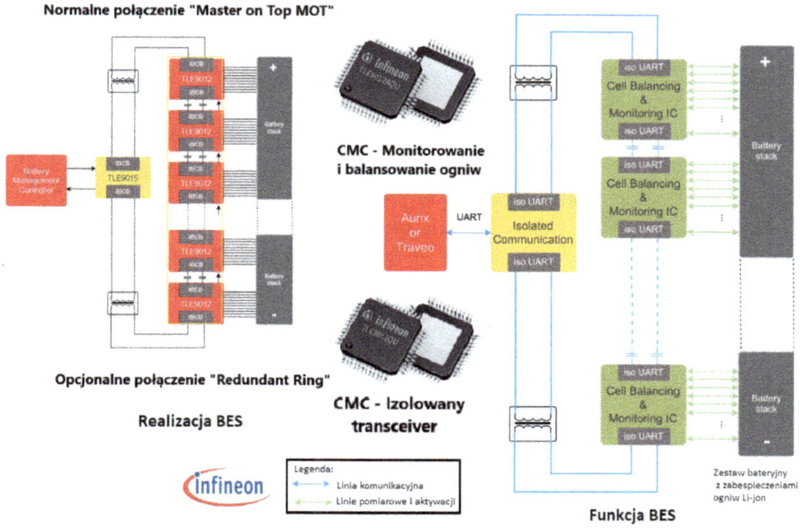

Rys. 5.26: System zarządzania ogniwami litowo-jonowymi Li-jon (BMS) w zasobnikach energii, na przykładzie rozwiązań do pojazdów elektrycznych EV

napędu jest zatrzymany przez jego układ sterowania, na skutek nadmiernego obniżenia się napięcia w obwodzie pośrednim. Czas podtrzymania zasilania niezbędny do zapewniania kontrolowanego zatrzymania napędu zależy do pojemności zasobnika energii. Zasobnik ten może też być dodatkowo wykorzystywany do dostarczania energii do lokalnej mikrosieci DC.

Na rynku spotykane są głównie zasobniki elektrochemiczne Li-Ion o nominalnym napięciu 1 kV DC, dużych pojemności i dużych mocy (np. 500 kWh i 500 kW) przeznaczonych dla OZE lub stabilizacji napięcia w sieci trakcyjnej DC. Ich budowa jest też standaryzowana, a elektromobilność wymusza szybki postęp, przykładowo w zarządzaniu energią ogniw baterii BMS stosuje się już dedykowane układy scalone, Rys. 5.26.

5.8.3 Napędy AC dla silników wielofazowych

Dla zwiększenia niezawodności i maksymalizowania sprawności rozwijają się obecnie silniki wielofazowe o liczbie faz 5, 6 i więcej, Silniki 3. fazowe mogą być zasilane falownikami pełno-mostkowymi, choć ciągle jeszcze trójfazowe falowniki pół-mostkowe są powszechnie stosowane. Stojan klatkowego silnika trójfazowego gwałtownie redukuje moment wytwarzany przez wirnik przy uszkodzeniu jednego z uzwojeń stojana. W wielu aplikacjach taka sytuacja jest niedopuszczalna, np. w statkach powietrznych, morskich, wrażliwych napędach przemysłowych zakładów górniczych czy chemicznych, takich jak wirówek. Obniżenie hałasu powodowanego drganiami momentu napędowego to ważne przesłanki poszukiwania modyfikacji stojanów silników. Elektroniczne napędy AC umożliwiają stosowanie ujednoliconych rozwiązań do zasilania silników 6, 9 czy 12 fazowych. Do zasilania stojana silnika 6 fazowego można wykorzystać dwa jednakowe napędy AC przez podłączenie 3 faz stojana do jednego napędu i kolejnych 3 faz silnika do drugiego napędu

Inną ciekawą propozycją jest zasilanie każdej fazy silnika z jednofazowego falownika pełnomostkowego z jednobiegunową modulacją PWM. Takie rozwiązanie nie jest jeszcze w standardowej ofercie rynkowej, ale ze względu na oczywiste zalety to, wg mnie, bliska przyszłość. Modulacja jednobiegunowa PWM pełnego mostka falownika eliminuje szereg wad dwubiegunowej/bipolarnej modulacji PWM powszechnie stosowanej w falownikach trójfazowych półmostkowych. Niezależne sterowanie każdej fazy silnika umożliwia wymuszenie jednakowych prądów sinusoidalnych w każdej fazie silnika, niezależnie od różnic ich parametrów elektrycznych, np. powstałych po przezwojeniu. Można też zwiększyć prądy fazowe i zadać odpowiednie przesunięcie faz, jeśli w silniku 6-fazowym wystąpi uszkodzenie jednej fazy (72° zamiast 60°). Wtedy moc silnika i jego moment nie ulegną zmianie. Na Rys. 5.27 przedstawiono model zespołu trzech falowników jednofazowych do zasilania silnika trójfazowego w układzie trójkąta otwartego dla zapewniania jednakowych prądów przy różnych parametrach uzwojeń. Zastosowana jednobiegunowa/unipolarna modulacja PWM zmniejsza harmoniczne prądu silnika w stosunku do powszechnie stosowanej modulacji dwubiegunowej.

Zagadnienia silników wielofazowych ze specjalizowanymi napędami AC nie będą głębiej analizowane w tej książce. Takie rozwiązania są jeszcze przedmiotem badań naukowych i nie znajdują się w komercyjnej ofercie rynkowej.

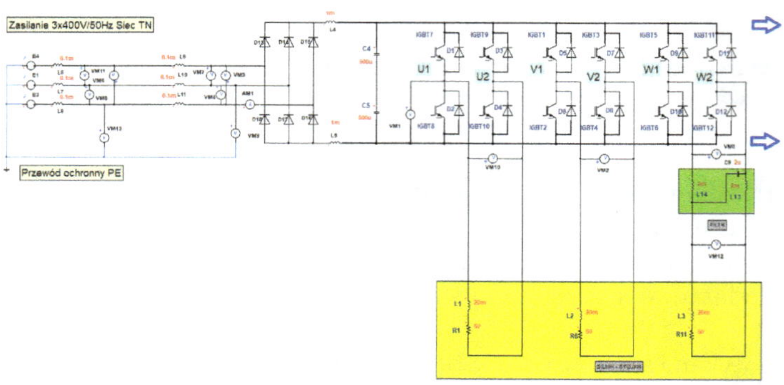

(a) *3 jednofazowe falowniki pełnomostkowe połączone z 3. uzwojeniami stojana*

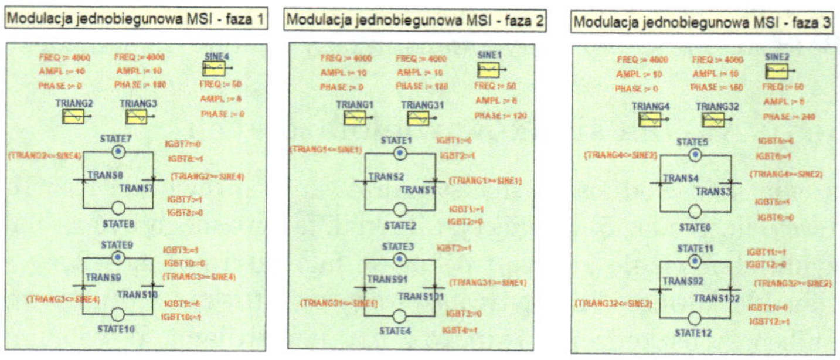

(b) *Jednobiegunowa modulacja PWM falowników pełnomostkowych*

Rys. 5.27: Silnik klatkowy z uzwojeniami w trójkącie otwartym, zasilany jednofazowymi falownikami pełnomostkowymi z jednobiegunową modulacją PWM – to kierunek transformacji przyszłych wielofazowych napędów prądu przemiennego
(model: 2025+3full+bridge+PWM+Motor.ssh)

6 Środowisko elektromagnetyczne

6.1 EMI i EMC

Zakłócenia elektromagnetyczne EMI (ang. electromagnetic interference) to pogorszenie wydajności urządzeń spowodowane zakłóceniami elektromagnetycznymi. Przykładem EMI jest szum w mikrofonie, gdy obok niego znajduje się telefon komórkowy, który nawiązuje połączenie z wieżą komunikacyjną w celu przetworzenia połączenia. W tym przykładzie telefon komórkowy jest źródłem zakłóceń, a mikrofon jest urządzeniem zakłócanym („ofiarą").

Szum elektromagnetyczny może być propagowany przez przewody (zakłócenia przewodzone) lub przez fale elektromagnetyczne (zakłócenia promieniowane). Istnieją cztery mechanizmy sprzężenia zakłóceń:

- Sprzężenie galwaniczne występuje, gdy dwa obwody (źródło szumu i „ofiara") mają wspólne połączenie przewodzące elektrycznie.
- Sprzężenie pojemnościowe (znane również jako sprzężenie elektryczne) występuje, gdy dwa obwody elektryczne mają wspólny punkt odniesienia, a szum sprzęga się między dwoma przewodnikami przez pasożytnicze pojemności.
- Sprzężenie indukcyjne (znane również jako sprzężenie magnetyczne) występuje, gdy pole magnetyczne występujące wokół przewodnika prądowego jest indukowane w innym przewodniku.
- Sprzężenie elektromagnetyczne występuje, gdy źródło szumu emituje energię elektromagnetyczną przez przewodnik, który działa jak antena nadawcza. Obwód „ofiary" odbiera zakłócenie przez przewodnik, który działa jak antena odbiorcza.

Istnieje wiele źródeł zakłóceń elektromagnetycznych, takich jak:

- źródła naturalne, takie jak pioruny,
- sprzęt elektryczny, który nie jest przeznaczony do wytwarzania promieniowania elektromagnetycznego: na przykład napęd AC lub zasilacz,
- sprzęt elektryczny przeznaczony do wytwarzania promieniowania elektromagnetycznego: na przykład przenośny nadajnik radiowy.

Sztuka rozwiązywania problemów EMI polega na identyfikacji źródła szumu, mechanizmu sprzężenia i redukcji sprzężenia zakłóceń do akceptowalnego poziomu.

Gdy urządzenie lub system może funkcjonować zadowalająco w swoim środowisku elektromagnetycznym bez wprowadzania niedopuszczalnych zakłóceń w to środowisko, nazywa się to kompatybilnością elektromagnetyczną EMC (ang. electromagnetic compatibility).

Ważne jest, aby zauważyć, że definicja EMC zawiera dwa aspekty:

- odporność: zdolność urządzeń do funkcjonowania w obecności pewnego poziomu zakłóceń elektromagnetycznych,
- emisja: niezamierzone emisje z urządzeń muszą być ograniczone do tolerowanego poziomu.

Różnica między marginesem emisji a marginesem odporności nazywa się obszarem kompatybilności (ang. compatibility gap), Rys. 6.1:

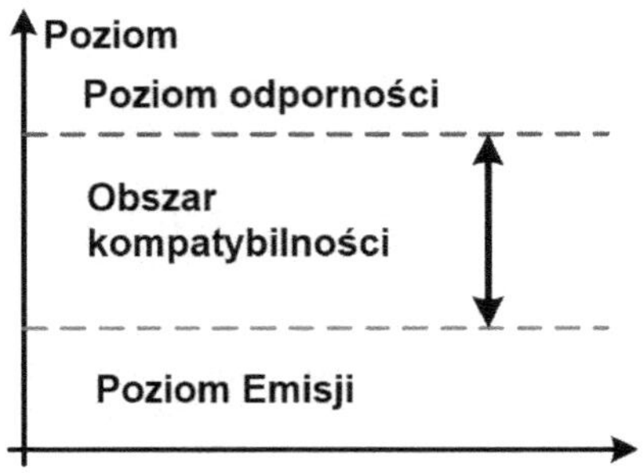

Rys. 6.1: Wyjaśnienie pojęcia obszaru kompatybilności.

RFI czy EMI?

Termin zakłócenia częstotliwości radiowych RFI (ang. radio frequency interference) jest często używany zamiennie z EMI. RFI to starszy termin i odnosi się do zakłóceń odbioru sygnałów radiowych (radio, TV, komunikacja bezprzewodowa). EMI to nowszy termin, który odnosi się szeroko do zakłóceń dowolnego sprzętu elektrycznego, w tym napędów AC.

Napięcia zaburzeń wspólnych CM i napięć zaburzeń różnicowych DM

W odniesieniu do zakłóceń przewodzonych często używa się terminów napięcie wspólne (sumaryczne, doziemne) CMV i napięcie różnicowe (międzyfazowe w układach trójfazowych) DMV, Rys. 6.2. Na rysunku przedstawiono zakłócenia DM jedynie dla fazy U, podobnie rozpływają się zakłócenia DMV od pozostałych faz V i W.

Zakłócenia trybu różnicowego DM są przewodzone w trzech pętlach fazowych i prądy zakłócające płyną w przeciwnych kierunkach, razem z sygnałem pożądanym. Zakłócenia w trybie wspólnym CM są przewodzone w tym samym kierunku, a ich ścieżka powrotna prowadzi przez wspólne odniesienie do ziemi (np. przez przewód ochronny PE).

Kształt napięcia zaburzeń wspólnych u_{CM} dwupoziomowego falownika z modulacją PWM (M=0,9) i zasadę powstawania tego napięcia z napięć fazowych falownika przedstawiono na Rys. 6.3. Napięcie CM jest inherentną, ale niepożądaną cechą modulacji PWM, gdyż falownik nie generuje czystych sinusoid, dlatego suma napięć fazowych nigdy nie jest równa zero. Powstaje tu niepożądany generator napięciowy CM wymuszający wysokoczęstotliwościowe prądy pasożytnicze doziemne upływu pojemnościowego.

Schemat elektryczny dwupoziomowego falownika trójfazowego, który umożliwia analizę czasową i częstotliwościową napięć falownika dla dowolnie przyjmowanych parametrów

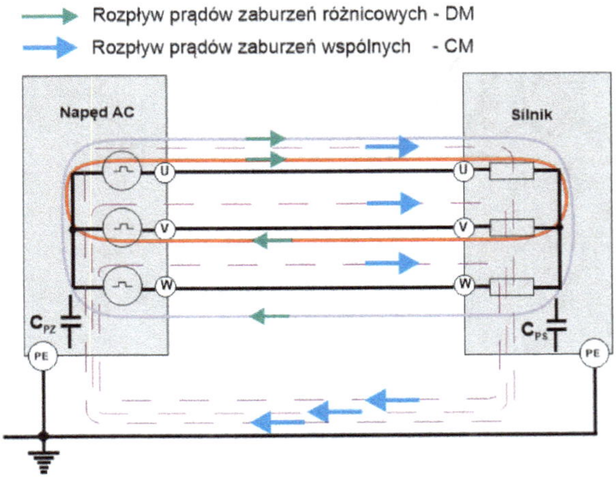

Rys. 6.2: Rozpływ prądów zaburzeń różnicowych DM i wspólnych (sumarycznych) CM wytwarzanych przez trójfazowe niesinusoidalne źródła napięć fazowych - napęd AC

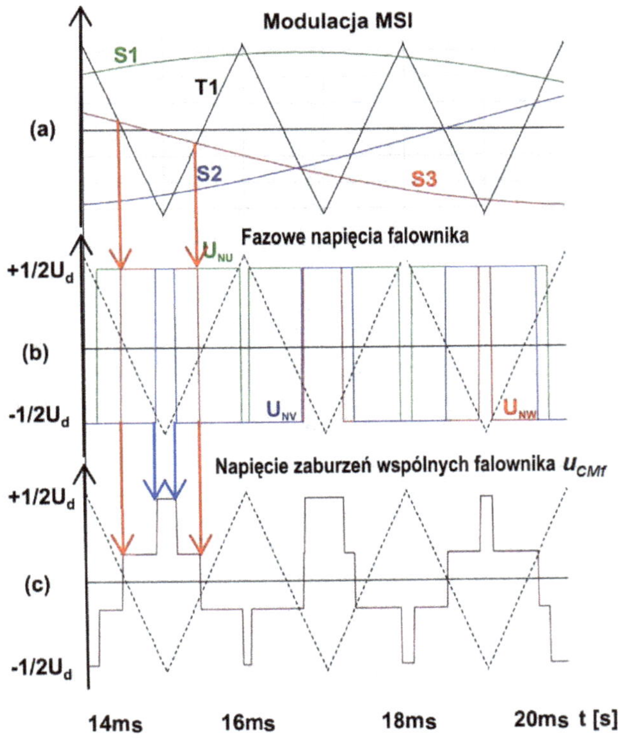

Rys. 6.3: Zasada graficznego wyznaczania napięcia zaburzeń wspólnych u_{CM} trójfazowego falownika dwupoziomowego z zaimplementowaną modulacją PWM: T1 - trójkątna fala modulowana, S1, S2, S3 - sinusoidalne fale modulujące

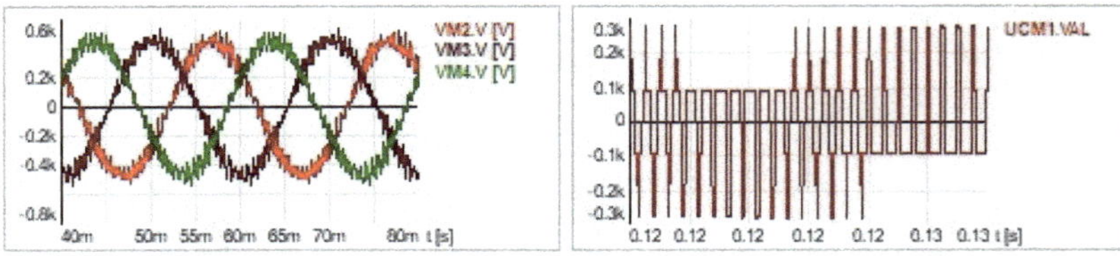

Rys. 6.4: Napięcia międzyfazowe i napięcie zaburzeń CM u_{MC} na zaciskach silnika po zastosowaniu filtra sinusoidalnego LC zaburzeń DM, model Rys. 11.8 - sekcja 11

modulacji PWM jest przedstawiony na Rys. 11.8 - sekcja 11. Zgodnie z oznaczeniami występującymi na schemacie elektrycznym modelu symulacyjnego falownika PWM, napięcie zaburzeń wspólnych u_{CM} jest opisane równaniem 6.1. Na Rys. 6.4 (po lewo) przedstawiono przebiegi czasowe sinusoidalnych napięć międzyfazowych falownika po odfiltrowaniu harmonicznych DM filtrem LC $u_{VM2-3-4}$ oraz nieodfiltrowane zaburzenia CM (po prawo) powodujące pojemnościowe prądy upływu doziemnego do uziemionego ekranu kabla silnikowego i korpusu silnika, w tym prądy łożyskowe.

$$\begin{aligned} &u_{CM} = 1/3(u_U + u_V + u_W) \\ &= 1/3(u_{VM9} + u_{VM10} + u_{VM11}) = u_{CM1} \end{aligned} \tag{6.1}$$

gdzie: u_U, u_V, u_W, - są napięciami fazowymi falownika.

W wyniku symulacji uzyskano napięcia zaburzeń wspólnych CM dla częstotliwości harmonicznej podstawowej napięcia fazowego równej 50 Hz, przy skrajnie różnych współczynnikach głębokości modulacji $M = 0,9$ i $M = 0,1$. Napięcia te są przedstawione na Rys. 6.5. Zastosowany jest tutaj sinusoidalny modulator szerokości impulsów napięć fazowych falownika PWM, w którym częstotliwość trójkątnego przebiegu modulowanego wynosi 500 Hz. Na podstawie otrzymanych wyników symulacji (Rys. 6.5) widoczne jest, że kształt przebiegu napięcia zaburzeń wspólnych zależy od współczynnika głębokości modulacji M (napięcia falownika), a więc od współczynnika głębokości modulacji M zależy też jego widmo składowych harmonicznych. Dla M=0.1 napięcie u_{CM} przyjmuje kształt fali prostokątnej i taki kształt mają też napięcia fazowe dla początkowej fazy rozruchu silnika, tj. gdy napięcia międzyfazowe mają małe wartości.

6.2 EMC i napędy AC

Emisja elektromagnetycznych sygnałów zakłócających

Napędy AC z falownikiem napięciowym PWM powodują szybkie przełączanie napięć (duże wartości du/dt) w zakresie tysięcyV/μs z amplitudami w zakresie 500 – 1000 V (w zależności od napięcia zasilania) i dużymi wartościami przełączanego prądu. To sprawia, że napęd AC jest potencjalnym źródłem zaburzeń EMI, a ich ograniczenie zapewnia prawidłowa instalacja, zgodna z wytycznymi dla zachowania obszaru kompatybilności elektromagnetycznej EMC. W instalacji trójfazowego napędu AC zaburzenia EMI rozprzestrzeniają się zgodnie z Rys. 6.2:

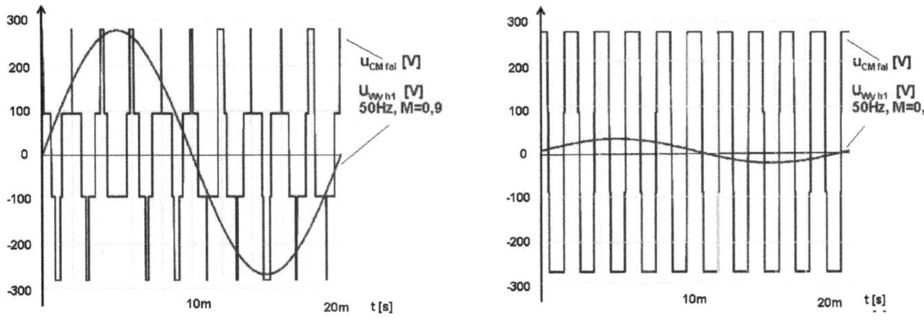

(a) (b)

Rys. 6.5: Napięcie zaburzeń wspólnych u_{MC} falownika z zastosowaną sinusoidalną metodą modulacji napięć wyjściowych PWM falownika(f_{h1}=50 Hz, f_c=500 Hz):
a - napięcie zaburzeń wspólnych u_{CM} i 1-harmoniczna fazowego napięcia wyjściowego falownika przy współczynniku głębokości modulacji $M = 0,9$,
b - napięcie zaburzeń wspólnych u_{CM} i 1-harmoniczna fazowego napięcia wyjściowego falownika przy współczynniku głębokości modulacji $M = 0,1$

Filtracja zaburzeń powodowanych napięciem różnicowym DM i napięciem wspólnym CM jest często pomijana w zastosowaniach przemysłowych.

Jednak w niektórych przypadkach zaburzenia te mogą powodować problemy eksploatacyjne wrażliwych odbiorników zlokalizowanych w pobliżu napędu AC - poprzez propagacje elektromagnetyczną wytwarzającą wysokoczęstotliwościowe zakłócenia EMI. Przykładowymi wrażliwymi odbiornikami mogą być przepływomierze elektromagnetyczne, wzmacniacze sygnałów radiowych, ale też silniki umieszczone w środowisku mokrym. Jeśli są one podłączone do systemu zasilania wspólnie z napędem AC to zakłócają je głównie napięcia wysokoczęstotliwościowe (kilka kiloherców i więcej, tj. zależnie od częstotliwości przełączania półprzewodnikowych elementów sterowanych falownika - f_c). Są to zaburzenia powodowane napięciem trybu wspólnego CM.

Poważnym problemem jest ograniczanie zaburzeń powodowanych wysokoczęstotliwościowym napięciem wspólnym CM, gdyż wymuszone przez to napięcie prądy upływu doziemnego krążą pomiędzy transformatorem sieciowym i napędem AC powodując wysokoczęstotliwościowe odkształcenia fazowych napięć zasilania. Na Rys. 6.6 przedstawione są napięcia na zaciskach silnika zasilanego napędem AC dla trzech występujących w praktyce inżynierskiej przypadków:

(a) - sytuacja najczęściej występuje, silnik jest bezpośrednio połączony z silnikiem kablem nieekranowanym lub ekranowanym. Uziemiony kabel ekranowany zmniejsza zaburzenia elektromagnetyczne promieniowanie do otoczenia, ale doziemne pojemności pasożytnicze pomiędzy ekranem i przewodami fazowymi znacząco zwiększają prądy upływu doziemnego, a przez to przewodzone zaburzenia doziemne przedostają się do sieci zasilania. Jaki kabel wybrać do połączenia silnika z napędem AC (ekranowany cz też nieekranowany) zależy od warunków jego eksploatacji, odpowiedź nie jest tu oczywista,

(b) - zastosowany jest tu typowy filtr sinusoidalny LC, który filtruje zaburzenia różnicowe DM przez co uzyskuje się sinusoidalne napięcia międzyfazowe, ale zaburzenia wspólne (nazywane też sumarycznymi lub doziemnymi) nie są tu filtrowane i napięcia fazowe są odkształcone napięciem wspólnym CM. Prądy upływu doziemnego kabla silnikowego i silnika są tu wytwarzane. Skuteczną metodą ograniczenia tych prądów jest zastosowanie pierścieni monokrystalicznych obejmujących przewody fazowe, co uniemożliwia przedostawanie się

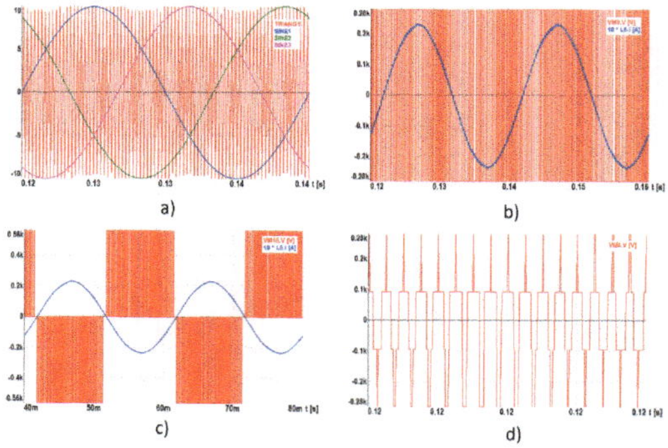

(a) *Napięcia i prąd silnika bez stosowania flitów silnikowych za falownikiem*

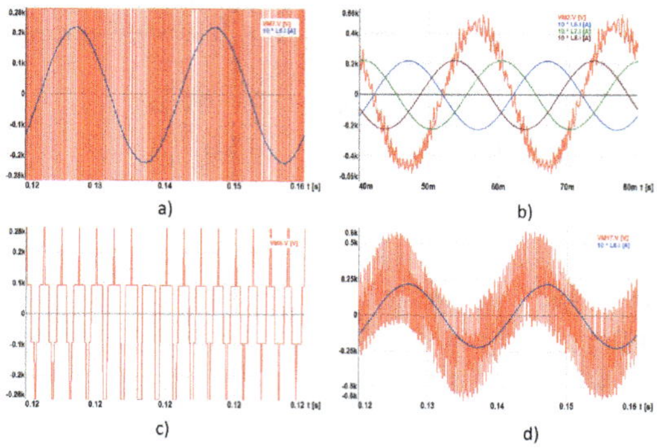

(b) *Napięcia i prąd silnika przy zastosowaniu filtra sinusoidalnego LC, są tu tłumione jedynie zaburzenia trybu DM*

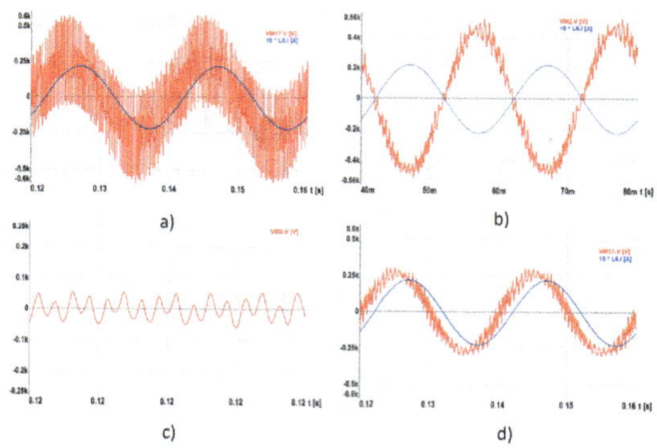

(c) *Napięcia i prąd silnika przy zastosowaniu filtra sinusoidalnego LC z dodatkową filtracją zaburzeń trybu CM, są tu tłumione jednocześnie zaburzenia trybu DM i CM*

Rys. 6.6: Napięcia fazowe, międzyfazowe i prądy przewodowe silnika zasilanego napędem AC bez i ze stosowaniem filtrów silnikowych za zaburzeń trybu DM i CM, model: Rys. 11.8 - sekcja 11

napięcia wspólnego za te pierścienie i prądy upływu doziemnego są wtedy też tłumione.

Takie postępowanie umożliwia stosowanie nieekranowanych kabli silnikowych przy spełnianiu wymaganych warunków kompatybilności magnetycznej EMC.

(c) - w tym przypadku zastosowany jest filtr zaburzeń DM i CM przez co uzyskano sinusoidalne napięcia fazowe i międzyfazowe zasilania silnika, prąd zaburzeń doziemnych został praktycznie wyeliminowany. Można uznać, że napęd AC nie wnosi żadnych zaburzeń do otoczenia, na silnik nie oddziaływają żadne niepożądane zaburzenia. Przesunięcie fazowe pomiędzy napięciem i prądem fazowym wynika z mocy biernej silnika, Rys. 6.6: część (c) - widok d). W takim rozwiązaniu nie ma potrzeby stosowania kabla ekranowanego. Wykonanie obserwacji oscyloskopowych może potwierdzać skuteczność filtracji zaburzeń DM i CM.

W ten sposób, drogą przewodową są rozprzestrzeniane zaburzenia CM do układów zasilania wszystkich dołączonych do transformatora urządzeń. Dlatego, ich filtracja jest w wielu przypadkach niezbędna, np. poprzez stosowanie wejściowych filtrów RFI, które filtrują w sieci prądy trybu wspólnego CM, Rys. 6.7. Należy dążyć do zamknięcia drogi przepływu prądów doziemnych trybu CM w obwodzie: napęd AC - silnik, eliminując go z sieci zasilania.

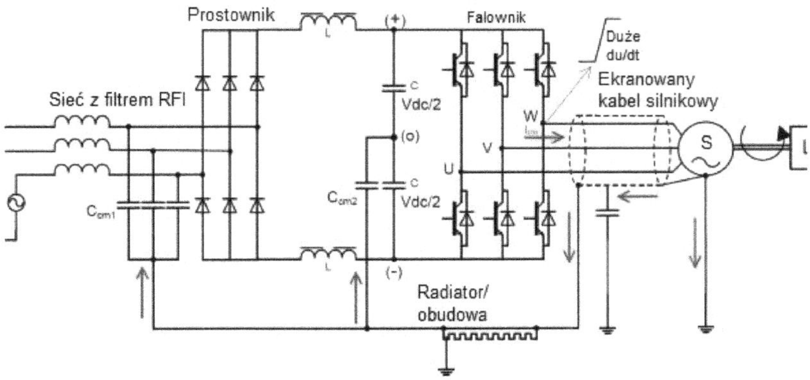

Rys. 6.7: Propagacja zaburzeń wspólnych w napędzie AC i ich ograniczenie filtrami EMI (RF)

Podstawową niedogodnością stosowania modulacji PWM w napędach AC jest duża zawartość wyższych harmonicznych w napięciach fazowych wytwarzanych w falowniku, analiza ich widma amplitudowego wskazuje, że ich amplitudy i częstotliwości zmieniają się wraz z wartością harmonicznej podstawowej i jej częstotliwością. Harmoniczna podstawowa napięcia falownika napędu AC decyduje o prędkości obrotowej silnika i jest jedyną użyteczną. Pozostałe harmoniczne to niepożądane zaburzenia, które w wielu przypadkach trzeba usunąć z systemu napędowego. Rys. 6.8 przedstawia dekompozycję harmonicznych zawartych w napięciach fazowych na składową użyteczną i harmoniczne pasożytnicze - zaburzenia trybu DM i CM. Cechą wspólną zaburzeń jest to, że rozkładają się one pasmowo wokół częstotliwości nośnej f_c modulacji PWM, dlatego im wyższa jest ta częstotliwość, tym łatwiej je oddzielić od harmonicznej podstawowej i odfiltrować.

Należy pamiętać, że wraz z prędkością silnika będzie się też zmieniało widmo emitowanych i przewodzonych zaburzeń wokół napędu i w systemie zasilania.

Źródłem zakłóceń elektromagnetycznych (słyszanych jako szum akus-tyczny) jest falownik napięcia, który wytwarza impulsowe napięcie wyjściowe z bardzo krótkimi czasami narastania i opadania (również wyrażane jako duże du/dt).

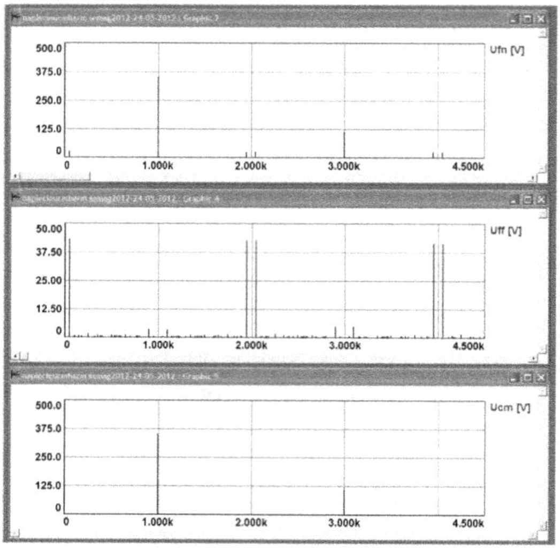

(a) *Harmoniczna użyteczna 50 Hz napięcia fazowego u_{fn} i międzyfazowego u_{ff} ma amplitudę odpowiednio 26 V, 26 V $\times$ $\sqrt{3}$ = 45V, gdy M=0.1. Inne harmoniczne to zaburzenia DM i CM*

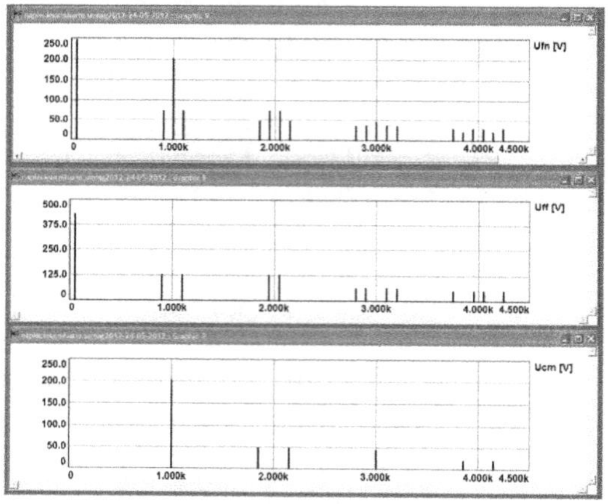

(b) *Harmoniczna użyteczna 50 Hz napięcia fazowego u_{fn} i międzyfazowego u_{ff} ma amplitudę odpowiednio 240 V, 240 V $\times$ $\sqrt{3}$ = 417 V, gdy M=0.9. Inne harmoniczne to zaburzenia DM i CM*

Rys. 6.8: Widmo amplitudowe napięć fazowych falownika z rozbiciu na składowe zaburzeń różnicowych - trybu DM (w napięciach międzyfazowych) i zaburzeń wspólnych - trybu CM (w napięcia fazowych), dla różnych wartości napięcia falownika (M=0.1 i M=0.9)

Napięcie wspólne CM wywołuje powstawanie pasożytniczych prądów doziemnych oddziałując na pasożytnicze pojemności doziemne w kablu silnikowym i silniku, zgodnie z równaniem 6.2:

$$I_{cm} = C_{cm} \times \frac{du}{dt} \tag{6.2}$$

gdzie C_{cm} to pasożytnicza pojemność doziemna.

Prąd w trybie wspólnym CM musi zamknąć pętlę i wrócić do swojego źródła, czyli linku DC napędu. Kontrolowanie ścieżki powrotnej prądu w trybie wspólnym jest kluczowym elementem utrzymania zakłóceń elektromagnetycznych pod kontrolą. Wewnątrz napędu AC znajdują się kondensatory filtrujące prądy w trybie wspólnym – to znaczy kondensatory między obwodem pośrednim napędu AC a ziemią. Kondensatory w trybie wspólnym CM można też znaleźć w obwodzie wejściowego filtra RFI (C_{cm1}) lub jako kondensator sprzęgający w linku DC (C_{cm2}), Rys. 6.7. Jeśli używany jest ekranowany kabel silnikowy i koniec kabla po stronie silnika jest podłączony do obudowy silnika, a koniec po stronie napędu jest podłączony do obudowy napędu, wtedy w idealnym przypadku, prąd w trybie wspólnym powróci do linku DC przez kondensatory dla filtracji zaburzeń w trybie wspólnym. Prąd w trybie wspólnym wracający przez zasilanie sieciowe jest niepożądany, ponieważ może powodować zakłócenia w innych urządzeniach podłączonych do sieci. Dlatego ten prąd musi być zminimalizowany, na przykład poprzez użycie filtrów RFI.

Gdy używane są nieekranowane kable silnikowe to pomijalne są pojemności upływu doziemnego: żyła kabla - uziemienie napędu AC, tutaj sumaryczny prąd upływu doziemnego będzie tutaj mniejszy. Stosowane uziemianych metalowych koryt kablowych może spowodować znaczące powiększenie doziemnych pojemności pasożytniczych na trasie kabla silnikowego, dlatego w określonych aplikacjach może być korzystniejsze zastosowanie plastykowych koryt kablowych.

Zwykle tylko część prądu trybu wspólnego CM jest odfiltrowana kondensatory trybu wspólnego C_{CM}, co skutkuje rozprzestrzenianiem wysokoczęstotliwościowych zaburzeń napięcia przez sieć zasilania do innych odbiorników.

Odporność na elektromagnetyczne sygnały zakłócające

Odporność, podobnie jak emisja szumu elektromagnetycznego objawiającego się szumem akustycznym, musi być brane pod uwagę w aplikacji napędu AC. Sygnały sterujące podłączone do napędu AC mogą być dość podatne na szum elektromagnetyczny. Ogólnie rzecz biorąc, sygnały analogowe są bardziej podatne na zakłócenia niż sygnały cyfrowe. Dlatego, lepiej jest używać cyfrowej magistrali komunikacyjnej zamiast analogowych sygnałów odniesienia. Jeśli nie można uniknąć sygnałów analogowych, preferowany jest sygnał prądowy odniesienia 4 – 20 mA. Tak zwane „żywe zero", brak prądu w przewodzie sygnałowym oznacza stan awaryjny. Napięciowy sygnał odniesienia 0 – 10 V, jest bardziej podatny na zaburzenia powodowane szumem elektromagnetycznym.

Efekt fali odbitej (inaczej elekt falowy)

Stosowanie dławików wyjściowych du/dt lub wyjściowych filtrów sinusoidalnych LC (zobacz też, Rys. 5.15) powoduje zmniejszenie poziomu szumu elektromagnetycznego poprzez zmniejszenie szybkości narastania i opadania napięć międzyfazowych na obciążeniu falownika, tutaj obciążeniem falownika jest silnik. Na Rys. 6.9 pokazano prostokątny impuls napięcia międzyfazowego, bezpośrednio na wyjściach napięciowych falownika o częstotliwości 20 kHz - przerywana linia prostokątna. Falowniki z tranzystorami IGBT przemysłowych elektronicznych napędów AC mają częstotliwość łączeń w granicach 2,5 - 5,5 kHz. Im większa moc napędu AC tym ta częstotliwość łączeniowa jest elementów półprzewodnikowych falownika jest mniejsza, wpływa to na zmniejszenie strat łączeniowych (dynamicznych) falownika napędu AC.

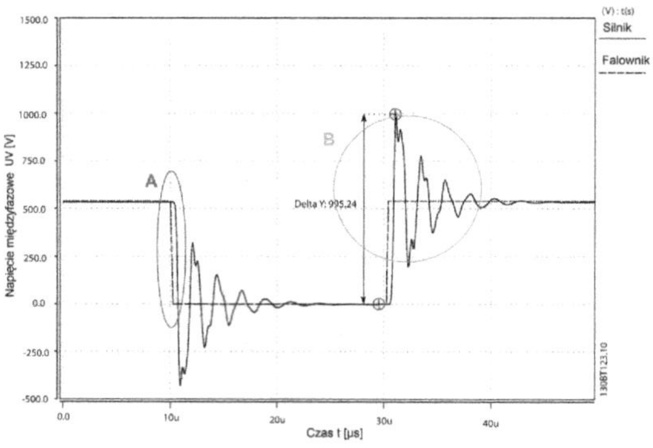

Rys. 6.9: Przykład napięcia wyjściowego napędu AC (linia przerywana - prostokątna) i napięcia na zaciskach silnika z 200 metrowym nieekranowanym kablem silnikowym (linia ciągła - oscylacyjna) [12]

Z analizy widmowej Fouriera wynika, że przebieg trapezowy o dużych stromościach narastania i opadania zawiera harmoniczne o wysokich częstotliwościach, które będą wywoływać w doziemnych pojemnościach pasożytniczych prądy pasożytnicze. Jeśli przyjmiemy, że napięcie międzyfazowe o poziomie 560 V spada do 0 V w czasie 0.1 μs (Rys. 6.9, zaznaczenie - A) to powstanie tu harmoniczna o częstotliwości 10 MHz.

Ze względu na różnice impedancji falowych uzwojeń silnika i falownika, na zaciskach silnika powstaną przepicia, które osiągają podwojoną wartość napięcia szyny DC falownika (Rys. 6.9, zaznaczenie B) [14]. Wraz ze wzrostem mocy silnika niedopasowanie impedancji falowych zmniejsza się. Powoduje to ograniczenie przepięcia dążąc do wartości 50% ponad napięcie międzyfazowe na zaciskach falownika. Według normy IEC 61800-8 dla silnika 355 kW przepięcie zmniejszy się o blisko 40% w stosunku do silnika o mocy $<$ 3,7 kW.

Impedancja falowa kabla silnikowego i silnika spowodowała, w przypadku przedstawionym na Rys. 6.9, zmniejszenie stromości narastania napięcia do wartości ok. 2 μs, dlatego harmoniczna wymagana do zbudowania oscylacji o największej stromości będzie miała częstotliwość, ok. 500 kHz. Amplituda przepięcia $2 \times U_{DC}$ na zaciskach silnika świadczy maksymalnym niedopasowaniu falowym obciążenia falownika. Dla zwiększenia żywotności izolacji żył kablowych i izolacji uzwojeń silnika należy stosować filtry silnikowe napięć zaburzających typu DM i CM.

Dla wyjaśnienia powstawania przepięć na zaciskach silnika wykorzystuje się teorię falową, w której duża impedancja falowa decyduje o wnikaniu do uzwojeń silnika jedynie harmonicznych o niskich częstotliwościach natomiast harmoniczne wysokich częstotliwości zostają odbite i sumują się napięciem zasilającym silnik.

To trochę jak z uderzaniem metalowego pręta o powierzchnię wody. Jeśli pręt uderzy o powierzchnię wody z małą prędkością to ulegnie całkowitemu zanurzeniu bez powodowania falowania jej powierzchni. Jeśli natomiast pręt uderzy w powierzchnię wody z dużą prędkościową to praktycznie odbije się od powierzchni wody powodując jej mocne falowanie. Wniosek: energia pręta nie została wykorzystana do jego zatrzymania na powierzchni.

Jeśli jest możliwe, to dla poprawy kompatybilności elektromagnetycznej jak i wydłużenia bezawaryjnej pracy silnika należy stosować filtry silnikowe. W szczególności silniki pomp zanurzanych w wodzie (pompy zanurzeniowe lub głębinowe) oraz pracujące w środowisku wilgotnym wymagają stosowania filtrów.

6.3 Uziemienie i ekranowanie

Uziemienie

Uziemienie oznacza podłączenie metalowych części urządzeń elektrycznych nie będących pod napięciem w normalnych warunkach pracy do wspólnego punktu odniesienia.

Główne powody tego postępowania to:

- **bezpieczeństwo elektryczne-** uziemienie bezpieczeństwa zapewnia, że w przypadku degradacji izolacji elektrycznej na częściach przewodzących, które mogą być dotykane przez osobę nie występuje napięcie – tym samym eliminując ryzyko porażenia prądem,
- **zmniejszenie zakłóceń -** uziemienie sygnałowe redukuje różnice napięć, które mogą powodować problemy z emisją szumów lub podatnością na zakłócenia elektromagnetyczne, np. uziemienie ekranu kabla sygnałowego przez pojemność, np. 100nF sprzęgającą sygnały pasożytnicze wysokich częstotliwości z uziemieniem.

Bardzo ważne jest, aby zauważyć, że bezpieczeństwo elektryczne zawsze ma najwyższy priorytet – wyższy niż EMC.

Różne rodzaje uziemienia są powszechnie stosowane, ich realizację przedstawiono na Rys. 6.10.

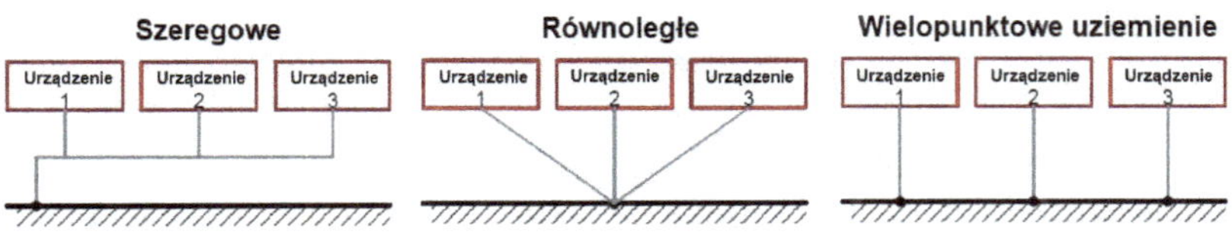

Rys. 6.10: Możliwe uziemienie punktowe szeregowe lub równolegle oraz uziemienie wielopunktowe.

Różne rodzaje uziemienia mają swoje zalety i wady, ale ważne jest, aby impedancja połączenia uziemienia była jak najniższa, zapewniając wyrównanie potencjałów obudów podłączonych urządzeń.

Ekranowanie

Ekranowanie jest używane zarówno dla odporności (ochrony przed zakłóceniami zewnętrznymi), jak i emisji (zapobiegania promieniowaniu zakłóceń). W aplikacjach napędów AC używa się ekranowanych kabli zarówno dla obwodów mocy (kabel silnikowy i kabel rezystora hamującego), jak i dla sygnałów (sygnały odniesienia analogowe, komunikacja cyfrowa i magistrale komunikacyjne).

Skuteczność ekranowania kabla jest wskazywana przez jego impedancję transferową Z_T. Impedancja transferowa odnosi prąd na powierzchni ekranu do spadku napięcia generowanego przez ten prąd na przeciwnym końcu powierzchni ekranu, Rys. 6.11.

$$Z_T = \frac{U_2}{I_1 \times l} \tag{6.3}$$

gdzie l to długość kabla ekranowanego.

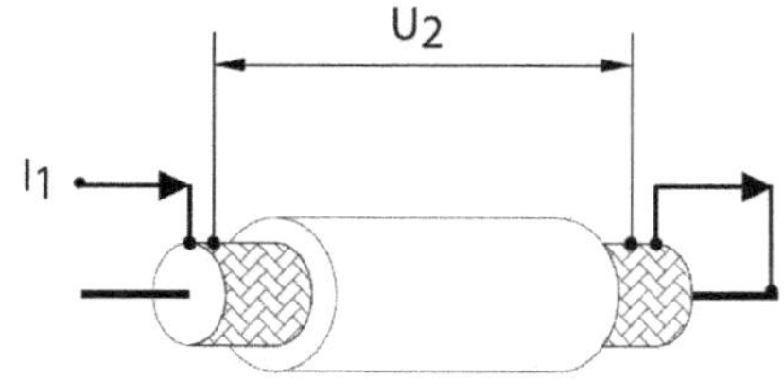

Rys. 6.11: Ilustracja wyznaczania impedancji transferowej Z_T dla różnych wykonań kabli

Im mniejsza wartość impedancji transferowej, tym lepsza skuteczność ekranowania. Rys. 6.12 pokazuje typowe wartości impedancji transferowej dla różnych rodzajów kabli silnikowych. Najbardziej powszechny typ kabla silnikowego to pojedyncza warstwa splecionej miedzianej osłony, ponieważ oferuje dobrą skuteczność ekranowania w rozsądnej cenie (kabel trzeci od góry).

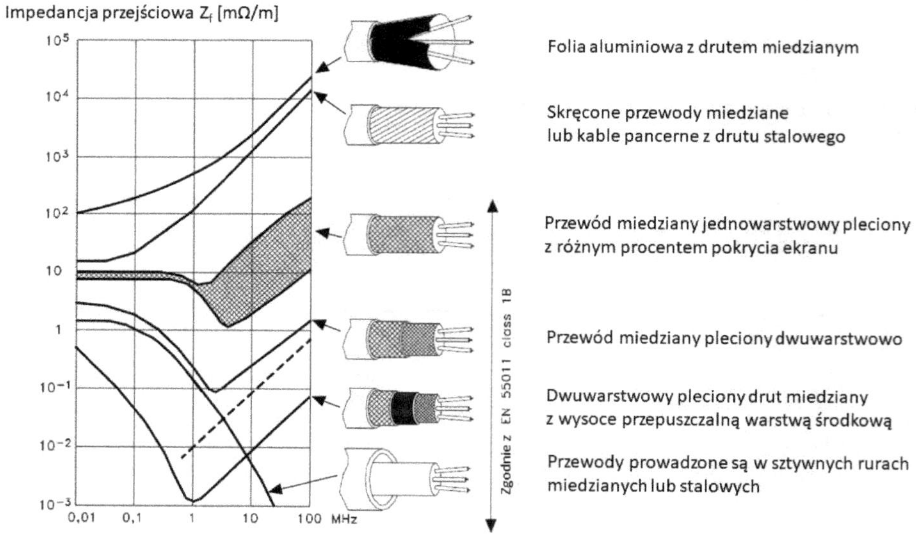

Rys. 6.12: Skuteczność ekranowania różnych typów kabli.

Impedancja transferowa może zostać znacznie zwiększona przez nieprawidłowe zakończenie ekranu. Ekran kabla musi być podłączony do obudowy urządzenia przez połączenie 360°. Użycie „warkoczyków" do połączenia ekranu zwiększa impedancję transferową i niszczy efekt ekranowania kabla, Rys. 6.13.

Pytanie o zakończenie uziemieniem obu końców lub tylko jednego końca ekranu kabla często się pojawia. Ważne jest, aby sobie uświadomić, że skuteczność ekranowania kabla jest zmniejszona, gdy tylko jeden koniec jest zakończony uziemieniem. Bardzo ważne jest prawidłowe zakończenie obu końców kabla silnikowego, w przeciwnym razie mogą wystąpić problemy z zakłóceniami, Rys. 6.14.

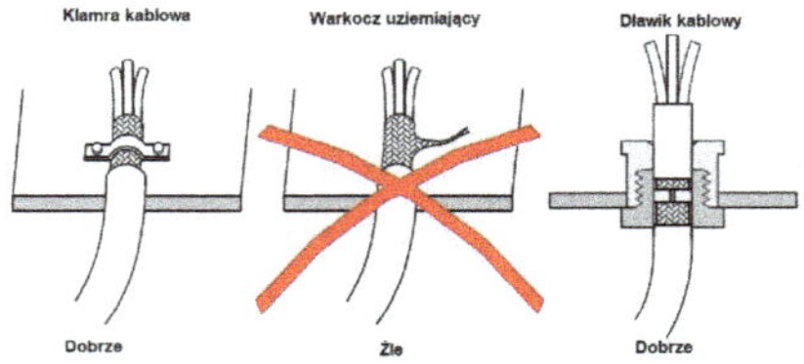

Rys. 6.13: Zakończenie połączenia ekranu kabla.

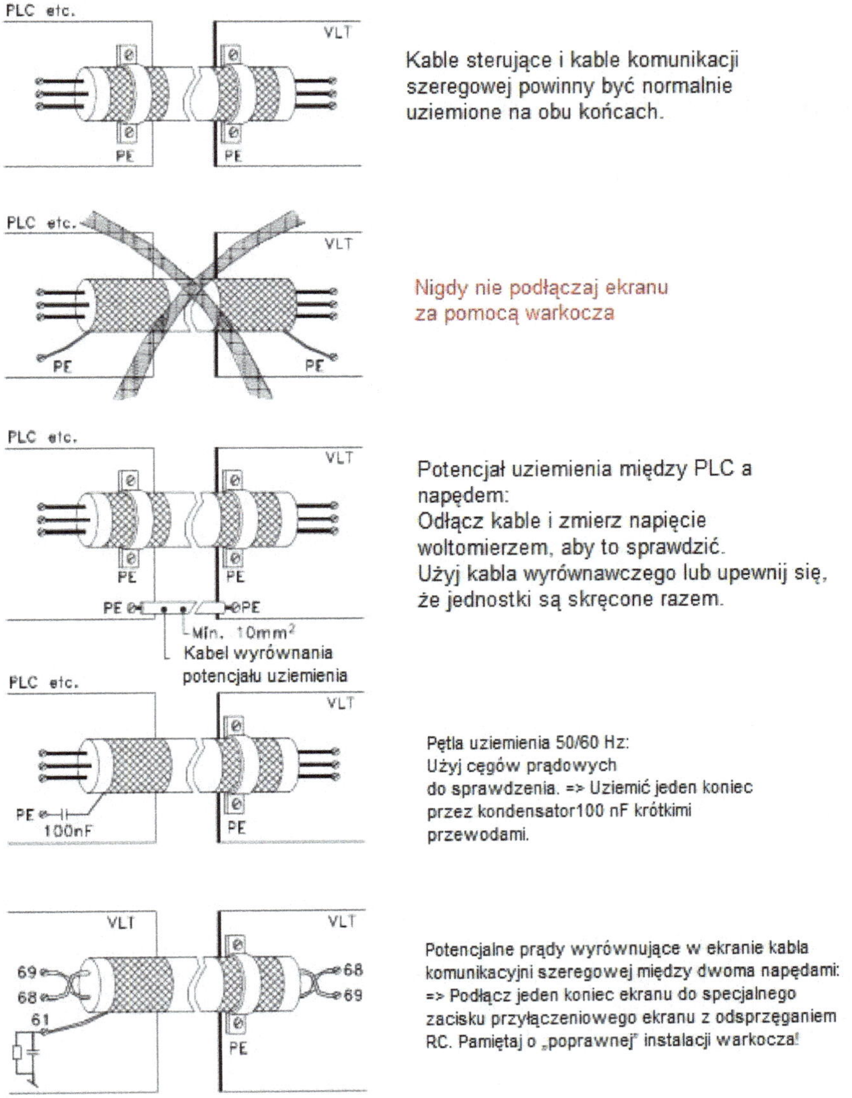

Rys. 6.14: Sposoby uziemiania ekranu kabli sygnałowych.

Powodem, dla którego w niektórych sytuacjach zakończa się uziemieniem tylko jeden koniec ekranu kabla, są pętle uziemienia w kablach sygnałowych. Oznacza to, że istnieje różnica potencjałów napięcia między obudowami dwóch podłączonych urządzeń (na przykład napędu AC i sterownika PLC), wtedy jeśli ekran łączy te dwie obudowy, powstanie prąd doziemny (o częstotliwości 50/60 Hz). Ten prąd następnie sprzęga się z sygnałem użytecznym zakłócając go, w aplikacjach audio jest to powszechnie znane jako „buczenie". Najlepszym rozwiązaniem jest użycie połączenia wyrównującego, równolegle z ekranowanym kablem.

Jeśli to nie jest możliwe, wtedy jeden koniec ekranowanego kabla może być zakończony przez kondensator 100nF. To przerywa pętlę uziemienia na niskiej częstotliwości (50/60 Hz), jednocześnie utrzymując połączenie ekranu w zakresie wysokich częstotliwości. W niektórych urządzeniach ten kondensator jest już wbudowany.

6.4 Instalacje z napędami AC

Ważne jest, aby przestrzegać dobrych praktyk inżynierskich podczas instalacji napędów AC w celu zapewnienia kompatybilności elektromagnetycznej.

Podczas projektowania instalacji można stworzyć plan EMC i postępować zgodnie z przyjętymi krokami, Rys. 6.15:

- lista komponentów, urządzeń i obszarów (miejsc instalacji),
- podział na potencjalne źródła szumu elektromagnetycznego i potencjalnie wrażliwe urządzenia,
- klasyfikacja kabli łączących urządzenia (potencjalnie szumiące lub potencjalnie wrażliwe),
- ustalenie wymagań i wybór urządzeń,
- separacja potencjalnych źródeł szumu od potencjalnie wrażliwych urządzeń,
- kontrola interfejsów między źródłami szumu a wrażliwymi urządzeniami,
- routing/trasowanie kabli zgodnie z klasyfikacją.

6.5 Filtry wyjściowe

Napędy o zmiennej prędkości, ze względu na swoją zasadę działania (przełączanie dwustanowe kluczy falownika), generują szereg niepożądanych efektów ubocznych, takich jak: naprężenia izolacji uzwojeń silnika, naprężenia łożysk, akustyczny hałas w silniku oraz zakłócenia elektromagnetyczne. W większości zastosowań efekty te są na akceptowalnym poziomie – jednak w niektórych przypadkach efekty te muszą być zredukowane.

Napięcia fazowe dwupoziomowych falowników PWM, które są powszechnie stosowane w napędach AC, nie sa czystą sinusoidą lecz zawierają także dodatkowe wysokoczęstotliwościowe zaburzenia. Zaburzenia te dzielimy na zaburzenia DM - międzyfazowe/różnicowe i CM - wspólne/doziemne. Filtrowanie zaburzeń częstotliwościowych DM i CM wymaga stosowania innych rodzajów filtrów.

Przykładowe amplitudowe widmo częstotliwościowe napięcia fazowego - u_u falowników PWM i jego dekompozycję na częstotliwości zaburzające DM i CM przedstawia Rys. 6.16, zobacz też Rys. 6.8. Filtracja zaburzeń DM powoduje, że napięcia międzyfazowe na zaciskach silnika są sinusoidalne - u_{uw}, ale pojemnościowe prądy upływu doziemnego silnika nie są wyeliminowane. Dopiero filtracja składowych częstotliwościowych zaburzeń CM -

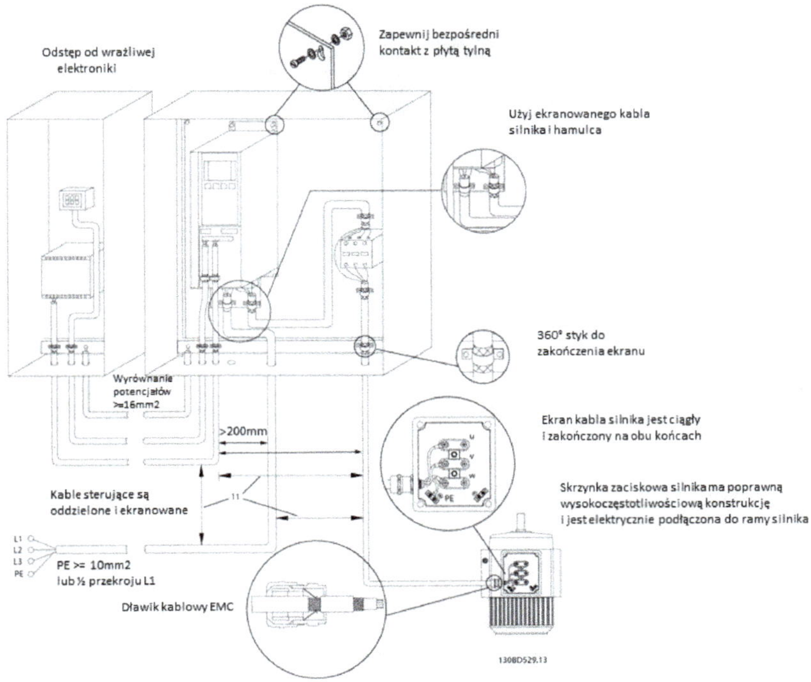

Rys. 6.15: Typowe środki techniczne i rozmieszczenie urządzeń stosowane w prostej instalacji napędu AC.

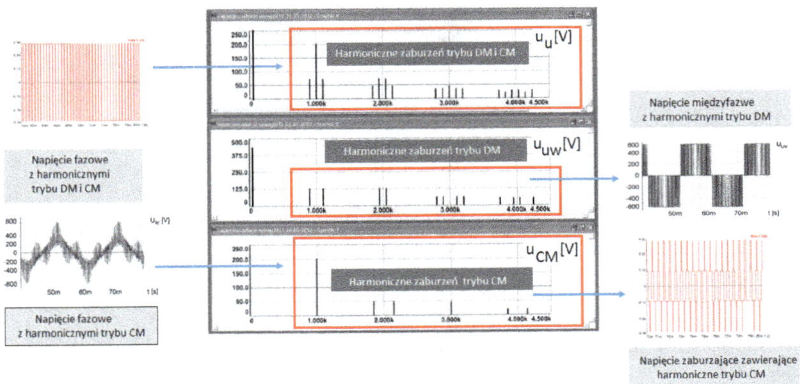

Rys. 6.16: Dekompozycja napięcia fazowego falownika na harmoniczne zaburzeń trybu DM (różnicowego) i CM (wspólnego). Modulacja sinusoidalna falownika PWM z M=1.0)

u_{CM} powoduje, że napięcia fazowe silnika (mierzone względem ziemi) są sinusoidami, co eliminuje prądy upływu doziemnego.

W celu ograniczenia tych efektów, na wyjściu napędów AC instalowane są filtry. Najbardziej znane filtry, to filtry du/dt, filtry napięć sinusoidalnych oraz filtry trybu wspólnego CM.

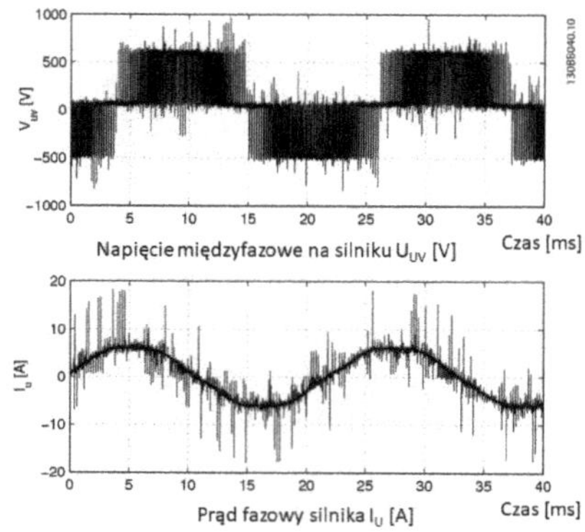

Rys. 6.17: Napięcie i prąd na zaciskach silnika – napęd AC bez filtrów wyjściowych [12]

Przykładowy oscylogram napięcia i prądu na zaciskach silnika dołączonego bezpośrednio krótkim kablem silnikowym do napędu AC (poniżej 15m) przedstawia Rys. 6.17. Widoczne tu są szumowe (wysokoczęstotliwościowe) zaburzenia elektromagnetyczne zarówno w napięciu, jak i prądzie silnika.

Zastosowanie dławika du/dt redukuje stromości narastania napięcia do ok. 500V/μs, co wyraźnie eliminuje szum elektromagnetyczny i co jest uwidocznione na oscylogramie Rys. 6.18.

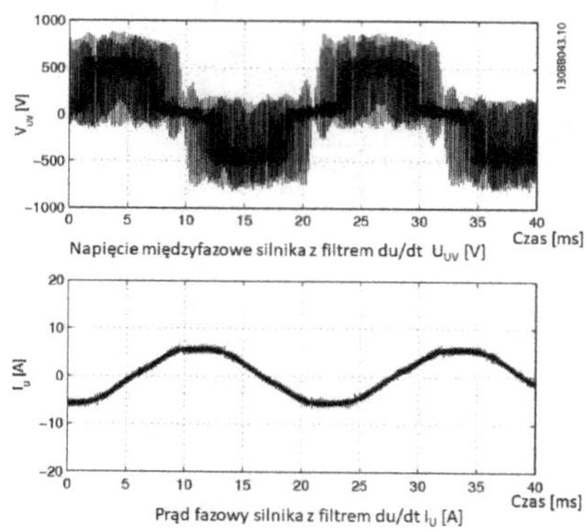

Rys. 6.18: Napięcie i prąd na zaciskach silnika z filtrami du/dt [12]

Filtr LC eliminuje harmoniczne zaburzeń różnicowych DM w napięciach międzyfazowych falownika PWM napędu AC i tym samym pozostawia jedynie harmoniczną podstawową tego napięcia, napięcie sinusoidalne wyznaczające częstotliwość określającą prędkość obrotową silnika. Z napięcia międzyfazowego zasilającego silnik zostają wyeliminowane wszystkie niepożądane harmoniczne zaburzeń różnicowych DM, ale nie są usuwane harmoniczne zaburzeń trybu wspólnego CM. Uzyskany po zastosowaniu filtra LC oscylogram napięcia międzyfazowego i prądu fazowego silnika przedstawia Rys. 6.19.

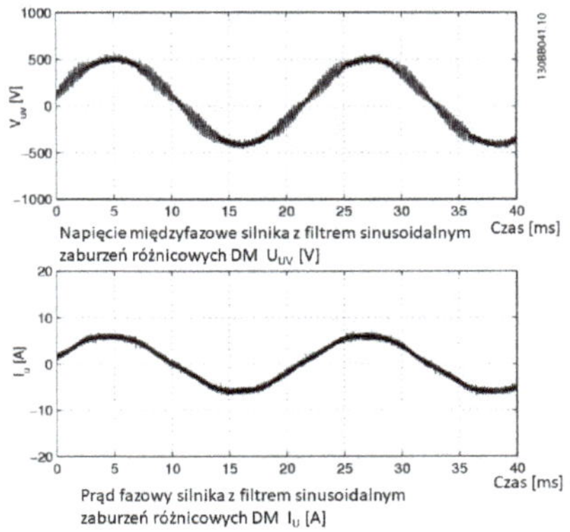

Rys. 6.19: Napięcie międzyfazowe i prąd fazowy (przewodowy) na zaciskach silnika z filtrami napięć sinusoidalnych LC [12]

6.5.1 Filtry du/dt

Filtry du/dt mogą mieć różne konfiguracje obwodów, ale zazwyczaj są to filtry LC (czasami również z rezystorami tłumiącymi) z częstotliwością odcięcia dostrojoną powyżej częstotliwości przełączania kluczy falownika napędu. Są też wykonania z samymi trójfazowymi dławikami L, które ograniczają stromość narastania impulsów napięcia falownika PWM napędu AC, ale nie ograniczają przepięć.

Jak sugeruje ich nazwa, filtry du/dt redukują szybkość narastania impulsów napięcia na wyjściu napędu do wartości zazwyczaj poniżej 500V/μs. Zmniejsza to naprężenia izolacji uzwojeń silnika, co zwiększa jej trwałość. Kształt napięcia pozostaje modulowany szerokością impulsu PWM.

Istnieją różne normy określające ograniczenia dotyczące czasu narastania i wartości szczytowych napięcia na zaciskach silnika. Definicja czasu narastania nieznacznie różni się między międzynarodowymi normami IEC a amerykańską rekomendacją NEMA. Metody obliczania czasów narastania napięcia na zaciskach silnika wg IEC i NEMA przedstawiono na rysunkach, Rys. 6.20 i Rys. 6.21.

Górne granice dopuszczalnych przepięć U_{peak} nie powodujących nadmiernej degradacji (przeciążania) izolacji uzwojeń silników ogólnego przeznaczenia, zasilanych napędami AC z napięciem zasilania do 3x500 V określa norma IEC 600034-17 [14].

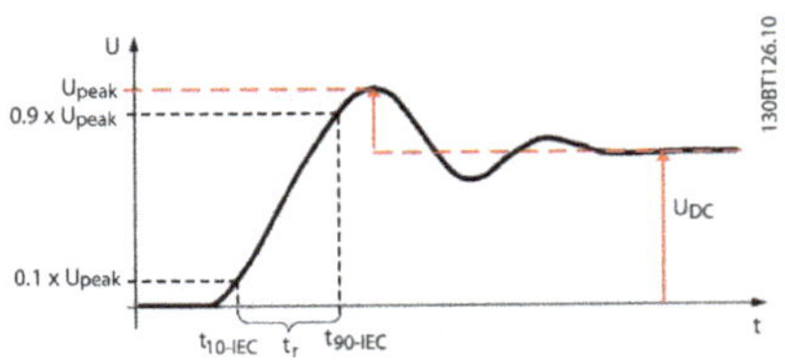

Rys. 6.20: Międzynarodowa definicja IEC czasu narastania i szczytowego napięcia

Filtry du/dt zwiększają czas narastania i pomagają w spełnieniu odpowiednich norm. Przykład można zobaczyć na Rys. 6.22. Przeprowadzone pomiary wykazały, że wraz z długością kabla silnikowego zmniejsza się stromość narastania impulsu napięcia na zaciskach silnika i dla krótkiego kabla 15m wynosi ok. 4kV/μs bez filtra oraz 0.8kV/μs z filtrem du/dt.

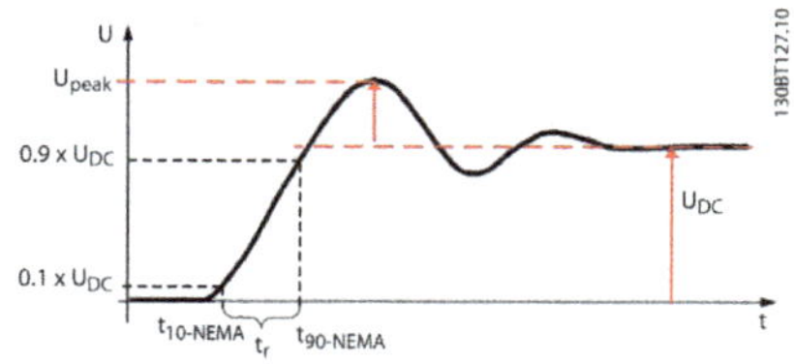

Rys. 6.21: Definicja NEMA czasu narastania i szczytowego napięcia

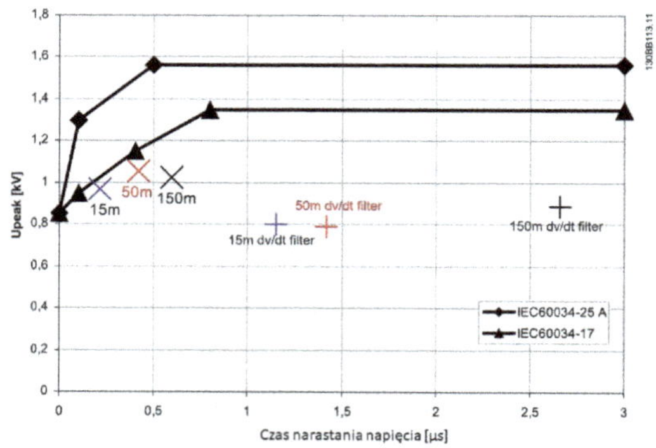

Rys. 6.22: Zmierzone wartości du/dt i U_{peak} (czas narastania i napięcia szczytowe) z filtrem du/dt i bez niego przy użyciu kabli o długości 15 m, 50 m i 150 m na silniku indukcyjnym 3×400 V/37 kW [12]

Filtry du/dt są zalecane w aplikacjach ze starymi silnikami o słabej izolacji lub w aplikacjach, gdzie napięcie zasilania napędu wynosi 690 V. W aplikacjach z krótkimi kablami silnikowymi (poniżej 15m), filtry du/dt mogą być używane do redukcji du/dt. Jednak w aplikacjach z długimi kablami silnikowymi, filtry du/dt tracą sens, ponieważ sam kabel będzie działał jako filtr i redukował szybkość du/dt na zaciskach silnika (zobacz też, Rys. 6.22).

6.5.2 Filtry sinusoidalne

Filtr sinusoidalny to dolnoprzepustowy filtr LC, którego częstotliwość odcięcia, w przeciwieństwie do filtra du/dt, jest ustawiona tak, aby wyeliminować wszystkie wysokoczęstotliwościowe składniki z międzyfazowych napięć napędu AC na zaciskach silnika. Wytwarza on niemal idealną sinusoidalną falę napięć międzyfazowych. Eliminowane są tu składowe zaburzeń różnicowych DM, gdyż zaburzenia wspólne (sumaryczne) występują jedynie w napięciach fazowych. W napięciach międzyfazowych zaburzenia CM eliminują się samoczynnie poprzez różnicę napięć fazowych: $u_{ff} = u_{f1} - u_{f2}$.

Dzięki filtrom sinusoidalnym LC naprężenia napięciowe na silniku odpowiadają tym, które występują przy normalnym bezpośrednim podłączeniu do sieci energetycznej DOL o tym samym napięciu. Filtr sinusoidalny LC jest szczególnie odpowiedni dla starych silników, które nie są zaprojektowane do pracy z napędami AC.

Filtr sinusoidalny LC nie eliminuje doziemnych prądów łożyskowych powstających na skutek występowania zaburzeń CM, ale minimalizuje odbicia napięcia oraz redukuje poziom hałasu silnika.

Jeśli za filtrem jest dołączony transformator wyjściowy, filtr sinusoidalny LC eliminuje wysokoczęstotliwościowe składniki, które mogłyby obciążać transformator. Filtr sinusoidalny LC pozwala również na użycie znacznie dłuższych kabli silnikowych.

Filtry sinusoidalne są znacznie droższe od filtrów du/dt. Jest to spowodowane tym, że pożądane charakterystyki częstotliwościowe wymagają użycia większych indukcyjności i pojemności.

Filtr fal sinusoidalnych powoduje zazwyczaj spadek napięcia nawet o 7-10%. Może to wymagać zwiększenia napięcia wyjściowego napędu AC. Ponadto, gdy używany jest w zakresie osłabienia pola (praca silnika w strefie stałej mocy), moment silnika spada szybciej (niż bez filtra sinusoidalnego LC).

6.5.3 Filtry zaburzeń wspólnych/sumarycznych CM

Filtry zaburzeń wspólnych/sumarycznych są używane do redukcji prądów łożyskowych i prądów doziemnych, ale nie zapewniają znaczącej redukcji szybkości narastania i opadania napięcia du/dt na zaciskach silnika.

Wysokoczęstotliwościowe filtrowanie harmonicznych napięcia trybu wspólnego CM (zaburzeń określanych jako: wspólne, sumaryczne lub doziemne) można osiągnąć za pomocą rdzeni toroidalnych wykonanych z materiału nanokrystalicznego, aby zapewnić większą indukcyjność dla tych zaburzeń. Przewód prądowy ma wokół siebie pole magnetyczne. Efekt ferrytu polega na skoncentrowaniu tego pola i co za tym idzie, zwiększeniu indukcyjności przewodu o kilkaset razy.

Rys. 6.23: Nanokrystaliczne filtry do tłumienia prądów zaburzeń wspólnych CM w kablu silnikowym przemiennika częstotliwości [11]:
(a) - wykonanie pierścieniowych filtrów tłumienia prądów zaburzeń wspólnych,
(b) - sposób użycia pierścieniowych filtrów tłumienia prądów zaburzeń wspólnych

Jeśli ferryt zostanie nałożony na przewód, który obejmuje wszystkie trzy fazy, nie będzie miał wpływu na prąd w trybie różnicowym (zaburzenie różnicowe DM), ale zwiększy impedancję dla prądów zaburzających trybu wspólnego CM. Dzieje się tak dlatego, że prądy różnicowe, z definicji, sumują się do zera i dlatego nie wytwarzają netto pola magnetycznego (zobacz też, Rys. 6.2). Prądy w trybie wspólnym wytwarzają netto strumień magnetyczny, który jest skoncentrowany w masie ferrytu, co skutkuje zwiększoną impedancją tylko dla prądów w trybie wspólnym.

To także wyjaśnia, dlaczego tylko przewody fazowe są przeciągane przez pierścienie. Przewód PE musi być oddzielony. Wszystkie ferryty są przewodzące, więc ważne jest, aby przewody przez nie przechodzące były wystarczająco dobrze izolowane. Ponadto, filtr trybu wspólnego powinien być zainstalowany bezpośrednio po wyjściu z napędu AC przed innymi filtrami wyjściowymi [12], Rys. 6.23.

6.6 Naprężenia elektryczne łożysk

Gdy silnik obraca się z normalną prędkością, metalowe łożyska w niewielkim stopniu izolują stojan od wirnika. Dzieje się tak, ponieważ między bieżniami łożysk a kulkami łożyskowymi znajduje się cienka warstwa smaru. Grubość izolującej warstwy smaru wynosi około 0,5 μm, dlatego napięcie tak niskie jak 10 V może spowodować przełamanie izolacji i wyładowanie elektryczne. Gdy dochodzi do wyładowania, metal bieżni łożysk i kulek łożyskowych topi się, powodując mikroskopijne wżery. Akumulacja wżerów z czasem nazywana jest pittingiem, a proces degradacji metalu łożysk nazywa się ubytkiem elektroerozyjnym EDM (ang. electrical discharge machining).

Choć EDM jest znany od ponad wieku (prace naukowe opisują to zjawisko już w latach 20. XX wieku), wraz ze wzrostem użycia napędów o zmiennej prędkości wydaje się, że występowanie EDM wzrasta. Choć niektóre przyczyny można przypisać czynnikom mechanicznym (silnik nie zaprojektowany do pracy przy zmiennej prędkości, niewystarczające chłodzenie przy niższych prędkościach, długotrwała praca przy niskich prędkościach itp.), główną przyczyną prowadzącą do zwiększenia EDM jest wzrost napięcia wału silnika podczas używania napędu o zmiennej prędkości.

Główną przyczyną napięcia wału jest stroma szybkość przełączania napięcia wyjściowego napędu (powszechnie znana jako du/dt) w połączeniu z inherentnym napięciem trybu wspólnego CM generowanym przez stopień wyjściowy napędu (falownik). Inne czynniki prowadzące do napięcia wału są niezależne od użycia napędów, takie jak asymetrie silnika lub użycie asymetrycznych kabli silnikowych – zwłaszcza w aplikacjach dużych mocy, gdzie prąd silnika przekracza 100 – 200 A.

Istnieją różne mechanizmy powstawania napięcia na wale silnika:

- **sprzężenie pojemnościowe** – spowodowane sprzężeniem pojemnościowym napięcia trybu wspólnego CM i wysokim du/dt między uzwojeniem stojana a wirnikiem,
- **sprzężenie indukcyjne** – spowodowane sprzężeniem magnetycznym prądów wirujących między prądami wirowymi stojana a prądami wirowymi wirnika.

Co zrobić w przypadku występowania awarii łożysk?

Gdy występują awarie łożysk, to pojawienie się wzoru „flutingu" na łożysku często wskazuje na obecność elektrycznego naprężenia łożysk. Jeśli łożysko jest analizowane za pomocą elektronowego mikroskopu skaningowego, widoczne są wżery spowodowane wyładowaniami elektrycznymi, Rys. 6.24.

Przed podjęciem działań naprawczych ważne jest określenie głównej przyczyny awarii łożysk. Analiza łożysk obejmuje inspekcję wizualną, obrazowanie mikroskopem elektronowym oraz analizę chemiczną smaru.

Awarie łożysk mogą mieć przyczyny mechaniczne i elektryczne. Przyczyny mechaniczne są najczęstsze, ale często są niewłaściwie interpretowane jako usterki elektryczne. Rzeczywiście, gdy główną przyczyną jest mechanika, wyładowania elektryczne przyspieszają zużycie. W takich przypadkach zmniejszenie naprężeń elektrycznych wydłuży żywotność, ale nie zlikwiduje głównej przyczyny. Przyczyny mechaniczne muszą być najpierw usunięte w sposób mechaniczny.

Zdjęcia przedstawione na Rys. 6.25 są zrobione za pomocą mikroskopu elektronowego i pokazują przykłady łożysk, które uległy uszkodzeniu. Pierwsze zdjęcie Rys. 6.25 (a) pokazuje łożysko, które uległo naprężeniom elektrycznym – w tym przypadku potrzebne są

(a) (b)

Rys. 6.24: Degradacja bieżni łożysk wirnika w skutek efektu EDM:
(a) - wzór „flutingu" na bieżni łożyska często wskazuje na obecność elektrycznego naprężenia łożysk,
(b) - zdjęcie mikroskopu skaningowego elektronowego przedstawiające wżery na łożysku

środki elektryczne. Drugie zdjęcie Rys. 6.25 (b) pokazuje łożysko, które uległo naprężeniom mechanicznym spowodowanym niewłaściwym obciążeniem osiowym. Równoległe rowki w metalu zostały spowodowane niewłaściwym obciążeniem. Ale blisko rowków widoczne są wżery – znak, że uszkodzenie zaczęło się mechanicznie, ale zostało przyspieszone przez naprężenia elektryczne.

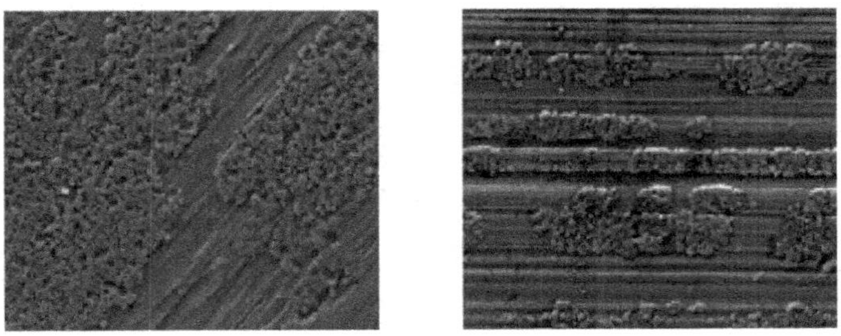

(a) (b)

Rys. 6.25: Degradacja elektryczna i mechaniczna bieżni łożysk wirnika:
(a) - łożysko, które uległo naprężeniom elektrycznym,
(b) - łożysko, które uległo naprężeniom mechanicznym przez obciążenie osiowe i następnie naprężeniom elektrycznym

Bieżnik łożyska degraduje się elektrycznie osiowo, niemniej proces ten jest rozłożony w czasie. Przyspieszonej degradacji efektem EDM ulegają też wirniki pomp zanurzeniowych, co skutkuje koniecznością wydobycia pompy w celu naprawy, dlatego filtracja napięcia trybu wspólnego CM jest ważna w tych zastosowaniach, Rys. 6.26.

Środki zaradcze mechaniczne:

- upewnij się, że silnik i obciążenie są prawidłowo wyrównane (wyważone),
- upewnij się, że obciążenie mechaniczne łożyska (promieniowe i osiowe) mieści się w specyfikacjach,
- sprawdź poziom wibracji,
- sprawdź smar łożyska i upewnij się, że łożysko jest prawidłowo smarowane dla danych warunków pracy.

(a)

(b)

Rys. 6.26: Degradacja osiowa bieżni łożyska i wału pompy głębinowej:
(a) - obciążenie osiowe łożyska,
(b) - degradacja EDM wału pompy głębinowej

Środki zaradcze elektryczne:

- zapewnij niską impedancję ścieżki powrotnej dla prądów wysokiej częstotliwości,
- ściśle przestrzegaj zasad instalacji EMC, na przykład poprzez użycie ekranowanego kabla między napędem a silnikiem i podłączenie ekranu na obu końcach za pomocą odpowiedniego połączenia wysokiej częstotliwości,
- upewnij się, że silnik jest prawidłowo uziemiony i uziemienie ma niską impedancję dla prądów wysokiej częstotliwości,
- zapewnij dobre uziemienie wysokiej częstotliwości między obudową silnika a obciążeniem,
- można użyć szczotek uziemiających wał, aby wyeliminować napięcie wału,
- używaj symetrycznych kabli silnikowych, zwłaszcza w aplikacjach dużych mocy, gdzie prąd silnika przekracza 100 – 200 A,
- używaj filtrów trybu wspólnego CM do redukcji prądów wysokiej częstotliwości między napędem a silnikami.

Filtry trybu wspólnego wysokiej częstotliwości CM są dobrym rozwiązaniem do redukcji naprężeń elektrycznych łożysk, ale użycie takich filtrów nie eliminuje potrzeby prawidłowej instalacji zgodnej z EMC.

Filtry zaburzeń wspólnych częstotliwości mogą być wykonane w postaci rdzeni magnetycznych. Rdzenie są wykonane z bardzo przepuszczalnego materiału magnetycznego (rdzeń nanokrystaliczny).

Trzy fazy silnika przechodzą przez rdzenie – absolutnie konieczne jest przestrzeganie prawidłowych instrukcji montażu. Nieprzeciągnięcie wszystkich faz silnika przez rdzenie doprowadzi do nasycenia rdzenia, a przeciągnięcie również ekranu kabla uczyni rdzenie nieskutecznymi.

Nanokrystaliczne rdzenie magnetyczne wysokiej częstotliwości można zainstalować zarówno na zaciskach napięciowych napędu, jak i w skrzynce zaciskowej silnika. Gdy są zainstalowane jedynie na zaciskach napędu, rdzenie dodatkowo zredukują hałas wysokiej częstotliwości w kablu silnikowym. Wadą instalacji na zaciskach napędu jest to, że prądy pojemnościowe trybu różnicowego DM długiego kabla silnikowego mogą nasycać rdzenie. Montaż rdzeni w skrzynce zaciskowej silnika eliminuje ryzyko nasycenia rdzeni. Jednak w takim przypadku nie nastąpi redukcja hałasu elektromagnetycznego w kablu silnikowym, Rys. 6.27.

Obecnie spotykane są już wykonania silników z izolowanymi łożyskami, co znacząco ogranicza wartości doziemnych prądów łożyskowych powodowanych napięcia zaburzają-

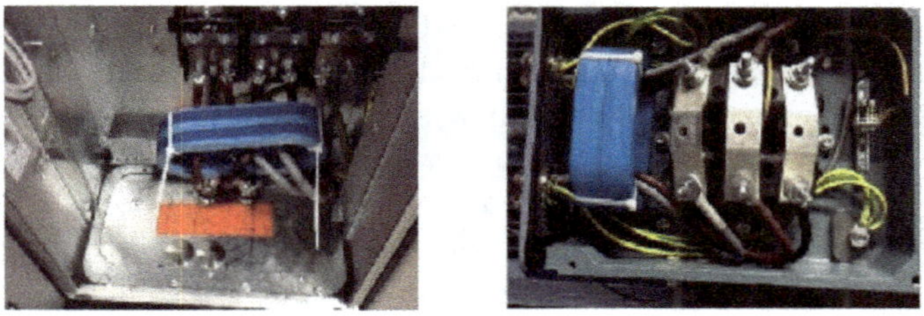

(a) (b)

Rys. 6.27: Sposoby montażu rdzeni nanokrystalicznych CM w systemie napędowym:
(a) - rdzenie trybu wspólnego CM zainstalowane na zaciskach napędu,
(b) - rdzenie trybu wspólnego CM zainstalowane w skrzynce zaciskowej silnika

cym typu CM. Mogą to być zewnętrzne osłony teflonowe/ceramiczne bieżni łożyska lub kulki/walce ceramiczne. Zwykle izoluje się obydwa końce wału silnika.

6.7 Europejska Dyrektywa EMC i normy EMC

Europejska Dyrektywa EMC

Aktualna Dyrektywa EMC to 2014/30/UE, która weszła w życie 20 kwietnia 2016 roku, zastępując wcześniejszą dyrektywę 2004/108/WE. Dyrektywa ta jest wymogiem prawnym w Unii Europejskiej.

W istocie wymagania są proste:

- produkty nie mogą emitować niepożądanych zakłóceń elektromagnetycznych (ogranicza emisję),
- produkty muszą być odporne na rozsądny poziom zakłóceń (ustanawia wymagania dotyczące odporności).

Sama dyrektywa jest dokumentem politycznym i nie zawiera konkretnych wymagań technicznych. Producent ma możliwość korzystania z norm zharmonizowanych w celu wykazania zgodności z dyrektywą. Zgodność z Dyrektywą EMC (oraz z innymi odpowiednimi dyrektywami, takimi jak Dyrektywa Niskonapięciowa – LVD) jest potwierdzona w Deklaracji Zgodności produktu, a na produkcie umieszczane jest oznakowanie CE.

Zakres Dyrektywy EMC obejmuje następujące dwie kategorie:

- urządzenia: gotowe urządzenie udostępnione komercyjnie jako jednostka o jednej funkcji i przeznaczone dla użytkownika końcowego. Urządzenia zgodne z wymaganiami Dyrektywy są oznakowane znakiem CE,
- instalacje stałe: kombinacja urządzeń lub innych komponentów elektrycznych, która jest trwale zainstalowana w określonej lokalizacji. Instalacje stałe są budowane zgodnie z „dobrymi praktykami inżynierskimi" i z uwzględnieniem informacji o przeznaczeniu ich komponentów. Instalacje stałe nie są oznakowane znakiem CE.

Wybrane terminy określone w Dyrektywie 2014/30/UE:

- „kompatybilność elektromagnetyczna EMC" oznacza zdolność urządzenia do zadowalającego działania w środowisku elektromagnetycznym bez powodowania nadmiernych zaburzeń elektromagnetycznych w stosunku do innych urządzeń działających w tym środowisku,
- „zaburzenie elektromagnetyczne" oznacza jakiekolwiek zjawisko elektromagnetyczne, które może pogorszyć działanie urządzenia; zaburzeniem elektromagnetycznym może być szum elektromagnetyczny, niepożądany sygnał lub zmiana w samym ośrodku propagacji,
- „środowisko elektromagnetyczne" oznacza wszelkie zjawiska elektromagnetyczne możliwe do zaobserwowania w danym miejscu,
- „producent" oznacza osobę fizyczną lub prawną, która wytwarza aparaturę lub zleca zaprojektowanie lub wytworzenie aparatury i oferuje tę aparaturę pod własną nazwą lub znakiem towarowym,
- „cele bezpieczeństwa" oznaczają cele ochronne życia ludzi lub ochrony własności.

Normy EMC

Istnieją różne kategorie norm, jak następuje:

- normy podstawowe dotyczą ogólnych aspektów, takich jak konfiguracja testu, technika pomiarowa i linie emisji. Dla napędów o zmiennej prędkości najczęściej używane są limity emisji określone w normie EN 55011,
- normy ogólne dotyczą specyficznych środowisk i zostały opracowane głównie w celu wypełnienia luki w standardach specyficznych dla produktów. Dla środowisk mieszkalnych, komercyjnych i lekkiego przemysłu normą ogólnej odporności jest EN 61000-6-1, a normą ogólnej emisji jest EN 61000-6-3. Dla środowisk przemysłowych normą ogólnej odporności jest EN61000-6-2, a normą ogólnej emisji jest EN 61000-6-4,
- normy produktowe dotyczą określonej rodziny produktów. Dla napędów AC standardem jest EN/IEC 61800-3.

Standard produktowy dla napędów AC ustala zarówno limity odporności, jak i emisji, w zależności od środowiska, w którym napęd jest używany: środowisko mieszkalne (bardziej rygorystyczne limity emisji, niezbyt wysokie poziomy odporności) lub środowisko przemysłowe (mniej rygorystyczne limity emisji, wyższe poziomy odporności).

Spełnienie wymagań kompatybilności elektromagnetycznej EMC nakłada na producenta napędów AC obowiązki wynikające z norm produktowych, ale też użytkownik musi spełniać warunki EMC przy budowie instalacji z napędami AC.

Od 20 kwietnia 2016 roku, czyli od wejścia nowej wersji dyrektywy kompatybilności elektromagnetycznej, wystawia się nowy dokument potwierdzający zgodność. Na chwile obecną jest to deklaracja zgodności CE.

Dyrektywa 2014/30/UE pozwala na samoocenę wyrobów (bez udziału jednostki notyfikowanej) przez wewnętrzną kontrolę produkcji, oczywiście jednostka notyfikowana może zostać zatrudniona na życzenie producenta. Należy pamiętać, że badania trzeba wykonać zgodnie z zapisami zawartymi w normach zharmonizowanych, a do tego potrzebny jest drogi i unikalny sprzęt.

Każdy podmiot gospodarczy wprowadzający aparaturę do obrotu pod własną nazwą lub znakiem towarowym bądź modyfikujący aparaturę w sposób, który może wpłynąć na zgodność aparatury z niniejszą dyrektywą, powinien być uznany za producenta i przejąć jego obowiązki.

W Tab. 6.1 przedstawiono normy określające dopuszczalne poziomy emisji zaburzeń wysokoczęstotliwościowych dla spełnienia warunków kompatybilności EMC urządzeń energoelektronicznych w różnych środowiskach eksploatacji.

Środowisko	**EN/IEC 61800-3**	**EN 55011**	**EN 61000**
-	**Standard produktowy**	**Standard środowiskowy**	**Standard ogólny**
1. Środowisko mieszkalne, komercyjne i lekkiego przemysłu	Kat. C1	Klasa B	EN 61000-6-3
	lub Kat. C2 (ograniczone użycie)	-	-
	Kat. C2	Klasa A, grupa 1	EN 61000-6-4
2. Przemysłowe	Kat. C3	- (<20 kVA)	-
	Kat. C3 (I > 100 A)	Klasa A, grupa 1, 20-75 kVA sprzęt elektroniczny dużej mocy	-
	Kat. C3 (I > 100 A)	Klasa A, grupa 1, >75 kVA sprzęt elektroniczny dużej mocy	-
	Kat. C4 Brak limitów emisji (przygotuj plan EMC)	-	-

Tab. 6.1: Normy poziomów emisji zakłóceń dla spełnienia EMC przez napędy AC

SI - Ułatwia analizę dużych ilości danych w systemach napędów przemysłowych

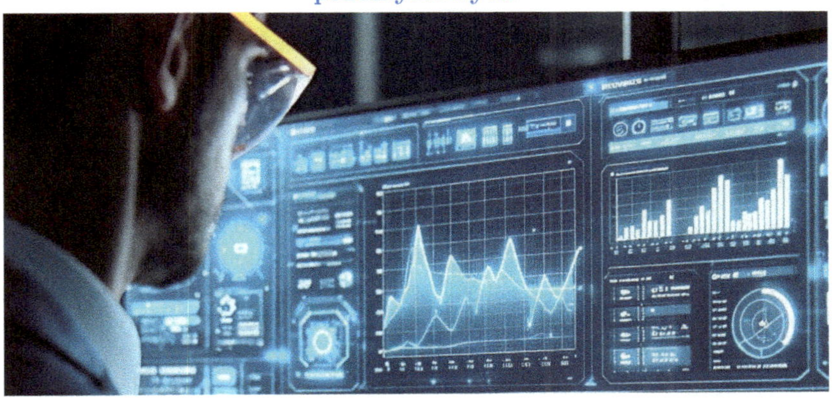

7 Ochrona przed porażeniem elektrycznym i zagrożeniami elektroenergetycznymi

7.1 Ogólne

Urządzenia elektryczne są często obsługiwane przy napięciach i prądach, które mogą być potencjalnie niebezpieczne dla ludzi, zwierząt i systemów. Te zagrożenia mogą wynikać z kontaktu fizycznego, przeciążenia, zwarcia, uszkodzenia komponentów lub wpływu ciepła czy wilgoci.

Potencjalne zagrożenia muszą być unikane lub co najmniej zredukowane do akceptowalnego minimum, poprzez ostrożne planowanie i projektowanie w połączeniu z analizą błędów i oceną występującego ryzyka.

Rozważania dotyczące zapewnienia bezpieczeństwa napędów AC podczas instalacji, normalnych warunków pracy oraz konserwacji muszą być uwzględnione podczas projektowania i budowy napędu AC. Ponadto należy wziąć pod uwagę minimalizację zagrożeń wynikających z przewidywalnego niewłaściwego użytkowania napędu AC, które może wystąpić w trakcie jego eksploatacji.

Ochrona przed porażeniem elektrycznym jest zasadniczo uzyskiwana przez dwa poziomy ochrony:

- **ochrona podstawowa**, która chroni użytkownika przed porażeniem elektrycznym w normalnych warunkach pracy. Ochrona podstawowa jest zazwyczaj uzyskiwana przez fizyczne obudowy lub bariery, materiały nieprzewodzące albo dystanse izolacyjne,
- **ochrona w warunkach uszkodzenia**, która chroni użytkownika przed porażeniem elektrycznym w warunkach pojedynczego uszkodzenia (doziemnego). Ochrona w napędach AC jest zazwyczaj uzyskiwana przez użycie plastikowych obudów lub odpowiednie podłączenie do zacisku uziemienia ochronnego przewodu PE.

Dodatkowo, zapewniona jest ochronna izolacja galwaniczna między dostępnymi komponentami/obwodami sterującymi a komponentami mocy napędów AC. Ma to na celu zapewnienie, że na liniach sterujących nie pojawi się niebezpieczne napięcie (np. napięcie sieciowe, napięcie DC lub napięcie silnika). Kontakt z liniami sterującymi mógłby być potencjalnie śmiertelny, a także stwarzałby ryzyko uszkodzenia urządzeń.

Międzynarodowa/Europejska norma IEC/EN 61800-5-1 szczegółowo opisuje wymagania dotyczące ochrony przed porażeniem elektrycznym oraz ochrony przed innymi zagrożeniami mającymi zastosowanie do napędów AC. Określa wymagania dla układów napędowych o regulowanej prędkości lub ich elementów w odniesieniu do kwestii bezpieczeństwa elektrycznego, cieplnego i energetycznego.

Polska norma PN-EN 61800-5-2 (w Europie EN 61800-5-2) dotyczy bezpieczeństwa funkcjonalnego elektrycznych układów napędowych z regulacją prędkości. Część 5-2 serii normy PN-EN 61800 dotyczy elektrycznych układów napędowych ze zintegrowanymi funkcjami bezpieczeństwa. W części 5-2 określono wymagania dotyczące projektowania napędów dla zapewnienia bezpieczeństwa funkcjonalnego. Norma PN-EN 61800-5-2 dzieli funkcje bezpieczeństwa na funkcje zatrzymania oraz pozostałe funkcje bezpieczeństwa, takie jak funkcje bezpiecznego ruchu i funkcje bezpiecznego hamowania.

Obudowa napędu AC zapewnia ochronę przed urazami lub uszkodzeniami wynikającymi z kontaktu. Stopień ochrony IP21 i wyższy zapobiega urazom osobistym, chroni przed przypadkowym kontaktem z podzespołami będącymi pod napięciem. Zgodność z międzynarodowymi (PN IEC 60364) i krajowymi przepisami zapobiegania wypadkom (takimi jak BGV-A3, która jest obowiązkowa dla urządzeń elektrycznych w Niemczech) również jest konieczna, aby zapewnić ochronę przed zagrożeniami związanymi z kontaktem.

Zagrożenia temperaturowe i pożarowe

Napędy AC mogą stanowić zagrożenie pożarowe w wyniku przegrzania. Z tego powodu powinny być wyposażone we wbudowany czujnik temperatury, który zatrzymuje działanie napędu AC w przypadku awarii układu chłodzenia.

W pewnych warunkach, silnik podłączony do napędu AC może nieoczekiwanie się uruchomić. Na przykład, może to się zdarzyć, jeśli w napędzie AC są włączone timery (programowane włączniki czasowe) lub monitorowane ograniczniki temperatury.

Przycisk awaryjnego zatrzymania

Zależnie od specyficznych przepisów systemowych, może być konieczne zamontowanie przycisku awaryjnego zatrzymania w pobliżu silnika. Ten przycisk może być włączony w linię zasilania sieciowego lub kabel silnikowy i powodować zatrzymanie napędu AC lub silnika, nie powodując ich uszkodzenia.

7.2 Systemy zasilania sieciowego

Istnieją różne sposoby uziemienia systemów zasilania sieciowego, z których każdy ma swoje zalety i wady. Wybór może wpływać na bezpieczeństwo i kompatybilność elektromagnetyczną instalacji. Istnieją trzy główne układy uziemienia, zdefiniowane w normie IEC 60364 (PN-HD 36364) - „Wymagania dotyczące instalacji elektrycznych w budynkach" Norma ta skupia się na zapewnieniu ochrony przed zagrożeniami związanymi z instalacjami elektrycznymi, uwzględniając aspekty związane z bezpieczeństwem użytkowników oraz ochroną mienia. Zgodnie z postanowieniami IEC 60364, projektanci i wykonawcy muszą przestrzegać określonych zasad dotyczących minimalnych odległości bezpieczeństwa, zabezpieczeń przeciwporażeniowych, oraz wyboru odpowiednich materiałów i urządzeń. Wskazówki te mają na celu uniknięcie ryzyka pożarów czy awarii związanych z instalacjami elektrycznymi. Jest to norma obowiązkowego stosowania.

Elektroenergetyczne Systemy Zasilania: TN, TT i IT

Pierwsza litera wskazuje połączenie między urządzeniem zasilającym a ziemią:
T – Terra (łac.) = bezpośrednie połączenie z ziemią,
I – Izolowane = brak połączenia z ziemią.

Druga litera wskazuje połączenie między zasilanym urządzeniem a ziemią/siecią:
T – Terra (łac.) = bezpośrednie połączenie z ziemią,
N – Neutral = bezpośrednie połączenie z przewodem ochronnym PE.

Stosowane rodzaje systemów zasilania energią elektryczną napędów przedstawiono na Rys. 7.1.

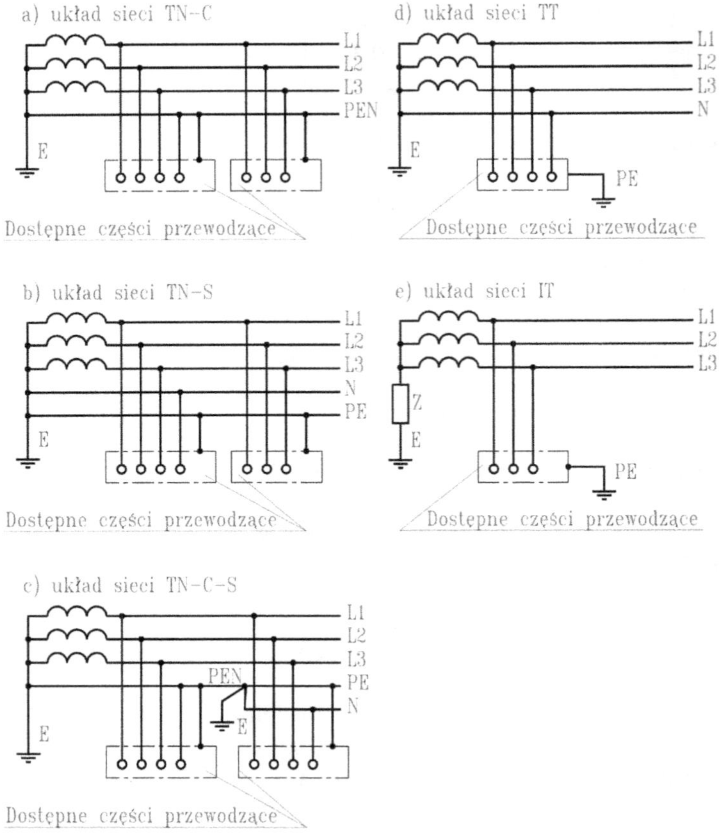

Rys. 7.1: Schematy stosowanych układów sieci: TN (TN-C; TN-S; TN-C-S) oraz IT

System TN-C

W systemie TN-C przewody PE i N są połączone w przewód PEN. Wadą jest to, że prąd przewodu N jest także prądem płynącym przez PE, w ten sposób powstaje potencjał napięcia między ziemią a obudową podłączonego urządzenia. W świecie z sieciami zasilania o częstotliwościach 50/60 Hz, z obciążeniami liniowymi, system ten nie stwarza żadnych specjalnych problemów. Jednak gdy obecne są obciążenia elektroniczne, w tym napędy AC, prądy wysokiej częstotliwości mogą powodować awarie. Chociaż system ten jest kompatybilny z napędami AC, powinien być unikany ze względu na związane z nim ryzyko. Z perspektywy EMC system TN-C nie jest optymalny, Rys. 7.1 a). W przemyśle nie stosuje się obecnie tego systemu zasilania. Nowe instalacje elektryczne w budownictwie mieszkalnym i publicznym także nie stosują tego systemu zasilania. Jest to układ sieciowy raczej historyczny i sukcesywnie eliminowany także ze starego budownictwa.

System TN-S

System TN-S ma najlepsze osiągi EMC, ponieważ przewody neutralny N i ochronny PE są oddzielone. W ten sposób prąd przewodu N nie wpływa na potencjał przewodu ochronnego PE. Jest to preferowany system dla zastosowań napędów AC. Zaletą systemów TN jest to, że jest tu niskooporowa ścieżka uziemienia, co umożliwia łatwe automatyczne odłączenie zasilania w przypadku zwarcia elektrycznych obwodów napięciowych z PE. Tutaj ten sam wyłącznik lub bezpiecznik zadziała zarówno dla zwarć L-N, jak i L-PE. Wyłącznik różnicowo-prądowy RCD (ang. residual current device) nie jest tu potrzebny do wykrywania doziemień Rys. 7.1 b). W przemysłowych systemach z napędami AC zasilanych sieciami TN-S nie są stosowane wyłączniki RCD, gdyż ich stosowanie wq środowisku prądów odkształconych i wysokoczęstotliwościowych często uniemożliwia prawidłowe działanie napędów AC.

System TN-C-S

System TN-C-S jest hybrydą między TN-C i TN-S. Od transformatora do punktu dystrybucji energii w budynku PE i N są wspólne PEN – tak jak w systemie TN-C. W budynku PE i N są rozdzielone, jak w TN-S. Ponieważ impedancja przewodu PEN między transformatorem a punktem dystrybucji w budynku jest zazwyczaj niska, zmniejsza to negatywne efekty występujące w systemie TN-C, Rys. 7.1 c).

System TT

W systemie TT ochrona przez zwarciem doziemnym PE u odbiorcy jest zapewniona przez lokalny przewód ochronny PE. Główną zaletą systemu TT jest to, że prądy wysokiej częstotliwości w obwodzie PE użytkownika są oddzielone od prądów niskiej częstotliwości występujących w przewodzie N, a system uziemienia jest wolny od szumów wysokiej i niskiej częstotliwości. Z perspektywy EMC jest to idealny system. Dlatego TT zawsze było preferowane dla specjalnych zastosowań, takich jak miejsca telekomunikacyjne, które korzystają z uziemienia wolnego od zakłóceń. W Systemie TT nie ma również ryzyka przerwania przewodu ochronnego, gdyż występuje on tylko lokalnie.

Jednak ze względu na nieznaną impedancję połączenia uziemienia przez ziemię, między uziemieniem transformatora a uziemieniem odbiorcy, nie można zagwarantować, że zwarcie linii do PE u konsumenta szybko przepali bezpieczniki i zabezpieczy przed porażeniem elektrycznym. Ten wadę można zredukować, używając wyłączników różnicowo-prądowych (RCD). System TT jest zilustrowany na Rys. 7.1 d).

System IT

Sieć IT jest specyficznym typem sieci spotykanym w przemyśle i specjalnych środowiskach, takich jak statki i szpitale, zakłady chemiczne czy zakłady górnicze. W sieci IT transformator jest nieuziemiony, a trzy fazy są odizolowane. Logika takiego systemu polega na możliwości kontynuowania pracy po wystąpieniu zwarcia pojedynczej linii zasilania do ziemi. Urządzenia monitorujące izolację są używane do obserwacji integralności izolacji między fazami a ziemią. Jeśli izolacja jest zdegradowana, można przeprowadzić konserwację lub naprawę w dogodnym czasie.

Wadą tego systemu jest jego słaba wydajność EMC. Rzeczywiście, jakikolwiek prąd szumowy do ziemi spowoduje, że cały system będzie „pływał" z szumem („pływa" potencjał punktu neutralnego transformatora względem ziemi), co może powodować awarie sprzętu elektronicznego. Gdy napędy AC są używane w sieciach IT, należy podjąć specjalne środki ostrożności, na przykład przez odłączenie wszystkich kondensatorów do ziemi (takich jak kondensatory trybu wspólnego CM w filtrze EMI/RFI, aby zapobiec przepływowi prądów doziemnych, które mogłyby zakłócać systemy monitorowania stanu uziemienia sieci. W konsekwencji emisje przewodzone będą niefiltrowane i w sieciach IT można znaleźć dużo szumów wysokiej częstotliwości, Rys. 7.1 e). Stosowanie filtrów CM w postaci pierścieni nanokrystalicznych wydaje się być tutaj preferowaną metodą tłumienia zaburzeń CM, zobacz Rys. 6.23.

Aby podjąć właściwe metody ograniczania emisji prądów szumowych, które są wytwarzane przez napięcie zaburzeń wspólnych CM, należy poznać szczególne cechy funkcjonowania napędu AC w tej sieci i porównać różnice w stosunku do powszednie stosowanej sieci TN-S.

System napędowy z silnikiem indukcyjnym zasilany w sieci IT przedstawiony na Rys. 7.2 wyjaśnia modulowanie napięciem trybu CM napięć fazowych transformatora.

W sieciach TN, wysokoczęstotliwościowe napięcie CM nie oddziałuje na potencjał punktu wspólnego, inaczej punktu neutralnego transformatora N, gdyż jest on zwarty z uziemionym przewodem ochronnym PE. Punkt wspólny uzwojeń stojana silnika N" jest odizolowany od punktu wspólnego transformatora N zasilającego napęd AC (tutaj: $C_{s1} \to \infty$ i stąd można przyjąć, że $C_{s1} >> C_{s2}$). Tutaj punkt wspólny uzwojeń silnika N" „pływa" względem ziemi wg. napięcia zaburzającego CM.

W sieciach IT jest sytuacja przeciwna i punkt wspólny uzwojeń stojana silnika N" jest praktycznie zwarty z uziemieniem (tutaj: $C_{s2} \to \infty$), gdyż punkt wspólny uzwojeń wtórnych transformatora N jest odizolowany od uziemienia (tutaj: $C_{s1} << C_{s2}$).

Dla zaburzeń trybu wspólnego CM sieć IT i sieci HRG (ang. high resistance grounded), będących pewną odmianą sieci IT, w których punkt neutralny transformatora jest połączany z uziemieniem przez dużą rezystancję (np. 100 kΩ), zachowują się w podobny sposób.

Stosownie do oznaczeń na Rys. 7.2, równania 7.1 dowodzą modulacji napięć fazowych transformatora w sieci IT zasilającego napęd AC, napięciem zaburzeń wspólnych CM. Tutaj punkt wspólny transformatora N „pływa" względem ziemi wg. napięcia zaburzającego CM.

$$\begin{aligned}
&u_{CM} = u_{NN''} = u_{NN'} + u_{CMinv} \\
&u_{CM} = u_{Cs1} + u_{Cs2} \\
&u_{L1} = e_{L1} - u_{Cs1} - L\frac{di_{PE}}{dt} \\
&L\frac{di_{PE}}{dt} \simeq 0 \quad \text{ostatecznie} \quad u_{L1} = e_{L1} - u_{Cs1} \\
&\text{stąd dla sieci IT} \quad u_{Cs2} \simeq 0, \quad u_{L1} = e_{L1} - u_{CM}
\end{aligned} \tag{7.1}$$

Na Rys. 7.3 przedstawiono napięcie fazowe napędu AC zasilanego w sieci TN i IT przy występowaniu prądu upływu doziemnego wytwarzanego przez wysokoczęstotliwościowe na-

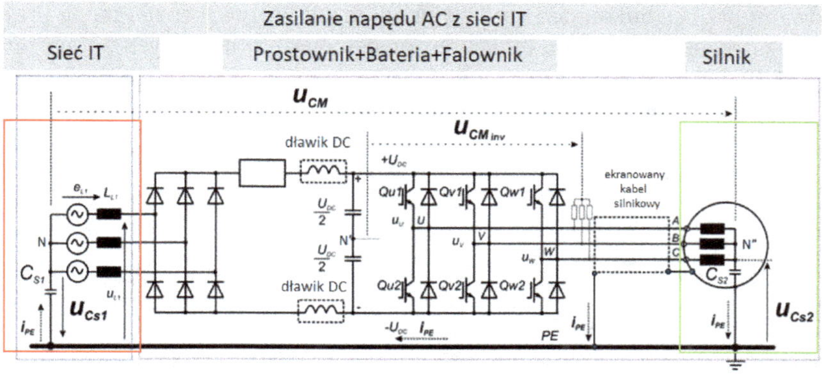

Rys. 7.2: Prostownik i falownik jako generator napięcia wspólnego dla napędu prądu przemiennego zasilanego transformatorem
typu IT

pięcie trybu wspólnego CM. W idealnym przypadku, gdyby nie występował pasożytniczy prąd upływu doziemnego w sieci IT, nie wystąpiłoby też zmodulowanie napięciem trybu CM napięć fazowych transformatora. W sieciach IT zwykle nie mierzymy napięć fazowych (faza - ziemia), a w napięciach międzyfazowych tego efektu nie obserwujemy, gdyż jest on skompensowany.

Warto zauważyć, że napięcie trybu CM moduluje też napięcia stałe w innych miejscach napędu AC. Ponieważ radiator falownika napędu jest uziemiony, modulowane jest także napięcie $\pm U_{DC}$, co może skutkować uszkodzeniem tranzystorów mocy IGBT falownika napędu.

Wyeliminowanie prądów upływu wytwarzanych przez napięcie trybu CM z systemu zasilania jest zadaniem wymagającym odmiennych metod filtracji, niż standardowe rozwiązania stosowane w sieciach TN.

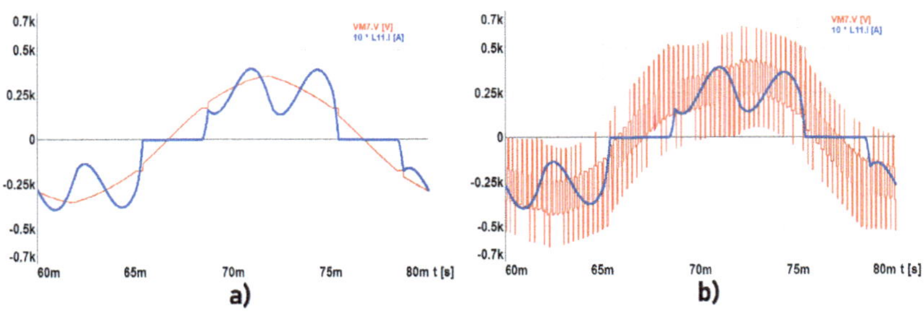

Rys. 7.3: Napięcia fazowe transformatora zasilającego napęd AC w układzie sieci TN i IT: a) sieć TN, b) sieć IT (adaptacja dla systemu IT modelu z Rys. 11.4 - sekcja 11)

Rys. 7.4 przedstawia filtr zaburzeń trybu DM i CM, który skutecznie eliminuje prąd upływu doziemnego z systemu zasilania IT dzięki wydzieleniu, odseparowanego od ziemi, obwodu do przepływu prądów trybu CM powstających w filtrze. Ponieważ jest tu zastosowany filtr DM + CM, nie ma tu konieczności stosowania ekranowanego kabla silnikowego pomiędzy filtrem i silnikiem dla spełnienia wymagań EMC.

Ekranowany kabel silnikowy zawsze zwiększa prądy upływu doziemnego przy występowaniu napięć zaburzających trybu CM (przez uziemienie ekranu i występujące pasożytnicze pojemności upływu doziemnego żyła - ekran) w stosunku do kabla nieekranowanego.

Nawet stosowanie uziemionych metalowych koryt kablowych i nieekranowanego kabla silnikowego też zwiększa prądy upływu doziemnego trybu CM. Jeśli to możliwe, to lepiej stosować koryta plastikowe.

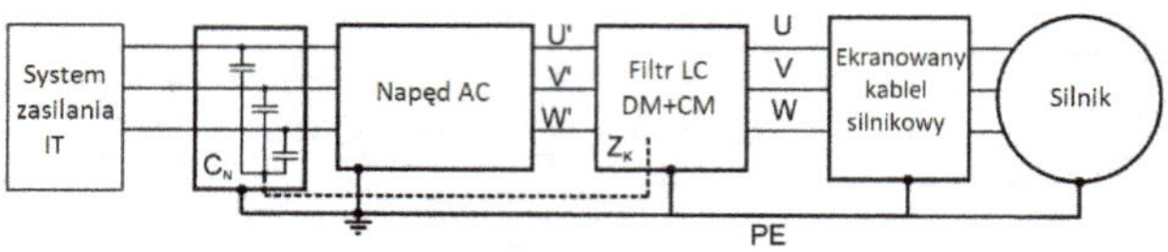

Rys. 7.4: Rodzaj filtra napięcia trybu CM dla sieci zasilania IT (opatentowany w 2014 roku - PL/ID 219220, PL/ID219221)

W sieciach IT ograniczenie pojemnościowych prądów upływu wytwarzanych napięciem CM można osiągnąć poprzez stosowanie pierścieni nanokrystalicznych Rys. 6.23 oraz przez stosowanie ekranowanych kabli silnikowych o zmniejszonych pojemnościach pasożytniczych: żyła - ekran, dedykowanych dla napędów AC, Rys. 7.6.

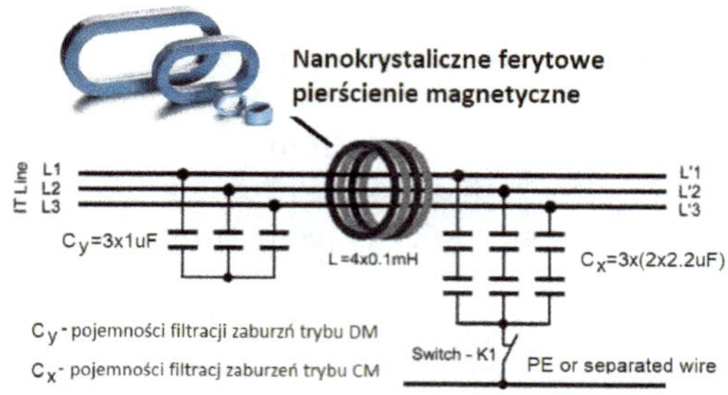

Rys. 7.5: Zewnętrzny wejściowy filtr EMI. Kondensatory filtra EMI są zbyt małe, aby mieć wpływ na pobór mocy biernej z systemu elektroenergetycznego. Sekcje filtra C_y i C_x filtrują odpowiednio zaburzenia trybu DM i CM. Pierścienie nanokrystaliczne pełnią tu rolę separatora dla zaburzeń trybu CM

Te same pierścienie nanokrystaliczne można wykorzystać do wytworzenia dużej impedancji, separującej przepływ prądów trybu CM w systemie zasilania, jak to przedstawia wejściowy filtr EMI przedstawiony na Rys. 7.5. Duże zwiększenie impedancji dla prądów wysokoczęstotliwościowych powoduje, że dominująca ich część będzie pomijała transformator wpływając do prostownika napędu AC przez kondensatory C_x.

Pewnym nowym osiągnięciem jest propozycja rynkowa ekranowanego kabla silnikowego dla napędów AC z trójżyłowymi przewodami PE, co blisko 10-krotnie zmniejszyło pasożytnicze pojemności doziemne przewód-ekran i tym samym zmniejszone są wartości wysokoczęstotliwościowych prądów upływu doziemnego. Stosowanie takiego kabla jest w pełni uzasadnione.

Duża część producentów kabli energetycznych nie podaje w danych katalogowych wartości tych pasożytniczych pojemności, co może prowadzić do nieprawidłowych projektów okablowania w systemach napędowych AC.

W strefach wybuchowych występowanie pojemnościowych prądów upływu doziemnego w przewodzie ochronnym PE pomiędzy silnikiem (zwykle umieszczonym w strefie wybu-

TOPFLEX®-EMV-UV-2YSLCYK-J przewód zasilający

silniki 0,6/1 kV, do okablowania przetwornic częstotliwości, podwójnie ekranowany, metrowany

Nr kat.	Liczba żył x przekrój (mm²)	Śred. zew. w mm	Pojemność pracy żyła/żyła ok. nF/km	Pojemność pracy żyła/ekran ok. nF/km	Rezystancja sprzężenia przy 1 MHz om/km	Rezystancja sprzężenia przy 30 MHz om/km	Obciążalność prądowa z 3 obciążonymi żyłami w amperach	Waga Cu kg/km	Waga ok. kg/km	Nr AWG
22234	4 G 1,5	10,5	70	110	—	—	18	95,0	250,0	16
22235	4 G 2,5	12,5	80	130	18	210	26	150,0	300,0	14
22236	4 G 4	13,9	90	150	11	210	34	235,0	485,0	12
22237	4 G 6	15,3	90	150	6	150	44	320,0	630,0	10
22238	4 G 10	19,5	120	200	7	180	61	533,0	860,0	8
22239	4 G 16	23,5	140	230	9	190	82	789,0	1290,0	6
22240	4 G 25	27,4	120	210	4	95	108	1236,0	1860,0	4
22241	4 G 35	30,3	150	260	3	85	135	1662,0	2610,0	2
22242	4 G 50	35,5	190	320	2	40	168	2345,0	2950,0	1
22243	4 G 70	40,2	190	320	2	45	207	3196,0	3950,0	2/0
22244	4 G 95	44,5	250	410	1	50	250	4316,0	5500,0	3/0

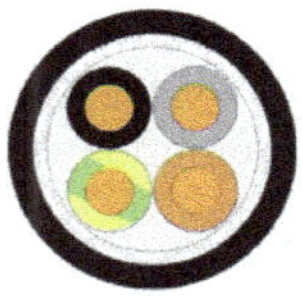

TOPFLEX® - EMV -UV- 3 PLUS- 2YSLCYK- J przewód

zasilający silniki 0,6/1 kV , do okablowania przetwornic częstotliwości, podwójnie ekranowany, metrowany

Nr kat.	Liczba żył x przekrój mm²	Średnica ø zewn. w mm	Pojemność pracy żyła/żyła ok. nF/km	Pojemność pracy żyła/ekran ok. nF/km	Obciążalność prądowa**) z 3 obciążonymi żyłami w amperach	Waga Cu kg/km	Waga ok. kg/km	Nr AWG*)
22677	(3 x 10 + 3 x 1,5)	18,4	7,0	180,0	61,0	491,0	615,0	8
22678	(3 x 16 + 3 x 2,5)	21,0	9,0	190,0	82,0	723,0	819,0	6
22679	(3 x 25 + 3 x 4,0)	25,3	4,0	95,0	108,0	1138,0	1325,0	4
22680	(3 x 35 + 3 x 6,0)	27,8	3,0	85,0	135,0	1535,0	1718,0	2
22681	(3 x 50 + 3 x 10,0)	32,6	2,0	40,0	168,0	2208,0	2399,0	1
22682	(3 x 70 + 3 x 10,0)	38,1	2,0	45,0	207,0	2871,0	3056,0	2/0
22683	(3 x 95 + 3 x 16,0)	41,0	1,0	50,0	250,0	3953,0	4162,0	3/0

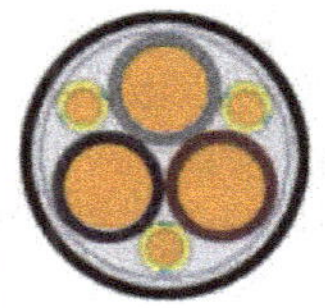

Rys. 7.6: Kable ekranowane do napędów AC w sieciach TN i IT

chowej EX) a napędem AC (zwykle umieszczonym poza strefą wybuchową EX) może prowadzić do iskrzenia przy wystąpieniu przypadkowego uszkodzenia ciągłości przewodu PE, dlatego eliminacja prądów trybu CM może mieć tu podstawowe znaczenie dla zapewnienia bezpieczeństwa ludzi w systemach zasilania typu TN-S.

Sieć z uziemionym narożnikiem

Sieć z uziemionym narożnikiem to system, w którym jeden narożnik wtórnego uzwojenia transformatora połączonego w trójkąt jest uziemiony. Użycie tej sieci zmniejszyło się i jest rzadko używane w nowoczesnych instalacjach. Jednym z powodów tego spadku zainteresowania tą siecią jest popularność transformatorów delta-gwiazda ($\triangle/Y$) zamiast transformatorów delta-delta ($\triangle/\triangle$) w systemach przesyłu energii.

Uziemienie jednej fazy stabilizuje napięcia pozostałych faz względem ziemi. Napięcie międzyfazowe w systemie jest takie samo jak napięcia fazowe względem ziemi nieuziemionych faz.

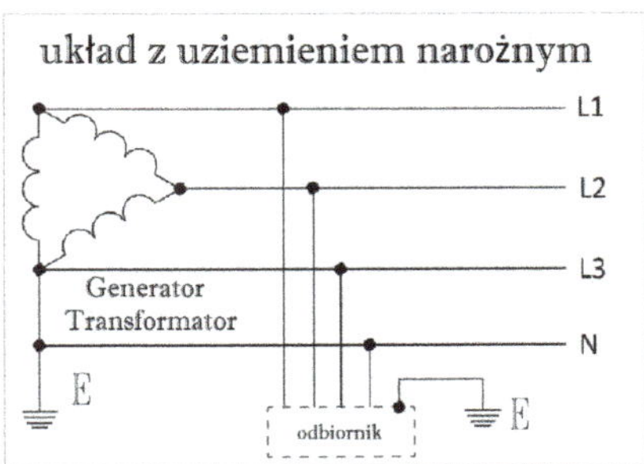

Rys. 7.7: Sieć zasilania trójfazowego z uziemionym narożnikiem trójkątnego uzwojenia wtórnego transformatora $\triangle$

Podczas pracy w sieci z uziemionym narożnikiem zawsze należy upewnić się, że napęd jest odpowiedni do użycia w danej sieci, ponieważ sieci z uziemionym narożnikiem mają różne poziomy napięć, Rys. 7.7. W mojej praktyce inżynierskiej nigdy nie spotkałem się z takim systemem zasilania napędu AC. Powszechnie stosowany jest system TN-S, a wybranych sektorach przemysłowych IT (np. górnictwo powierzchniowe i podziemne).

7.3 Systemy zasilania prądem stałym

Norma IEC 60364-1 definiuje systemy rozdziału prądu stałego analogicznie do systemów prądu przemiennego.

System TN-S

Biegun polaryzacji lub punkt środkowy zasilania jest bezpośrednio uziemiony. Części przewodzące dostępne odbiornika (np. metalowe osłony) są połączone z tym samym punktem uziemienia. W całym systemie używany jest oddzielny przewód ochronny. Uziemiony przewód biegunowy (zwykle jest to 'L -') lub uziemiony przewód środkowy są oddzielone od przewodu ochronnego (np. gdy dwa napięcia DC są połączone szeregowo).

System TN-C

Biegun polaryzacji lub punkt środkowy zasilania jest bezpośrednio uziemiony. Części przewodzące odbiornika dostępne są połączone z tym samym punktem uziemienia. Funkcje ochronne uziemionego przewodu biegunowego (lub uziemionego przewodu środkowego) oraz przewodu ochronnego PE są złączone w jednym przewodzie PEM (w sieci AC jest to PEN) w całym systemie.

System TN-C-S

Polaryzacja lub punkt środkowy zasilania jest bezpośrednio uziemiony. Części przewodzące dostępne odbiornika są połączone z tym samym punktem uziemienia. Funkcje uziemionego przewodu biegunowego/liniowego (lub uziemionego przewodu środkowego) i przewodu ochronnego PE są złączone w jednym przewodzie PEM, tylko w niektórych częściach systemu.

System TT

Bieguny systemu zasilania i części przewodzące odbiornika dostępne są połączone z dwoma elektrycznie niezależnymi układami uziemienia. Jeśli to konieczne, punkt środkowy zasilania może być połączony z ziemią.

System IT

Źródło zasilania napięciem stałym DC nie jest uziemione. Części przewodzące dostępne są połączone z tym samym punktem uziemienia.

Przykładowe sieci napięcia DC w układzie sieciowym TN-C (trakcja DC, podstacja trakcyjna - tramwajowa, trolejbusowa, kolejowa) i IT (przemysł z napięciem AC - podłączenie wejściowego prostownika napędu AC) przedstawiono na Rys. 7.8.

7.4 Ochrona przed zwarciem doziemnym

Degradacja izolacji między częściami pod napięciem a przewodzącą obudową (np. aluminiową) prowadzi do prądów upływowych do ziemi i może zagrozić zarówno bezpieczeństwu osobistemu (ryzyko porażenia elektrycznego), jak i bezpieczeństwu urządzeń (ryzyko przegrzania komponentów, co może ostatecznie prowadzić do pożaru). Stosowanie dodatkowych urządzeń ochronnych zależy od lokalnych, branżowych lub ustawowych przepisów.

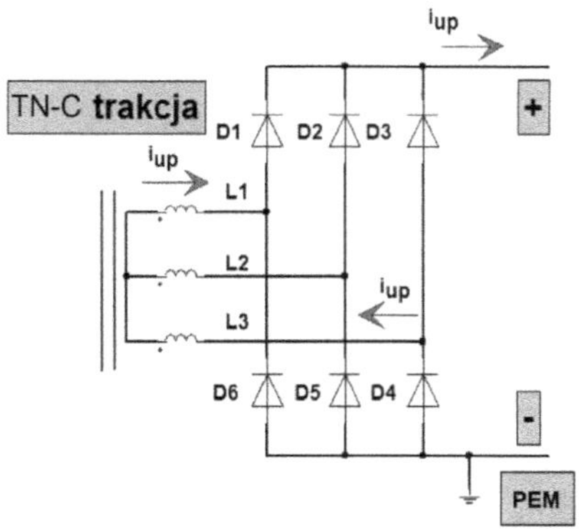

(a) *uziemienie szyny ujemnej i osłony prostownika przekształtnika trakcyjnego (podstacja trakcyjna)*

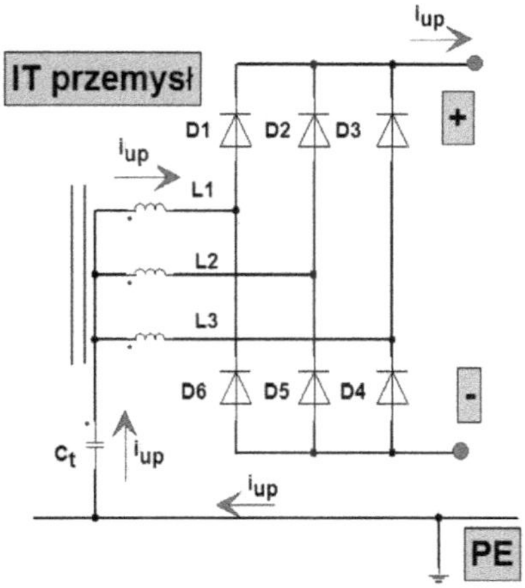

(b) *uziemienie osłony prostownika przekształtnika przemysłowego lub pomocniczego przekształtnika kolejowego*

Rys. 7.8: Różne sposoby uziemienia prostowników w podstacjach kolejowych i przemysłowych oraz jego wpływ na przewodzenie prądu upływu doziemnego:
C_t - oznacza zastępczą pasożytniczą pojemność doziemną transformatora,
i_{up} - pojemnościowy prąd upływu doziemnego napędu AC

Tu kilka wyjaśnień terminologii stosowanej w ochronie przeciporażeniowej.

Na podstawie dawnych przepisów (już nieobowiązujących) często w środowisku inżynierskim stosowane są określenia:

- ochrona bezpośrednia - pośrednia i dodatkowa,
- ochrona podstawowa - dodatkowa i uzupełniająca.

Obecnie należy stosować nazewnictwo:

- ochrona podstawowa, przy wystąpieniu uszkodzenia i uzupełniająca.

Ochrona podstawowa i ochrona przy uszkodzeniu są stosowane obowiązkowo, natomiast ochrona uzupełniająca jest stosowana jedynie w określonych rodzajach aplikacji (np, pola kempingowe, szkoły) wymienionych w podarkuszach normy PN-HD 60364.

Istnieją dwa rodzaje przekaźników ochronnych do uzupełniającej ochrony. Jeden typ używa przekaźnika napięcia uszkodzeniowego, a drugi używa przekaźnika prądu różnicowego.

Uzupełniająca ochrona z przekaźnikiem napięcia uszkodzeniowego FV ΔU (ang. fault voltage relay) może być zapewniona w większości instalacji. Ochrona jest osiągana poprzez podłączenie induktora przekaźnika między zaciskiem uziemienia napędu AC a punktem uziemienia systemu. Napięcie uszkodzeniowe wyzwala przekaźnik i odłącza napęd AC od sieci, Rys. 7.9. W praktyce przekaźniki FU są wykorzystywane w sytuacjach, gdy uziemienie obudowy napędu nie jest dozwolone (np. izolowane stanowisko pracy). Czy mogą być używane, to zależy od przepisów dostawcy energii elektrycznej. Ta forma ochrony jest bardzo rzadko stosowana.

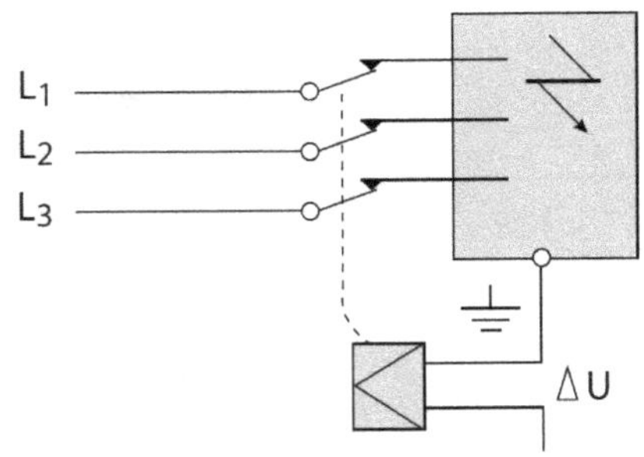

Rys. 7.9: Przekaźnik napięcia uszkodzeniowego

Ochrona uzupełniająca przed doziemnymi prądami upływowymi za pomocą wyłącznika różnicowo-prądowego RCCB (ang. residual current operated circuit breaker) jest dozwolona w określonych warunkach. Wyłączniki różnicowo-prądowe zawierają sumacyjny transformator prądowy. Wszystkie przewody zasilające napęd AC przechodzą przez ten transformator. Sumacyjny transformator prądowy wykrywa sumę prądów przepływających przez te przewody, tym samym określając prąd różnicowy płynący przez przewód ochronny PE, Rys. 7.10.

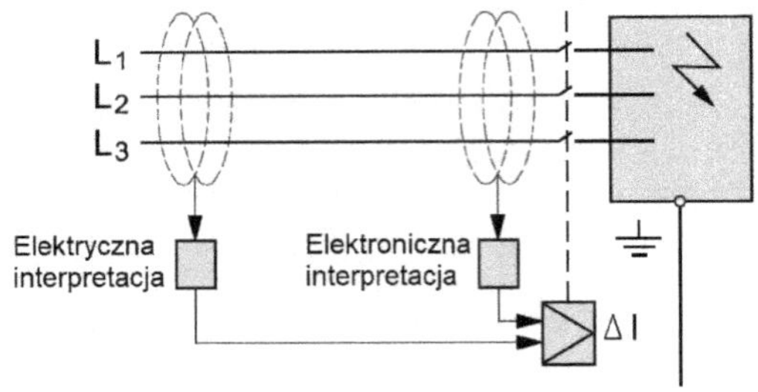

Rys. 7.10: Uniwersalny wyłącznik prądu upływu doziemnego RCCB. Interpretacja elektryczna - prąd sieci zasilania bez harmonicznych, interpretacja elektroniczna - prąd sieci zasilania z harmonicznymi

Suma prądów fazowych wynosi zero, jeśli w instalacji nie ma doziemnego prądu upływowego. Jeśli jest prąd upływowy, suma nie wynosi zero i prąd różnicowy w uzwojeniu wtórnym transformatora sumacyjnego wyłącza przekaźnik, odłączając napęd AC od sieci. Konwencjonalne RCCB są wrażliwe indukcyjnie i dlatego nadają się tylko do wykrywania prądów różnicowych AC.

Napędy AC z mostkami prostowniczymi diodowymi 6D mogą powodować przepływ prądu stałego DC w kablu zasilającym, w przypadku usterki. Zaleca się sprawdzenie, czy prąd DC może być obecny na wejściu do napędu AC. Jeśli tak, musi być używany wyłącznik różnicowo-prądowy typu B (wrażliwy zarówno na prądy AC, jak i DC), aby uzyskać niezawodną ochronę. Typ B wyłącznika różnicowego ma dodatkowe zintegrowane układy, które pozwalają na wykrywanie zarówno prądu różnicowego AC, jak i prądu DC. Nie mówimy tu o prądach pełnozwarciowych, które mogą uszkodzić wyłącznik różnicowy i on wtedy nie zadziała, dlatego nie może on samodzielnie stanowić ochrony podstawowej i przy wystąpieniu uszkodzeń, powodujących pełne zwarcie doziemne.

Te urządzenia są powszechnie znane jako wyłączniki różnicowo-prądowe (RCCD). Inna terminologia to „urządzenie różnicowo-prądowe" (RCD) zgodnie z normą EN 61008-1.

Filtry EMI i inne komponenty do tłumienia zakłóceń (np. kondensatory trybu wspólnego CM) zawsze powodują pewną ilość prądu upływowego doziemnego. Prąd upływowy generowany przez pojedynczy filtr tłumienia zakłóceń EMI zazwyczaj wynosi zaledwie kilka miliamperów. Jednak jeśli używanych jest kilka filtrów lub duże filtry, wynikowy prąd upływowy może osiągnąć poziom wyzwalania RCD i wówczas napędu AC nie uda się włączyć.

Komponenty tłumiące zakłócenia stosowane w napędach AC generują prądy upływowe. Z tego powodu połączenie uziemienia musi być wykonane w następujący sposób:

- jeśli prąd upływowy jest większy niż 3,5 mA, przekrój miedzianego przewodu ochronnego PE musi wynosić co najmniej 10 mm^2,
- w przeciwnym razie urządzenie musi być uziemione za pomocą dwóch oddzielnych przewodów PE. Często nazywa się to „wzmocnionym uziemieniem".

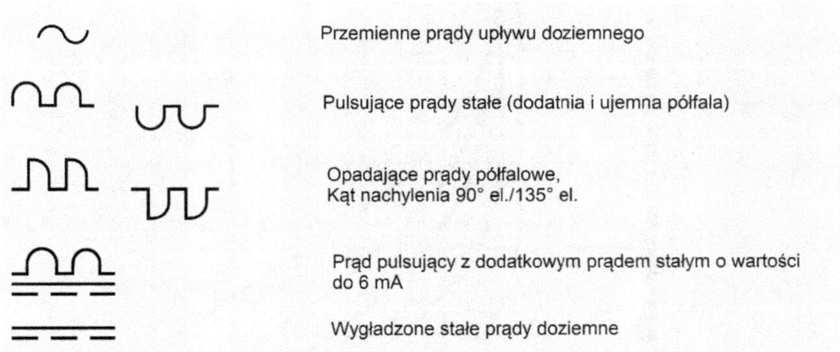

Rys. 7.11: Oznaczenia i opis rodzajów prądów upływu doziemnego

Wyłączniki różnicowo-prądowe są dostosowane do zabezpieczania urządzeń o różnych rodzajach upływowych prądów zwarciowych, Rys. 7.11 i mają odpowiednie oznaczenia: AC, A lub B. Trzeba podkreślić, że nie są one dostosowane do zabezpieczania urządzeń przed prądem pełnozwarciowym, czyli identyfikują jedynie prądy zwarć rezystancyjnych w prądach między 6-30 mA - ochrona przeciwporażeniowa dla prądu AC. Ponadto nie są wrażliwe na prądy upływu doziemnego dużych częstotliwości, np. na prądy trybu CM o harmonicznej podstawowej 4 kHz (częstotliwość łączeniowa półprzewodników mocy falownika PWM). Stosowanie wyłączników różnicowoprądowych RCD jako uzupełniającej ochrony przeciwporażeniowej w warunkach przemysłowych **nie jest zalecane**.

7.5 Bezpieczniki i wyłączniki

Aby chronić napędy AC i instalację przed zagrożeniami elektrycznymi i pożarowymi, muszą być one chronione przed zwarciami i przeciążeniem za pomocą urządzenia ochronnego nadprądowego, np. bezpiecznika lub wyłącznika. Jest to ochrona przy wystąpieniu uszkodzenia, dawniej nazywana dodatkową lub pośrednią. Ochrona musi być zgodna z odpowiednimi lokalnymi, krajowymi i międzynarodowymi przepisami.

Bezpieczniki

Bezpiecznik przerywa nadmierny prąd, aby zapobiec dalszemu uszkodzeniu chronionego urządzenia. Charakteryzuje się prądem znamionowym (prądem, który bezpiecznik może ciągle przewodzić) i szybkością (która oznacza, jak długo trwa przepalenie bezpiecznika przy danym „nadprądzie". Im wyższy jest „nadprąd", tym krótszy czas przepalenia bezpiecznika. Jest to wyrażone przez charakterystyki czasowo-prądowe, jak pokazano na Rys. 7.12.

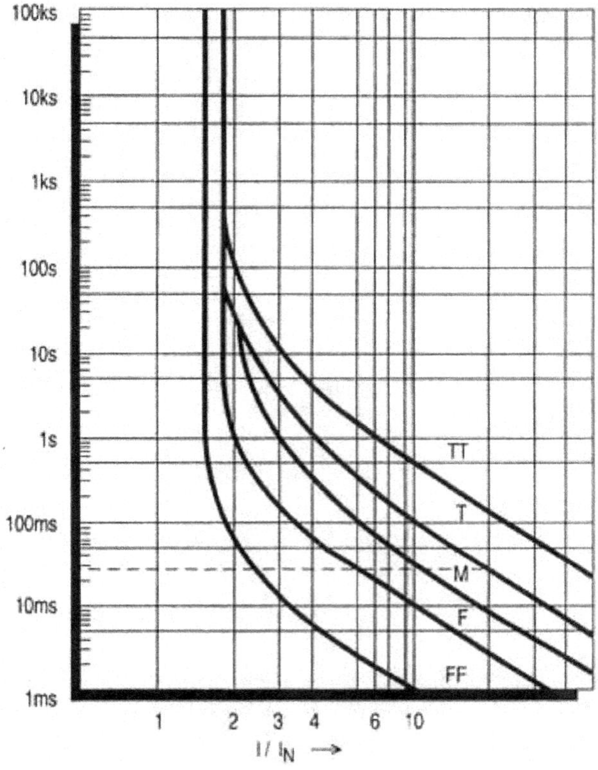

Rys. 7.12: Charakterystyki czasowo-prądowe bezpieczników:
FF-bardzo szybki, F-szybki, M-Średnio szybki, T- wolny, TT-bardzo wolny

Istnieją różne standaryzowane charakterystyki czasowo-prądowe w zależności od zamierzonego zastosowania. Do ochrony napędów AC zazwyczaj używane są bezpieczniki szybkie typu gR (FF) do ochrony półprzewodników i wewnętrznych połączeń, aby ograniczyć uszkodzenia w przypadku zwarcia lub awarii wewnętrznych komponentów. W niektórych sytuacjach można użyć bezpieczników ogólnego przeznaczenia typu gG, Wkładka bezpiecznika gR ulega przepaleniu już w czasie do 140 ms przy prądzie zwarciowym rzędu $2 \times I_N$ W celu dokładnego wyboru bezpiecznika ważne jest postępowanie zgodnie z dokumentacją napędu AC i ściśle przestrzeganie zaleceń, ponieważ zalecane bezpieczniki są testowane razem z napędem.

Wyłączniki

W przeciwieństwie do bezpieczników, które są urządzeniami jednorazowymi i muszą być wymienione po przepaleniu, wyłączniki są urządzeniami elektromechanicznymi, które można po prostu zresetować po ich zadziałaniu. Ponieważ szybkość działania wyłączników może być mniejsza niż bezpieczników, ich użycie musi być starannie rozważone. Wolne działanie może prowadzić do znacznych uszkodzeń chronionego urządzenia, a następnie do przegrzania, a nawet ryzyka pożaru. Nie wszystkie napędy AC są odpowiednio zaprojektowane do ochrony za pomocą wyłączników. Specjalne środki ostrożności są podejmowane w fazie projektowania napędów AC, aby ograniczyć uszkodzenia w przypadku awarii wewnętrznych komponentów. Takie środki to na przykład specjalne wewnętrzne rozwiązania mechaniczne w obudowie, użycie osłon, użycie folii separujących itp., w celu ograniczenia konsekwencji termicznych przy wewnętrznych awariach.

Kilka różnych typów wyłączników może być używanych w głównym obwodzie zasilania i obwodach pomocniczych napędu AC:

- wyłączniki powietrzne ACB (ang. air circuit breaker) mogą przerywać wysokie napięcia i prądy (zazwyczaj do 6 kA). Typowym zastosowaniem wyłącznika powietrznego jest główny wyłącznik rozdzielnicy, ponieważ ma dużą zdolność wyłączania zwarć. Wymiarowanie opiera się na pojemności szyn zbiorczych i mocy całej rozdzielnicy. Gdy ACB jest używany z napędem AC, system napędu musi zawierać urządzenie, które szybko odcina zasilanie od każdego napędu w przypadku zwarcia. Zazwyczaj w tym celu używany jest bezpiecznik szybki o oznaczeniach: FF, aR, gR (ang. ultra-fast), ponieważ ACB nie jest wystarczająco szybki,
- wyłączniki w obudowie formowanej MCCB (ang Molded-Case Circuit Breakers) mogą przerywać tylko niższe napięcia i mniejsze prądy (zazwyczaj do 1 kA) i są używane w aplikacjach mniejszych mocy. Zdolność wyłączania zwarć może być również ograniczona, np. jeśli MCCB jest używany jako główny wyłącznik rozdzielnicy. Typowe zastosowania obejmują ochronę przed przeciążeniem i zwarciem napędów AC lub główny wyłącznik rozdzielnicy o kompaktowych rozmiarach. Niektóre MCCB działają szybko, więc bezpieczniki szybkie mogą nie być potrzebne, jeśli tylko jeden napęd jest zasilany przez MCCB,
- miniaturowe wyłączniki MCB (ang. Miniature Circuit Breakers) mogą być używane do ochrony niskoprądowych obwodów elektrycznych (prąd znamionowy do 100 A). Zasadniczo wyłączniki mogą być używane do ochrony przed przeciążeniem i zwarciem, głównie w niskoprądowych obwodach głównych oraz pomocniczych i sterujących. Poziom wyzwalania MCB jest zazwyczaj niezmienny i ustalony dla każdego wyłącznika. Typowa zdolność wyłączania zwarć wynosi do 6 kA.

Należy skonsultować i ściśle przestrzegać zaleceń znajdujących się w dokumentacji konkretnego napędu AC dotyczących używania wyłączników, w tym typu i producenta wyłącznika, ponieważ zalecane urządzenia zostały przetestowane z tym napędem.

7.6 Ochrona wspólnych magistrali DC napędów AC

Głównym wyzwaniem w systemach napędowych AC ze wspólną magistralą DC, gdzie kilka falowników jest podłączonych do tej samej magistrali DC, jest selektywność. W przypadku zwarcia na magistrali DC, bezpieczniki powinny przepalić się w miejscu zwarcia, ale często przepalają się również bezpieczniki zasilające inne istotne urządzenia w tym samym systemie, mimo że te bezpieczniki nie są bezpośrednio (najbliżej) podłączone do miejsca zwarcia.

W ciągu pierwszych 100-200 μs po wystąpieniu zwarcia kondensatory wewnątrz każdego falownika będą dostarczać prąd do miejsca zwarcia. Ponieważ kondensatory mogą dostarczać prąd niezwykle szybko, osiągnięcie selektywności tylko za pomocą bezpieczników będzie trudne. Jednym ze sposobów poprawy całkowitej selektywności w systemie wspólnej magistrali DC jest podzielenie systemu na oddzielne magistrale DC (np. dwie sekcje), poprzez użycie szybkiego rozdzielenia magistrali DC na mniejsze sekcje.

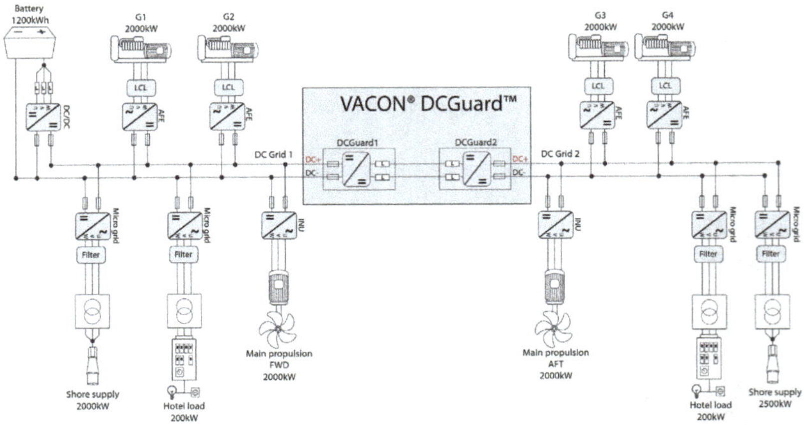

Rys. 7.13: Przykład hybrydowego systemu napędowego, w którym VACON® DCGuard^{TM} zapewnia wymaganą selektywność odłączenia uszkodzonej sekcji przy przepaleniu wkładki szybkiego bezpiecznika szyny DC

Przykładowo producent napędów AC, Danfoss Drives, zabezpiecza selekcjonwanie obwodu DC poprzez stosowanie VACON® DCGuard^{TM}, który może być używany do łączenia dwóch różnych magistral DC, jeśli mogą one działać na tym samym poziomie napięcia DC. Energia o określonej mocy może być przekazywana między dwoma magistralami DC. W sytuacji zwarcia, DCGuard odłącza zdrową stronę od uszkodzonej strony, zanim zwarcie wpłynie na zdrową stronę. Zapewnia to, że zdrowa strona może kontynuować normalną pracę, również w sytuacji zwarcia, Rys. 7.13.

SI - Wspomaga dobór odpowiedniego napędu AC

8 Harmoniczne

8.1 Czym są harmoniczne?

8.1.1 Obciążenia liniowe

W przypadku sinusoidalnego zasilania prądem przemiennym, czysto rezystancyjne obciążenie (np. żarówka) będzie pobierało prąd sinusoidalny, w fazie z napięciem zasilania.

Moc rozpraszana przez obciążenie jest podana w równaniu 8.1:

$$P = U \times I \tag{8.1}$$

Dla obciążeń reaktancyjnych (takich jak silnik indukcyjny) prąd nie będzie już w fazie z napięciem, ale będzie opóźniony w stosunku do napięcia, tworząc opóźnienie prądu o kąt φ i tym samym rzeczywisty współczynnik mocy $cos\varphi$ o wartości mniejszej niż 1. W przypadku obciążeń pojemnościowych prąd wyprzedza napięcie, tworząc wyprzedzający rzeczywisty współczynnik mocy o wartości mniejszej niż 1, Rys. 8.1.

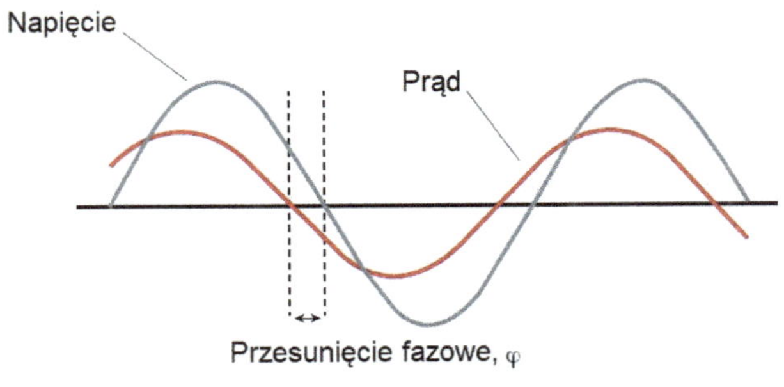

Rys. 8.1: Obciążenie liniowe LR.

W tym przypadku moc prądu przemiennego ma trzy składowe: moc czynną P, moc bierną Q i moc pozorną S.

Moc pozorna jest podana w równaniu 8.2.

$$S = U \times I \tag{8.2}$$

W przypadku idealnej sinusoidalnej fali P, Q i S mogą być wyrażone jako wektory tworzące trójkąt Rys. 8.2, równanie 8.3.

$$S^2 = P^2 + Q^2 \tag{8.3}$$

Jednostki: S w [kVA], P w [kW], Q w [kVAR]

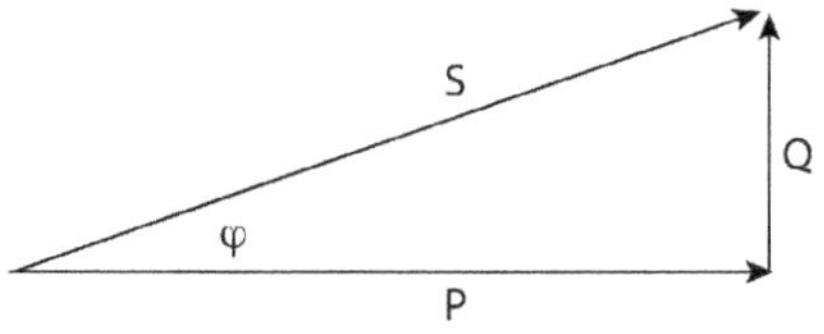

Rys. 8.2: Składniki trójkąta mocy prądu przemiennego: Moc czynna (P), Moc bierna (Q) i Moc pozorna (S).

Kąt przesunięcia między prądem a napięciem to φ. Współczynnik mocy przesunięcia DPF (ang. displacement power factor) to stosunek między mocą czynną P a mocą pozorną S i wynosi $cos\varphi$, równanie 8.4.

$$DPF = \frac{P}{S} = \cos\varphi \tag{8.4}$$

8.1.2 Obciążenia nieliniowe

Obciążenia nieliniowe (takie jak prostowniki diodowe) pobierają prąd niesinusoidalny. Rys. 8.3 pokazuje prąd pobierany przez prostownik 6-pulsowy obciążony rezystancyjnie, zasilany z trójfazowego źródła.

Niesinusoidalną falę okresową można rozłożyć na sumę fal sinusoidalnych o częstotliwościach równych całkowitym wielokrotnościom częstotliwości podstawowej (rozkład Fouriera), równanie 8.5.

$$f(t) = \sum_{h=1}^{\infty} A_h \sin(h\omega t) \tag{8.5}$$

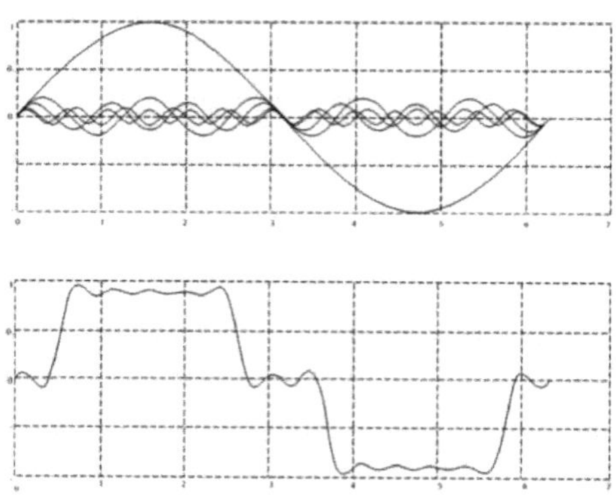

Rys. 8.3: Obciążenie nieliniowe: prąd fazowy (przewodowy) pobierany przez diodowy prostownik 6-pulsowy z obciążeniem rezystancyjnym i zasilany z trójfazowego sinusoidalnego źródła napięcia oraz jego dekompozycja na składowe harmoniczne

Całkowite wielokrotności częstotliwości podstawowej ω_1 nazywane są harmonicznymi. Wartość skuteczna (RMS) niesinusoidalnej fali (prądu lub napięcia) jest wyrażona równaniem 8.6.

$$I_{RMS} = \sqrt{\sum_{h1}^{h_{max}} {I_h}^2} \tag{8.6}$$

Dla prostowników diodowych z rezystancyjnym obciążeniem, amplituda harmonicznych maleje wraz ze wzrostem częstotliwości. Teoretycznie (dla fali prostokątnej), amplituda harmonicznej h jest podana w równaniu 8.7.

$$I_h = \frac{I_1}{h} \tag{8.7}$$

gdzie I_1 to prąd harmonicznej podstawowej, a h to numer harmonicznej.

Elektronika mocy, w której prostowniki są obciążone pojemnościowo, generuje tylko harmoniczne nieparzyste i niepodzielne przez 3 w układach trójfazowych. Harmoniczne parzyste są wykluczone, o ile dodatnie i ujemne połówki cyklu prądu są identyczne. Dla prostowników 6-pulsowych są to harmoniczne rzędów: 5., 7., 11., 13. itd.

W systemach trójfazowych rząd harmonicznej jest określony równaniem:
$h = k \times p \pm 1$.
h = wielokrotność częstotliwości podstawowej - rząd harmonicznej,
k = 1, 2, 3... - liczby naturalne,
p = liczba pulsów mostka prostowniczego (6, 12, 18, itd.).

W systemach jednofazowych mogą występować wszystkie harmoniczne nieparzyste, także podzielne przez 3.

Ilość harmonicznych w fali daje współczynnik zniekształceń, lub inaczej całkowite zniekształcenie harmoniczne THD, reprezentowany przez stosunek RMS zawartości harmonicznych do wartości RMS harmonicznej podstawowej, wyrażone jako procent harmonicznej podstawowej, równanie 8.8.

$$THD[\%] = \sqrt{\sum_{h_2}^{h_{max}} (\frac{I_h}{I_1})^2} \times 100\% \tag{8.8}$$

Używając THD, zależność między całkowitym prądem RMS a prądem podstawowej harmonicznej I_1 można wyrazić równaniem 8.9. To samo dotyczy napięcia.

$$I_{RMS} = I_1 \times \sqrt{1 + (THD)^2} \tag{8.9}$$

Rzeczywisty współczynnik mocy TPF (λ) (ang. True Power Factor) jest podany w równaniu 8.10

$$TPF = \frac{P}{S} \tag{8.10}$$

W systemie liniowym rzeczywisty współczynnik mocy jest równy współczynnikowi mocy przesunięcia fazowego cosφ, równanie 8.11.

$$TPF = DPF = \cos\varphi \tag{8.11}$$

W systemach nieliniowych zależność między rzeczywistym współczynnikiem mocy TPF a współczynnikiem mocy dla systemów liniowych cosφ (DPF) przesunięcia jest podana w równaniu 8.12

$$TPF = \frac{cos\varphi}{\sqrt{1 + THD^2}} \tag{8.12}$$

Współczynnik mocy TPF jest zmniejszany przez moc bierną i prądy harmoniczne. Niski współczynnik mocy skutkuje dużym prądem RMS, co powoduje większe straty w kablach zasilających i transformatorach. Należy zauważyć, że dopóki napięcie nie jest znacznie zniekształcone, to tylko częstotliwość podstawowa przesyła moc czynną. Prądy o innych częstotliwościach po prostu płyną, technicznie tworząc rodzaj prądu biernego wyższych harmonicznych (prądu odkształcenia). Dla prostowników diodowych rzeczywisty współczynnik mocy TPF wynosi około 0,95 lub więcej.

W kontekście jakości energii często spotyka się termin współczynnik całkowitego zniekształcenia prądu obciążenia TDD (ang. Total Demand Distortion). TDD, nie charakteryzuje obciążenia, ale jest parametrem systemu.

TDD wyraża zniekształcenie harmoniczne prądu jako procent maksymalnego prądu obciążenia I_L, równanie 8.13

$$TDD[\%] = \sqrt{\sum_{h_2}^{h_{max}} \times (\frac{I_h}{I_L})^2} \times 100\% \tag{8.13}$$

Innym terminem często spotykanym w literaturze jest częściowo ważone zniekształcenie harmoniczne PWHD (ang. partial weighted harmonic distortion). PWHD reprezentuje ważone zniekształcenie harmoniczne, które zawiera tylko harmoniczne między 14. a 40., jak pokazano w poniższej definicji, równanie 8.14.

$$PWHD[\%] = \sum_{h=14}^{40} h \times (\frac{I_h}{I_1})^2 \times 100\% \tag{8.14}$$

8.1.3 Wpływ harmonicznych na system dystrybucji energii

Przykład małego systemu dystrybucji pokazuje Rys. 8.4. Transformator jest podłączony po stronie pierwotnej do punktu wspólnego sprzężenia PCC1 (ang. point of common coupling) w zasilaniu średnim napięciem MV. Transformator ma impedancję Z_{xfr} i zasila kilka obciążeń. Punkt wspólnego sprzężenia, gdzie wszystkie obciążenia są podłączone, to PCC2. Każde obciążenie jest podłączone przez kable o odpowiednich impedancjach Z_1, Z_2, Z_3.

Prądy harmoniczne pobierane przez obciążenia nieliniowe powodują zniekształcenie napięcia, z powodu spadku napięć na impedancjach systemu dystrybucji. Wyższe impedancje skutkują wyższymi poziomami zniekształceń napięcia od zsynchronizowanych w czasie harmonicznych prądu wytwarzanych przez prostowniki.

Zniekształcenie prądu odnosi się do mocy prostownika i jego indywidualnego obciążenia. Zniekształcenie napięcia odnosi się do wydajności systemu. Nie można określić zniekształcenia napięcia w PCC, znając tylko wielkość harmonicznych obciążeń. Aby przewidzieć wielkość zniekształcenia napięcia w PCC (THD_u), należy znać konfigurację systemu dystrybucji i odpowiednie impedancje [6, 19].

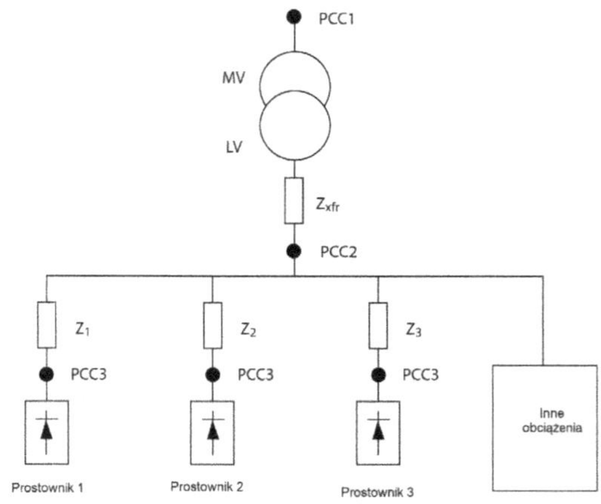

Rys. 8.4: Przykład systemu dystrybucji.

Powszechnie używanym terminem do opisywania impedancji sieci jest współczynnik zwarciowy R_{SCE}, zdefiniowany jako stosunek mocy pozornej zwarciowej zasilania w punkcie PCC S_{SC} do mocy pozornej znamionowej obciążenia S_{obc}, równanie 8.15:

$$R_{SCE} = \frac{S_{SC}}{S_{obc}} \tag{8.15}$$

gdzie:

$$S_{SC} = \frac{U^2}{Z_{zasil}} \tag{8.16}$$

oraz:

$$S_{obc} = U \times I_{obc} \tag{8.17}$$

Negatywny wpływ harmonicznych jest dwojaki:

- prądy harmoniczne przyczyniają się do strat systemowych (w kablach, transformatorze) na drodze transformator - prostownik,
- zniekształcenie napięcia spowodowane harmonicznymi prądu powodują zakłócenia w innych obciążeniach dołączonych do transformatora i zwiększają ich straty.

8.1.4 Wpływ harmonicznych na silniki

Harmoniczne generowane przez obciążenia nieliniowe negatywnie wpływają na pracę generatorów i silników. Typowe negatywne skutki to:

- zwiększone nagrzewanie z powodu strat w żelazie i miedzi przy od prądów o częstotliwościach harmonicznych,
- wyższe emisje hałasu,
- prądy harmoniczne w wirniku.

Prądy harmoniczne powstają w wirniku przez harmoniczne w uzwojeniach stojana, np. harmoniczne 5. i 7. rzędu w stojanie będą generować harmoniczne 6-rzędu w wirniku, podczas gdy harmoniczne 11. i 13. rzędu w stojanie będą generować harmoniczne 12-rzędu

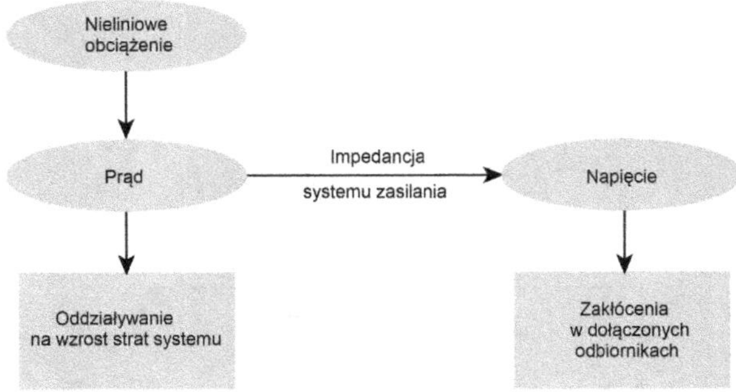

Rys. 8.5: Negatywne efekty harmonicznych: straty systemowe i zakłócenia

w wirniku. Te prądy harmoniczne w wirniku będą skutkować zwiększonym nagrzewaniem wirnika oraz pulsującym lub zredukowanym momentem obrotowym.

Należy również zauważyć, że niezrównoważenie napięć systemu (np. stała niesymetria), wyrażone jako prądy składowej przeciwnej, mogą również oddziaływać negatywnie na wirnik, wzbudzając prądy harmoniczne, które dodają się do tych omawianych powyżej.

8.2 Standardy i wymagania ograniczania harmonicznych

Wymagania dotyczące ograniczania harmonicznych mogą wynikać z:

- wymagań specyficznych dla aplikacji,
- wymagań dotyczących zgodności z normami.

Wymagania specyficzne dla aplikacji dotyczą konkretnej instalacji, gdzie istnieją techniczne powody do ograniczenia harmonicznych.

Przykład:

Transformator 250 kVA z dwoma silnikami 110 kW każdy. Silnik A jest podłączony bezpośrednio do zasilania sieciowego, a silnik B jest zasilany przez napęd AC.

Załóżmy, że istnieje potrzeba dodania napędu AC dla silnika A, aby zapewnić możliwość zmiany prędkości obrotowej, ale transformator w tym przypadku będzie za mały.

Rozwiązanie:

Aby dodać napęd AC bez zmiany transformatora, należy zredukować zniekształcenia harmoniczne z napędów AC silników A i B za pomocą filtrów harmonicznych.

Istnieje wiele standardów, regulacji i zaleceń dotyczących ograniczania harmonicznych. Różne standardy stosuje się w różnych obszarach geograficznych i branżach. Najczęściej stosowane to:

- IEC/EN 61000-3-2 - Limity emisji prądów harmonicznych ($\leq$ 16 A na fazę),
- IEC/EN 61000-3-12 - Limity prądów harmonicznych ($\geq$ 16 A i $\leq$ 75 A),
- IEC/EN 61000-3-4 - Ograniczenie emisji prądów harmonicznych ($\geq$ 16 A),

- IEC/EN 61000-2-2 i IEC/EN 61000-2-4 - Poziomy kompatybilności dla niskoczęstotliwościowych zakłóceń przewodzonych,
- IEEE 519 - Zalecane praktyki i wymagania IEEE dotyczące kontroli harmonicznych w systemach zasilania elektrycznego,
- G 5/4 - Zalecenia inżynierskie, dopuszczalne planowane poziomy dla zniekształceń napięcia harmonicznymi oraz podłączania urządzeń nieliniowych do systemów przesyłowych i sieci dystrybucyjnych w Wielkiej Brytanii.

8.3 Metody redukcji harmonicznych w napędach AC

Prąd liniowy (fazowy) prostowników diodowych napędów AC bez redukcji ma współczynnik zawartości harmonicznych THD_i na poziomie co najmniej 80%. Ta wysoka wartość harmonicznych jest nieakceptowalna w większości zastosowań z napędami AC. Dlatego konieczne jest zastosowanie jakiejś metody redukcji harmonicznych. Stopień redukcji harmonicznych, który należy zapewnić, jak wyjaśniono wcześniej, zależy od konkretnej instalacji i norm harmonicznych, które muszą być spełnione.

Przegląd wybranych metod redukcji harmonicznych przedstawiono na Rys. 8.6.

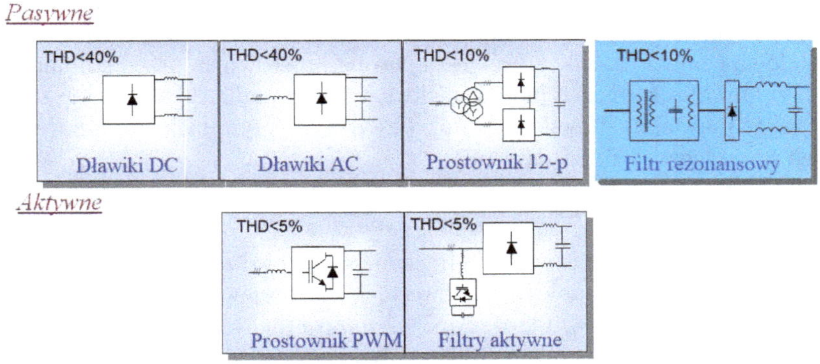

Rys. 8.6: Metody redukcji harmonicznych

Redukcja harmonicznych może być osiągnięta za pomocą obwodów pasywnych lub aktywnych. Metody aktywne są kosztowniejsze, ale i skuteczniejsze, osiągają THD_i<5-8%.

8.3.1 Pasywna redukcja harmonicznych

Dławiki DC

Dławiki DC są umieszczone w łączu DC między prostownikiem a głównym kondensatorem DC. Można użyć pojedynczego dławika na plusie lub minusie, lub użyć dwóch dławików. Zastosowanie dwóch dławików nie powoduje przesunięcia symetrii obwodu mocy napędu względem potencjału ziemi. To rozwiązanie redukuje THD_i do wartości między 35 a 45%.

Dławiki AC

Dławiki AC są umieszczone po stronie linii prostownika. Ich wydajność tłumienia harmonicznych jest podobna do dławików DC i redukuje THD_i do typowych wartości między 35 a 45%, w zależności od wielkości dławika. Dławiki AC powodują obniżenie napięcia baterii o wartość spadku napięcia na dławikach: $U_L = X_L \times I_L$.

Dławiki DC vs. AC

Ponieważ dławiki DC i AC mają podobne poziomy wydajności harmonicznej, często pojawia się pytanie o różnice między tymi dwoma rozwiązaniami. Przede wszystkim, nawet jeśli wartość THD jest podobna, efekt wpływu dwóch rozwiązań na składowe widma harmonicznego jest inny. Dławiki DC bardziej tłumią składowe niskiej częstotliwości (5., 7., 11. harmoniczna), podczas gdy dławiki AC mają lepszą wydajność dla wyższych rzędów harmonicznych.

Na dławikach AC występuje spadek napięcia AC zasilającego wejściowy prostownik napędu. W przypadku dławików AC zwykle występuje spadek napięcia na poziomie, ok. 4%. W przypadku dławików DC prąd DC nie powoduje spadku napięcia. Jedyny spadek napięcia na dławikach DC wynika z tętnień prądu prostownika (powodującego składową przemienną napięcia w napięciu wyprostowanym). W związku z tym, użycie dławików DC skutkuje wyższym napięciem w obwodzie pośrednim DC napędu, co umożliwia dostarczenie większego momentu obrotowego na wał silnika. To jest główna zaleta dławików DC. Dławiki DC są zwykle wbudowane do napędu AC i dlatego zwiększają jego masę i gabaryty. Natomiast główną zaletą dławików AC jest ochrona prostownika przed stanami przejściami w sieci, np. załamania komutacyjne. W niektórych przypadkach stosowane są oprócz dławików DC także niewielkie dławiki AC, np. przy równoległym łączeniu kilku prostowników napędowych do jednego transformatora.

Pasywne filtry harmoniczne

Pasywne filtry harmoniczne są podłączone szeregowo ze zasilaniem sieciowym. Mogą być zrealizowane z różnymi topologiami obwodów, które zazwyczaj składają się z kombinacji dławików L i kondensatorów C, czasami także oporników tłumiących R. Obwód filtrujący może być obwodem dolnoprzepustowym, dostrojonym do określonych harmonicznych (5., 7., itd.) lub lekko odstrojonym, aby uniknąć ryzyka rezonansów. Wydajność pasywnych filtrów zależy od konkretnej konfiguracji obwodu pośredniego DC napędu AC (z/bez dławików DC, wartość pojemności baterii kondensatorów). Określony poziom wydajności filtracji harmonicznych, zwykle poniżej 10%, można zapewnić dla określonej konfiguracji napędu i systemu zasilania.

Przykład realizacji filtra rezonansowego 5., 7., i 11. harmonicznej zaimplementowanego do systemu zasilania napędu AC Rys. 11.9 - sekcja 11. W przykładzie energia do napędu AC jest dostarczana mikrosieci DC przez konwerter falownikowy DC/AC.

W zaprezentowanym systemie zasilania prostownika wejściowego napędu AC (diodowy prostownik wejściowy z dławikami DC) z obciążeniem rezystancyjnym 55 kW baterii kondensatorów (C_{8-9}) - odwzorowującym obciążenie mocą czynną napędu, można wyróżnić:

- pasywny filtr rezonansowy 5., 7., i 11. harmonicznej prądu prostownika, liniowe dławiki separujące ($L_{811-812-813}$),
- filtr LC (L_{1-2-3}, C_{5-6-7}) zakłóceń międzyfazowych DM - filtr trybu różnicowego,
- pojemnościowy filtr zakłóceń CM (C_{51}) - filtr trybu wspólnego,
- falownik konwertujący napięcie mikrosieci DC 650 V DC zasilanej z zasobnika energii (E_{1-2}) na trójfazowe napięcie przemienne 3x400 V/50 Hz,

- modulator sinusoidalny PWM sterujący przełączaniem tranzystorów IGBT falownika z częstotliwością nośną f_c=6 kHz.

Oscylogramy zamieszczone na Rys. 8.7 przedstawiają napięcia i prądy w systemie zasilania napędu AC:

- a) - impulsowe napięcie międzyfazowe falownika i sinusoidalne napięcie międzyfazowe za filtrem DM,
- b) - sinusoidalne napięcie fazowe za filtrem CM, odkształcony prąd na wejściach zasilania prostownika diodowego i sinusoidalny prąd w mikrosieci AC po odfiltrowaniu harmonicznych przez filtr rezonansowy,
- c) - napięcie stałe DC prostownika ze składową przemienną AC (pulsacje/tętnienia).

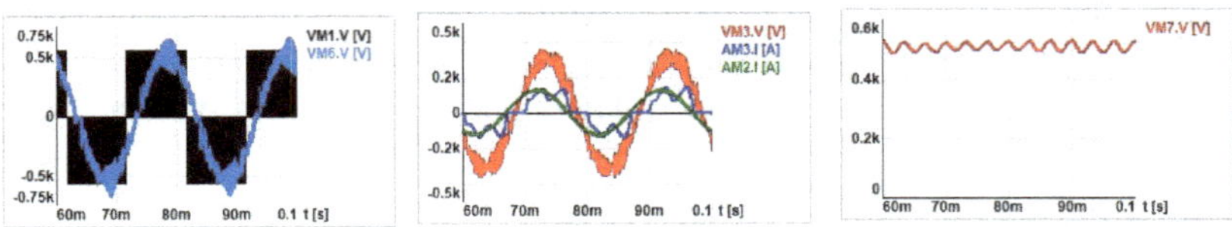

a) b) c)

Rys. 8.7: Minimalizowanie harmonicznych filtrem rezonansowym oraz zaburzeń trybu DM i CM w systemie zasilania napędu: wejściowy prostownik napędu jest obciążony rezystancyjnie mocą 55 kW. Pasywne filtry harmonicznych mają wadę w postaci dużych rozmiarów (porównaj schemat modelu - Rys. 11.9 - sekcja 11)

Nieobciążone rezonansowe pasywne filtry harmonicznych mają pojemnościowy współczynnik mocy, który należy uwzględnić podczas projektowania systemu, aby uniknąć rezonansów. Zaleca się włączanie/aktywowanie filtra przy obciążeniu prostownika, np. $I_{obc} \geqslant 0.5I_n$, gdyż wówczas jego $\cos\varphi$ ma indukcyjny charakter. THD_i tych filtrów to zwykle osiąga ok. 10%.

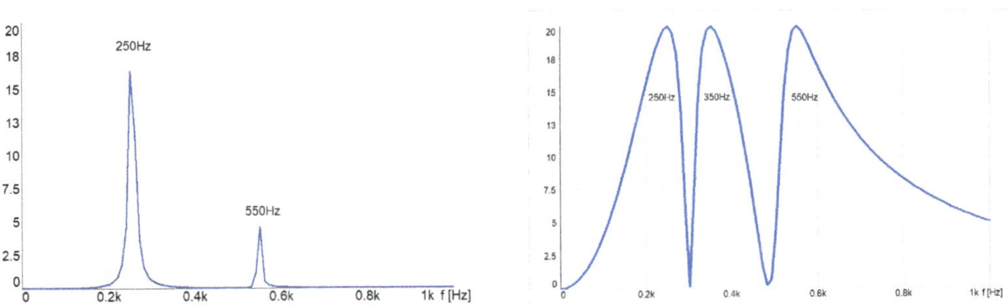

(a) (b)

Rys. 8.8: Charakterystyki częstotliwościowe filtrów rezonansowych:
(a) - filtr harmonicznych 5. i 11., filtr rezonansowy Danfoss AHF010 [15],
(b) - filtr harmonicznych 5, 7, i 11., filtr rezonansowy przedstawiony na Rys. 11.9 - sekcja 11

Zależnie od ustawienia częstotliwości rezonansowej filtrów, eliminowane są harmoniczne określonych rzędów poprzez wielokrotne zwiększenie impedancji przewodowej przy przepływie harmonicznej prądu o określonej częstotliwości np. 250, 350, czy 550 Hz przez filtr, Rys. 8.8. Na Rys. 8.8 (b) - widoczne jest mniej selektywne tłumienie harmonicznych wynikające z zastosowania rezystancji odstrajających w członach filtracyjnych. Im więcej harmonicznych filtr nie wpuszcza do sieci zasilania, tym jest bardziej skuteczny.

Prostowniki wielopulsowe

Prostowniki wielopulsowe są zasilane z transformatorów z przesunięciami fazowymi w uzwojeniach wtórnych. Najczęściej stosowane rozwiązania to 12 pulsów (2 x 3 fazy) lub 18 pulsów (3 x 3 fazy). Dzięki przesunięciu fazowemu harmoniczne niskiego rzędu są wzajemnie przesunięte w fazie o 180°, co powoduje ich wzajemne znoszenie.

Przykładowo, w przypadku wcześniej omawianego prostowania 12-pulsowego fazy uzwojeń wtórnych transformatora Yyd mają przesunięcie fazowe o 30° między uzwojeniami d i y, patrz Rys. 3.49 i Rys. 3.51. W tej konfiguracji harmoniczne 5. i 7. są znoszone, a występują dopiero harmoniczne to 11., 13., i kolejne. Prostowniki wielopulsowe wymagają dużych (wielouzwojeniowych) transformatorów – o mocach znacząco większych niż napęd AC. Sprawność transformatorów jest również zmniejszona w warunkach nieidealnych, takich jak niesymetria napięć.

8.3.2 Aktywna redukcja harmonicznych

Prostownik Aktywny (AFE)

Prostownik diodowy może być zastąpiony falownikiem ze sterowanymi zaworami półprzewodnikowymi (zwykle tranzystory IGBT), podobnym do falownika po stronie silnika. Falownik po stronie sieci jest modulowany szerokością impulsów (modulacja PWM), a prąd wejściowy jest prawie sinusoidalny. Harmoniczne wielokrotności częstotliwości sieciowej nie występują. Z drugiej strony, wysokoczęstotliwościowe zakłócenia trybu DM i CM przełączania są wprowadzane do sieci. Aby zredukować elektromagnetyczny szum przełączania zaworów mocy falownika, stosuje się filtry pasywne, zazwyczaj w topologii dolnoprzepustowej LCL (np. dwójniki z dwoma dławikami i kondensatorami między dławikami).

Główną zaletą prostownika aktywnego AFE jest możliwość pracy w czterech kwadrantach: to znaczy, że przepływ energii jest dwukierunkowy i w przypadku hamowania regeneracyjnego energia może być wprowadzana z powrotem do sieci. Jest to korzystne w aplikacjach z częstym lub długotrwałym hamowaniem, takich jak dźwigi, przenośniki nachylone i w dół transportujące surowce czy wirówki. Wadą rozwiązania AFE jest stosunkowo niska sprawność i duża złożoność. Gdy aplikacja nie wymaga dwukierunkowego przepływu energii i nominalnego prądu, sprawność energetyczna AFE jest gorsza od rozwiązania z aktywnym filtrem AF (ang. active filter).

Ze względu na konieczność dostosowania prądowego aktywnego prostownika do ciągłego dostarczania prądów o wartości nominalnej silnika koszt napędu AFE jest ok. 100% większy niż napędu z prostownikiem diodowym.

Filtr aktywny AF

Aktywne filtry AF składają się z falownika, który generuje prądy harmoniczne w przeciwfazie do zniekształceń harmonicznych w sieci, osiągając efekt znoszenia, i w rezultacie prąd w sieci jest sinusoidalny. Zasada działania filtra AF jest zilustrowana na Rys. 8.9, gdzie AF znosi prądy harmoniczne z prostownika diodowego.

Tak jak w przypadku napędu AFE, potrzebny jest filtr LCL do eliminacji szumu elektromagnetycznego pochodzącego od częstotliwości przełączania półprzewodników falownika

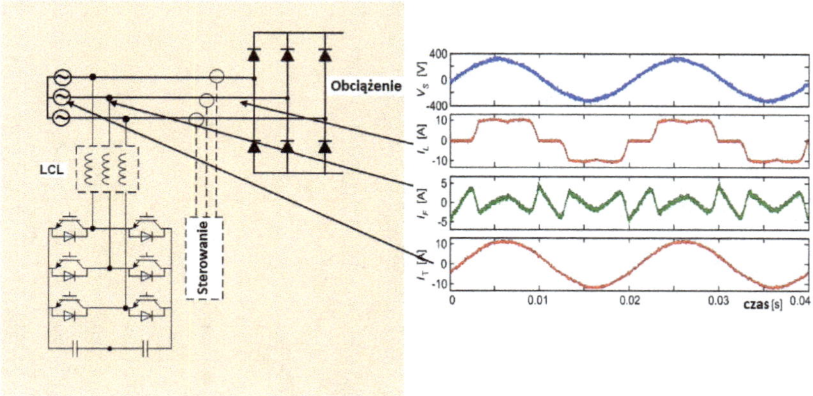

Rys. 8.9: Zasada działania aktywnego filtra AF. AF kompensuje odkształcony prąd fazowy prostownika I_L poprzez dodanie wytworzonego prądu I_F, wtedy prąd I_T transformatora jest sinusoidalny

AF. Filtry aktywne są podłączone równolegle do nieliniowego (generującego harmoniczne) obciążenia. To pozwala na kilka możliwości redukcji harmonicznych, Rys. 8.10:

- indywidualna kompensacja nieliniowych obciążeń: aktywny filtr kompensuje harmoniczne z pojedynczego obciążenia (np. prostownika 6D). Oferowane są także zoptymalizowane pakiety: filtr AF+ napęd AC, zwane LHDs (ang. low harmonic drives),

- grupowa kompensacja: harmoniczne z grupy kilku obciążeń (na przykład napędów AC) są kompensowane przez jeden filtr,
- centralna kompensacja: harmoniczne są kompensowane bezpośrednio za głównym transformatorem, mogą tu mieć zastosowanie filtry średnich napięć SN, np. 3kV.

Filtr AF może być wymiarowany tylko dla kompensacji harmonicznych, ponieważ jest podłączony równolegle do obciążenia i nie musi obsługiwać pełnego prądu obciążenia (praca silnikowa), Rys. 8.10 (a).

Współczesne filtry aktywne kompensują harmoniczne do 21 rzędu i więcej, jest to proces wymagający szybkich procesorów sygnałowych DSP i algorytmów szybkiej analizy częstotliwościowej, gdyż prądy prostowania zmieniają swój kształt i wartość dynamicznie, zależnie od chwilowego obciążenia napędu AC.

Rozkład prądu nominalnie obciążonego prostownika na 3 pierwsze harmoniczne przedstawia Rys. 8.10 (b).

Filtry AF realizują trzy główne zadania dla poprawy jakości zasilania:

- kompensacja mocy biernej wyższych harmonicznych (moc odkształcenia),
- kompensacja mocy biernej harmonicznej podstawowej 50/60 Hz ($cos\varphi$),
- wyrównywanie prądów fazowych (balansowanie prądów).

Realizację tych 3. zadań zilustrowano na Rys. 8.11. Zadania realizowane przez poszczególne człony filtra AF z Rys. 8.11 (a), można prześledzić na podstawie kompensacji napięcia i prądu jednej fazy zasilającej prostownik diodowy. Kompensację harmonicznych prądu, poprawę cosφ i balansowanie napięcia fazowego ilustruje Rys. 8.11 (b):

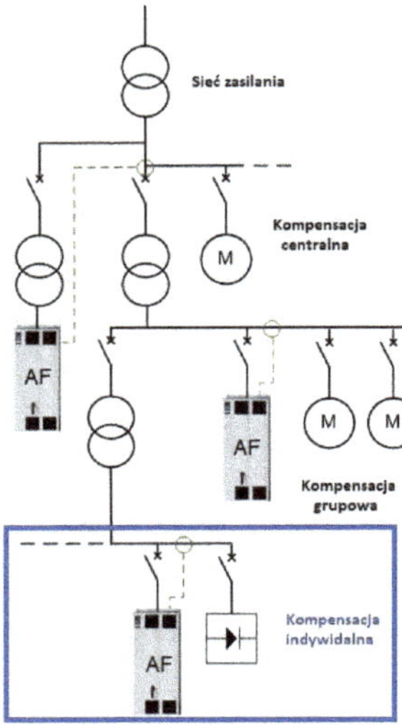

(a)

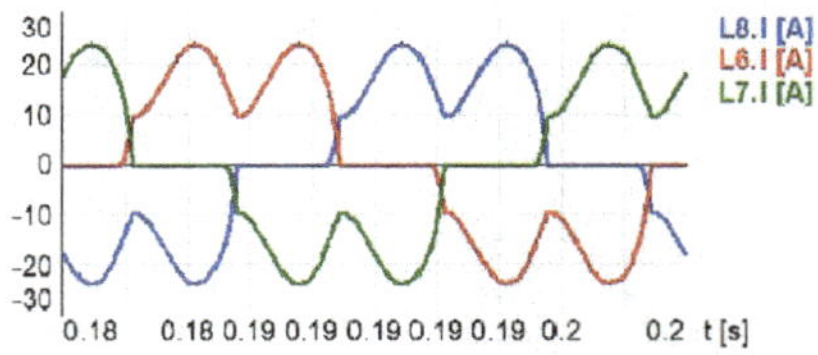

	f [Hz]	L8.I [A]	Phi [deg]	%(Max)
Minimum	50	1.3458	33.594	6.8441
Maximum	0.55k	19.664	0.23732k	0.1k
0	50	19.664	0.22939k	0.1k
1	0.25k	6.8077	0.23732k	34.621
2	0.35k	2.3099	99.417	11.747
3	0.55k	1.3458	33.594	6.8441

(b)

Rys. 8.10: Kompensacja harmonicznych indywidualna, grupowa i centralna:
(a) - kompensacja harmonicznych filtrami aktywnymi AF może odbywać się na różnych poziomach sieci,
(b) - harmoniczne 5., 7., 11. prądu fazowego prostownika diodowego napędu AC eliminowane na poziomie kompensacji indywidualnej

A - prąd fazowy prostownika zawierający harmoniczne I_{R3} i sinusoidalny prąd wzorcowy I_{R4}, kompensator wyłączony,
B - włączony zespół kompensacji harmonicznych, prąd fazowy I_{R3} - nie zawiera harmonicznych, ale z sieci jest pobierana niewielka moc bierna i jest zmniejszona wartość prądu w stosunku do wartości wzorcowej I_{R4},
C - dodatkowo włączony jest moduł balansowania prądu, wartość prądu fazowego I_{R3} jest zrównana z prądem wzorcowym I_{R4},
D - dodatkowo dołączono moduł kondensacji mocy biernej - $cos\varphi$, prądy: fazowy I_{R3} i wzorcowy I_{R4} są sinusoidalne o identycznych wartościach, brak przepływu mocy biernej jeśli fazowy prąd wzorcowy jest w fazie z napięciem fazowym, wtedy $cos\varphi = 1$.

Trudno przecenić konieczność minimalizowania harmonicznych prądu wytwarzanych przez powszechnie stosowane prostowniki diodowe napędów AC. Czy to pojedynczy napęd dużej mocy czy wiele napędów małej mocy w podobny sposób negatywnie oddziaływują na na system zasilania AC, prowadząc do wadliwej pracy urządzeń lub powodując ich uszkodzenia, np. pojemnościowych filtrów kompensacji mocy biernej.

Dla zilustrowania problemu konieczności ograniczania harmonicznych prądu przedstawiono uproszczony model przemysłowej sieci zasilania z odbiorami liniowymi i pojemnościową kompensacją indukcyjnej mocy biernej, gdzie zastosowano napęd AC z prostownikiem diodowym, Rys. 11.10 - sekcja 11. Konsekwencje zastosowania napędu AC w tej sieci bez kompensacji harmonicznych przedstawiają przeprowadzone komputerowe badania symulacyjne prądów i napięć w tej sieci, z różnymi wariantami jej obciążenia.

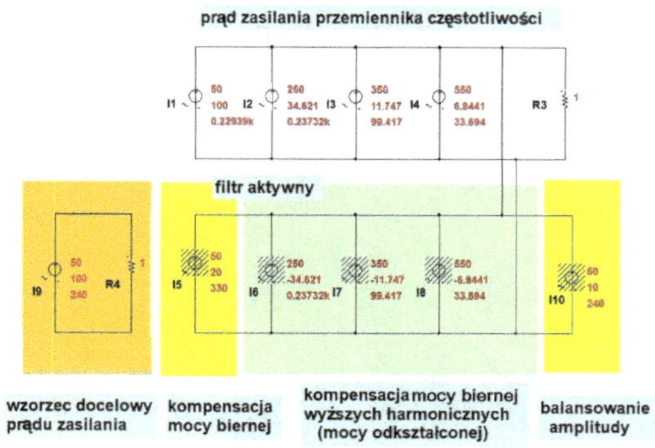

(a)

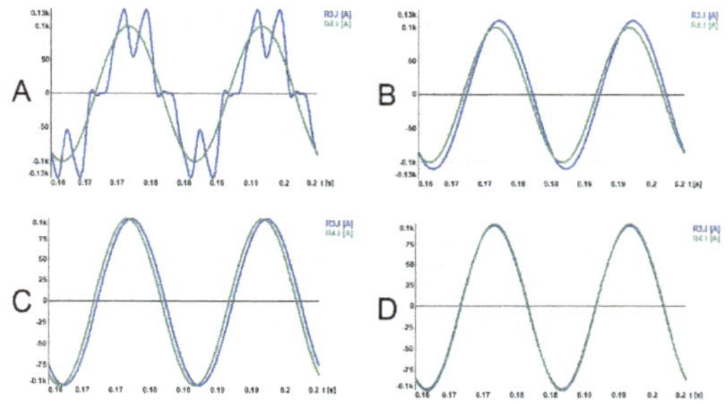

(b)

Rys. 8.11: Realizacja zadań kompensacyjnych filtra aktywnego AF:
(a) model ilustrujący realizację podstawowych zadań filtra AF: kompensacji harmonicznych, mocy biernej i balansowania prądów obciążenia napędów,
(b) prądy w sieci zasilania przy użyciu wybranego kompensatora AF i prostownikiem diodowym napędu AC obciążonego nominalnie
model: 2025+ActiveFilter+Principle.ssh

Na Rys. 8.12 przedstawiono wybrane prądy i napięcia ilustrujące wpływ harmonicznych prostownika na prądy i napięcia systemu zasilania przedstawionego na modelu 11.10 - sekcja 11:

- A) - brak kompensacji mocy biernej, włączone wszystkie odbiory liniowe bez kompensatora mocy biernej i prostownika - prąd fazowy I_{L8} jest opóźniony w fazie w stosunku do napięcia fazowego U_{VM13} - z transformatora jest pobierana moc bierna indukcyjna i moc czynna (pobór mocy z sieci jest nieskompensowany),
- B) - kompensacja mocy biernej, włączone są wszystkie odbiory liniowe i kompensator, bez prostownika - prąd fazowy I_{L8} i napięcie fazowe U_{VM13} nie są przesunięte w fazie - z sieci jest pobierana jedynie moc czynna (pobór mocy jest skompensowany),
- C) - nadmierna kompensacja mocy biernej, włączone odbiory liniowe i kompensator, bez silnika 100 kW i prostownika - prąd fazowy I_{L8} wyprzedza w fazie napięcie fazowe U_{VM13} - z transformatora jest pobierana moc bierna pojemnościowa i moc czynna (pobór mocy jest przekompensowany),
- D) - odłączony kompensator, pozostałe odbiory liniowe i obciążony prostownik są włączone, prąd transformatora I_{L8} jest odkształcony, napięcie fazowe U_{VM13} ma odkształcenia wysokoczęstotliwościowe (komutacja prądu), prąd silnika 100 kW bez od-

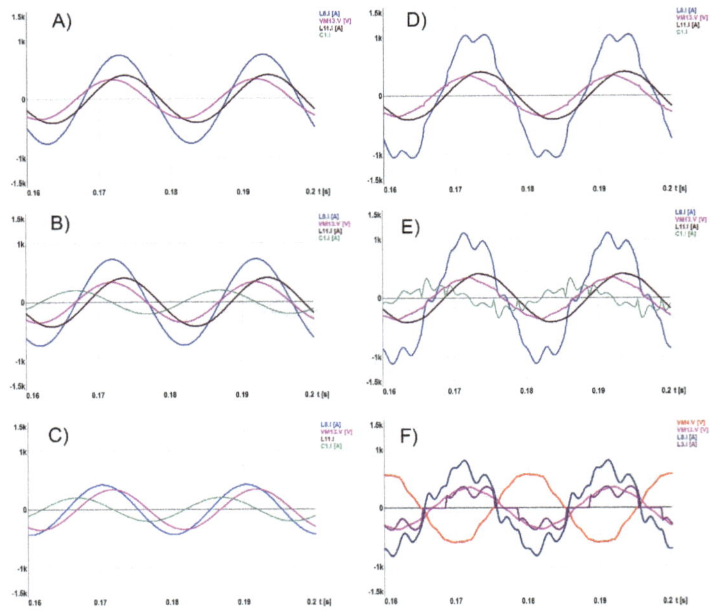

Rys. 8.12: Napięcia i prądy odkształcone w sieci przemysłowej z napędem AC, Rys. 11.10 - sekcja 11:
A, B, C - włączone jedynie odbiory liniowe,
D, E, F - dodatkowo dołączony obciążony prostownik diodowy jako odbiór nieliniowy

kształceń I_{L11} - z transformatora pobierana jest moc bierna indukcyjna i moc czynna (pobór mocy jest nieskompensowany),

- E) - włączone są wszystkie odbiory liniowe wraz z kompensatorem i obciążonym prostownikiem, prąd transformatora I_{L8} jest odkształcony, napięcie fazowe U_{VM13} ma niewielkie odkształcenia wysokoczęstotliwościowe (komutacja prądu), prąd silnika 100 kW bez widocznych odkształceń I_{L11} - w sieci występuje moc bierna wyższych harmonicznych (moc odkształcona), która powoduje przepływ wysokoczęstotliwościowego prądu przez kompensator I_{C1} oraz moc czynna (pobór mocy biernej jest skompensowany, $\cos\varphi = 1$),
- F) - włączone są odbiory liniowe wraz z kompensatorem i obciążonym prostownikiem, bez silnika 100 kW - odkształcony prąd fazowy I_{L8} wyprzedza w fazie napięcie fazowe I_{L8} - z transformatora jest pobierana moc bierna pojemnościowa i moc czynna (pobór mocy jest przekompostowany). Wprowadzana do sieci przez prostownik moc bierna wyższych harmonicznych I_{L3} powoduje odkształcenie prądów przewodowych transformatora I_{L8}, co odkształca jego napięcia fazowe U_{VM13} i międzyfazowe U_{VM4}.

Analiza prądów i napięć w sieci zasilania, Rys. 8.12 wskazuje, że harmoniczne prądów kilku prostowników (napędów AC) dołączonych do transformatora sumują się powodując zwiększone straty w sieci (moc odkształcona) i w kompensatorze mocy biernej. Harmoniczne mogą zakłócić pracę kompensatora (zobacz Rys. 8.12 (e)), którego pojemność musi być ciągle dopasowywana do chwilowego obciążenia transformatora (zobacz Rys. 8.12 (c)) i 8.12 (f)) - tu nie zostały zmniejszone pojemności C_{1-2-3} kompensatora). Harmoniczne w kompensatorze powodują jego przegrzewanie i mogą doprowadzić do jego uszkodzenia.

Według autora kompensacja indywidualna harmonicznych napędów AC większych mocy jest najkorzystniejszym rozwiązaniem minimalizującym ich wpływ na straty w sieci i poprawę jakości zasilania wrażliwych odbiorników, np. kompensatorów mocy biernej, sterowników PLC, itp.

8.4 Narzędzia do analizy harmonicznych

Narzędzia do analizy harmonicznych mogą być używane do obliczania harmonicznych w systemie i projektowania optymalnego rozwiązania redukcji harmonicznych, aby spełnić określone wymagania. Zaletą komputerowych narzędzi programowych jest możliwość porównania różnych rozwiązań, co pozwala na wybór najlepszego rozwiązania.

Istnieje wiele dostępnych na rynku narzędzi programowych, od prostych narzędzi do obliczeń dla nieliniowego obciążenia po złożone pakiety oprogramowania, które umożliwiają projektowanie całego systemu zasilania Rys. 8.13.

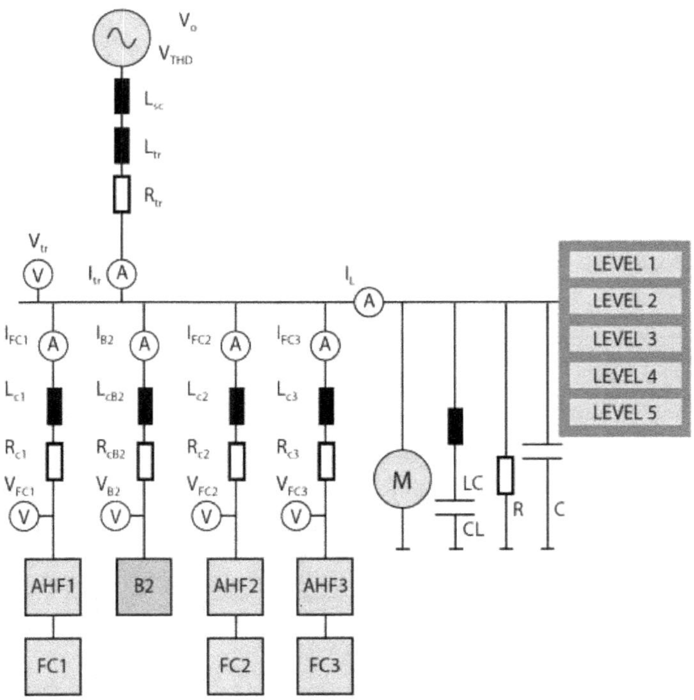

Rys. 8.13: Model obliczeniowy z punktami pomiaru prądu i napięcia

Przykładowo, uznany na światowym rynku producent napędów AC Danfoss, oferuje dwa narzędzia programowe:

- narzędzie offline „VLT® Motion Control Tool MCT 31", oraz
- narzędzie online „MyDrive® Harmonics"

8.4.1 Narzędzie komputerowe sterowania napędem AC - Motion Control Tool MCT 31

MCT 31 to pakiet oprogramowania offline używany do obliczania harmonicznych na podstawie interpolacji wielomianowej między wcześniej zdefiniowanymi cząstkowymi wynikami symulacji (np. rozkład widna harmonicznych pojedynczego napędu AC przy danym obciążeniu). Zaletą tej metody jest szybkość, a wadą jest mniejsza precyzja w porównaniu do pełnej symulacji.

MCT 31 umożliwia symulacje z użyciem wszystkich produktów Danfoss, w tym rozwiązań redukcji harmonicznych takich jak pasywne filtry AHF (ang. advanced harmonic filter) i aktywne filtry AAF(ang. advanced active filter). Można również symulować generyczne napędy AC, które nie są produktami Danfoss. MCT 31 może generować raporty harmoniczne.

Raport obliczeń zawartości harmonicznych MCT31 składa się z 8 sekcji zawierających następujące dane:

- sekcja 1 zawiera dane wejściowe,
- sekcja 2 i 3 zawiera wyniki po stronie pierwotnej i wtórnej transformatora,
- sekcja 4 i 5 zawiera wyniki po stronie wspólnej szyny zbiorczej i szynach zasilania poszczególnych napędów AC,
- sekcja 6 zawiera harmoniczne poszczególnych napędów AC,
- sekcja 7 zawiera dane związane z filtrem aktywnym Danfoss, jeśli został zastosowany,
- sekcja 8 - zawiera dane określające spełnienie norm przez transformator i napędy AC w analizowanej sieci.

Wprowadzając dane wejściowe na drodze transformator - napęd AC, Rys. 8.14, otrzymujemy widmo harmonicznych i THD dla zadanej konfiguracji urządzeń w sieci.

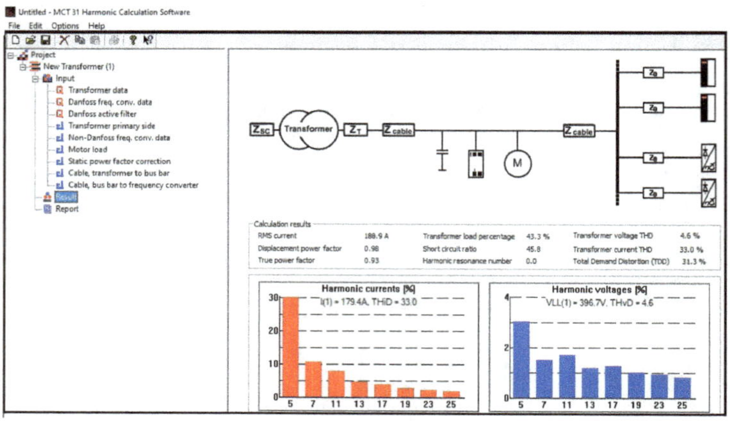

Rys. 8.14: Minimalizowanie i analiza harmonicznych w sieci z napędami AC narzędziem programowym MCT31 - rezultaty analizy harmonicznych przykładowej konfiguracji urządzeń w sieci

8.4.2 Program do analizy zgodności harmonicznych z normami „MyDrive® Harmonics"

„MyDrive® Harmonics" to profesjonalne narzędzie online do symulacji harmonicznych, które pozwala określić, czy harmoniczne będą problemem w instalacji po dodaniu napędów AC Rys. 8.15.

Szacuje korzyści z dodania różnych rozwiązań ograniczających harmoniczne z portfolio produktów Danfoss i oblicza zniekształcenia harmoniczne systemu. Jest to skuteczne rozwiązanie, jeśli jest planowana rozbudowa istniejącej instalacji lub jeśli jest planowana nowa instalacja zasilania od podstaw.

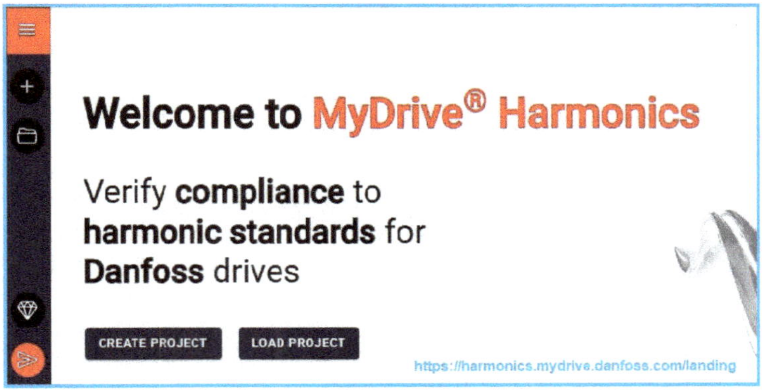

Rys. 8.15: Analiza online zgodności harmonicznych z normami narzędziem „MyDrive® Harmonics"

Główne cechy pakietu oprogramowania:

- symulacja zniekształceń harmonicznych, zapewniająca wyniki o wysokiej dokładności (+/-5%),
- szybki przegląd oczekiwanej zgodności systemu,
- łatwe porównanie strategii ograniczania harmonicznych z możliwością tworzenia kilku podsystemów w ramach projektu,
- wyniki porównywane są z normami (IEEE 519, EN 61000-2-4, EN 50160, DNV), a przekroczenia są prezentowane w formacie pdf,
- dostępna wersja Premium umożliwia dodanie kabli, wielu systemów, przetwornic innych niż Danfoss, dostosowywania norm i wyświetlanie diagramów u(t), i(t) w różnych punktach systemu, a także optymalizację filtrów aktywnych.

9 Interfejsy komunikacyjne elektronicznych napędów

9.1 Interfejs Człowiek-Maszyna

Interfejs Człowiek-Maszyna HMI (ang. human machine interface) jest ważną i kluczową częścią dzisiejszych napędów AC. Interfejs HMI może się różnić od poczynając od wersji podstawowego wskaźnika stanu LED do zaawansowanego systemu magistrali komunikacyjnej z szczegółowymi informacjami o napędzie AC. HMI tworzy interfejs między człowiekiem a aplikacją, który pozwala użytkownikowi na sterowanie, monitorowanie i diagnozowanie aplikacji.

Nowoczesne napędy AC często mają następujące interfejsy HMI:

Wskaźniki stanu LED

Wskaźniki LED pokazują istotne stany pracy napędu AC i mogą oznaczać:

- zasilanie jest podłączone do napędu AC lub aktywny start - kolor zielony,
- w napędzie AC aktywny jest alarm lub ostrzeżenie - kolor żółty,
- w napędzie AC aktywny jest stop - kolor czerwony.

Alfanumeryczny panel sterowania

Panel sterowania umożliwia łatwą kontrolę napędu AC, monitorowanie jego aktualnego stanu oraz łatwą konfigurację aplikacji. Panele sterowania różnią się: od tych z prostym wyświetlaczem numerycznym do bardziej zaawansowanych wyświetlaczy alfanumerycznych, Rys. 9.1.

Występują też panele do komunikacji bezprzewodowej, np. LCP 103 posiada połączenie Wi-Fi i komunikuje się z aplikacją „MyDrive® Connect". Aplikację można pobrać na smartfon/tablet/PC, która może być używana do łatwej konfiguracji, obsługi i konserwacji napędu, Rys. 9.2.

Wejścia i wyjścia sterujące

Dedykowane terminale wejściowe i wyjściowe są interfejsem między sterownikiem PLC a napędem AC. Sygnały sterujące wejściowe, takie jak start/ stop, wybieg czy sterowanie obrotem wstecznym, zapewnią użytkownikowi możliwość do sterowania napędem AC zgodnie z aplikacją. Do sterowania prędkością oraz sygnałami zwrotnymi w aplikacji można

Rys. 9.1: Alfanumeryczne i numeryczne panele sterowania napędów AC

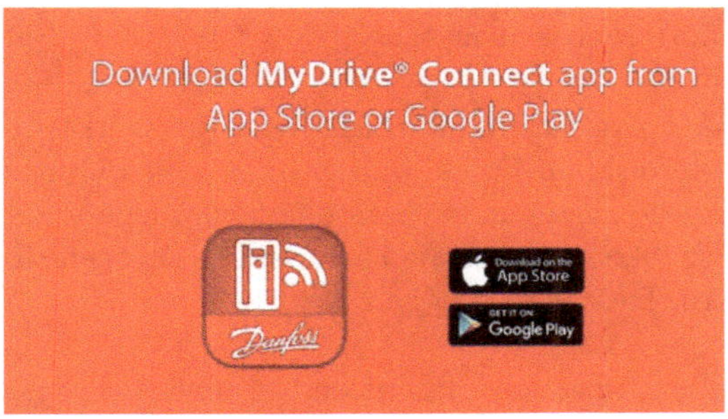

Rys. 9.2: Panel komunikacji bezprzewodowej LCP 103 łączący napęd AC z urządzeniem mobilnym

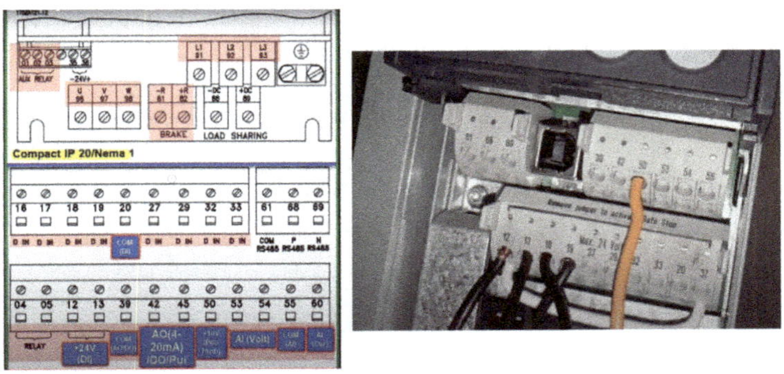

Rys. 9.3: Wejścia i wyjścia, cyfrowe i analogowe - sterowania i monitoringu napędu AC

zastosować sygnały wejściowe analogowe, takie jak 0-10 V lub 0/4-20mA. Sygnały zwrotne z napędu AC do PLC to wyjścia cyfrowe lub wyjścia przekaźnikowe, które można skonfigurować, aby wskazywały status, taki jak „silnik w ruchu". Również analogowe sygnały wyjściowe napędu AC można skonfigurować do monitorowania, np. aktualnych warunków obciążenia czy prędkości obrotowej silnika, Rys. 9.3.

Narzędzia programowe offline i online

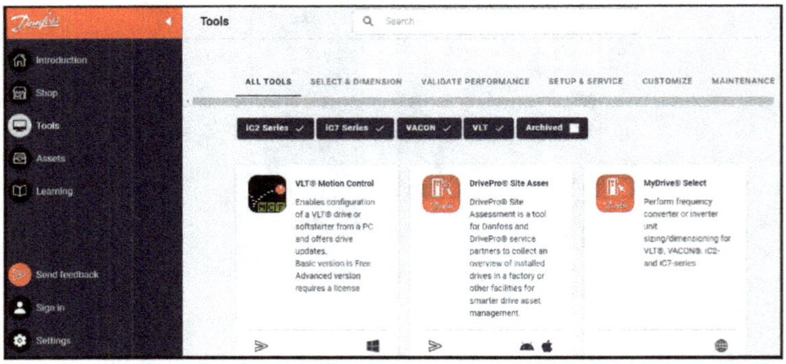

Rys. 9.4: Narzędzia programowe do zarządzania i monitorowania napędów AC: https://suite.mydrive.danfoss.com/content/tools

Integracja napędu AC z oprogramowaniem PC daje użytkownikowi możliwość pełnej konfiguracji systemu i sterowania. Dzięki oprogramowaniu PC możliwe jest bardziej efektywne monitorowanie całego systemu, szybsza diagnoza i lepsza konserwacja prewencyjna. Narzędzia programowe szybko się rozwijają i są wszędzie dostępne dzięki powszechnej obecności szybkiego internetu, Rys. 9.4.

Nowoczesne narzędzie programowe PC może być używane w następujący sposób:

- do planowania nowej sieci komunikacyjnej offline. Narzędzia programowe PC zawierają pełną bazę danych obsługiwanych napędów AC,
- do uruchamiania i parametryzacji nastaw programowych napędów AC online,
- do łatwej wymiany napędu AC w przypadku awarii,
- do łatwego rozszerzenia sieci o więcej napędów AC,
- do tworzenia szybkich kopii zapasowych nastaw parametrów napędów AC i ich archiwizacji,
- oprogramowanie obsługuje protokół magistrali komunikacyjnej. To wyeliminuje potrzebę wykorzystywania dodatkowej sieci komunikacyjnej.

Magistrala komunikacyjna

Używany jest standardowy/wbudowany interfejs komunikacji szeregowej między sterownikiem PLC a napędem AC do uruchamiania, sterowania i monitorowania aplikacji, Rys. 9.5.

9.2 Zasady działania interfejsów szeregowych

W transmisji danych szeregowych, bity (o stanie 0 lub 1) są przesyłane indywidualnie, sekwencyjnie. Logiczne 0 lub logiczne 1 jest definiowane przez określone poziomy napięcia. Opracowano różne metody i standardy, aby zapewnić szybki i bezbłędny transfer danych.

Rys. 9.5: Szybkie łączenie magistrali komunikacyjnej napędu ze sterownikiem PLC/PC za pomocą gniazd sieciowych RJ45

Używana metoda zależy od specyfikacji interfejsu. Jeśli spojrzymy na najniższy poziom transferu danych, można rozróżnić, jak bity są przesyłane elektrycznie (sygnał prądu lub napięcia) i jaki jest używany system (kodowanie sygnałów linii). Jeśli bity są przesyłane sygnałem napięciowym, nacisk kładziony na poziom odniesienia/referencji sygnału bardziej, niż na amplitudę napięcia sygnału, Rys. 9.6.

Interfejs RS-232

Interfejs RS-232, wprowadzony już w 1962 roku, przez długi czas był wiodącym interfejsem szeregowym. Kiedy wspominano o interfejsie szeregowym w kontekście komputerów PC, odnosiło się to do RS-232. RS-232 został zaprojektowany do komunikacji między dwoma urządzeniami (połączenie punkt-punkt) przy małych prędkościach transmisji danych.

Interfejs RS-422

RS-422 umożliwia budowę zarówno sieci punkt-punkt, jak i sieci wielopunktowych. W sieciach wielopunktowych możliwe jest podłączenie wielu odbiorników do jednego nadajnika. Dane są przesyłane różnicowo za pomocą skręconej pary kabli danych. Para przewodów jest potrzebna dla każdego kierunku transmisji w trybie pełnego dupleksu.

Interfejs RS-485

RS-485 jest uważany za doskonalszą wersję standardu RS-422 i ma podobne właściwości elektryczne. W przeciwieństwie do RS-422, RS-485 jest zaprojektowany jako interfejs wielopunktowy (szyna komunikacyjna), przez który może komunikować się do 32 urządzeń. Obecnie dostępne są również moduły nadawczo-odbiorcze (ang. transceiver modules), za pomocą których można zrealizować sieci składające się z nawet 256 urządzeń. Rzeczywisty maksymalny rozmiar sieci zależy zarówno od szybkości transmisji (szybkość bezbłędnej

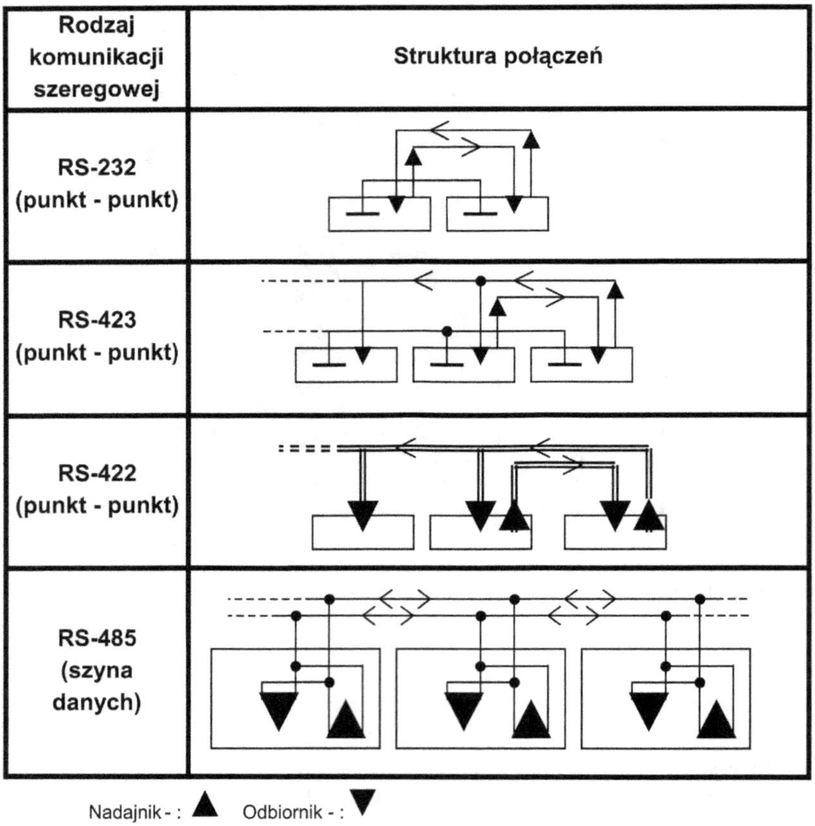

Rys. 9.6: Cztery rodzaje kodowania sygnałów w transmisji szeregowej

transmisji mocno zależy długości linii), jak i struktury sieci (topologii sieci). Sieci z transmisją przewodową RS485 osiągają odległości do kilkuset metrów.

Interfejs USB

Standard USB (ang. universal serial bus) został opracowany w 1995 roku przez firmę Intel we współpracy z firmami z branży IT. Rozszerzenie do standardu USB 2.0 z roku 2000 zwiększyło prędkość transmisji z 12Mbps do 480Mbps. Dodatkowo, w 2008 roku wprowadzono USB 3.0, umożliwiając prędkości transmisji do 5Gbps. Dane są przesyłane różnicowo za pomocą skręconej pary przewodów sygnałowych. Maksymalna długość kabla między dwoma urządzeniami nie może przekraczać 5 m. Mimo nazwy, USB nie jest fizyczną magistralą danych, lecz raczej interfejsem punkt-punkt. Termin „bus" w nazwie USB odnosi się jedynie do struktury, za pomocą której można zbudować sieć. Specyfikacja USB przewiduje centralny host (master), do którego można podłączyć do 127 różnych urządzeń. Bezpośrednio do portu można podłączyć tylko jedno urządzenie. Aby podłączyć więcej niż jedno urządzenie do portu, wymagany jest dodatkowy hub.

Interfejs Ethernet

Standard Ethernet został opracowany już na początku lat 70-tych ubiegłego wieku. Od tego czasu Ethernet staje się coraz bardziej obecny we wszelkiego rodzaju produktach.

W latach 90-tych ubiegłego wieku Ethernet znalazł swoje zastosowanie w dziedzinie automatyki za pośrednictwem protokołów takich jak: MAP, Modbus TCP i EtherNet/IP. Ethernet zazwyczaj działa z prędkością 100 Mbps, za pomocą kabli STP (ang. shielded twisted pair), ale jest również dostępny w postaci bezprzewodowej, światłowodowej i innych mediów. Zaletą używania Ethernetu jest nie tylko duża prędkość i standardowe kable oraz złącza, ale także możliwość dostępu do danych wewnętrznych urządzeń automatyki z sieci biurowej. Pozwala to na odczyt statusu napędu jak i całego zakładu, nawet z innego kontynentu.

Mimo, że wszystkie protokoły Ethernet działają w sieci Ethernet, nie oznacza to, że można uruchamiać różne technologie Ethernetu w tej samej sieci. Technologie, które zmieniają hierarchiczność lub mają ścisłe wymagania dotyczące czasu, uniemożliwiają mieszanie technologii. Główne technologie Ethernet dzisiaj to PROFINET®, EtherNet/IP™, Modbus TCP, POWERLINK i EtherCAT®. Te technologie mają więcej niż 90% udziału w rynku w nowych instalacjach.

9.3 Standardowe interfejsy szeregowe

W dzisiejszych czasach większość napędów AC jest standardowo wyposażona w interfejs szeregowy, który może być używany do połączenia z siecią komunikacyjną.

Ogólnie obsługiwane są różne znormalizowane protokoły, oprócz niepublikowanych, specyficznych dla producenta (ang. proprietary) protokołów. Fizycznie, interfejsy są bardzo często oparte na specyfikacjach interfejsów Ethernet lub RS-485. Ponieważ starsze napędy AC mogą mieć dostępny tylko interfejs szeregowy RS-485, do realizacji potrzebne są konwertery interfejsów. Powszechne są rozwiązania specyficzne dla producenta, w których wymagany jest określony typ napędu AC. Jeśli specyfikacja interfejsu jest opublikowana, można użyć prostych konwerterów standardu przemysłowego, takich jak USB do RS-485, Rys. 9.7.

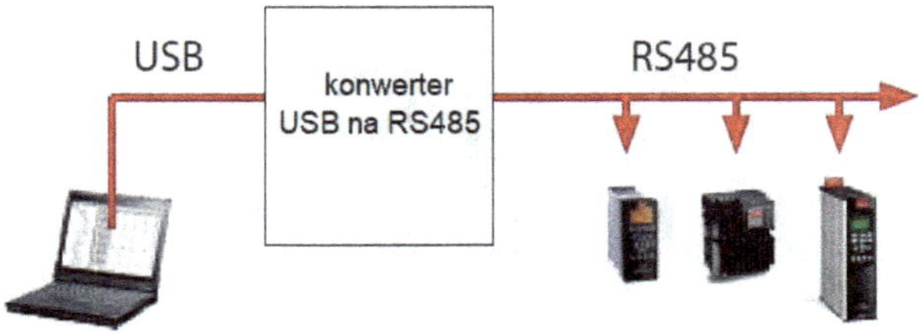

Rys. 9.7: Komunikacja pomiędzy protokołami USB i RS 485

Napędy AC są coraz częściej wyposażane w interfejsy USB do prostej wymiany danych z komputerem PC. Ponieważ wiele komputerów PC ma interfejsy USB, użycie konwerterów interfejsów staje się zbędne.

9.4 Interfejsy szeregowych magistral komunikacyjnych

Użycie nowoczesnych napędów AC bez interfejsu komunikacji szeregowej jest obecnie niemal nie do pomyślenia. W najprostszym przypadku interfejs składa się z dwóch linii danych, przez które można sterować napędem AC, monitorować go, konfigurować i dokumentować. Prawie wszystkie systemy magistral komunikacyjnych umożliwiają umieszczenie wielu urządzeń w tej samej sieci.

W porównaniu z konwencjonalnym sterowaniem napędu AC za pomocą wejść i wyjść cyfrowych i analogowych, w systemach magistrali szeregowej jest mniej okablowania, co obniża koszty instalacji eksploatacji. Z drugiej strony, ponoszone są koszty interfejsów i wymagane są dodatkowe komponenty do sterowania systemem magistrali. W zależności od używanego systemu magistrali, tylko kilka urządzeń sieciowych jest potrzebnych do uzyskania znacznych korzyści kosztowych w porównaniu z konwencjonalnym sterowaniem analogowo-cyfrowym.

Tradycyjne okablowanie - brak magistrali komunikacji szeregowej

W tego typu sieci komunikacja między napędem a PLC wymaga jednego kabla dla każdego parametru, który musi być kontrolowany. Zaletą takiego systemu jest to, że poszczególne komponenty są stosunkowo tanie, a sam system nie należy do najbardziej skomplikowanych.

Ma to jednak swoją cenę, ponieważ takie systemy są stosunkowo drogie zarówno w instalacji, jak i rozbudowie, gdyż każdy dodatkowy parametr lub napęd wymaga nowego okablowania, programowania PLC i często dodatkowego sprzętu I/O. Dla właścicieli oznacza to wyższe koszty kapitałowe/inwestycyjne i ograniczoną elastyczność. Jednocześnie, ryzyko błędu jest wysokie, ponieważ ryzyko błędnego połączenia z PLC rośnie wraz z liczbą kabli, Rys. 9.8.

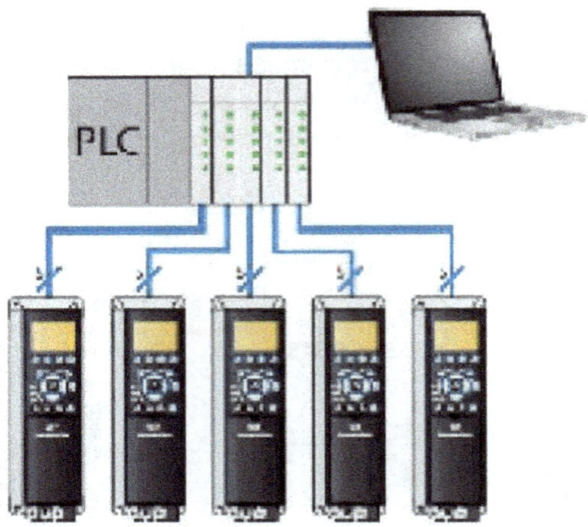

Rys. 9.8: Tradycyjne okablowanie. Brak magistrali komunikacyjnej między napędami AC i sterownikiem PLC.

Okablowanie magistrali komunikacji szeregowej

Typowy system magistrali komunikacji szeregowej używa tylko skręconych par przewodów sygnałowych do podłączenia napędu z PLC. Pomimo wyższych kosztów komponentów, systemy magistrali polowej oferują kilka zalet w porównaniu ze starszymi systemami przewodowymi: mniej kabli, szybsze uruchomienie i zmniejszone ryzyko awarii.

Dodatkowe napędy są podłączone do szeregowej sieci opartej na Ethernet, która może być łatwo rozbudowywana. Nowe parametry muszą być tylko zaprogramowane w PLC,

Rys. 9.9: Okablowanie magistrali komunikacyjnej

co jest zarówno szybsze, bezpieczniejsze i znacznie tańsze niż w systemie przewodowym, Rys. 9.9.

Ethernetowa magistrala komunikacyjna

Interfejs Ethernet umożliwia dostęp do parametrów napędu i informacji z lokalizacji poza zakładem produkcyjnym. Ta metoda omija tradycyjną hierarchię sterowania, ponieważ komunikacja z napędami oraz innym sprzętem wyposażonym w magistralę komunikacyjną Ethernet, nie musi przechodzić przez sterownik PLC.

Zewnętrzny dostęp jest kierowany przez zaporę sieciową, umożliwiając komunikację z dedykowanym serwerem internetowym dla tej magistrali komunikacyjnej.

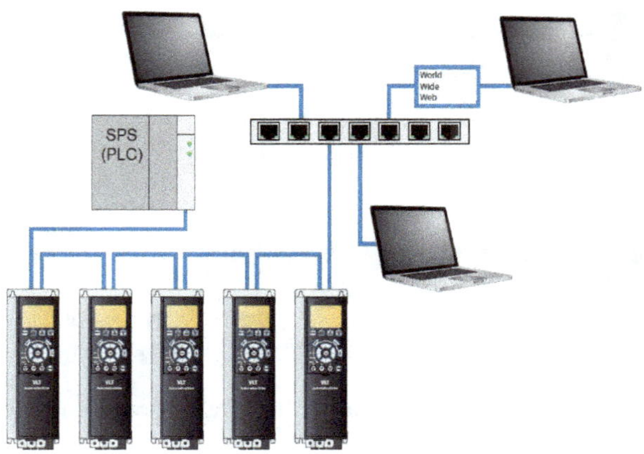

Rys. 9.10: Magistrala komunikacyjna realizowane przez Ethernet

Nie tylko zapewnia to wysoki stopień elastyczności podczas uruchomienia, ale także przynosi korzyści, takie jak zewnętrzne monitorowanie i wsparcie aplikacji, Rys. 9.10.

9.5 Standaryzacja magistrali komunikacyjnej

Rozwój magistral komunikacyjnych rozpoczął się w latach 80., aby korzyści z komunikacji szeregowej mogły być również wykorzystane w terenie. Siłą napędową rozwoju była nie tylko możliwość oszczędności kosztów i czasu podczas planowania i instalacji, ale także łatwość rozbudowy i zwiększona odporność na zakłócenia podczas przesyłania sygnałów analogowych przetworzonych do postaci cyfrowej.

W następnych latach stało się jasne, że sukces systemu zależy nie tylko od możliwości implementacji magistrali w wymagającym środowisku przemysłowym, ale także od *otwartości.*

W otwartych systemach magistrali instalacja i sterowanie są takie same, niezależnie od producenta komponentów magistrali. Użytkownik końcowy może zatem zastąpić (uszkodzone) urządzenie od jednego producenta urządzeniem od innego producenta, bez konieczności wprowadzania dużych zmian w systemie.

Główna różnica między dostępnymi na rynku interfejsami i systemami magistral polega na konstrukcji fizycznej i używanych protokołach. Który system transmisji danych jest używany, zależy od wymagań danej aplikacji.

Szybkie procesy, takie jak maszyny pakujące, mogą wymagać czasów cyklu magistrali wynoszących zaledwie kilka milisekund, podczas gdy systemy kontroli klimatu mogą zadowolić się czasami reakcji rzędu sekund.

Dla lepszej klasyfikacji systemy komunikacyjne można rozpatrywać pod kątem objętości danych, czasu transferu i częstotliwości transmisji. Poniższy diagram pokazuje podstawowy podział na trzy różne poziomy, Rys. 9.11.

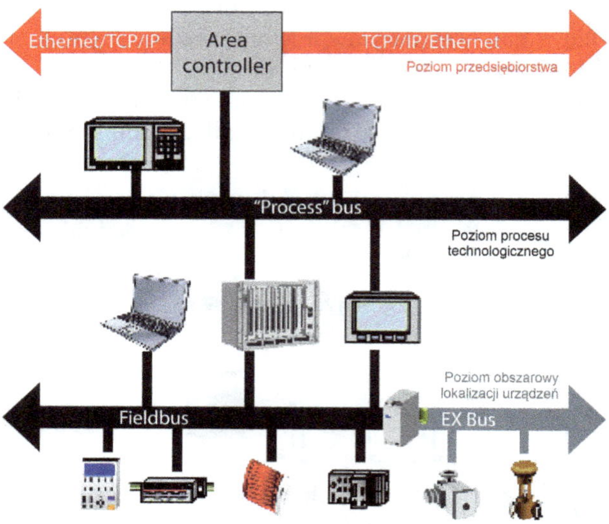

Rys. 9.11: Piramida komunikacyjna inteligentnych urządzeń przemysłowych

Komunikacja przemysłowa zwykle odbywa się na 3. poziomach:

- na poziomie firmy wymieniane są duże objętości danych w zakresie megabajtów. Czas transferu może sięgać godzin - Ethernet TPC/IP,

- na poziomie procesu, objętość danych zmniejsza się do zakresu kilobajtów. Jednocześnie czas transferu skraca się (sekundy), a częstotliwość wymiany danych (minuty/godziny) rośnie,
- na poziomie komunikacji do/z urządzeń wykonawczych w danym obszarze/sekcji wymieniane są bardzo małe objętości danych, liczące kilka bajtów lub nawet bitów. Czas transferu i częstotliwość transmisji wynoszą milisekundy.

Najważniejsze standardy magistral komunikacyjnych (ang. fieldbuses) na świecie są standaryzowane od 1999 roku w normie IEC 61158, rys, 9.12.

Rys. 9.12: Typowe magistrale komunikacyjne

Różne systemy magistral mają większe lub mniejsze znaczenie w zależności od regionu i zastosowania. Jeśli spojrzeć na technologię napędów, to Profibus® i jego następca oparty na Ethernet PROFINET® można uznać za mające większy udział w rynku w Europie. Z kolei DeviceNet^{TM} i EtherNet/IP^{TM} są często używane w Ameryce Północnej i Południowej oraz w Azji. To definiuje warunek wstępny dla wysokiej akceptacji rynkowej odpowiednich następców opartych na Ethernet, PROFINET® w Europie i EtherNet/IP^{TM} w Ameryce Północnej.

9.6 Przemysłowy Ethernet i Internet Rzeczy

Napęd AC jest również urządzeniem, które może być podłączone do internetu, ale ze względu na dostępność dużej ilości danych i potencjalnie wrażliwych danych, nie można tego zrobić bez uwzględnienia cyberbezpieczeństwa związanego z transferem danych. Niektóre protokoły, takie jak MQTT (ang. Message Queuing Telemetry Transport), mogą być popularne, ale niekoniecznie odpowiednie do dostarczania danych z napędu AC.

W MQTT zawsze istnieje składnik pośredniczący w transferze danych, co utrudnia zabezpieczenie transferu, gdyż w każdej wiadomości jest „pośrednik". Ważne jest rozważenie bezpieczeństwa transferu danych przy planowaniu architektury „autostrady" danych od napędu AC do końcowego użytkownika – obecnie do chmury użytkownika końcowego. Usługi takie jak zdalne monitorowanie w czasie rzeczywistym, np. przez DrivePro Remote Monitoring firmy Danfoss, napędów AC z dowolnej lokalizacji mogą przynieść dużą wartość dla użytkownika końcowego. Połączenie informacji z dwóch lub więcej napędów AC w jednym widoku może stanowić podstawę do analizy i dostarczyć bardzo cennych informacji przy rozwiązywaniu problemów.

Używając bramy dostępowej do danych (ang. gateway), można lepiej radzić sobie z niektórymi wyzwaniami związanymi z bezpieczeństwem. Podłączenie napędu AC do internetu za pomocą samego połączenia Ethernet nie jest dobrym pomysłem z punktu widzenia bezpieczeństwa, ponieważ jest wtedy wysoce narażony na wszelkiego rodzaju ataki. Używając bramy, do której można podłączyć również kilka napędów, stworzy się barierę, która chroni podsieć za bramą, Rys. 9.13.

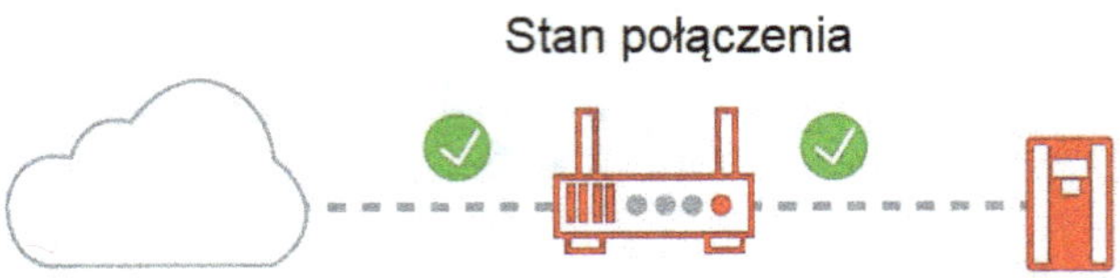

Rys. 9.13: Status połączenia dla transmisji danych od napędu AC do chmury lub w przeciwną stronę poprzez bramę dostępową

Gdy źródła danych dostarczają znaczną ilość danych, bardzo ważne jest odpowiednie zarządzanie danymi. Kluczowe jest, aby w systemie znajdowała się funkcja zarządzania urządzeniami. Jest to jeden z kluczowych komponentów, co oznacza, że zarządzanie urządzeniami musi być dostosowane do urządzeń, które „nadzoruje".

Budując system transmisji danych i ich archiwizacji trzeba rozważyć zagadnienia związane z wykorzystaną technologią, gromadzeniem i analizą danych oraz rodzajem danych podlegających transmisji, tab. 9.1.

Technologia	**Dane i analiza**	**System i proces**

• Zarządzanie urządzeniami
• Zarządzanie bramkami
• Zarządzanie użytkownikami
• Bezpieczeństwo danych
• Bramki
• Łączność:
  • z napędami
  • z internetem
• UI-Dane, pulpit nawigacyjny
• Dane z chmury i do chmury
	• Analizy
	• Trendy (dane historyczne)
	• Rejestratory danych
	• Historia awarii
	• Parametry
	• Informacje o napędzie
	• Widok w czasie rzeczywistym
	• Oceny żywotności
		• Dane dla aktualnego procesu
		• Weryfikacja ustawień podczas uruchomienia i porównaniu z najlepszym ustawieniem napędów referencyjnych

Tab. 9.1: Grupy problemów do analizy przy budowie oprogramowania zarządzającego urządzeniem

Połączenie możliwości analitycznych z rozwiązaniem IoT (ang. internet of things) przynosi dodatkowe korzyści. Ważne jest zrozumienie, jakiego rodzaju analizy są wymagane i jakie są związane z tym ograniczenia. Analiza brzegowa (ang. edge analytics) przeprowadzana lokalnie w czasie rzeczywistym w oparciu o dane procesu wymaga pewnej dostępnej pojemności pamięci w napędzie AC. Czasami jest to po prostu niemożliwe, jeśli wymagania i oczekiwania dotyczące analizy nie są zgodne z dostępnymi możliwościami. Posiadanie danych w środowisku, gdzie możliwości nie są ograniczone, daje dużą swobodę w przetwarzaniu danych. Nawet wtedy, analiza zawsze polega na dostosowaniu jej do faktów, które mają zostać znalezione. Na niższym poziomie skali analizy identyfikacja wyraźnych usterek i wysoce niezwykłych odchyleń od normy – anomalii – może być wykonana w urządzeniu lub w chmurze. W bardziej zaawansowanych metodach, takich jak wykorzystujących uczenie maszynowe lub inne algorytmy SI (ang. AI - artificial intelligence), wdrożenie potrzebnych algorytmów na poziomie sprzętowym może być niemożliwe, co oznacza, że musi to być wykonane w chmurze, Rys. 9.14. Pakiety gotowego oprogramowania chmurowego są obecnie dostępne i wykorzystywane do monitorowania i sterowania napędami AC, Rys. 9.15.

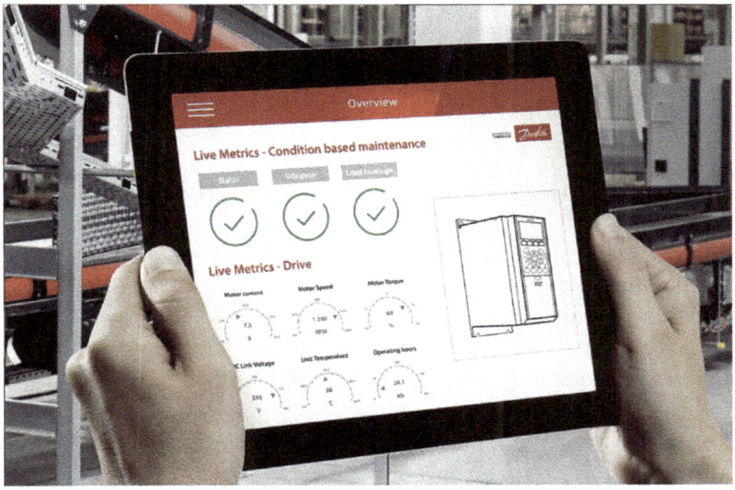

Rys. 9.14: Bezprzewodowy interfejs komunikacyjny Danfoss stosowany do analizy chmurowej danych procesowych napędu AC

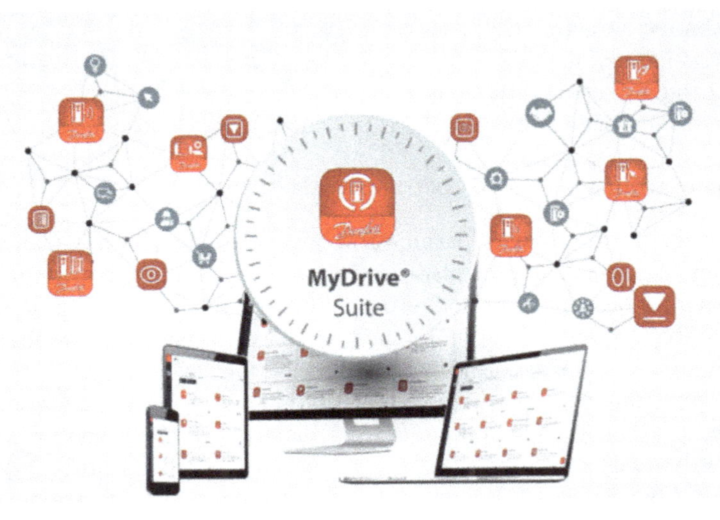

Rys. 9.15: Pakiet oprogramowania chmurowego do analizy danych procesowych Danfoss dla napędów AC

10 Dobór parametrów i wybór rodzaju napędu AC

10.1 Właściwe określenie mocy napędu

Wybór odpowiedniego napędu AC jest kluczowym aspektem projektowania systemu napędowego o zmiennej/regulowanej prędkości. Jeśli wybrana jednostka jest zbyt mała, nie będzie w stanie wydajnie sterować podłączonym silnikiem we wszystkich niezbędnych punktach pracy. Z drugiej strony, jeśli jest zbyt duża, istnieje ryzyko, że silnik nie będzie zawsze prawidłowo sterowany, a projekt może nie być opłacalny.

Dla projektowania większości napędów AC wystarczająca jest znajomość następujących podstawowych parametrów:

- moc napędu AC wynikająca z danych technicznych silnika,
- udział prądu czynnego i biernego w napędzie AC (cosφ silnika),
- zdolność przeciążeniowa,
- zakres sterowania i osłabianie pola,
- redukcja mocy napędu AC,
- energia regeneracyjna,
- długość i rodzaj kabla silnika (ekranowany lub bez ekranu),
- czynniki środowiskowe (temperatura, wilgotność, wysokość nad poziomem morza, itp.),
- instalacja centralna versus zdecentralizowana.

Po wyjaśnieniu podstawowych parametrów projektowych dla aplikacji, przeprowadza się projektowanie i analizę komponentów mechanicznych. Silnik, który ma być użyty, musi być określony, zanim nastąpi wybranie odpowiedniego napędu AC. W systemach obiektów usługowych, ostateczny wybór systemu napędowego często następuje dopiero krótko przed ukończeniem budynku, zależnie od rodzaju zakontraktowanych usług.

Dopiero w tym momencie większość używanych komponentów jest zdefiniowana, aby można było przeprowadzić niezawodną optymalizację warunków przepływu mediów.

Im bardziej dynamiczna i wymagająca aplikacja, tym większa liczba czynników, które należy uwzględnić w projekcie. Ponieważ producenci napędów AC mogą obniżać koszty poprzez ograniczanie funkcji technicznych, dlatego w każdym konkretnym przypadku należy potwierdzić, że potrzebne funkcje napędu są rzeczywiście dostępne. Najważniejszym czynnikiem przy definiowaniu konfiguracji systemu napędowego jest rodzaj procesu, w którym system napędowy będzie używany. Znalezienie właściwego typu i konfiguracji systemu napędowego w każdym przypadku wymaga znajomości wymagań procesowych: momentu obrotowego, prędkości i cyklu obciążenia.

10.2 Moc napędu AC na bazie danych technicznych silnika

Powszechnie stosowaną metodą wyboru napędów AC jest opieranie się na znamionowej mocy silnika, który ma być użyty. Chociaż producenci określają znamionowe moce swoich napędów, dane te zazwyczaj odnoszą się do standardowych silników 4. biegunowych. Ponieważ znamionowe prądy silników znacznie różnią się przy tej samej mocy w zależności od konstrukcji silnika, np. standardowy silnik i silnik z przekładnią. oraz od liczby par biegunów, metoda ta nadaje się tylko do zapewnienia przybliżonego oszacowania mocy napędu AC. Rys. 10.1 pokazuje przykłady znamionowych prądów silników 1,5 kW o różnej ilości biegunów.

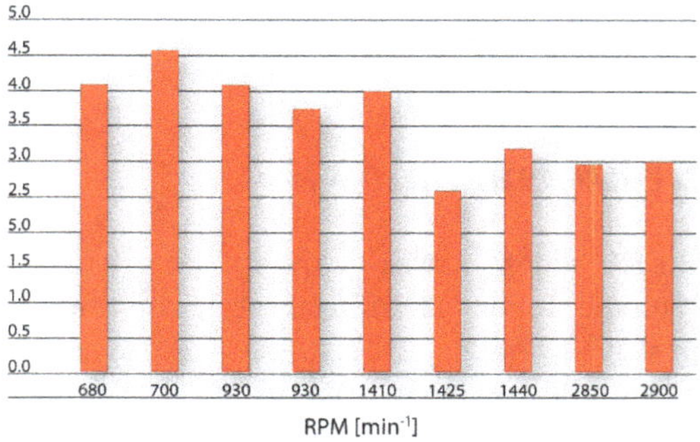

Rys. 10.1: Nominalny prąd dla silników 1,5 kW o różnej ilości biegunów (od 8 do 2) od różnych producentów

Ponadto należy zauważyć, że prąd pobierany przez silnik zależy od tego, czy jest on podłączony w konfiguracji gwiazdy czy trójkąta. Tutaj napędy AC powinny być dobierane na podstawie znamionowego prądu dla wybranego typu konfiguracji uzwojeń stojana silnika (Y lub $\triangle$).

Oprócz prądu silnika należy uwzględnić wymagane napięcie silnika. Wiele napędów AC może działać w szerokim zakresie napięć zasilania (np. 3 x 380 – 500 V) i tym samym zapewnia szeroki zakres napięcia wyjściowego. Należy pamiętać, że napęd działający przy obniżonym napięciu nie będzie w stanie dostarczyć określonej mocy pozornej kVA do silnika, ponieważ obniżenie napięcia nie zostanie zrekompensowane wzrostem prądu.

Tabliczka znamionowa na Rys. 10.2 pochodzi z napędu 5,5 kW. Określone wartości prądu odnoszą się do dwóch różnych zakresów napięć. Napęd AC może dostarczyć 13 A przy napięciu zasilania 380 – 400 V. Jeśli jednostka jest zasilana napięciem 440 – 480 V, może dostarczyć tylko 11 A. Moc czynna dostępna przy obu zakresach napięć wynosi 5,5 kW (9 kVA). Nr zamówieniowy „T/C" napędu jest generowany na podstawie danych umieszczonych na standaryzowanej karcie zamówienia napędu [13].

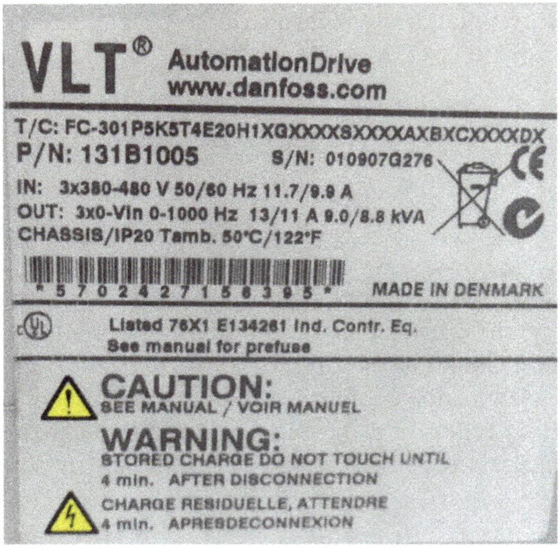

Rys. 10.2: Dane identyfikacyjne napędu AC producenta Danfoss

10.3 Zdolność przeciążeniowa

Przy wyborze napędu AC należy zawsze najpierw uwzględnić warunki obciążenia aplikacji. Podstawowe rozróżnienie dotyczy charakterystyk obciążenia kwadratowego i stałego, które są najczęstsze w praktyce.

Gdy napęd AC steruje silnikiem, można ustawić limity momentu obrotowego dla tego silnika. Wybór napędu AC o mocy pozornej odpowiadającej znamionowemu prądowi lub mocy czynnej silnika zapewnia, że wymagane obciążenie może być napędzane niezawodnie. Jednak konieczna jest dodatkowa rezerwa, aby umożliwić płynne przyspieszenie obciążenia i również zaspokoić okazjonalne chwilowe zwiększenia obciążenia.

Poniżej, znajdują się przykłady charakterystyk stałego momentu obrotowego, tab. 10.1 dla wybranych zastosowań. Jeśli obciążenie jest umieszczone na taśmie przenośnika, moment obrotowy, który musi być zastosowany do transportu obciążenia, jest stały w całym zakresie prędkości.

W przypadku obciążenia o stałym momencie obrotowym typowo stosuje się rezerwę przeciążeniową wynoszącą około 50 do 60% przez 60 sekund (np. dla zapewniania zadanego przyspieszenia przy rozruchu przenośnika). Jeśli maksymalny limit przeciążenia zostanie osiągnięty, reakcja zwykle zależy od nastaw używanego napędu AC. Niektóre typy napędów wyłączają swoje wyjście mocy i tracą kontrolę nad obciążeniem. Inne są w stanie kontrolować silnik przy maksymalnym limicie prądu przeciążenia, aż do wyłączenia się z powodów termicznych.

Charakterystyka obciążenia o zmiennym momencie obrotowym zazwyczaj występuje w aplikacjach, gdzie wzrost prędkości prowadzi do wzrostu kwadratowego momentu obrotowego. Wentylatory i pompy odśrodkowe należą do typów sprzętu, które wykazują takie zachowanie. Ponadto większość aplikacji o charakterystyce kwadratowego momentu obrotowego, takich jak pompy odśrodkowe lub wentylatory, nie wymaga szybkich faz przyspieszania. Z tego powodu rezerwy przeciążeniowe wynoszące 10% są zazwyczaj wybierane dla kwadratowego momentu obrotowego, tab. 10.2.

Zastosowanie	Przeciążenie
Urządzenia podnoszące	160%
Taśmociąg	160%
Mieszadło / Mikser / Wirówka	160%
Kompresor tłokowy obrotowy / Kompresor tłokowy	150%
Pompa spiralna (gęsty osad)	150%
Prasa do odwadniania osadu	150%
Pompa tłokowa	150%
Zawór obrotowy	150%
Dmucha tłokowy obrotowy	110%
Napowietrzacz powierzchniowy	110%
Pompa dozująca	110%
Pompy wspomagające (2-stopniowe)	110%
Pompa recyrkulacyjna	110%
Dmuchawa bocznokanałowa do napowietrzania basenów	110%

Tab. 10.1: Wymagania dotyczące krótkotrwałego przeciążenia napędu AC dla różnych zastosowań

Nawet przy obciążeniu o zmiennym momencie obrotowym i zdolności przeciążeniowej wynoszącej 10% nowoczesne napędy AC mogą być skonfigurowane tak, aby miały wyższy moment rozruchowy na początku, aby zapewnić prawidłowy start aplikacji. Należy rozważyć, czy aplikacja zawsze będzie wymagała kwadratowego momentu obrotowego. Na przykład, mieszalnik ma kwadratowe wymagania momentu obrotowego, gdy jest używany do mieszania bardzo płynnego medium, ale jeśli medium staje się bardzo lepkie podczas przetwarzania, wymagania momentu obrotowego zmieniają się na stałe.

Zastosowanie	Przeciążenie
Wentylator	110%
Pompa studni	110%
Pompa wspomagająca / pompa odśrodkowa	110%
Pompa zasilająca filtr	110%
Pompa wód gruntowych	110%
Pompa gorącej wody	110%
Pompa niezatykająca (materiały stałe)	110%
Pompa odśrodkowa / wentylator	110%
Pompa grzewcza pierwotna i wtórna	110%
Pompa wody chłodzącej pierwotna i wtórna	110%
Pompa ewakuacyjna zbiornika na deszczówkę	110%
Pompa do recyklingu osadu	110%
Pompa spiralna (cienki osad)	110%
Zanurzona pompa silnikowa	110%
Pompa nadmiarowego osadu	110%

Tab. 10.2: Nadmiarowe obciążenia dla zastosowań ze zmiennym, rosnącym w kwadracie momentem w funkcji prędkości silnika

Zagadnienia dotyczące efektywności energetycznej

W rozdz. 5, omówiono różne aspekty związane z oszczędzaniem energii. Ważne jest, aby pamiętać, że najbardziej energooszczędnym rozwiązaniem jest takie, w którym maszyna, silnik i napęd AC, są dobrane pod kątem najlepszej efektywności systemu. Na przykład prędkość wentylatorów zazwyczaj różni się od prędkości nominalnej, podobnie jak silnika, ale wiele silników ma najwyższą sprawność przy prędkości między 75 a 100% prędkości nominalnej.

Niektóre rodzaje (marki) napędów AC mają wbudowaną funkcję oprogramowania, która zapewnia możliwie najmniejszą moc dostarczaną do silnika w stosunku do mocy dysponowanej napędu AC.

10.4 Zakres sterowania

Zaletą napędu AC jest jego zdolność do płynnej regulacji prędkości silnika. Jednak dla dostępnego zakresu prędkości wału silnika ustawia się szereg ograniczeń.

Możliwy do uzyskania zakres i dokładność sterowania prędkością zależy od dostępnych algorytmów sterowania jednostki napędowej. Przy prostym sterowaniu u/f zazwyczaj można osiągnąć zakresy sterowania w granicach 1:15. Jeśli używany jest algorytm sterowania z wektorem napięcia, możliwy jest zakres 1:100. Jeśli rzeczywista prędkość silnika jest przekazywana do napędu AC przez enkoder, można zrealizować zakresy regulacji od 1:1000 do 1:10000. Zwiększony zakres sterowania prędkości to jednocześnie zwiększana dokładność zadawania prędkości. Więcej informacji na temat różnych metod sterowania można znaleźć w odpowiednich materiałach, np. w zaleceniach projektowych napędu AC [10].

Oprócz ograniczeń wynikających z używanych algorytmów sterowania, należy uwzględnić zakres osłabiania pola wokół znamionowej częstotliwości silnika oraz niską prędkość pracy (start silnika). Przy niskich prędkościach zmniejsza się zdolność samoczynnego chłodzenia silnika. Dlatego w przypadku ciągłej pracy w tym zakresie prędkości należy użyć zewnętrznego wentylatora zasilanego oddzielnie do chłodzenia silnika (chłodzenie obce) lub zmniejszyć obciążenie wału. Prędkość, poniżej której moment obrotowy musi być zmniejszony, można znaleźć w danych producenta silnika.

Jeśli silnik jest eksploatowany w zakresie osłabiania pola, należy również uwzględnić redukcję dostępnego momentu obrotowego przy stałym obciążeniu (u/f = const.) oraz rozważyć konieczność wyłączenia sterowania silnika po przekroczeniu momentu krytycznego w napędach z momentem zmiennym w kwadracie częstotliwości (u/f^2 = const.). Zakres osłabiania pola zaczyna się, gdy napęd AC nie może już utrzymać stałego stosunku u/f. W Europie punkt ten typowo leży przy 400 V/50 Hz (8 V/Hz), a w Ameryce Północnej przy 460 V/60 Hz. Na Rys. 10.3 przedstawiono obciążenie wentylatorowe napędu dopasowane do przeciążenia 110%. Kwadratowy przyrost momentu obciążenia silnika powyżej prędkości nominalnej mógłby uszkodzić wentylator przy braku ograniczenia jego prędkości. Jeśli wentylator ma dużą masę bezwładną lub duże opory rozruchowe należy zastosować rozruch stałomomentowy w pierwszej fazie rozruchu. Praca przy osłabieniu pola w napędach wentylatorowych powoduje wytracanie prędkości wentylatora, więcej informacji o pracy napędu przy osłabionym polu można znaleźć w rozdz. 4.1.1.

Czasami producenci silników określają większy dostępny moment obrotowy przy mniejszej prędkości silnika w cyklu pracy. Projekt dostosowany pod kątem pracy z obciążeniem mieszanym (CT-VT) może być ekonomiczny, ale wymaga bardziej skomplikowanego projektu doboru silnika i parametryzacji napędu, jak pokazano na Rys. 10.4.

10.5 Straty ciepła i chłodzenie napędu

Efektywność napędów AC jest bardzo wysoka, ale nadal występują straty przewodzenia (statyczne) i przełączania (dynamiczne) elementów mocy falownika, które powodują

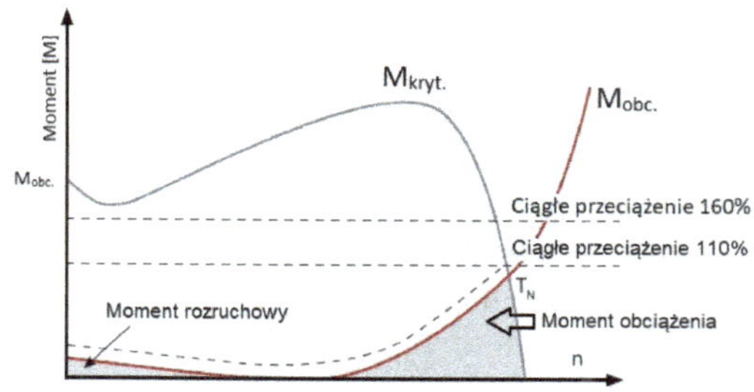

Rys. 10.3: Napęd AC z optymalną charakterystyką dla obciążeń kwadratowych z przeciążeniem 110%. Aby osiągnąć wyższy moment rozruchowy, napęd jest czasami uruchamiany z stałym momentem obrotowym, zanim zostanie użyta charakterystyka kwadratowa

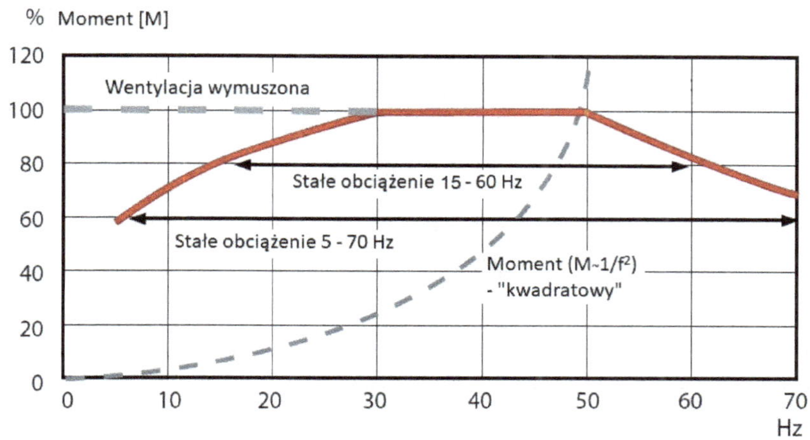

Rys. 10.4: Uzyskanie dobrego dopasowania silnika przy wyborze zakresu prędkości

nagrzewanie się napędu. Ciepło to musi być usunięte, aby zapobiec dalszemu nagrzewaniu i możliwym uszkodzeniom komponentów napędu. Powtarzające się przegrzewanie wpłynie na działanie i skróci żywotność napędu. Potrzeba chłodzenia napędu zależy w dużym stopniu od obciążenia i częstotliwości wyjściowej falownika napędu (np. gdy M $\sim f^2$), a także od stosowanej częstotliwości przełączania IGBT falownika f_p (patrz Rys. 3.21).

Jednym z najbardziej krytycznych komponentów, które wymagają chłodzenia, są moduły półprzewodnikowe falownika (np. z tranzystorami IGBT). Zdolność rozpraszania ciepła samych modułów jest niewystarczająca do unormowania ich temperatury. Dlatego moduły są montowane na metalowym radiatorze, który odprowadza ciepło od modułów. Radiatory aluminiowe są często używane ze względu na ich lekkość, niski koszt i względnie dobrą przewodność cieplną.

Z radiatora ciepło jest przekazywane przez konwencję do medium chłodzącego, którym może być powietrze lub ciecz chłodząca. Podstawowy związek dla transferu ciepła przez konwekcję określa równanie 10.1:

$$Q^{'} = h \times A \times (T_a - T_b) \tag{10.1}$$

gdzie Q' - to ilość ciepła przekazywanego na jednostkę czasu, A - to powierzchnia chłodząca, h - to współczynnik wymiany ciepła, T_a - to temperatura powierzchni radiatora, a T_b - to temperatura powietrza/płynu chłodzącego.

Jak widać z powyższego wzoru, przekazywane ciepło jest bezpośrednio związane z powierzchnią (A) chłodziwa, w tym przypadku radiatora. Dlatego radiatory są projektowane w taki sposób, aby maksymalizować ich powierzchnię w kontakcie z otaczającym je medium chłodzącym. Powierzchnia jest maksymalizowana poprzez dodanie żeber do radiatora. Żebra można również użyć do kierowania przepływu płynu chłodzącego, aby maksymalizować efekt chłodzenia, Rys. 10.5.

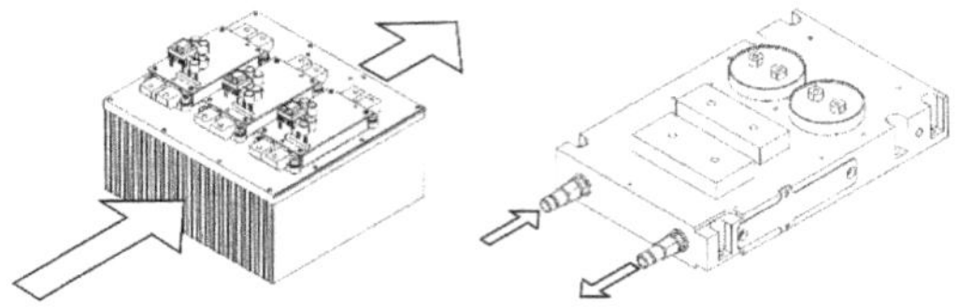

Rys. 10.5: Przykłady radiatora chłodzonego powietrzem i radiatora chłodzonego cieczą

Czynnik chłodzący ma znaczący wpływ na wymianę ciepła. Współczynnik wymiany ciepła h zależy od rodzaju chłodziwa, właściwości przepływu i właściwości temperaturowych. Na przykład, współczynniki wymiany ciepła dla powietrza i wody to:

- Powietrze: h = 10 do 100W/m^2K,
- Woda: h = 500 do 10 000W/m^2K.

Z powyższych współczynników wymiany ciepła jasno wynika, że chłodzenie cieczą jest znacznie bardziej efektywne niż chłodzenie powietrzem. Rozwiązania chłodzenia powietrzem są prostsze i znacznie tańsze. Dlatego chłodzenie powietrzem jest powszechnie stosowane, a chłodzenie cieczą jest głównie używane w bardziej wymagających aplikacjach, takich jak aplikacje o dużej mocy i w ograniczonych przestrzeniach.

10.5.1 Napędy chłodzone powietrzem

Napędy AC chłodzone powietrzem używają wentylatora do cyrkulacji powietrza w obudowie napędu i usuwania ciepła produkowanego przez napęd. Napędy zazwyczaj mają główny wentylator, który chłodzi zewnętrzny główny radiator, ale czasami także mniejsze wentylatory do usuwania ciepła generowanego przez inne komponenty wewnątrz obudowy.

Wentylacja i przepływ powietrza są ważne zarówno wewnątrz, jak i na zewnątrz obudowy napędu. Należy zapewnić wystarczającą wolną przestrzeń wokół napędu, aby napęd miał odpowiednie źródło powietrza chłodzącego i aby wychodzące ciepłe powietrze nie mieszało się z wchodzącym powietrzem chłodzącym. Jest to szczególnie ważne, gdy więcej niż jeden napęd jest zainstalowany blisko siebie. Kanały powietrzne lub bariery powietrzne mogą być używane do kierowania przepływu powietrza. Przy sprawności napędu rzędu 98% trzeba odprowadzić straty z mocy rzędu 2 kW przy obciążeniu napędu mocą 100 kW. Koszt odprowadzania strat może być znaczący, gdyż występują one ciągle w czasie eksploatacji.

Często stosowane jest rozwiązanie regulacji wydajności chłodzenia poprzez stosowanie kilku wentylatorów chłodzących, w których kolejne wentylatory załączane są zależnie od temperatury radiatora. Takie rozwiązanie zwiększa sprawność układu chłodzącego i jego niezawodność.

Gdy napęd AC jest zainstalowany wewnątrz szafy, wentylacja i chłodzenie napędu muszą być starannie oszacowane i uwzględnione w przewietrzaniu otoczenia napędu. Napęd, jak również komponenty pomocnicze, nagrzewają przestrzeń, w której są zainstalowane. W sekcjach szafy zawierających moduły napędowe, własny wentylator modułu jest zazwyczaj wystarczający, aby zapewnić odpowiedni przepływ powietrza chłodzącego w tej sekcji, gdy otwory wlotowe i wylotowe powietrza są zaprojektowane zgodnie z wymaganiami. W sekcjach, które nie zawierają modułu napędowego, ale na przykład dławiki lub filtr wyjściowy LC, zazwyczaj potrzebny jest wentylator drzwiowy lub inny osobny system wentylacji, Rys. 10.6.

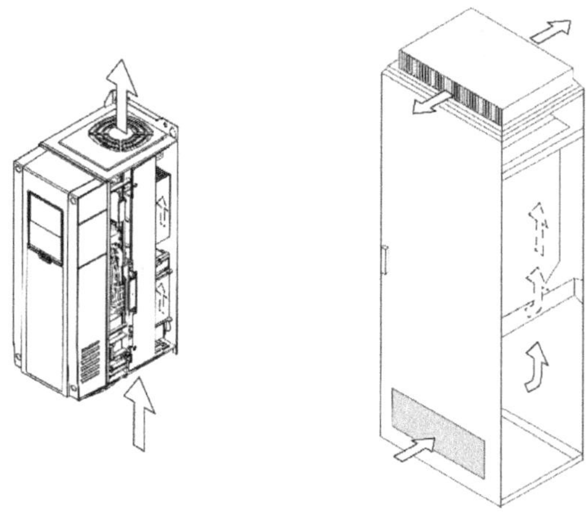

Rys. 10.6: Chłodzenie powietrzem w napędzie AC montowanym na ścianie i napędzie AC w obudowie z dolnym kanałem kablowym

Obciążenie systemu chłodzenia/klimatyzacji pomieszczenia lokalizacji napędów AC z powodu strat ciepła zwykle skutkuje stosunkowo wysokim zużyciem energii przez system chłodzenia. Ponadto elektronika wewnątrz napędu jest dość wrażliwa na kurz i inne zanieczyszczenia w powietrzu. Jeśli zużycie energii przez klimatyzację lub niska jakość powietrza chłodzącego stanowią problem, jedną z opcji jest użycie chłodzenia cieczą. Inną opcją jest unikalna funkcja chłodzenia tylnym kanałem wentylacyjnym, która jest stosowana w napędach firmy Danfoss, Stosowane kanały wentylacyjne umożliwiają bezpośrednie wyprowadzenie podgrzanego powietrza poza pomieszczenie umieszczenia napędów.

Inteligentne zarządzanie ciepłem funkcji chłodzenia kanałem tylnym usuwa do 90% strat ciepła z napędu. Powietrze z zewnątrz pomieszczenia kontrolnego jest zasysane do wlotu na dole napędu. Powietrze wznosi się przez kanał z tyłu szafy do góry, gdzie absorbuje ciepło z radiatora z żebrami, a gorące powietrze jest wydmuchiwane przez wylot na górze napędu. Kanał tylny jest oddzielony od obszaru elektroniki przez uszczelkę, zapewniając klasę szczelności IP 54, co skutkuje minimalnym przepływem powietrza przez obszar elektroniki. Ta metoda chłodzenia znacznie zmniejsza zanieczyszczenie obszaru elektroniki sterującej, co skutkuje dłuższą żywotnością i wyższą niezawodnością, Rys. 10.7.

10.5.2 Napędy chłodzone cieczą

W napędach AC chłodzonych cieczą, moduły półprzewodnikowe i kondensatory obwodu pośredniego są zamontowane na solidnym radiatorze. Radiator jest chłodzony przez ciecz chłodzącą krążącą w rurkach wewnątrz radiatora. Ciecz to zazwyczaj woda lub mieszanina wody i glikolu. Cewki indukcyjne lub mikro-kanaliki są używane w rurkach do

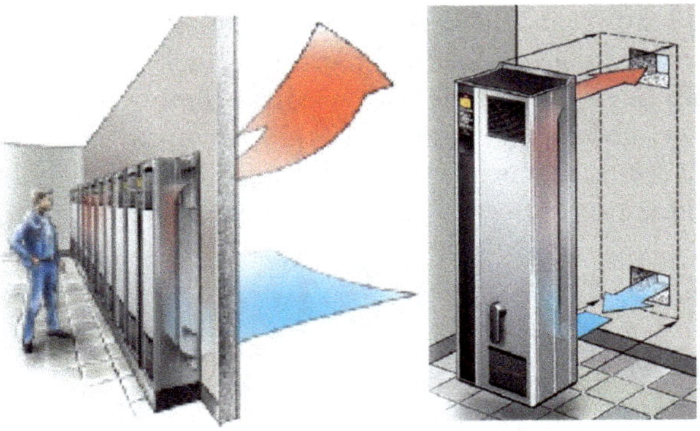

Rys. 10.7: Napędy AC z chłodzeniem tylnym kanałem wentylacyjno-chłodzącym

tworzenia turbulentnego przepływu, co może zwiększyć wydajność chłodzenia do 20%. Ta metoda zwiększa jednak ryzyko zablokowania rurek, jeśli w cieczy chłodzącej znajdują się zanieczyszczenia.

Systemy chłodzenia cieczą dla napędów AC mają zamknięty obwód chłodzenia (obwód pierwotny), który używa płynącej cieczy do transportu ciepła z napędów do wymiennika ciepła. Wymiennik ciepła następnie odbiera ciepło z obwodu pierwotnego.

Istnieją trzy typy wymienników ciepła używanych do chłodzenia napędów AC:

- wymienniki ciepła ciecz-ciecz są podłączone do obwodu chłodzenia wtórnego. Ciecz w obwodzie wtórnym transportuje ciepło z wymiennika ciepła do zewnętrznego skraplacza,
- wymienniki ciepła ciecz-powietrze mają radiator, który używa powietrza do schładzania cieczy chłodzącej w obwodzie pierwotnym,
- chłodziarka używa jednostki chłodniczej do schładzania cieczy chłodzącej w obwodzie pierwotnym, Rys. 10.8.

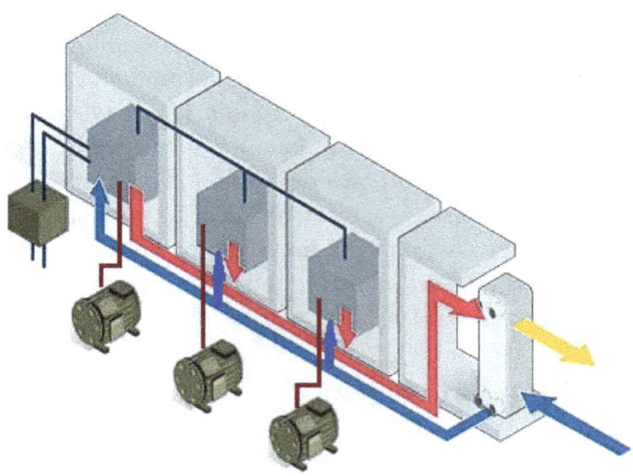

Rys. 10.8: Przykład systemu chłodzenia napędów AC z wymiennikiem ciepła ciecz-ciecz

W napędach chłodzonych cieczą większość nadmiarowego ciepła jest chłodzona przez system chłodzenia cieczą. Jednak zawsze występują pewne straty ciepła do powietrza wewnątrz napędu. Straty ciepła pochodzą z szyn zbiorczych, filtrów, induktorów i innych komponentów pomocniczych. Może być potrzebny dodatkowy wentylator lub inny osobny system wentylacji, aby utrzymać temperaturę napędu w zadanych granicach. Możliwe jest również całkowicie szczelne obudowanie, jeśli radiator (wymiennik ciepła ciecz-powietrze) jest zainstalowany wewnątrz obudowy napędu.

Przy systemie napędu chłodzonego cieczą należy zwrócić szczególną uwagę na to, aby nie doszło do kondensacji wewnątrz obudowy napędu. Ponieważ rury znajdują się wewnątrz obudowy napędu, istotne jest, aby temperatura cieczy chłodzącej pozostawała powyżej punktu rosy. Najpewniejszym sposobem zapobiegania kondensacji jest utrzymanie temperatury cieczy chłodzącej wyższej niż temperatura otoczenia wewnątrz obudowy napędu.

10.6 Redukcja mocy napędu AC

Dla napędów AC, podobnie jak dla wszystkich jednostek elektronicznych, określone są maksymalne temperatury otoczenia. Jeśli maksymalna temperatura otoczenia zostanie przekroczona, może to prowadzić do awarii napędu, ale także skraca żywotność elektroniki. Zgodnie z prawem Arrheniusa, żywotność komponentu elektronicznego zmniejsza się o 50% na każde 10°C, w której jest eksploatowany powyżej określonej temperatury. Jeśli napędy AC muszą być eksploatowane ciągle blisko maksymalnej temperatury roboczej, a określona żywotność napędu nadal musi być zachowana, jedną z opcji jest redukcja mocy. Współczynnik redukcji dla prądu znamionowego napędu wynosi zazwyczaj 1,5%/1°C.

Wyższe częstotliwości przełączania skutkują mniejszym poziomem hałasu silnika. Jednakże straty mocy w falowniku rosną wraz z częstotliwością przełączania, co prowadzi do dodatkowego nagrzewania jednostki. Zmniejszenie częstotliwości przełączania pozwala na redukcję strat przełączania tranzystorów falownika. Jeśli częstotliwość przełączania jest zbyt niska, silnik ma tendencję do mniej płynnej pracy. Częstotliwość przełączania jest więc zawsze kompromisem między generowaniem hałasu, płynnością pracy i stratami silnika.

Jeśli na przykład jednostka jest eksploatowana w temperaturze otoczenia 45°C, może ciągle dostarczać 100% swojego znamionowego prądu wyjściowego przy częstotliwości przełączania 4 kHz. Jeśli temperatura otoczenia wzrasta do 55°C, możliwy jest ciągły prąd wynoszący około 75% bez skrócenia żywotności. Jeśli redukcja żywotności nie jest akceptowalna, należy użyć większego napędu AC z wystarczającą rezerwą mocy. Na Rys. 10.9. przedstawiono diagram redukcji mocy w zależności od częstotliwości przełączania zaworów półprzewodnikowych falownika napędu AC. Częstotliwość przełączania falownika jest przedstawiona na osi X. Prąd wyjściowy (w % M_n) jednostki napędowej jest przedstawiony na osi Y.

Krzywe redukcji mocy muszą być obserwowane nie tylko przy podwyższonych temperaturach, ale także przy obniżonych ciśnieniach powietrza, gdy napędy AC są używane na wysokościach powyżej 1000 metrów. Na większych wysokościach powietrze jest rzadsze. Rzadkie powietrze ma małą pojemność cieplną, tj. większy wzrost temperatury na jednostkę wchłoniętej energii przy stałej objętości. Gdy wysokość instalacji przekracza 1000 metrów, maksymalny prąd obciążenia musi być zmniejszony o 1% na każde 100 metrów. Na przykład na wysokości 2500m prąd obciążenia musi być ograniczony do 85% znamionowego prądu wyjściowego. Wysokość instalacji nie ma wpływu na wydajność cieplną napędów AC chłodzonych cieczą.

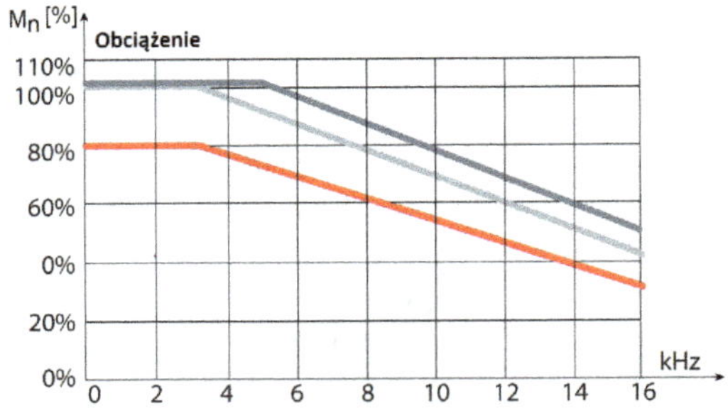

Rys. 10.9: Diagram redukcji mocy dla częstotliwości przełączania tranzystorów IGBT falownika napędu AC

10.7 Energia regeneracyjna

Jeśli silnik jest napędzany przez napęd AC, który podczas hamowania wirnika będzie obniżał częstotliwość wyjściową szybciej niż wirujące pole magnetyczne, to spowoduje, że silnik będzie działał jako generator. W zależności od tego, ile energii jest zwracane z silnika i jak często, należy podjąć różne środki zaradcze, aby nie przekroczyć dopuszczalnego napięcia na baterii kondensatorów obwodu pośredniego napędu. Jeśli moc generowana przez silnik w czasie hamowania obciążenia jest zbyt duża (np. przy szybkim hamowaniu dużej masy bezwładnej), napięcie obwodu pośredniego będzie wzrastać, aż do określonego napięcia, przy którym napęd wyłączy swoje wyjścia mocy, a w konsekwencji straci kontrolę nad silnikiem, Rys. 10.10. Silnik będzie hamował wybiegiem.

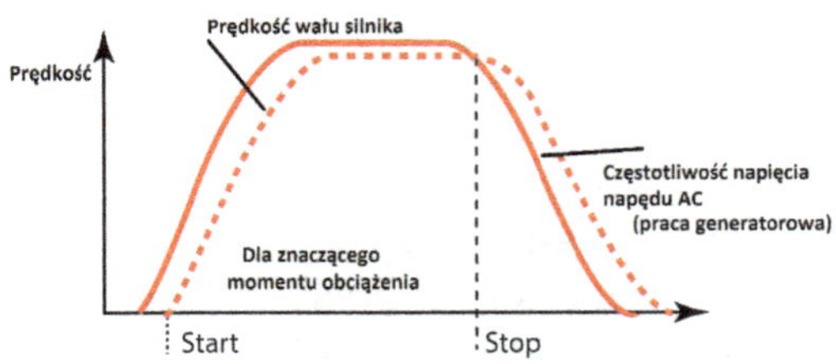

Rys. 10.10: Ilustracja start/stop dla zasady regeneracji energii w czasie hamowania silnika

Prostym sposobem uniknięcia sytuacji nadmiernego napięcia jest przewymiarowanie napędu AC. Większa pojemność obwodu pośredniego byłaby wtedy w stanie absorbować więcej energii regeneracyjnej, a tym samym zmniejszyć ryzyko nadmiernego napięcia. Jednak często jest to droższe rozwiązanie w porównaniu z metodami hamowania dynamicznego, i możliwością zwrotu energii do sieci zasilającej lub stosowaniu rezystora hamowania, więcej omówiono w rozdz. 5.7.

10.8 Kable silnika

Komponenty mocy napędów AC są zaprojektowane dla określonych długości kabli silnika. Jeśli określona długość kabla zostanie przekroczona, mogą wystąpić awarie, a napęd AC może zareagować komunikatem o błędzie/alarmie. Pojemność używanego kabla jest częściowo odpowiedzialna za to zachowanie. Jeśli pojemność na wyjściu napędu AC przekracza określoną wartość, mogą wystąpić przepięcia na kablach, które mogą prowadzić do awarii napędu. Kable ekranowane mają też zwiększone w stosunku do kabli nieekranowanych doziemne pojemności pasożytnicze. Aby ograniczyć pojemności doziemne stosowane mogą być kable nieekranowanie układane w plastykowych korytach kablowych.

Większość producentów zaleca stosowanie ekranowanych kabli dla swoich napędów AC, aby zapobiec potencjalnym problemom EMC. Jeśli użytkownik zdecyduje się na inne odpowiednie środki zapewnienia zgodności z wymaganiami EMC, można używać kabli nieekranowanych. Ponieważ nieekranowane kable powodują mniejsze obciążenie pojemnościowe napędu AC, w takim przypadku możliwa jest większa długość kabla. Typowe długości kabli, które można używać, to 75/150 m ekranowane lub 150/300 m nieekranowane.

Nie zaleca się stosowania nieekranowanych kabli silnikowych, chyba, że podjęto inne środki zapewnienia EMC. Nawet jeśli instalacja działa poprawnie podczas testu odbiorczego bez ekranowanych kabli silnikowych, problemy EMC mogą wystąpić sporadycznie lub z powodu modyfikacji lub rozszerzeń instalacji. Koszty eliminacji takich problemów zwykle przewyższają oszczędności wynikające z używania nieekranowanych kabli.

Podczas instalacji kabli należy unikać dodatkowej indukcyjności powstającej przy prowadzeniu kabli (pętle kablowe), mogą wystąpić cewki powietrzne oraz dodatkowa pojemność wynikająca z równolegle prowadzonych przewodów lub kabli silnikowych.

Jeśli kilka silników jest podłączonych równolegle do wyjścia napędu AC, dozwolone długości poszczególnych kabli silnikowych są znacznie krótsze. Należy zauważyć, że niektórzy producenci określają geometryczne dodawanie poszczególnych długości kabli. W takich przypadkach zaleca się łączenie kabli silnikowych w łańcuchu, Rys. 10.11. W połączeniu łańcuchowym długości poszczególnych kabli silnikowych muszą być dodane razem, aby określić całkowitą długość podłączonego kabla. Z kolei formacja gwiazdy Y może powodować problemy z powodu dodatkowej pojemności między poszczególnymi przewodami/kablami silnikowymi.

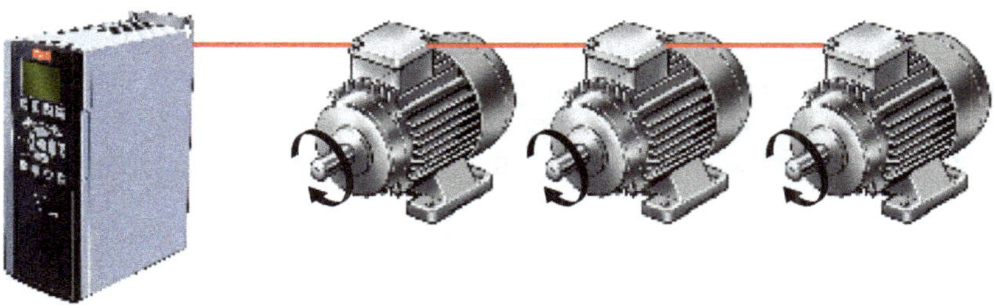

Rys. 10.11: Silniki połączone w łańcuchu

10.9 Środowisko

Przed zainstalowaniem napędu AC należy wziąć pod uwagę kilka czynników środowiskowych. Należy sprawdzić następujące czynniki:

- temperatura otoczenia,
- wilgotność,
- jakość powietrza (pył, zanieczyszczenia),
- wysokość nad poziomem morza,

- kompatybilność elektromagnetyczna EMC,
- zniekształcenia harmoniczne,
- drgania i wibracje.

Dla wszystkich napędów AC określone są minimalne i maksymalne limity temperatury otoczenia. Unikanie ekstremalnych temperatur otoczenia wydłuża żywotność sprzętu i maksymalizuje niezawodność systemu. Jeśli napęd AC jest zainstalowany w środowisku, w którym temperatura otoczenia jest wyższa niż określona, konieczna jest redukcja mocy, rozdz. 10.6. Zdolność chłodzenia powietrza jest zmniejszona przy niższym ciśnieniu powietrza. Powyżej 1000 m należy rozważyć redukcję mocy napędów AC.

Elektronika jest wrażliwa na środowisko. Na przykład wilgoć, kurz i temperatura mogą wpływać na niezawodność elektroniki. Zmniejszona niezawodność powoduje przestoje w aplikacji, co skutkuje zmniejszoną produktywnością. Dlatego ważne jest, aby wybrać właściwe rozwiązanie dla konkretnego zastosowania. Zasadniczo ważne jest, aby chronić elektronikę przed surowym środowiskiem. Najlepszym sposobem na to jest unikanie surowego środowiska poprzez umieszczenie elektroniki poza tym środowiskiem.

W większości przypadków nie można bezpośrednio zobaczyć, jak krytyczne jest środowisko. Zależy to głównie od 4 czynników: stężenia obecnych zanieczyszczeń, brudu, wilgotności względnej i temperatury.

Większość producentów napędów AC oferuje te rozwiązania, minimalizujące wpływ środowiska poprzez:

- montaż napędów AC w centralnej szafie z długimi kablami silnikowymi (ten sposób napędy są oddalone od krytycznego środowiska),
- instalacja klimatyzacji w szafie sterowniczej, która zapewnia, że krytyczne środowisko nie ma kontaktu z napędami AC i inną elektroniką (ciśnienie dodatnie, zastosowanie nadciśnienia w szafie),
- niektóre napędy AC są wyposażone w płytę chłodzącą (dzięki temu napęd można umieścić wewnątrz szafy, a ciepło jest transmitowane na zewnątrz przez płytę chłodzącą, w ten sposób elektronika napędu jest oddzielona od krytycznego środowiska),
- chłodzenie kanałem tylnym to zamknięty i kontrolowany system chłodzenia, który chłodzi napęd w szafie, jednocześnie utrzymuje napęd z dala od krytycznego środowiska,
- użycie napędu AC wyposażonego w zamkniętą obudowę (producenci napędów AC oferują obecnie ochronę obudowy do poziomu IP66/Nema 4X, co chroni elektronikę przed środowiskiem zewnętrznym i eliminuje koszty osobnej/dodatkowej obudowy),
- zamówienie napędu AC z powłoką ochronną, która znacznie wzmacnia ochronę przed wilgotnym pyłem, chlorem, siarkowodorem, amoniakiem i innymi korozyjnymi środowiskami, Rys. 10.12.

EMC i zniekształcenia harmoniczne muszą być uwzględnione we wszystkich instalacjach napędów AC.

Na przykład sygnały sterujące podłączone do napędu AC mogą być bardzo podatne na zakłócenia elektromagnetyczne, a jednocześnie napęd może być znaczącym źródłem EMI i zniekształceń harmonicznych. Napęd AC jest używany przez profesjonalistów jako komponent stanowiący część złożonego większego urządzenia, systemu lub instalacji.

Należy zauważyć, że aby zachować właściwości EMC z napędem AC, instalator musi przestrzegać wytycznych i instrukcji określającej zasady instalacji podane przez producenta.

Rys. 10.12: Płytka drukowana z powłoką ochronną elektroniki

Więcej informacji na temat EMC i zniekształceń harmonicznych omówiono w rozdz. 6 oraz w rozdz. 8.

10.10 Instalacja centralna versus zdecentralizowana

Najczęstszą formą instalacji jest bez wątpienia centralne pomieszczenie instalacji napędów AC w szafach sterowniczych. Zalety technologii szaf sterowniczych polegają przede wszystkim na ochronie jednostek napędowych i zapewnieniu centralnego zasilania, sterowania, konserwacji i analizy usterek.

W przypadku instalacji w szafie sterowniczej, podstawowym aspektem, który należy uwzględnić, jest zarządzanie ciepłem powstającym z powodu strat mocy napędów. Z powodu rozpraszania ciepła w szafach montażowych i pomieszczeniach lokalizacji napędów, może być konieczne ich dodatkowe chłodzenie.

Zgodnie z przepisami montażowymi producenta napędów AC, należy zachować minimalne odległości nad i pod jednostką oraz między jednostką a sąsiednimi komponentami. Dla lepszego usuwania ciepła zaleca się bezpośrednie montowanie urządzeń na tylnej ścianie szafy sterowniczej. Niektórzy producenci określają również minimalne odległości między poszczególnymi jednostkami. Jednak preferowane jest montowanie jednostek obok siebie, jeśli to możliwe, aby efektywnie wykorzystać powierzchnię montażową, Rys. 10.13.

Wadą centralnej instalacji w niektórych przypadkach jest długa długość kabli do silników. Chociaż stosowanie ekranowanych kabli zmniejsza efekty RFI kabla silnikowego, te efekty nie są całkowicie wyeliminowane.

Alternatywą dla centralnej instalacji może być zdecentralizowane podejście do rozmieszczenia napędów na obiekcie. Tutaj napęd AC znajduje się bardzo blisko silnika. Napędy mogą być samodzielnymi szafami, montowanymi na ścianie lub nawet montowanymi bezpośrednio przy silniku.

Długości kabli silnikowych są w ten sposób zredukowane do minimum. Ponadto zdecentralizowana instalacja oferuje zalety w wykrywaniu usterek, ponieważ relacje między napędami i powiązanymi z nimi silnikami są łatwe do zauważenia. W zdecentralizowanych systemach z napędami AC zazwyczaj używa się magistrali komunikacyjnej Rys. 10.14.

Podczas planowania zdecentralizowanej instalacji należy wziąć pod uwagę takie czynniki jak: temperatura otoczenia, spadki napięcia zasilania, ograniczone długości kabli silnikowych, itp. Ważne czynniki, takie jak te, są często pomijane w projektowaniu nawet przy wysokim poziomie projektów inżynieryjnych.

Rys. 10.13: Zalecenia dotyczące montażu napędów AC dla zapewniania właściwego chłodzenia, odległość D zależy od wielkości obudowy, a tym samym od mocy elektronicznego napędu AC

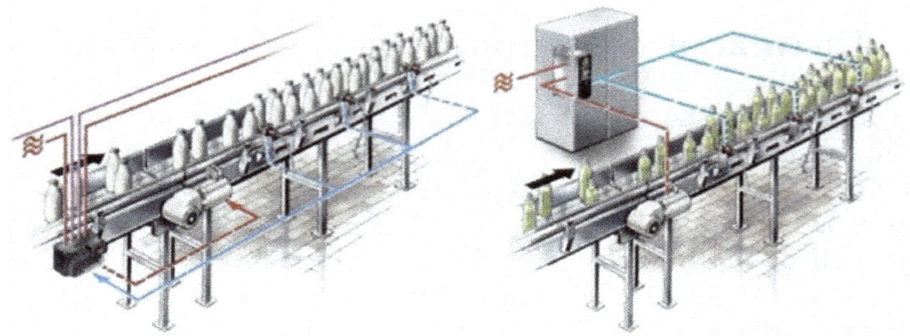

Rys. 10.14: Dwie koncepcje komunikacji szeregowej z rozproszonymi lokalizacyjnie napędami AC – różne zestawy korzyści dla sterowania ze wykorzystaniem sterownika PLC i wbudowanego do w napędzie AC sterownika wewnętrznego

Na przykład, nie tylko jednostki zdecentralizowane, ale także kable zasilające muszą być odpowiednie do środowiska instalacji. Na przykład kabel magistrali polowej musi być odpowiedni do surowszego środowiska, a czasami także typu elastycznego. Ponadto należy unikać instalacji jednostek w niedostępnych miejscach, aby zapewnić szybki dostęp do ich serwisowania.

Innym ważnym czynnikiem jest podział zdecentralizowanej sieci. Ze względów ekonomicznych korzystne jest łączenie jednostek w grupy. Należy dokładnie rozważyć, które grupy wymagają innych grup do działania, a które grupy mogą, muszą, mogą lub powinny działać autonomicznie. Na przykład, jeśli niektóre procesy chemiczne nie mogą być przerwane, to awaria grupy napędów niższego poziomu nie może zakłócać pracy ważniejszych grup napędowych.

Wreszcie, nie należy lekceważyć wiedzy niezbędnej do instalacji zdecentralizowanej sieci. Oprócz znajomości właściwości elektrycznych używanej magistrali komunikacyjnej, technik musi być świadomy właściwości pełnej struktury, np. co będzie się działo z całym systemem komunikacji, jeśli indywidualna jednostka napędowa zawiedzie. Uwzględniając warunki funkcjonowania zdecentralizowanej sieci komunikacyjnej, także musi być w stanie oszacować te skutki.

Chociaż napędy zdecentralizowane są zawsze droższe niż napędy umieszczone centralnie, to dobrze przemyślana koncepcja decentralizacji może osiągnąć oszczędności rzędu 25% w porównaniu do systemów centralnych. Potencjał oszczędności w instalacji zdecentralizowanej wynika z krótszych długości kabli i wykorzystania wbudowanych modułów sprzętowych napędów, które zostały już zbudowane i przetestowane przez producenta lub dostawcę maszyn.

10.11 Przykłady doboru napędu AC

Następujące przykłady ilustrują podstawową procedurę wyboru napędu AC w procesie projektowania. Tutaj używane są karty katalogowe, przedstawione poniżej, do procesu wyboru, tab. 10.3 [10]. Zastosowano napęd AC, który może być połączony z silnikiem kablem ekranowanym o długości 150 m.

Moc napędu AC	P11K		P15K		P18K		P22K	
Rodzaj przeciążenia napędu AC	NO	HO	NO	HO	NO	HO	NO	HO
Prąd wyjściowy								
Ciągły (380-440V) [A]	24	32	32	37.5	37.5	44	44	61
Przerywany (380-440V) [A]	38.4	35.2	51.2	41.3	60	48.4	70.4	67.1
Ciągły (441-500V) [A]	21	27	27	34	34	40	40	52
Przerywany (441-500V) [A]	33.6	29.7	43.2	37.4	54.4	44	64	57.2
Moc wyjściowa								
Ciągła (400V) [KVA]	16.6		22.2		26		30.5	
Ciągła (460V) [KVA]	21.5		27.1		31.9		41.4	
Typowa moc na wale [kW]	11		15		18.5		22.0	
Maks. prąd wejściowy								
Ciągły (380-440V) [A]	22		29		34		40	
Przerywany (380-440V) [A]	35.2	31.9	46.4	37.4	54.4	44	64	60.5
Ciągły (441-500V) [A]	19		25		31		36	
Przerywany (441-500V) [A]	30.4	27.5	40	34.1	49.6	39.6	57.6	51.7
Straty mocy przy maks. obciąż. [W]	291		392		379		465	
Sprawność	0.98							
Maks. rozmiar kabla (mm^2) ([AWG2])	16 (6)				35 (2)			
Maks. bezpieczniki [A]	63				80			

Tab. 10.3: Podstawowe parametry napędów AC dla różnych mocy silnika [10]

10.11.1 Przykład 1

Silnik o mocy 15,0 kW, 3 x 400 V, 4-biegunowy, jest zainstalowany w systemie transportowym (ślimakowy przenośnik śrubowy z momentem oderwania wynoszącym około 160%M_N). Zużycie prądu przez silnik wynosi 30,0 A w trybie ciągłym.

Zalecane rozwiązanie 1

Napęd VLT® AutomationDrive P15K (typowy dla silnika 15 kW/3x400 V z wysokim stałym momentem obrotowym) może dostarczyć 32 A w trybie ciągłym i ma wystarczający zapas mocy dla przeciążenia 160%M_n/60sek., jest zalecany dla tej aplikacji.

10.11.2 Przykład 2

Silnik o mocy 15,0 kW, 3x400 V, 4-biegunowy jest zainstalowany razem z pompą odśrodkową, moment oderwania/startu wynosi około 60%M_N. Zużycie prądu przez silnik wynosi 30,0 A przy jego prędkości znamionowej.

Zalecane rozwiązanie 2

Napęd VLT® AutomationDrive P11K, typowy dla silnika 11 kW z wysokim stałym momentem obrotowym, może dostarczyć 32 A z nominalnym momentem przeciążenia wynoszącym 160%M_N/60s i dlatego może być użyty w tej aplikacji. W tej aplikacji przeciążenie napędu nie przekroczy 110%M_N, napęd będzie pracował głównie przy prędkościach mniejszych od nominalnej. Jednostka ma również dedykowane funkcje dla dodatkowych oszczędności energii.

SI - Dziś to nasz efektywny partner umożliwiający szybkie poruszanie się wśród dużej ilości ważnych danych

11 Załączniki - modele do badań komputerowych

11.1 Lista modeli wykorzystanych w książce

Kody źródłowe wykorzystywanych w e-booku modeli do komputerowych badań symulacyjnych nie są dostępne w tej publikacji, modele mogą być wykorzystywane przez autora na kursach i szkoleniach on-line. Czytelnik może przedstawione modele zbudować samodzielnie w różnych programach do badań komputerowych: Matlab-Simulink, PSIM, Ansoft (Simplorer 6 lub 7, np. w wersji Edu) i innych.

Numer modelu	Nazwa modelu	Powiązane rysunki
1	2025+AFE+regeneraing+rectifying.ssh	Rys. 3.12
2	2025+3fd+inverter.ssh	Rys. 3.18
3	2025+3f12d+rectifier.ssh	Rys. 3.51
4	2025+3full+bridge+PWM+Motor.ssh	Rys. 5.27
5	2025+ActiveFilter+Principle.ssh	Rys. 8.11
6	2025+PAM+modul+invweter.ssh	Rys. 11.1
7	2025+modulator+pwm+cm.ssh	Rys. 11.3
8	2025+3f6d+inv+driveAC.ssh	Rys. 11.4
9	2025+DCbost300 kW.ssh	Rys. 11.5
10	2025+buckDCkonverter.ssh	Rys. 11.6
11	2025+ev+buckcharger.ssh	Rys. 11.7
12	2025+def+dm+ucm+inv.ssh	Rys. 11.8
13	2025+RezonFilter+invert+dmcm+3f6d.ssh	Rys. 11.9
14	2025+PowerFacComp+PowerNet.ssh	Rys. 11.10

Stosowane w opracowaniu modele wykorzystują do sterowania falownikiem skalarne sterowanie PWM.

Nie było celem autora precyzyjne analizowanie dynamicznych i statycznych osiągów silnika. Autor dąży do wyjaśnienia zjawisk zachodzących w napędach AC w możliwie prosty sposób. Celem autora było umożliwienie zrozumienia zachodzących zjawisk w elektronicznych napędzie AC i silniku.

W modelach symulacyjnych jest wykorzystywana modulacja SPWM falownika oraz model silnika asynchronicznego wynikający z jego nominalnych parametrów prądowych i napięciowych. Stosowanie bardziej złożonej modulacji falownika, np. SVPWM nie wpływa znacząco na zrozumienie badanych właściwości napędów AC:

- SPWM (modulacja skalarna): generuje trzy sinusoidy fazowe i porównuje je z nośną; prosta, ale gorzej wykorzystuje napięcie DC i zwykle daje nieco gorsze parametry harmonicznych,
- SVPWM (modulacja wektora przestrzennego): steruje falownikiem tak, aby średni wektor napięcia w płaszczyźnie $\alpha - \beta$ podążał za zadanym wektorem; lepiej wykorzystuje napięcie DC (ok. +15% w zakresie liniowym), często poprawia widmo/THD i daje większe możliwości optymalizacji przełączeń.

11.2 Model falownika PAM

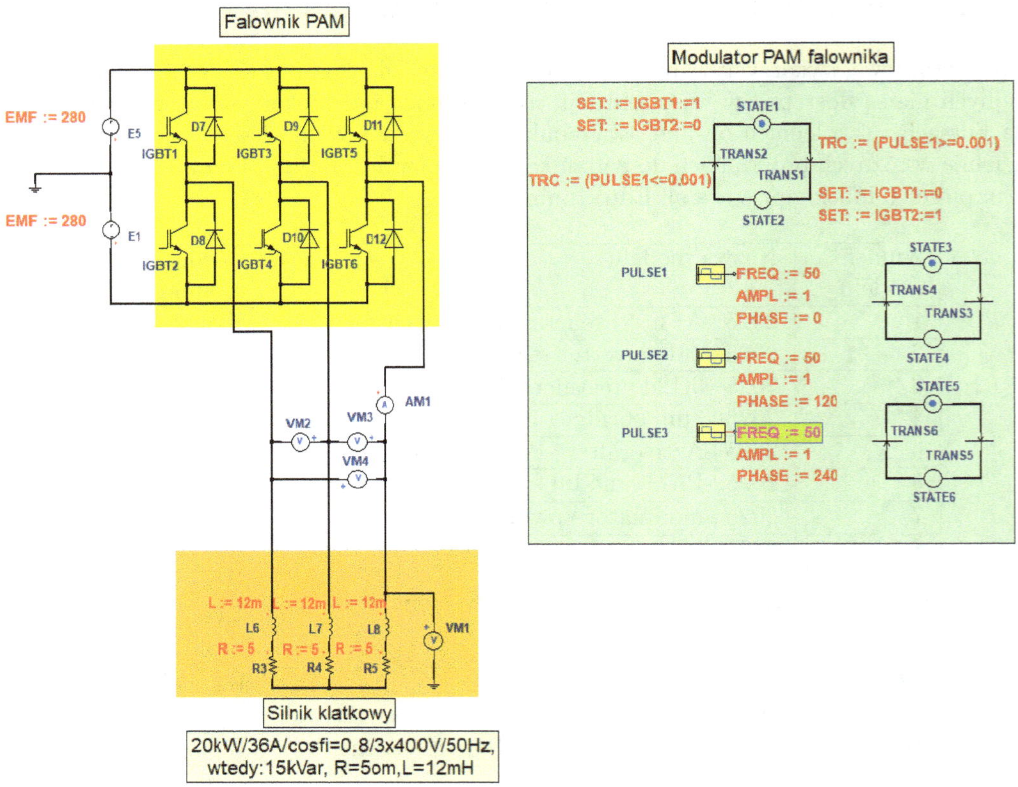

Rys. 11.1: Model falownika i graf sterowana PAM tranzystorami IGBT (omówienie w: Rys. 3.24 - sekcja 3.6.1)

Na Rys. 11.1 napięcie linku DC jest uziemione w środkowym punkcie, co odwzorowuje zasilanie prostownikiem zasilanym z sieci TN. W modulatorze zastosowano fazowe napięcia prostokątne przesunięte względem siebie o 120°. Częstotliwość napięć fazowych modulatora zmienia się stosowanie do żądanej prędkości wału silnika.

Wartość napięcia silnika jest regulowana napięciem linku DC (napięciem obwodu pośredniego napędu AC), np. prostownikiem sterowanym. Gdy jest spełniony warunek u/f = constans, to zapewniony jest stały moment napędowy przy różnych prędkościach wału.

Silnik jest tu odwzorowany poprzez swoją moc czynną i bierną. Rezystancja R odwzorowuje moc czynną a indukcyjność L moc bierną.

Nazwa pliku modelu: ***2025+PAM+modul+invweter.ssh***

11.3 Modulator sinusoidalny PWM

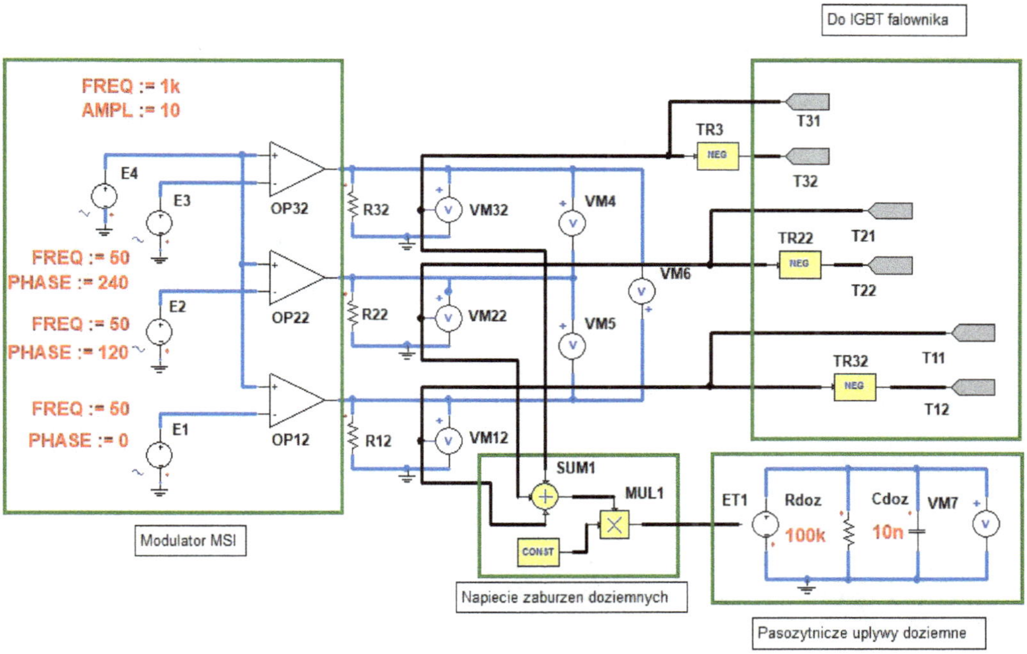

Rys. 11.2: Uproszczony model modulatora sinusoidalnego PWM falownika napięciowego (omówienie w: Rys. 3.27, sekcja 3.6.3)

Modulator sinusoidalny PWM (MSI - modulator szerokości impulsów) przedstawiony na Rys. 11.2 wykorzystuje sinusoidalne napięcia sygnałów modulujących o zmiennej częstotliwości i amplitudzie oraz sygnał nośny, zwykle jest to trójkąt symetryczny o stałej częstotliwości i dużej krotności w stosunku do sygnałów modulujących, np. 100 razy. Dla $u_f = 50$ Hz $f_c = 5$ kHz.

Modulacja PWM umożliwia sterowanie wartościami napięć wyjściowych falownika przy stałej wartości napięcia linku DC. Wadą tej metody jest produkowanie napięć pasożytniczych trybu DM i CM.

Zaburzenia CM powstają dlatego, że nigdy suma napięć fazowych falownika nie jest równa zero, co prowadzi do powstania generatora napięcia trybu CM i wymuszane są prądy doziemne przez pojemności pasożytnicze izolacji kabli silnikowych i silnika.

Nazwa pliku modelu: ***2025-fwk-modulator pwm-cm.ssh***

11.4 Model falownika PWM

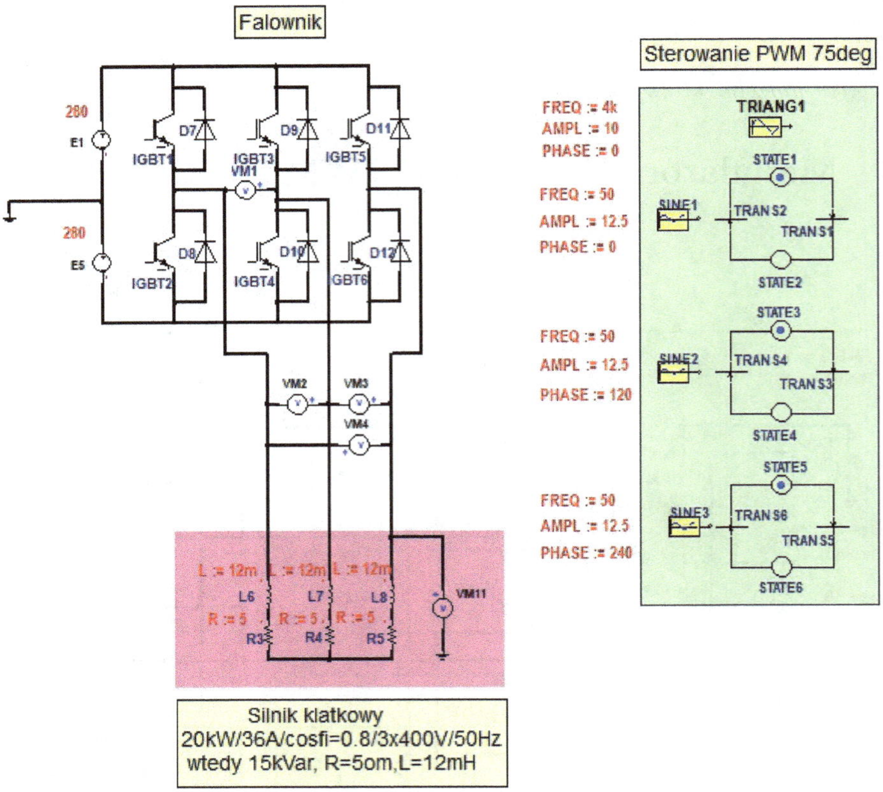

Rys. 11.3: Model falownika z przerywaną sinusoidalną modulacją PWM obciążonego modelem zastępczym silnika LR i graf sterowania tranzystorami IGBT falownika - modulator PWM (omówienie w: Rys. 3.28 - sekcja 3.6.3)

Modulator PWM falownika z Rys. 11.3 może podbijać napięcia międzyfazowe falownika przez stosowanie, tzw. przemodelowania lub inaczej modulacji przerywanej, wtedy współczynnik modulacji M=u_m/u_n >1. Tutaj u_m=12,5 V a u_m=10 V. Takie przemodelowanie powoduje przerwę przez ok. 120° = (2×60°) w okresie napięcia modulującego u_m. Brak modulacji przez 1/3 okresu powoduje zwiększenie sprawności falownika i zwiększenie amplitudy napięcia międzyfazowego. Podobny efekt można uzyskać stosując modulację trapezową, np. przez dodanie 3. harmonicznej do sinusoidy modulującej.

Nazwa pliku modelu: ***2025+3fd+inverter.ssh***

11.5 Model obwodów mocy napędu AC

Moduły mocy systemu napędowego z falownikiem PWM przedstawia Rys. 11.4.

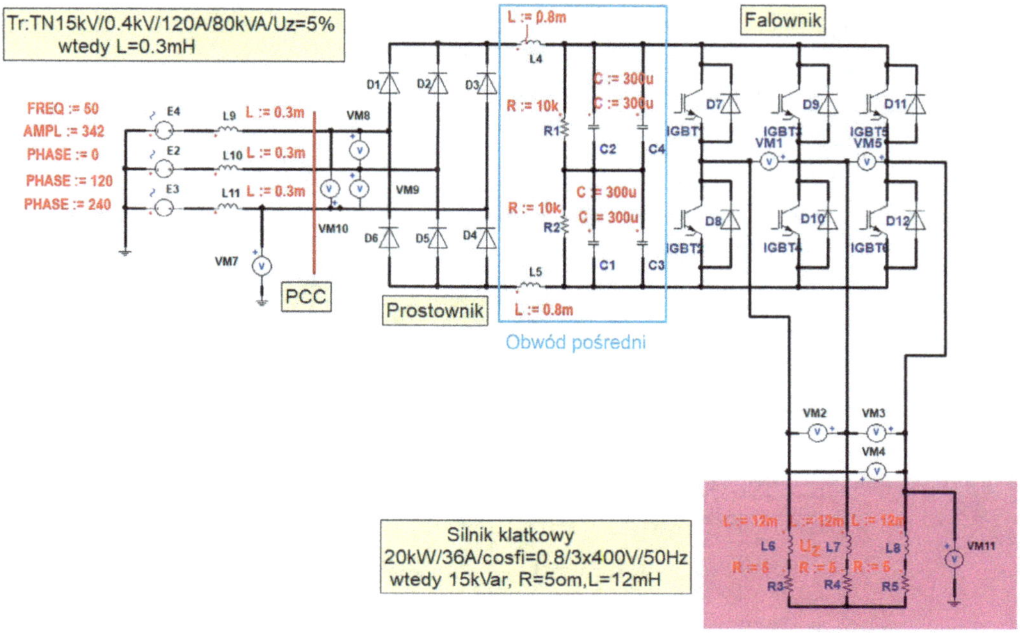

Rys. 11.4: Model obwodów mocy systemu napędowego AC zawierający: model transformatora, model elektronicznego napięciowego napędu AC i model silnika klatkowego (omówienie w: Rys. 4.1, sekcja 4; Rys. 7.3, sekcja 7.2

Model systemu napędowego AC zawiera:

- model uzwojeń wtórnych transformatora w układzie TN - bez uwzględniania strat rezystancyjnych,
- model systemu napędowego AC zawiera:
a) prostownik diodowy, obwód pośredni: z baterią kondensatorów, rezystorami symetryzującymi i indukcyjnościami ograniczania THD_i,
b) trójfazowy falownik półmostkowy dwupoziomowy sterowany modulatorem PWM przedstawionym na Rys. 11.3 - graf sterowania,
- model silnika indukcyjnego odwzorowujący moc czynną $3 \times R$ i moc bierną $3 \times L$.

Nazwa pliku modelu: ***2025+3f6d+inv+driveAC.ssh***

11.6 Model konwertera DC/DC podwyższającego napięcie

Konwerter DC/DC podwyższającego napięcie (ang. boost) i dostarczającego energię z baterii 300 VDC do mikrosieci $U_n = 600$ VDC, obciążonej mocą 360 kW przedstawiono na Rys. 11.5.

Konwerter DC/DC wykorzystuje standardowy moduł falownika z napędu AC do przetwarzana energii - porównaj z Rys. 11.4. Tutaj zasadnicza zmiana polega na zastosowaniu

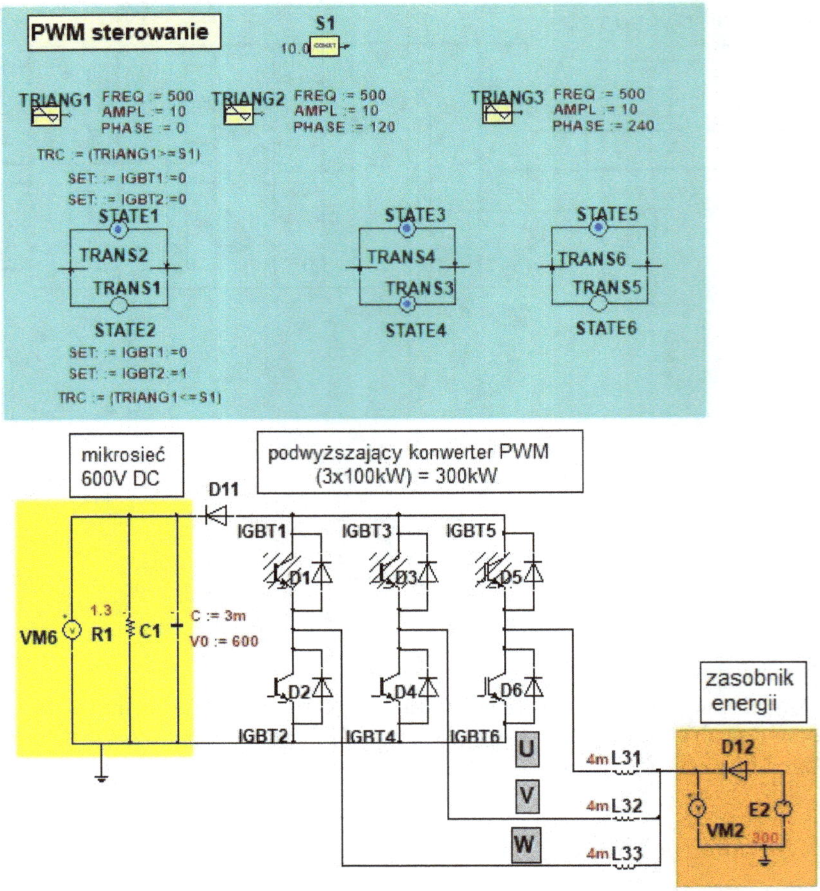

Rys. 11.5: Model konwertera DC/DC - boost, na bazie struktury falownika półmostkowego - jest tu tylko zmieniony algorytm sterowania PWM (IGBT górne wyłączone) w stosunku do napędu AC - IGBT górne stale wyłączone (omówienie w: Rys. 5.21 (a), sekcja 5.8.2)

innej modulacji PWM i wykorzystaniu dodatkowych indukcyjności jako elementów niezbędnych do wymuszenia kierunku przepływu energii.

Zastosowana modulacja wykorzystuje przesunięte w fazie o 120° sygnały trójkątne, które są modulowane sygnałem o stałej, regulowanej wartości zależnej od prądu pobieranego z baterii.

Wykorzystywane są tu jedynie dolne tranzystory: Gdy T_{2-4-6} są włączone (on) - występuje faza magazynowania energii w indukcyjności, a gdy T_{1-3-5} są wyłączone (off) - wtedy energia z indukcyjności, wykorzystując SEM skierowaną w kierunku przepływu prądu, jest przesyłana przez diody D_{1-3-5} do mikrosieci DC o napięciu wyższym od napięcia zasobnika energii.

Nazwa pliku modelu: ***2025+DCbost300 kW.ssh***

11.7 Model konwertera DC/DC obniżającego napięcie

Model konwertera DC/DC obniżającego napięcie (ang. buck) i dostarczającego energię do baterii $U_b = 320$ VDC i mocą 66 kW z mikrosieci $U_n = 600$ VDC przedstawia Rys. 11.6.

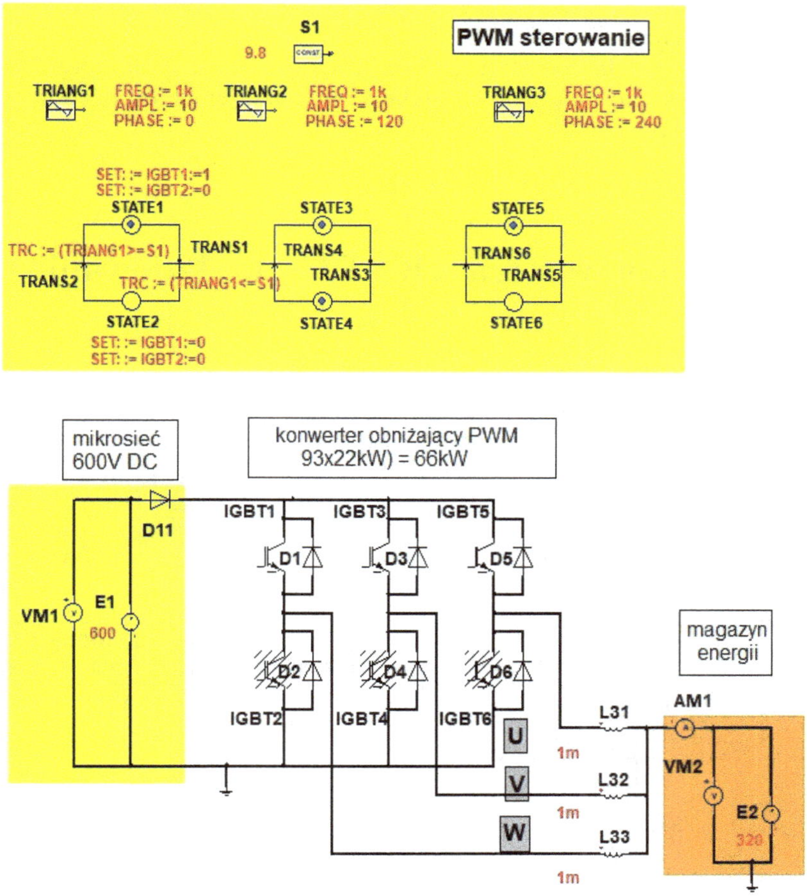

Rys. 11.6: Model konwertera DC/DC - buck, na bazie struktury falownika półmostkowego - jest tu tylko zmieniony algorytm sterowania PWM w stosunku do napędu AC - dolne tranzystory IGBT są stale wyłączone. Ten model nie jest dokładniej omawiany w tym opracowaniu, ale jego działanie jest podobne do konwertera typu boost (omówienie w: Rys. 5.21 (b)- sekcja 5.8.2)

Zasada działania konwertera buck, który dostarcza energię ze źródła o wyższym napięciu (tutaj mikrosieć 600 VDC) do zasobnika o niższym napięciu (tutaj zasobnik 320 VDC), jest podobna do pracy konwertera boost z Rys. 11.5. Gromadzenie energii w indukcyjnościach zewnętrznych (tutaj $3 \times L = 1mH$) odbywa się, gdy T_{1-3-5} są włączone (on), a dostarczana do zasobnika, gdy tranzystory są wyłączone (off) przez diody D_{2-4-6}.

Dwukierunkowy konwerter DC/DC może być zbudowany w takiej samej konfiguracji obwodu mocy jak tu omawiane konwertery jednokierunkowe boost i buck, wystarczy zmieniać sterowanie konwertera. Tu już jesteśmy o krok od zbudowania dwukierunkowego konwertera DC/DC - tj. konwertera bateryjnego.

Gdy dołączymy falownik AC/DC Rys. 11.3, to już mamy konwerter sieciowy i w ten sposób przechodzimy do transformacji systemu energetycznego bez wykorzystywania tradycyjnych transformatorów.

Wady systemu energetycznego z transformatorami zasilającymi nieliniowe odbiorniki energii były już omawiane. Eliminacja transformatorów w systemie energetycznym, wg mojej wiedzy, na rzecz konwerterów sieciowych nie jest odległa, jest to już przedmiotem publikacji naukowo-technicznych.

Wyobraźmy sobie system energetyczny bez klasycznych transformatorów nN i SN, nie jest to jeszcze łatwe, ale to może być kierunkiem przemian w nadchodzącej transformacji systemów energetycznych.

Nazwa pliku modelu: ***2025+buckDCkonverter.ssh***

11.8 Model konwertera DC/DC do ładowania baterii pojazdów

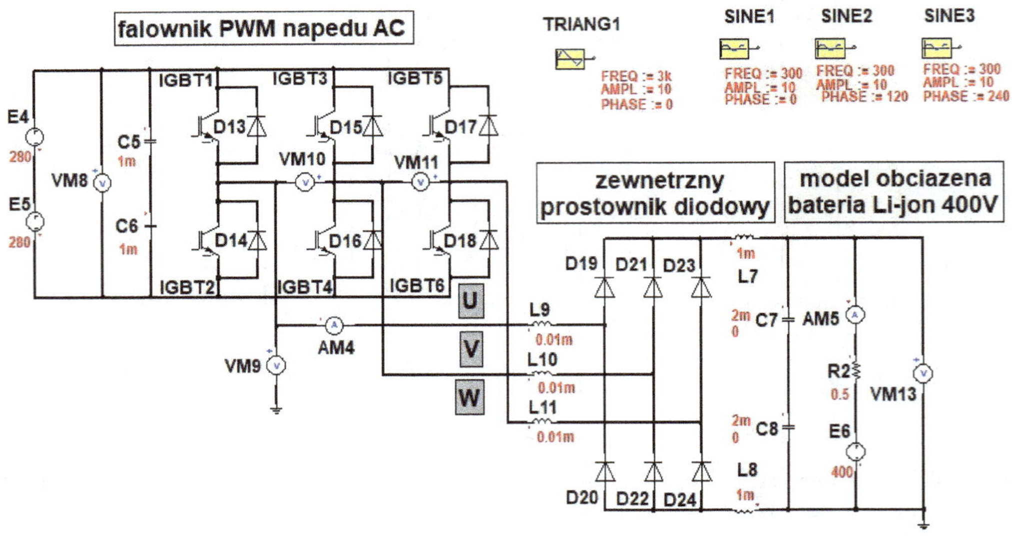

Rys. 11.7: Dodatkowy prostownik diodowy zamienia napięcie falownika na napięcie stałe o regulowanej wartości: 0 - $\sqrt{2}u_{ff}$=U_{DC} (omówienie w: Rys. 5.23 - sekcja 5.8.2)

Powszechnie stosowane napędy przekształcają napięcie DC na trójfazowe napięcie AC o regulowanej wartości częstotliwości i napięcia. Napięcie falownika można ponownie przekształcić na napięcie stałe o regulowanej wartości i wykorzystywać go, np. do ładowania baterii elektrochemicznych (np. Li-Ion), Rys. 11.7 [21].

Niewątpliwą korzyścią takiego rozwiązania w porównaniu do wcześniej omawianych trójgałęziowych konwerterów DC/DC jest powszechność występowania napędów AC, także dużych mocy w przemyśle. Brak konieczności modernizacji sieci zasilania minimalizuje koszty zaimplementowania napędów jako punktów ładowania baterii.

Dla zapewniania wysokiej jakości wyprostowanego napięcia można tu zwiększyć częstotliwość napięcia falownika np. do 300 Hz i więcej, zależnie od właściwości falownika napędu AC. Zastosowane indukcyjności $L_{9-10-11}$ mają małe wartości i służą jedynie do minimalizowania szybkości narastania napięcia na diodach prostowania, indukcyjności DC L_{7-8} zapewniają ciągłość prądu stałego prostownika, i są dobierane jak dla napędu AC.

Brak przepływu mocy biernej przez falownik podczas wykorzystywania zewnętrznego prostownika do ładowania baterii DC skutkuje sprawnością zbliżoną do sprawności napędu AC w czasie zasilania silnika. Straty w zewnętrznym prostowniku są porównywalne ze stratami falownika powodowanymi przepływem prądu biernego silnika w diodach przeciwrównoległych falownika.

Nazwa pliku modelu: ***2025+ev+cuckcharger.ssh***

11.9 Filtracja zaburzeń trybu DM i C

Model przedstawiony na Rys. 11.8 umożliwia analizę wpływu stosowania sinusoidalnych filtrów silnikowych LC na tłumienie zakłóceń wysokoczęstotliwościowych trybu DM i CM. Harmoniczne pasożytnicze wytwarzane przez falownik PWM w napięciach międzyfazowych, harmoniczne trybu DM, są filtrowane filtrem sinusoidalnym LC (L_{1-2-3}, C_{4-5-6}). Harmoniczne napięcia trybu CM są tłumione przez filtr LC z dodatkowym komponentem C (C_1) zamykającym wysokoczęstotliwościowe prądy upływu doziemnego (do uziemienia PE) przez połączone z punktem połowy napięcia DC w linku falownika.

u_{CM1} - napięcie pasożytnicze generatora wysokoczęstotliwościowego trybu CM wytwarzane przez falownik PWM,

u_{CM2} - zminimalizowane napięcie pasożytnicze trybu CM za filtrem DM + CM (LC+C) na zaciskach silnika.

Dla minimalizowania negatywnego oddziaływania napięcia trybu CM proponowane są dławiki nanokrystaliczne CM (zobacz Rys. 6.23).

Nazwa pliku modelu: ***2025+def+dm+ucm+inv.ssh***

11.10 Filtr rezonansowy harmonicznych rzędów: 5-7-11

Filtry rezonansowe dolnych harmonicznych niskich rzędów są produkowane standardowo przez wiele firm i są też oferowane przez Danfoss (AHF010 - $THD_i = 10\%$, AHF 005 - $THD_i = 5\%$). Są one wykorzystywane do kondensacji indywidualnej harmonicznych prądu napędów AC z prostownikami diodowym (3f5d).

Klasyczną strukturę filtra rezonansowego dla trzech kolejnych harmonicznych przedstawia załączony model Rys. 11.9. Model umożliwia badanie wpływu wartości komponentów filtra na prądy fazowe transformatora i pojemnościową moc bierną pobieraną przez filtr, gdy jest nieobciążony, tzn. nie kompensuje harmonicznych prądu prostownika.

Nazwa pliku modelu: ***2025+RezonFilter+invert+dmcm+3f6d.ssh***

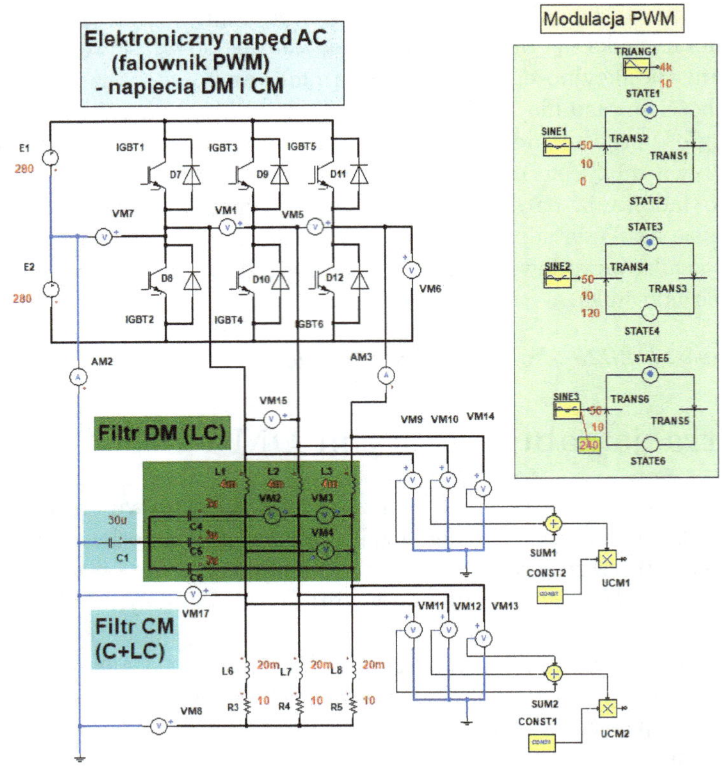

Rys. 11.8: Model falownika PWM do symulacji komputerowych ilustrujący wpływ filtrów sinusoidalnych LC zaburzeń DM oraz filtra CM na wysokoczęstotliwościowe harmoniczne napięć zakłóceń różnicowych DM i wspólnych (sumarycznych) CM wytwarzanych przez napędy AC (omówienie w: Rys. 6.4 i Rys. 6.6, sekcja 6.1)

11.11 Wpływ napędów AC na jakość energii w sieci zasilania

Liniowe odbiory energii elektrycznej zasilane napięciem trójfazowym powodują znane i szeroko opisane skutki dla systemu zasilania. Główna uwaga jest skupiona na równomiernym obciążeniu faz, równomiernie rozłożonym w czasie poborze energii z systemu i minimalizowaniu prądu transformatorów poprzez stosowanie kompensacji mocy biernej ($\cos\varphi$).

Problemy pojawiają się, gdy w prądzie systemu energetycznego rośnie zawartość harmonicznych, co głównie zależy od mocy zainstalowanych napędów z powszechnie stosowanymi prostownikami diodowymi 3f6d. Szkodliwość oddziaływania tych harmonicznych na system zasilania ilustruje model przedstawiony na Rys. 11.10. Oprócz dodatkowych strat, głównie praca kompensatora mocy biernej jest zagrożona.

Model Rys. 11.10 umożliwia badanie wpływu komponentów przemysłowego systemu zasilania na prądy i napięcia transformatora sieciowego.

Nazwa pliku modelu: ***2025+PowerFacComp+PowerNet.ssh***

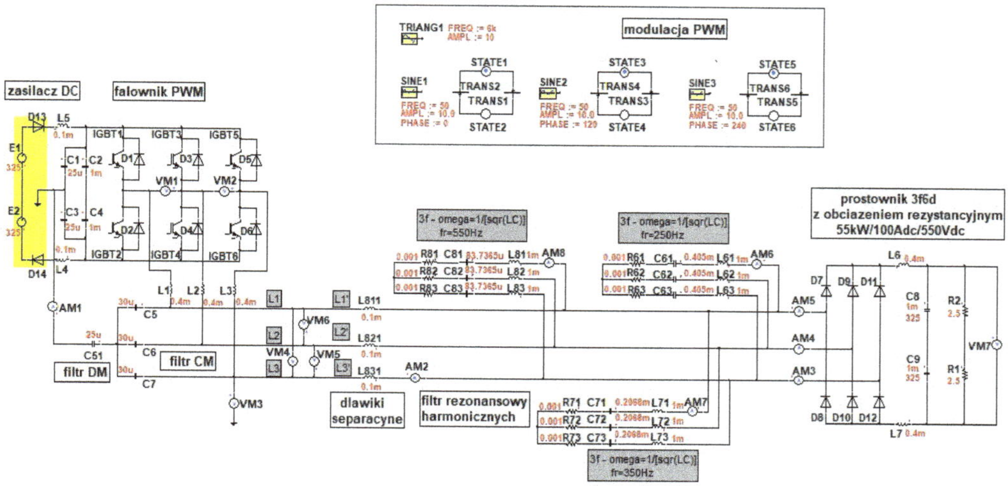

Rys. 11.9: Model filtra harmonicznych w systemie napędowym zasilanym z przekształtnika PV DC/AC. Zastępcze obciążenie rezystancyjne prostownika napędu AC wynosi 55 kW (omówienie w sekcji 8.3.1, Rys. 8.7)

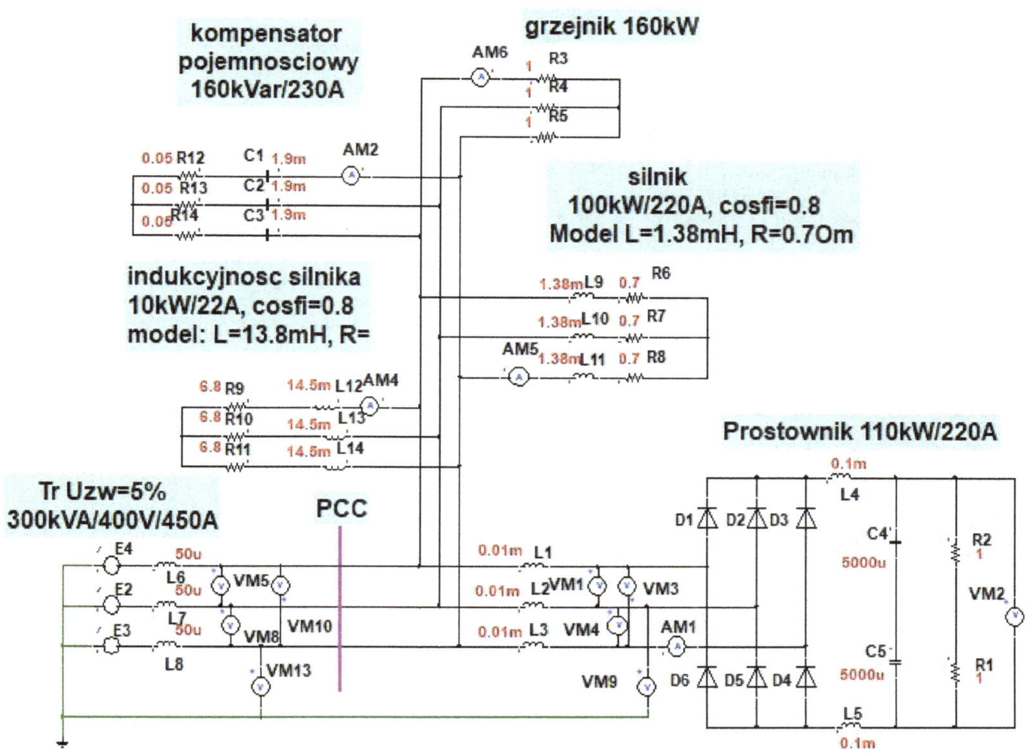

Rys. 11.10: Kompensacja mocy biernej w sieci przemysłowej z napędem AC (przedstawione na Rys. 8.12 - sekcja 8.3.2)

12 Wykaz oznaczeń

Skrót	Pełna nazwa (polska)	Pełna nazwa (angielska)	Strona
AC	prąd przemienny	alternating current	6
IGBT	tranzystor bipolarny z izolowaną bramką	insulated gate bipolar transistor	7
KM	koń mechaniczny	horsepower (Hp)	14
SPM	silnik z magnesami montowanymi powierzchniowo	surface mounted magnets motor	29
IPM	silnik z magnesami montowanymi wewnętrznie	interior mounted magnets motor	29
SynRM	silnik reluktancyjny synchroniczny	synchronous reluctance motor	29
PMaSynRM	silnik reluktancyjny synchroniczny wspomagany magnesami trwałymi	permanent magnet assisted synchronous reluctance motor	29
PM	silnik z magnesami trwałymi	permanent magnet motor	30
SEM	wsteczna siła elektromotoryczna	EMF – back electromotive force	30
LSPM	silnik z bezpośrednim rozruchem z sieci zasilania	line start permanent magnet motor	31
RMS	wartość skuteczna	root mean square	32
ECM	silnik elektronicznie komutowany	electronically commutated motor	34
BLDC	bezszczotkowy silnik prądu stałego	brushless DC motor	34
MLA	algorytmy uczenia maszynowego	machine learning algorithms	36
DOL	rozruch bezpośredni z sieci	direct on line	39
SRM	silnik reluktancyjny przełączany	switched reluctance motor	42
MVM	silnik średniego napięcia	medium voltage motor	43
LVM	silnik niskiego napięcia	low voltage motor	43
AFE	prostownik z aktywnym wejściem	active front end rectifier	45
SCR	tyrystor sterowany	silicon-controlled rectifier	51
THD	Całkowite zniekształcenie harmoniczne	Total Harmonic Distortion	51
AIC	aktywny konwerter zasilający	active infeed converter	52
CM/CMV	napięcie zaburzeń wspólnych	common-mode voltage	53
DM/DMV	napięcie zaburzeń róznicowych	differential-mode voltage	53
BCH	jednostka z przerywaczem hamowania (chopper)	braking chopper unit	55
IPMC	inteligentny scalony moduł mocy	intelligent power module chip	63
MOSFET	tranzystor z izolowaną bramką polową	metal oxide semiconductor field effect transistor	64
PAM	modulacja amplitudy impulsów	pulse amplitude modulation	64
PWM/MSI	modulacja szerokości impulsów	pulse width modulation	64
VVC/VVC$^+$	sterowanie wektorem przestrzennym napięcia	vector voltage control	71
DSP	procesor sygnałowy	digital signal processor	71
FPGA	programowalna macierz bramek	field-programmable gate array	71
SFAVM	modulacja wektorowa zorientowana na strumień stojana	stator flux-oriented asynchronous vector modulation	72
AVM60°	asynchroniczna modulacja wektorowa 60°	asynchronous vector modulation 60°	72
SVM	modulacja wektorem przestrzennym	space vector modulation	80
FOC	wektorowe sterowanie polowe	field-oriented control	81
IMC	zintegrowany sterownik ruchu	integrated motion controller	86
FVC	sterowanie wektorowe strumieniem	flux vector control	91

Tab. 12.1: Wykaz skrótów i pojęć stosowanych w książce - część1/2

Skrót	Pełna nazwa (polska)	Pełna nazwa (angielska)	Strona
EMI	Zakłócenia elektromagnetyczne	Electromagnetic Interference	151
EMC	Kompatybilność elektromagnetyczna	Electromagnetic Compatibility	151
RFI	Zakłócenia częstotliwości radiowych	Radio Frequency Interference	152
EDM	Ubytek elektroerozyjny	Electrical Discharge Machining	170
RCD	Wyłącznik różnicowoprądowy	Residual Current Device	179
HRG	Sieci z rezystorem wysokiej rezystancji	High Resistance Grounded Networks	180
FV ΔU	Przekaźnik napięcia uszkodzeniowego	Fault Voltage Relay	185
RCCB	Wyłącznik różnicowoprądowy	Residual Current Operated Circuit Breaker	186
ACB	Wyłącznik powietrzny	Air Circuit Breaker	189
FF/aR/gR	Bezpiecznik szybki (ultraszybki)	Ultra-fast Fuse	189
MCCB	Wyłącznik w obudowie formowanej	Molded-Case Circuit Breaker	189
MCB	Miniaturowy wyłącznik nadprądowy	Miniature Circuit Breaker	189
DPF	Współczynnik mocy przesunięcia	Displacement Power Factor	192
TPF (λ)	Rzeczywisty współczynnik mocy	True Power Factor	193
TDD	Współczynnik całkowitego zniekształcenia obciążenia	Total Demand Distortion	194
PWHD	Częściowo ważone zniekształcenie harmoniczne	Partial Weighted Harmonic Distortion	194
PCC	Punkt wspólnego sprzężenia	Point of Common Coupling	194
AF	Aktywny filtr	Active Filter	200
LHD	Zoptymalizowany układ AF + napęd AC	Low Harmonic Drive System	201
AAF	Aktywny filtr harmonicznych	Advanced Active Filter	206
AHF	Pasywny filtr harmonicznych	Advanced Harmonic Filter	206
HMI	Interfejs Człowiek–Maszyna	Human–Machine Interface	208
USB	Standard komunikacji USB	Universal Serial Bus	212
STP	Skrętka ekranowana	Shielded Twisted Pair	213
MQTT	Protokół komunikacyjny MQTT	Message Queuing Telemetry Transport	217
IoT	Internet Rzeczy	Internet of Things	218
AI/SI	Sztuczna inteligencja	Artificial Intelligence	219
IEGT	tranzystor z bramką wzmacnianą wtryskiem	injection enhanced gate transistor	92
IGCT	tyrystor z komutacją bramkową	integrated gate-commutated thyristor	92
CHB	jednofazowy kaskadowy falownik pełnomostkowy	cascaded H-bridge converter	93
4L-FLC	czteropoziomowy falownik z kondensatorami unoszącymi	four-level flying capacitor converter	94
5L-HNPC	pięciopoziomowy falownik H-bridge NPC	five-level H-bridge NPC converter	95
3f6d	trójfazowy prostownik 6-diodowy	six pulse half bridge diode rectifier	99
AMA	funkcje automatycznej konfiguracji silnika	automatic motor adaptation	106
M-S	system napędowy typu silmik wiodący i nadążne	master–slave drive system	112
FLC	prąd znamionowy obciążenia	full load current	115
AEO	funkcja automatycznej optymalizacji energii	automatic energy optimization	118
OVC	funkcja kontroli przepięcia	over-voltage controller	120
OSHA	amerykańska ustawa o bezpieczeństwie i higienie pracy	Occupational Safety and Health Act	125
CCOHS	kanadyjskie centrum BHP	Canadian Centre for Occupational Health and Safety	125
CDM	Kompletne Moduły Napędowe	Complete Drive Modules	130
RCDM	Referencyjny Napęd CDM	Reference Complete Drive Module	130
MEPS	Minimalne Standardy Sprawności	Minimum Efficiency Performance Standards	132
ECF	Wentylatory elektronicznie komutowane z silnikiem IE4	Electronically Commutated Fans with IE4 Motor	139
TCO	Całkowite koszty w określonym czasie	Total Cost of Ownership	140
LCC	Koszty poniesione w cyklu życia	Life Cycle Costs	140
DC/DC/$^+$	Konwerter podwyższający napięcie (DC/DC)	Boost Converter	144
DC/DC/$^-$	Konwerter obniżający napięcie (DC/DC)	Buck Converter	146

Tab. 12.2: Wykaz skrótów i pojęć stosowanych w książce - część 2/2

Bibliografia

[1] Danfoss. Facts Worth Knowing About AC Drives - 2019. https://www.danfoss.com/en-gb/about-danfoss/news/dds/download-our-new-facts-worth-knowing-book/, Internet 2024.

[2] Danfoss. https://www.danfoss.com/ en/service-and-support/downloads/dds/sistema-safety-integrity-software-tool/, Internet - 2024.

[3] Danfoss Polska Grupa Napędy i Sterowanie (Drives and Control Division). *https://www.danfoss.com/ pl-pl/products/dps/electric-converters-and-machines/, Internet 2024.*

[4] TeXstudio - A LaTeX editor. https://www.texstudio.org/, Internet 2024.

[5] Rozporządzenie Komisji (WE) NR 640/2009 z dnia 22 lipca 2009 r. w sprawie wykonania dyrektywy 2005/32/WE Parlamentu Europejskiego i Rady w odniesieniu do wymogów dotyczących ekoprojektu dla silników elektrycznych. *Unia Europejska UE*, 2009.

[6] A. Gil, J. Wyszkowski. Przekształtniki energoelektroniczne w układach zasilania napędów urządzeń pomocniczych na statkach. *Budownictwo Okrętowe i Gospodarka Morska*, nr 1:34–36, 2001.

[7] A.E. Fitzgerald, C. Kingsley, S. Umans. *Electric Machinery.* Electrical Engineering Series. McGraw-Hill Companies,Incorporated, 2003.

[8] automatykaonline.pl. https://automatykaonline.pl/artykuly/technika-napędowa/jestes-gotowy-na-ecodesign-kryteria-doboru-napędu-elektrycznego. *Internet*, 2024.

[9] Mate Srl company. By mate srl february 22, 2021, reluctance motors. *Internet, https://www.matesrl.eu/motore-a-riluttanza/*, 2024.

[10] Danfoss. Zalecenia Projektowe dla VLT®5000. *MG.52.B1.49*, 2000.

[11] Danfoss. Zestaw filtrów składowej wspólnej - dane techniczne. 2010.

[12] Danfoss. Output filters design guide. *MG.90.N5.02*, 2011.

[13] Danfoss. Katalog doboru 0,25 kW–400 kW VLT® AutomationDrive FC 301/302. *DKDD.PB.302.A6.49*, 2014.

[14] Danfoss. Dokumentacja Techniczno-Ruchowa. Filtry Wyjściowe do przetwornic częstotliwości Danfoss (du/dt i LC). *DTR ver.3-49*, 2024.

[15] Danfoss. Design Guide VLT® Advanced Harmonic Filter AHF 005/AHF 010. *MG80C602*, MG80C60205/2019.

[16] E. Carraro, M. Degano, N. Bianchi. Permanent magnet volume minimization in permanent magnet assisted synchronous reluctance motors. *2013 Eighth International Conference and Exhibition on Ecological Vehicles and Renewable Energies (EVER)*, pages 1–4, 2013.

[17] A. Hughes. *Electric Motors and Drives: Fundamentals, Types and Applications.* Newnes, 2013.

[18] J. Sorgdrage, A. J. Grobler, R. J. Wang. Design procedure of a line-start permanent magnet synchronous machine, 2014.

[19] J. Szymański, D. Saniawa. Na co zwrócić uwagę przyłączając napędowy przemiennik częstotliwości do instalacji zasilającej? *Elektro Info*, nr 6:50–53, 2021.

[20] J. Szymański, M. Żurek-Mortka. Hybrydowa sieć zasilania stacji ładowania baterii przemysłowych autonomicznych maszyn i pojazdów elektrycznych. cz. 1. *Elektro Info*, nr 6:36–39, 2020.

[21] J. Szymański, M. Żurek-Mortka. Hybrydowa sieć zasilania stacji ładowania baterii przemysłowych autonomicznych maszyn i pojazdów elektrycznych. cz. 2, zastosowanie napędowego przemiennika częstotliwości do ładowania baterii przemysłowych autonomicznych maszyn i pojazdów elektrycznych. *Elektro Info*, nr 11:65–70, 2020.

[22] M. Swamy, T. Kume. A present state and futuristic vision of motor drive technology. *11th International Conference on Optimization of Electrical and Electronic Equipment, OPTIM'08*, IEEE Conference Publications, 2008.

[23] M.A. Frikha, J. Croonen, K. Deepak i inni. Multiphase motors and drive systems for electric vehicle powertrains: State of the art analysis and future trends. *Energies*, 16(2), 2023.

[24] OpenAI. https://openai.com/pl-PL/gpt-5/ - Internet 2025.

[25] P.C. Krause, O. Wasynczuk, S.D. Sudhoff. Analysis of electric machinery and drive systems. *Wiley-IEEE Press*, 2002.

[26] S. Hansen, L. Asiminoaei, F. Blaabjerg. Simple and advanced methods for calculating six-pulse diode rectifier line-side harmonics. In *38th IAS Annual Meeting on Conference Record of the Industry Applications Conference, 2003.*, volume 3, pages 2056–2062 vol.3, 2003.

[27] S. Hansen, U. Borup, F. Blaabjerg. Quasi 12-pulse rectifier for adjustable speed drives. In *Proceedings of APEC'2001, Anaheim, California, USA, March 2001*, United States, 2001. IEEE. Vol. 2, pp. 806-812.

[28] M. Sabin. Channel of civil engineering: Understanding electric motor windings. *https://www.youtube.com/@SabinCivill*, 2025.

[29] J. Szymański. Harmoniczne prądu i napięcia w sieci zasilającej wprowadzane przez prostowniki wejściowe napędowych przemienników częstotliwości. *Elektro Info*, nr 9, 2007.

[30] J. Szymański. Napięcia zaburzeń doziemnych i międzyfazowych w napędach z przekształtnikami częstotliwości. *Elektro Info*, nr 11:60–64, 2013.

[31] J. Szymański. Wdrożone projekty przekształtnikowych napędów jezdnych maszyn roboczych i napędów głównych przenośników taśmowych o regulowanej prędkości taśmy górnictwa powierzchniowego. *Elektro Info*, nr 10:37–43, 2017.

[32] Danfoss Vacon. VACON® NX -AC Drives, VACON - DPD01887A, 2016.

SI - jest bardzo pomocne w diagnostyce napędowej

www.ingramcontent.com/pod-product-compliance
Lightning Source LLC
LaVergne TN
LVHW082216051026
849532LV00012B/3797